国家科学技术学术著作出版基金资助出版

植物与生物相互作用研究丛书

丛书主编　方荣祥

小RNA

植物生命过程的关键密码

主编　郭惠珊　赵建华

科学出版社
北京

内 容 简 介

由小 RNA 介导的 RNA 沉默是真核生物调控基因表达的保守机制。本书详细阐述了植物中不同种类小 RNA 介导的 RNA 沉默途径、RNA 沉默在植物生长发育及响应生物和非生物胁迫过程中的重要作用，归纳总结了植物、动物和真菌中 RNA 沉默机制的主要差异，并对当前研究热点——跨界 RNA 沉默理论及应用研究的最新进展进行了综述。

本书由活跃在相关研究领域的国内中青年科研工作者共同撰写，可供分子生物学、植物保护学等相关专业科研院所科研人员和高校师生阅读、参考。

图书在版编目（CIP）数据

小 RNA：植物生命过程的关键密码/郭惠珊，赵建华主编. —北京：科学出版社，2023.10

（植物与生物相互作用研究丛书/方荣祥主编）

ISBN 978-7-03-076237-5

Ⅰ. ①小…　Ⅱ. ①郭…　②赵…　Ⅲ. ①植物–生物小分子–核糖核酸　Ⅳ. ① Q946.22

中国国家版本馆 CIP 数据核字（2023）第 160128 号

责任编辑：陈　新　郝晨扬/责任校对：杨　赛
责任印制：肖　兴/封面设计：无极书装

科 学 出 版 社 出版
北京东黄城根北街 16 号
邮政编码：100717
http://www.sciencep.com

北京中科印刷有限公司 印刷
科学出版社发行　各地新华书店经销

*

2023 年 10 月第　一　版　开本：787×1092　1/16
2023 年 10 月第一次印刷　印张：19 1/2
字数：400 000

定价：280.00 元

（如有印装质量问题，我社负责调换）

“植物与生物相互作用研究丛书”编委会

《小 RNA——植物生命过程的关键密码》编委会

前　言

在创刊 125 周年之际，*Science* 以专刊的形式提出了涵盖生命科学、物理学、数学等领域 125 个最具挑战的科学问题，其中包括解析不同种类 RNA 的功能（What roles do different forms of RNA play in genome function?）。在细胞中，存在大量非编码 RNA，这些非编码 RNA 在维持生物正常生长发育过程中发挥着非常重要的作用。小 RNA 是一类 20～30nt 的非编码 RNA，由小 RNA 介导的 RNA 沉默（或 RNA 干扰）是真核生物基因表达调控的保守机制。

为表彰在 RNA 沉默研究中的突出贡献，2006 年诺贝尔生理学或医学奖授予了在线虫中发现 RNA 干扰机制的两位科学家：安德鲁·法尔（Andrew Fire）和克雷格·梅洛（Craig Mello）。在 RNA 沉默早期研究中，植物学家尤其是植物病毒学家做出了巨大贡献。RNA 沉默现象最早在植物中被发现，对其功能的研究也更为广泛。RNA 沉默机制的研究工作获得诺贝尔奖，激发了相关科研领域研究者的热情。经过 20 年的发展，科学家已经证实 RNA 沉默是真核生物生长发育以及响应外界刺激的关键途径，并详细阐述了不同物种中 RNA 沉默的分子机制。小 RNA 作为 RNA 沉默途径的关键因子，在真核生物基因表达调控过程中发挥着至关重要的作用。最近研究发现，小 RNA 能够在不同物种中进行双向传递，并在受体细胞中发挥功能。天然的植物-病原跨界抗病 RNA 沉默的发现，为作物抗病育种工作提供了新方案及理论依据，也开辟了 RNA 沉默应用研究的新领域，如研发以双链 RNA 或小 RNA 为有效成分的生物农药。总之，跨界 RNA 沉默现象的发现，掀起了 RNA 沉默应用研究的新浪潮。

全书共 9 章，详细介绍了植物中 RNA 沉默机制（第二章）；RNA 沉默在植物生长发育、抵抗生物和非生物胁迫过程中的功能（第三章至第六章）；跨界 RNA 沉默机制与应用研究现状（第七章）；归纳总结了动物和真菌与植物中 RNA 沉默机制的异同，概述了原核生物中由 sRNA 介导的 CRISPR/Cas 机制（第八章）；最后，展望了未来 RNA 沉默领域的研究方向。

本书由活跃在相关研究领域的中青年科研工作者共同撰写完成，具体分工如下：中国科学院微生物研究所郭惠珊、赵建华、高峰和刘清艳撰写第一章、第八章、第九章，华南师范大学生命科学学院张钟徽撰写第二章第一节、第四章、第五章第一节，中国科学院分子植物科学卓越创新中心段成国和中国科学院微生物研究所房媛媛撰写第二章第二节、第三章、第五章第二节，中国科学院微生物研究所金芸和张涛撰写第六章、第七章。中国科学院微生物研究所郭惠珊和赵建华对全书的基本内容及框架进行总体设计，参与了各章的修订。中国科学院微生物研究所郭惠珊、张杰、任园园、刘清艳对初稿进行审读。最后，全书由郭惠珊和赵建华统稿。

感谢国家自然科学基金重点项目（32230003）、国家自然科学基金国际合作项目（32020103003）、国家自然科学基金优秀青年科学基金项目（31922075）、国家自然科学基金面上项目（31771349）、中国科学院科学节项目和项目 2019QN01N108 对相关研究工作和本书出版的资助，感谢国家科学技术学术著作出版基金对本书出版的资助，感谢科学出版社陈新编辑等在全书撰写及出版过程中给予的帮助。

由于编者知识面及研究领域限制，书中难免存在不足或者部分同行工作没有被引用，敬请广大读者批评指正。

本书编委会

2022 年 8 月

目　录

第一章
概　述

郭惠珊，赵建华

中国科学院微生物研究所

第一节　RNA 沉默途径研究简史

1928 年，弗雷德里克·格里菲思（Frederick Griffith）在对肺炎链球菌（*Streptococcus pneumoniae*）的研究中发现了细菌转化现象，这一发现为“DNA 是遗传物质”提供了实验证据（Griffith，1928）。基因是基因组内的一段 DNA 序列，通过产生肽链或功能 RNA 而发挥作用，是遗传的功能单位。20 世纪 40 年代，比德尔（Beadle）和塔特姆（Tatum）首次通过实验将基因与酶联系在一起，提出“一个基因一种酶”的假说。这个假说的提出，不仅使 Beadle 和 Tatum 分享了 1958 年的诺贝尔生理学或医学奖，也奠定了现代分子生物学的基础（Singer and Berg，2004）。

基因敲除和过表达是基因功能研究的常用技术手段。在基因功能研究过程中，研究人员尝试利用与 mRNA 序列互补配对的寡聚核苷酸抑制目标基因表达，并获得了成功。不同实验室通过寡聚核苷酸靶向大肠杆菌 16S rRNA，成功抑制了大肠杆菌蛋白合成（Taniguchi and Weissmann，1978；Eckhardt and Luhrmann，1979；Jayaraman et al.，1981）。1984 年，哈罗德·温特劳布（Harold Weintraub）实验室发现反向表达目的基因一段序列，能够显著抑制基因表达（Izant and Weintraub，1984）。当时这两种技术广泛应用于基因功能研究，但寡聚核苷酸和反向表达基因片段抑制基因表达的分子机制并不清楚。植物花椰菜 DNA 病毒的 35S 启动子广泛应用于植物转基因研究。1989 年，研究人员对 35S 启动子序列进行了优化，极大地提高了转基因植物中目的基因的表达效率（Fang et al.，1989）。同时期有研究发现，将 35S 启动子用于启动表达不同基因的质粒 T-DNA-Ⅰ和 T-DNA-Ⅱ，先后转入烟草，发现在同时存在 T-DNA-Ⅰ和 T-DNA-Ⅱ的后代植物中，T-DNA-Ⅰ中 35S 启动子发生了甲基化，导致 T-DNA-Ⅰ中基因表达受到抑制（Matzke et al.，1989）。随后，研究人员在矮牵牛花瓣中高表达花青素合成相关基因 *CHS*，意外发现：原本鲜艳的有色花瓣中高表达 *CHS* 基因后，子代牵牛花花瓣颜色的表型出现了分化，不仅得到了与野生型颜色类似的紫色牵牛花，而且同时得到了局部变白或者全白的花瓣。检测 *CHS* 基因表达水平发现，转基因植物内源和外源 *CHS* 基因表达同时受到了抑制。将 *CHS* 反向互补的 DNA 片段转化牵牛花，虽然得到的子代表型与表达 *CHS* 的植物不同，但同样出现了花瓣部分变白的表型。这种由表达外源同源基因导致内源和外源基因表达同时受到抑制的现象称为共抑制（co-suppression）（Napoli et al.，1990）（图 1-1）。后来研究人员在粗糙脉胞菌中也发现了类似的共抑制现象，不同的是植物的共抑制现象发生在体细胞中，而真菌中这种现象是在受精后的双核细胞中发现的。为了与植物中的共抑制现象进行区分，真菌中这种外源基因抑制内源基因表达的现象被定义为“quelling”（压抑）（Romano and Macino，1992）。在发现外源转入基因抑制同源基因表达的同时，大量实验证明内源反义 RNA 也参与了同源基因的表达调控，当时认为其可能的机制是反义 RNA 与 mRNA 形成双链，导致 mRNA 降解，致使表达量降低（Nellen and Lichtenstein，1993）。

图 1-1 牵牛花中的共抑制现象（Napoli et al.，1990）
在紫色花瓣的野生型牵牛花中，表达外源花青素合成基因 *CHS* 或 *CHS* 反向转录物，导致内源和外源 *CHS* 基因表达同时受到抑制，花瓣出现局部或者全部变白的表型

在秀丽隐杆线虫（*Caenorhabditis elegans*）中发现正义 RNA 也能像反义 RNA 一样抑制基因表达（Guo and Kemphues，1995），从而解释了上述依赖于序列同源性基因表达调控现象的分子机制。随后，克雷格·梅洛（Craig Mello）实验室通过向线虫体内注射不同类型 RNA 发现：双链 RNA（double-stranded RNA，dsRNA）抑制基因表达的效率显著高于正义 RNA 或反义 RNA，证实这种依赖于序列同源性的基因表达调控是由 dsRNA 诱导的，由此提出了“RNA 干扰”（RNA interference，RNAi）或“RNA 沉默”（RNA silencing）的概念，并发现 RNAi 能够从被注射的细胞传递到其他细胞（Fire et al.，1998）。同一年，安德鲁·法尔（Andrew Fire）实验室发现将表达了 dsRNA 的细菌投喂线虫幼虫能够沉默线虫目的基因，证实 RNAi 能够跨物种发挥功能（Timmons and Fire，1998），扩展了 RNAi 理论的应用范围。由于在 RNAi 研究领域的突出贡献，Andrew Fire 和 Craig Mello 分享了 2006 年诺贝尔生理学或医学奖。

尽管诺贝尔生理学或医学奖授予了两位研究线虫的科学家，但其实植物病毒学家在 RNAi 发现以及机制研究中也发挥了非常重要的作用（Baulcombe，2004；Bots et al.，2006）。1928 年，Wingard 报道了一个有趣的现象，烟草环斑病毒（*Tobacco ringspot virus*）侵染烟草时只有最初被侵染的烟草叶片表现出坏死等病症，而烟草上层叶片［也称系统叶片（systemic leaf）］对病毒产生免疫，不仅不产生病症还对病毒二次侵染产生了免疫，这种现象称为“复苏”（recovery）（图 1-2）。在以后的研究中，研究人员证实这种复苏现象与 RNAi 抗病毒相关。尽管当时没有任何理论可以解释烟草为何能够抵抗病毒二次侵染，但这个现象激起了科研工作者研究 RNAi 机制的兴趣（Baulcombe，2004）。1986 年，Abel 等研究发现在烟草中表达烟草花叶病毒的外壳蛋白能够延迟病症的发生，并将这种植物获得抗性的方法称之为交叉保护。随后研究证实，赋予植物抗性的并不是病毒外壳蛋白，而是同源的核酸序列。对李痘病毒（*Plum pox virus*，PPV）的研究发现，表达野生型或者突变的病毒基因都能赋予植物抗病毒作用，首次阐述了这种抗病毒作用与 RNAi 的关系（Guo and García，1997）。

图 1-2 病毒侵染烟草产生的复苏现象（Wingard，1928）

随着研究的不断深入，越来越多的证据表明 RNAi 是真核生物调控基因表达的保守机制。一般认为，RNAi 的过程主要包括以下三步：①首先，合成诱导 RNAi 的双链 RNA（dsRNA）。外源转基因和病毒转录的单链 RNA 在 RNA 依赖的 RNA 聚合酶（RNA-dependent RNA polymerase，RdRP 或 RDR）作用下形成 dsRNA，或内源基因 mRNA 折叠形成的局部匹配的双链结构。②随后，dsRNA 被Ⅲ型 RNA 酶识别，将 dsRNA 剪切成 20～30nt 的小 RNA（small RNA，sRNA）。目前，已经鉴定到多个蛋白参与到 sRNA 加工过程中。③最后，加工成熟的 sRNA 与 AGO（Argonaute）蛋白结合形成 RNA 诱导沉默复合物（RNA-induced silencing complex，RISC），通过碱基互补配对识别靶标 DNA 或者 RNA，通过 DNA 或组蛋白甲基化在转录水平调控基因表达，或者通过剪切并降解 mRNA 和抑制蛋白质翻译在转录后水平调控基因表达（Meister and Tuschl，2004；Baulcombe，2005；Baumberger and Baulcombe，2005；Castel and Martienssen，2013）。

sRNA 是 RNAi 沉默途径的关键组分之一。在植物中，根据来源与作用方式的不同，sRNA 主要分为两类：microRNA（miRNA）和 siRNA（small interfering RNA）。在拟南芥中，miRNA 基因在 RNA 聚合酶Ⅱ（RNA polymerase Ⅱ，Pol Ⅱ）作用下进行转录，单链转录物折叠成部分互补配对的发卡结构，随后转录物被 DCL1（Dicer-like 1）蛋白剪切成 20nt 左右的 miRNA，miRNA 与 AGO1 蛋白结合，通过碱基互补配对识别靶基因，剪切靶基因 mRNA 或者抑制翻译；siRNA 主要来源于完全互补配对的 dsRNA，植物内源或者外源转录物在 RDR 作用下形成双链，dsRNA 被 DCL（Dicer-like）蛋白剪切形成 siRNA，siRNA 与不同的 AGO 蛋白结合，在转录或者转录后水平调控基因表达。植物体内存在两个特异的 RNA 聚合酶：Pol Ⅳ和 Pol Ⅴ。在 Pol Ⅳ作用下得到单链 RNA，在 RDR2 作用下形成双链之后被 DCL3 蛋白剪切成 24nt siRNA，24nt siRNA 与 AGO4 蛋白结合，在 Pol Ⅴ转录物的招募下识别靶标 DNA，实现对 DNA 胞嘧啶甲基化，这个过程被称为由 RNA 介导的 DNA 甲基化（RNA-directed DNA methylation，RdDM）。RdDM 途径是植物中主要的转录基因沉默（transcriptional gene silencing，TGS）过程。除 24nt siRNA 外，一类依赖 RDR6（RNA-dependent RNA polymerase 6）的 21nt/22nt siRNA 也参与了 RdDM 途径。植物中还存在一类特殊的 siRNA——相位 siRNA（phasiRNA）。phasiRNA 的产生依赖 miRNA，在 miRNA 剪切靶基因后，剪切片段并未被降解，而是在剪切位点之后形成串联的 21nt phasiRNA，这些 phasiRNA 通过反式作用靶向其他靶基因。随着研究的深入，越来越多的证据表明 miRNA 和 siRNA 直接参与了植物生长发育调控，以及响应生物和非生物胁迫的过程。

第二节　植物 RNA 沉默途径抗病研究

RNAi 途径是植物抵抗病毒侵染的重要途径。RNA 病毒复制过程中形成的双链、DNA 病毒双向转录形成的部分双链，以及单链转录物折叠形成的双链都能够被植物 RNAi 系统识别，并剪切得到病毒来源的 siRNA（virus-derived small interfering RNA，vsiRNA），这些 vsiRNA 称为初级 vsiRNA。以病毒转录物为模板，以初级 vsiRNA 为引物，在 RDR 蛋白作用下形成 dsRNA，继续被寄主植物 DCL 蛋白剪切形成次级 vsiRNA。在长期进化过程中，不同病毒独立进化出功能各异的病毒 RNA 沉默抑制子（viral suppressor of RNA silencing，VSR）。VSR 的发现具有里程碑式的意义：一方面，证明了植物 RNAi 是抵抗病毒侵染的重要途径；另一方面，VSR 功能的研究过程也促进 RNAi 机制的逐步揭示（Pumplin and Voinnet，2013）。VSR 蛋白能够在 RNAi 各个阶段发挥作用，如结合 sRNA、影响 DCL 蛋白剪切或结合 AGO 蛋白等。在植物-病毒互作过程中，VSR 蛋白发挥双刃剑作用：一方面抑制植物抗病毒 RNAi，保证病毒顺利侵染；另一方面防止病毒过度积累导致植物死亡（Zhao et al.，2016）。早在 RNAi 概念提出之前，植物病毒学家就已经发现在植物中表达病毒基因片段，能够诱导 RNAi 抑制病毒积累，并应用于作物抗病育种。

2010 年，有研究利用病毒诱导的基因沉默（virus-induced gene silencing，VIGS），在小麦和大麦中利用病毒表达能够产生靶向白粉病菌（*Blumeria graminis*）效应蛋白基因 *Avra10* 的 sRNA，抑制了白粉病菌生长。这项研究首次成功地进行了概念性验证，在植物中表达靶向非病毒病原基因的 sRNA，并获得了对目标病原菌的抗性，称为寄主诱导的基因沉默（host-induced gene silencing，HIGS）（Nowara et al.，2010）。随后，HIGS 技术广泛应用于抵抗多种病原微生物。直到 2016 年，我国科学家发现棉花能够将自身保守的 miRNA 传递到大丽轮枝菌细胞内，靶向并降解病菌致病基因，抑制棉花黄萎病（Zhang et al.，2016）。研究结果揭示了自然界中天然存在的植物–真菌跨界抗病 RNAi，为 HIGS 技术提供了理论依据（Zhang et al.，2016）。另外，有研究证实病原真菌产生的 sRNA 能够传递到植物细胞中，利用植物自身 RNAi 系统抑制抗性基因，促进病原菌侵染（Weiberg et al.，2013）。越来越多的实验证明，在植物–真菌互作过程中 sRNA 双向传递是一种普遍现象。研究发现，真菌和卵菌也能够编码沉默抑制子，抑制植物由跨界 RNAi 介导的抗性。

尽管大量研究证实，从植物跨界传递的 sRNA 能够靶向病原致病基因，但跨界 sRNA 与真菌内源 sRNA 的作用机制明显不同。例如，棉花 miR159 和 miR166 能够通过剪切大丽轮枝菌致病基因，抑制致病性（Zhang et al.，2016）。而大丽轮枝菌内源 milRNA（miRNA-like sRNA）靶向基因 3′-UTR 区域，通过影响组蛋白 H3K9 甲基化在转录水平抑制基因表达（Jin et al.，2019）。在大部分真菌中都能找到 RNAi 途径关键组分蛋白的同源基因，但其发挥的功能与动植物中存在很多不同。相比动物和植物，真菌内源 RNAi 沉默机制更加复杂。

参考文献

Abel PP, Nelson RS, De B, et al. 1986. Delay of disease development in transgenic plants that express the *Tobacco mosaic virus* coat protein gene. Science, 232(4751): 738-743.

Baulcombe D. 2004. RNA silencing in plants. Nature, 431(7006): 356-363.

Baulcombe D. 2005. RNA silencing. Trends in Biochemical Sciences, 30(6): 290-293.

Baumberger N, Baulcombe DC. 2005. *Arabidopsis* ARGONAUTE1 is an RNA slicer that selectively recruits microRNAs and short interfering RNAs. Proc Natl Acad Sci USA, 102(33): 11928-11933.

Bots M, Maughan S, Nieuwland J. 2006. RNAi Nobel ignores vital groundwork on plants. Nature, 443(7114): 906.

Castel SE, Martienssen RA. 2013. RNA interference in the nucleus: roles for small RNAs in transcription, epigenetics and beyond. Nature Reviews Genetics, 14(2): 100-112.

Eckhardt H, Luhrmann R. 1979. Blocking of the initiation of protein biosynthesis by a pentanucleotide complementary to the 3′ end of *Escherichia coli* 16S rRNA. Journal of Biological Chemistry, 254(22): 11185-11188.

Fang RX, Nagy F, Sivasubramaniam S, et al. 1989. Multiple *cis* regulatory elements for maximal expression of the *Cauliflower mosaic virus* 35S promoter in transgenic plants. The Plant Cell, 1(1): 141-150.

Fire A, Xu S, Montgomery MK, et al. 1998. Potent and specific genetic interference by double-stranded RNA in *Caenorhabditis elegans*. Nature, 391(6669): 806-811.

Griffith F. 1928. The significance of pneumococcal types. Journal of Hygiene, 27(2): 113-159.

Guo HS, García JA. 1997. Delayed resistance to *Plum pox potyvirus* mediated by a mutated RNA replicase gene: involvement of a gene-silencing mechanism. Molecular Plant-Microbe Interactions, 10(2): 160-170.

Guo S, Kemphues KJ. 1995. *Par-1*, a gene required for establishing polarity in *C. elegans* embryos, encodes a putative Ser/Thr kinase that is asymmetrically distributed. Cell, 81(4): 611-620.

Izant JG, Weintraub H. 1984. Inhibition of thymidine kinase gene expression by anti-sense RNA: a molecular approach to genetic analysis. Cell, 36(4): 1007-1015.

Jayaraman K, Mcparland K, Miller PS, et al. 1981. Selective inhibition of *Escherichia coli* protein synthesis and growth by nonionic oligonucleotides complementary to the 3′ end of 16S rRNA. Proc Natl Acad Sci USA, 78(3): 1537-1541.

Jin Y, Zhao JH, Zhao P, et al. 2019. A fungal milRNA mediates epigenetic repression of a virulence gene in *Verticillium dahliae*. Philos Trans R Soc Lond B Biol Sci, 374(1767): 20180309.

Matzke MA, Primig M, Trnovsky J, et al. 1989. Reversible methylation and inactivation of marker genes in sequentially transformed tobacco plants. EMBO Journal, 8(3): 643-649.

Meister G, Tuschl T. 2004. Mechanisms of gene silencing by double-stranded RNA. Nature, 431(7006): 343-349.

Napoli C, Lemieux C, Jorgensen R. 1990. Introduction of a chimeric chalcone synthase gene into petunia results in reversible co-suppression of homologous genes in trans. The Plant Cell, 2(4): 279-289.

Nellen W, Lichtenstein C. 1993. What makes an mRNA anti-sensitive? Trends in Biochemical Sciences, 18(11): 419-423.

Nowara D, Gay A, Lacomme C, et al. 2010. HIGS: host-induced gene silencing in the obligate biotrophic fungal pathogen *Blumeria graminis*. The Plant Cell, 22(9): 3130-3141.

Pumplin N, Voinnet O. 2013. RNA silencing suppression by plant pathogens: defence, counter-defence and counter-counter-defence. Nature Reviews Microbiology, 11(11): 745-760.

Romano N, Macino G. 1992. Quelling: transient inactivation of gene expression in *Neurospora crassa* by transformation with homologous sequences. Molecular Microbiology, 6(22): 3343-3353.

Singer M, Berg P. 2004. George Beadle: from genes to proteins. Nature Reviews Genetics, 5(12): 949-954.

Taniguchi T, Weissmann C. 1978. Inhibition of Qβ RNA 70S ribosome initiation complex formation by an oligonucleotide complementary to the 3′ terminal region of *E. coli* 16S ribosomal RNA. Nature, 275(5682): 770-772.

Timmons L, Fire A. 1998. Specific interference by ingested dsRNA. Nature, 395(6705): 854.

Weiberg A, Wang M, Lin FM, et al. 2013. Fungal small RNAs suppress plant immunity by hijacking host RNA interference pathways. Science, 342(6154): 118-123.

Wingard SA. 1928. Hosts and symptoms of ring spot, a virus disease of plants. Journal of Agricultural Research, 37(3): 0127-0153.

Zhang T, Zhao YL, Zhao JH, et al. 2016. Cotton plants export microRNAs to inhibit virulence gene expression in a fungal pathogen. Nature Plants, 2(10): 16153.

Zhao JH, Hua CL, Fang YY, et al. 2016. The dual edge of RNA silencing suppressors in the virus-host interactions. Current Opinion in Virology, 17: 39-44.

第二章
植物 RNA 沉默途径

张钟徽[1]，段成国[2]

[1]华南师范大学生命科学学院；[2]中国科学院分子植物科学卓越创新中心

sRNA 根据其生物合成方式主要分为两大类：由单链 RNA 分子折叠形成的发夹结构（hairpin RNA，hpRNA）加工产生的 miRNA 和由双链 RNA 加工产生的 siRNA。根据双链 RNA 的产生机制以及功能的差异等，siRNA 又可以分为很多种，包括相位 siRNA（phasiRNA）、自然反向转录物产生的 siRNA（natural antisense transcript siRNA，nat-siRNA 或 natsiRNA），以及主要来源于重复序列和转座子区域的 ra-siRNA（repeat-associated siRNA，或写作 rasiRNA）等；根据 siRNA 的大小，又可分为 21nt siRNA、22nt siRNA、24nt siRNA。

siRNA 和 miRNA 在生物合成途径上既有诸多不同又有许多相似之处。例如，在加工方式上，这些 sRNA 都是由Ⅲ型核酸酶 Dicer 或 Dicer 类似物（Dicer-like，DCL）切割前体 RNA 加工而来。在功能行使上，sRNA 都要与沉默效应蛋白 AGO 结合，再结合一些其他蛋白因子，形成 RNA 诱导沉默复合物（RNA-induced silencing complex，RISC）。在发挥作用的水平上，miRNA 可以通过剪切靶基因 mRNA 或者抑制 mRNA 的翻译造成转录后基因沉默（post-transcriptional gene silencing，PTGS），而 siRNA 不仅可以造成 PTGS，24nt siRNA 还可以招募 DNA 甲基化酶，通过序列互补在靶标 DNA 位点催化 5′ 胞嘧啶甲基化（m^5C），导致转录基因沉默（TGS）。另外，即使是 siRNA，不同大小的 siRNA 其作用位点和机制也有差异。例如，21nt siRNA、22nt siRNA 主要在细胞质内发挥作用，降解靶标 RNA，而 24nt siRNA 主要在细胞核内发挥作用，催化 DNA 的甲基化。

这些 sRNA 的多样性以及作用机制的异同不仅与其底物有关，还与 RNA 沉默途径中的一些关键蛋白的多态性有关。例如，作为 sRNA 的加工者，Dicer 蛋白在植物中具有多个类似物，在模式植物拟南芥中编码 4 个 DCL 蛋白，其中 DCL1 主要负责 21nt miRNA 的加工，主要在植物 miRNA 介导的 PTGS 途径中起作用。DCL2 主要负责 22nt siRNA 的加工，主要在病毒等外源核酸来源的 siRNA 加工中起作用。DCL3 主要负责 24nt siRNA 的加工，主要在 RNA 介导的 DNA 甲基化（RNA-directed DNA methylation，RdDM）途径中起作用。DCL4 主要负责 21nt siRNA 的加工，主要在 phasiRNA 的加工和外源核酸来源的 siRNA 加工中起作用。除了 Dicer，AGO 蛋白也具有多样性。模式植物拟南芥编码 10 个 AGO 蛋白，不同 AGO 之间在结合 sRNA 的偏好性和功能上既有特异性又有重叠。例如，AGO1 主要结合 5′ U 开头的 21nt sRNA，包括绝大部分的 miRNA，主要介导 PTGS。AGO3、AGO4、AGO6、AGO9 主要结合 24nt sRNA，主要在 RdDM 途径中起作用。AGO7 主要在 phasiRNA 的产生中起作用，而 AGO10 对 miR165 和 miR166 有高亲和结合活性并降解 miRNA，主要竞争性抑制 miR165/miR166-AGO1 介导的转录后基因沉默。Dicer 和 AGO 蛋白的这种多样性反映了植物 RNA 沉默途径在进化过程中的多样性和精准调控特性。

本章将从转录后基因沉默（PTGS）和转录基因沉默（TGS）两个方面对 sRNA 的种类、生物合成途径、作用机制等展开详细阐述。

第一节　转录后基因沉默

转录后基因沉默相关的内源 sRNA 根据其来源、生物合成途径或功能的差异可以分成多种不同的类型，包括 miRNA、phasiRNA、nat-siRNA 等。

一、miRNA 的合成及作用方式

植物 miRNA 是长度为 20～24nt 的单链 sRNA，成熟的 miRNA 在真核生物中通过碱基互补配对的方式识别完全或者部分互补的靶基因 mRNA，参与转录后基因表达调控（Rogers and Chen，2013；Yu et al.，2017）。植物 miRNA 的形成通常是由 *MIRNA* 基因的转录、miRNA 的加工成熟以及 RNA 诱导沉默复合物（RISC）的装载等主要过程构成。植物同一个 miRNA 可能由一个 *MIRNA* 家族的多个基因编码产生，如拟南芥 miR164 的两个 *MIRNA* 基因——*MIR164a* 和 *MIR164b*，分别位于第 2 和第 5 染色体上（图 2-1）。

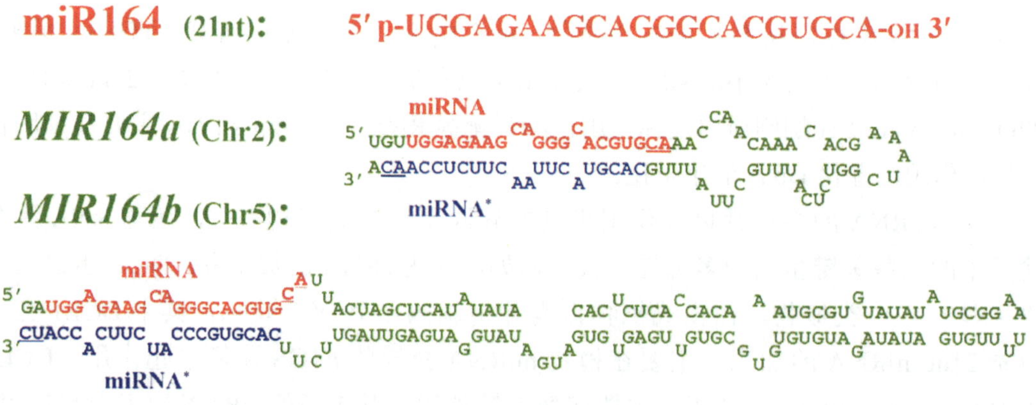

图 2-1　miR164 及其 *MIRNA* 基因

MIRNA 基因经由 RNA 聚合酶Ⅱ转录产生具有多聚腺苷酸［poly(A)］尾巴、能够折叠成特殊发夹结构的长链初始微 RNA（primary miRNA，pri-miRNA）（图 2-2）。折叠成发夹结构的 pri-miRNA 通常能够被第Ⅲ类核酸内切酶 DCL1（Dicer-like 1）蛋白为核心的微剪切体（microprocessor）所识别和结合，通过两步剪切先剪切成 miRNA

前体（precursor miRNA，pre-miRNA），继而进一步剪切产生两个 5′ 端磷酸化、3′ 端羟基化并分别具有 2nt 凸出的 RNA 双链，其中一条链为有活性的 miRNA，另一条则为其互补链，相应的又被称为 miRNA 星号链（miRNA*）（图 2-2）。之后，甲基转移酶 HEN1（hua enhancer 1）将 miRNA/miRNA* 的 3′ 端 2′-*O*-甲基化，然后 miRNA/miRNA* 能与 AGO1 蛋白形成 RISC 并转运到细胞质中，成熟的 miRNA 被保留下来发挥作用，而 miRNA* 则会被降解。RISC-miRNA 复合物则通过 miRNA 与靶基因 mRNA 的碱基互补配对识别并结合其靶标 mRNA，在 AGO1 蛋白的作用下进行靶标

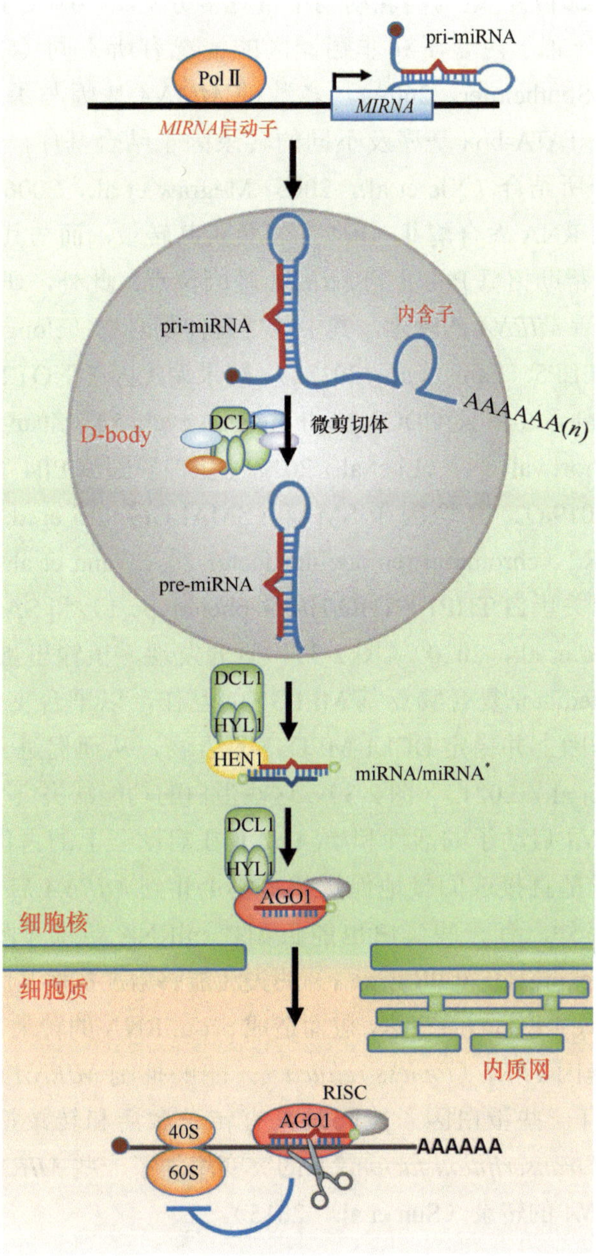

图 2-2 miRNA 合成及作用方式示意图

mRNA 的剪切或翻译抑制，从而实现靶基因的转录后沉默调控（图 2-2）。20 年多来的研究发现，植物 miRNA 的生物合成与代谢是一个复杂的、动态的精细调控过程，涉及转录、转录后加工、翻译、翻译后修饰等多个层面的调控。

（一）*MIRNA* 的转录及转录调控

大部分的植物 pri-miRNA 是由含有单个 miRNA 发夹结构的独立转录单元转录产生的，极少数分布于编码蛋白基因区间内的内含子或非翻译区中（Bielewicz et al.，2013；Knop et al.，2017），这与哺乳动物中常见多分支、多顺反子类型的 pri-miRNA 以及 miRNA 较多分布于内含子和非翻译区的情况有所不同（Griffiths-Jones et al.，2008；Carthew and Sontheimer，2009）。多数的 *MIRNA* 基因与编码蛋白基因相似，在启动子区内含有 TATA-box 基序及不同的转录因子结合基序，能够被一些通用的及特异的转录因子所结合（Xie et al.，2005；Megraw et al.，2006）。在转录过程中，*MIRNA* 基因同样由 RNA 聚合酶Ⅱ（Pol Ⅱ）负责其转录，而与其互作的通用共激活因子 Mediator 能够帮助招募 Pol Ⅱ到 *MIRNA* 基因位点。此外，研究发现，一系列蛋白因子都能参与激活 *MIRNA* 的转录，其中包括延伸复合物（elongator complex）中的延伸因子 ELP2 和 ELP5（Fang et al.，2015a）、转录调控因子 NOT2（negative on TATA LESS 2）（Wang et al.，2013）、CDC5（cell division cycle 5）（Zhang et al.，2013a）、核糖体蛋白 STV1（short valve 1）（Li et al.，2017）、蛋白磷酸酶 PP4（protein phosphatase 4）（Wang et al.，2019a）、剪切因子 SMA1（SMALL1）（Li et al.，2018a）、染色体重塑相关因子 CHR2（chromatin remodeling factor 2）（Wang et al.，2018a）、TREX-2 复合物中的核孔相关蛋白 THP1（THO/HRP1 phenotype 1）和 SAC3A（suppressor of ACTIN 3A）（Zhang et al.，2020）（图 2-3）。研究发现，核输出蛋白 HST（HASTY）通过与 DCL1 和 Mediator 复合物亚基 MED37 的互作，以平台支架的作用帮助招募 DCL1 到 *MIRNA* 基因上并稳定 DCL1-MED37 复合物，从而促进 *MIRNA* 转录和正确加工（Cambiagno et al.，2021）（图 2-3）。这些蛋白的功能缺失突变体中，pri-miRNA 的表达水平、*MIRNA* 启动子的活性和/或 Pol Ⅱ在启动子上的占位情况都有所下调，表明这些蛋白因子都直接或间接地促进招募 Pol Ⅱ到 *MIRNA* 启动子上进而正调控 *MIRNA* 的转录。另外，有一些蛋白也能负调控 miRNA 转录（图 2-3）。F-box 蛋白 CPR1（constitutive expressor of PR gene 1）的失活能够增加抗病基因 *SNC1*（suppressor of *npr1-1*, constitutive 1）的转录表达，进而造成 pri-miRNA 的转录下调。过表达 *SNC1* 和转录共抑制子基因 *TPR1*（*topless related 1*）能够抑制 *MIRNA* 的转录（Cai et al.，2018）。然而，也有一些蛋白因子能同时具有转录激活和转录抑制的功能。例如，*CDF2*（*cycling Dof transcription factor 2*）的突变增加了一些 *MIRNA* 转录的同时，也抑制其他一些 *MIRNA* 的转录（Sun et al.，2015）。

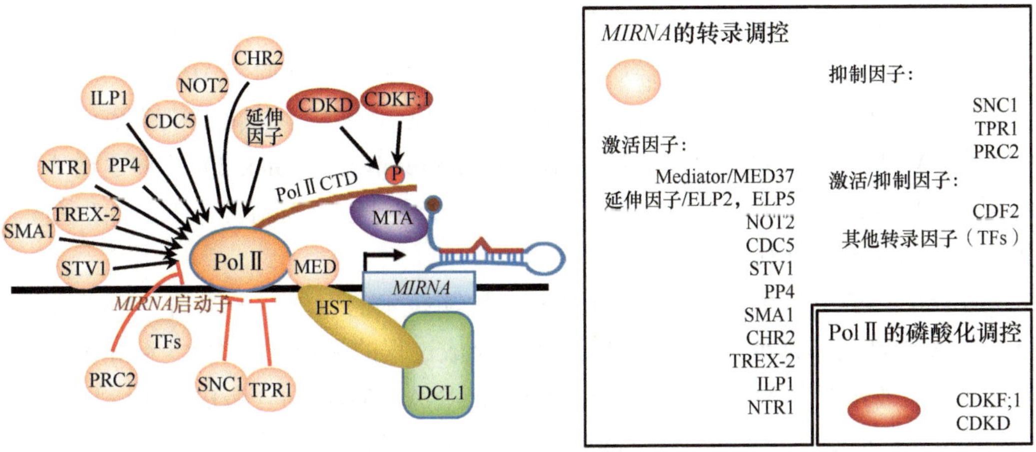

图 2-3　*MIRNA* 的转录和转录调控示意图

除直接影响 *MIRNA* 启动子的活性外，ILP1（increased level of polyploidy 1-1D）和 NTR1（NTC-related protein 1）等一些蛋白因子能够促进 *MIRNA* 基因的转录延伸（Wang et al.，2019b）。研究显示，Pol Ⅱ的磷酸化状态也会影响 *MIRNA* 基因的转录进而影响成熟 miRNA 的积累：CDKF;1（cyclin-dependent kinase F;1）和 CDKD（cyclin-dependent kinase D）突变体中 Pol Ⅱ的 C 端结构域（CTD）的磷酸化水平下降，影响 *MIRNA* 基因的转录水平进而造成 *cdkf;1* 和 *cdkd* 植物中的 miRNA 水平显著下调（Hajheidari et al.，2012）（图 2-3）。

一些反式作用因子，如 MYB2、生长素响应因子（auxin response factor，ARF）和 MYC2 等可通过结合其启动子，对 *MIRNA* 基因的转录做出不同的时空或胁迫刺激动态调节。例如，一些蛋白因子可以通过影响 miR172 的转录进而协同调节开花过程。含有 SANT 结构域的 PWR（POWERDRESS）蛋白能够通过招募 Pol Ⅱ促进 *MIR172* 家族成员 *MIR172a*、*MIR172b* 和 *MIR172c* 的表达，却不影响 *MIR172d* 和 *MIR172e*（Yumul et al.，2013）。转录因子 AP2（APETALA 2）能够招募转录抑制子 LUG（LEUNIG）和 SEU（SEUSS）抑制 *MIR172* 表达（Grigorova et al.，2011）。ARF 家族转录因子 ARF5/MONOPTEROS 能够结合 *MIR390a* 启动子区的顺式作用元件 AuxRE 进而调控其根尖分生组织中 miR390a 的表达（Dastidar et al.，2019）。含 B3 结构域的转录因子 FUSCA3（FUS3）在由胚到幼苗的发育过程中能够正调控 *MIR156* 的表达（Wang and Perry，2013）。有意思的是，另一个 B3 转录因子 ABI3（abscisic acid insensitive 3）在种子发育早期能够促进 *MIR156* 的转录表达，而在晚期则抑制其表达（Tian et al.，2020）。此外，ABI3 还可以负调控 *MIR160B* 的转录（Tian et al.，2020）。在细胞壁重建过程中，光形态建成中的重要转录因子 HYPOCOTYL5（HY5）能够在地上部器官负调控 *MIR775A* 的表达，而在根部正调控 *MIR775A* 的表达（Zhang et al.，2021）。在避阴反应过程中，PIF（phytochrome interacting factor）能够结合在 *MIR156* 家族 5 个成员的启动子上并抑制它们的表达（Xie et al.，2017a）。在磷饥饿条件下，MYB2 转

录因子能够结合到 *MIR399f* 的启动子上并促进其转录（Baek et al.，2013）。值得注意的是，在盐胁迫情况下 RNA 沉默效应蛋白 AGO1 也能够负调控 *MIR161* 和 *MIR173* 的转录（Dolata et al.，2016）。此外，诸如组蛋白乙酰化和甲基化等染色质修饰也会影响 *MIRNA* 的转录。例如，PRC2（polycomb repressive complex 2）能够通过增加启动子区的 H3K27me3 修饰来抑制 *MIR156A/C* 的转录，进而控制营养生长到生殖生长的转换（Xu et al.，2016）。

随着全转录组水平的 RNA 修饰高通量检测技术的发展，人类研究中首先发现 RNA m^6A 甲基化修饰也参与了 miRNA 生物合成过程的调控：人类 RNA m^6A 甲基转移酶复合物催化亚基 METTL3 能够修饰 pri-miRNA，RNA 结合蛋白 HNRNPA2B1 作为一种 RNA m^6A “读码器”（reader）能够结合带有 m^6A 甲基化的 pri-miRNA 转录物，进而通过与 miRNA 剪切复合物重要元件 DGCR8 互作招募其与 pri-miRNA 结合，促进 miRNA 剪切复合物的形成和加工（Alarcon et al.，2015a，2015b）。研究发现拟南芥中 METTL3 的同源蛋白 MTA（mRNA adenosine methylase）能够对 pri-miRNA 进行 RNA m^6A 甲基化修饰（Bhat et al.，2020）。同时，研究还发现 MTA 能够分别与 Pol Ⅱ 和 TGH（TOUGH）在体内互作。一方面，这暗示 MTA 对于 pri-miRNA 的 m^6A 甲基化修饰可能发生在共转录过程中；另一方面，MTA 与 TGH 的互作对于 DCL1、HYL1 与 Pol Ⅱ 的高效定位是必需的（Bhat et al.，2020）。*mta* 功能缺失突变体中 miRNA 的积累水平减少，pri-miRNA 积累增加，RNA m^6A 甲基化修饰减少后对 pri-miRNA 的茎环二级结构造成影响，可能进一步影响了 pri-miRNA 的剪切（图 2-3）。这为 miRNA 的生物合成调控打开了新的视角。

（二）miRNA 前体的加工

与常规 mRNA 加工类似，新生的 pri-miRNA 通常会在 5′ 端加帽（cap）、3′ 端加 poly(A) 尾巴，其中部分 pri-miRNA 在 miRNA 发夹结构的 3′ 端含有内含子，还需要经历进一步剪接加工或选择性剪接过程（Xie et al.，2005；Szarzynska et al.，2009；Zielezinski et al.，2015）。pri-miRNA 是由包含核心元件 DCL1（Dicer-like 1）、HYL1（hyponastic leaves 1）和 SE（serrate）的剪切复合物（dicing complex，又称 microprocessor）剪切为成熟的 miRNA/miRNA* 双链；其中，以 DCL1、HYL1 和 SE 为核心与 pri-miRNA 在细胞核内共同组装形成一个被称为 D-body（dicing body）的复合体结构（Park et al.，2002；Reinhart et al.，2002；Kurihara and Watanabe，2004）。

拟南芥中含有 4 个 DCL 蛋白家族成员，其中 DCL1 主要负责 miRNA 前体的加工（Park et al.，2002；Reinhart et al.，2002），少数一些 miRNA 如 miR822 和 miR839 则由 DCL4 加工产生（Rajagopalan et al.，2006）。DCL 蛋白可以充当分子标尺对 miRNA 前体进行丈量并将其剪切出特定长度的 sRNA 双链（Macrae et al.，2006）。根据 DCL1 对包含茎环结构的 pri-miRNA 进行剪切的方向进行划分，其加工主要有以下两种基本模式（图 2-4）：一种是由基部至环区（base-to-loop）的方式，另一种则是由环区至基部（loop-to-base）的方式（Bologna et al.，2009；Liu et al.，2012a；Zhu et al.，2013a）。在 base-to-loop 模式中，DCL1 首先会在 pri-miRNA 茎环结构中距离茎基部（the base of stem）或环（loop）远端茎部非匹配区凸起（bulge）结构或非结构区（unstructured region）15～17nt 的位置进行第一步剪切，然后再向环部（loop）移动进行第二步剪切，产生约 21nt 的 sRNA 双链；相反，在 loop-to-base 模式中，DCL1 从茎环结构的环部开始第一步剪切，然后再向茎基部方向移动并进行第二步剪切。此外，根据成熟 miRNA/miRNA* 上下端，即上臂（upper stem）和下臂（lower stem）的长度（图 2-4A），上述两种模式还可以进一步分别细分成以下 4 种不同模式（图 2-4）：①短的基部至环区（short base-to-loop）模式（图 2-4B），即下臂长度较短，从茎基部开始向环区方向仅通过两步剪切即产生成熟的 miRNA/miRNA*，其中第一步剪切通常在距离茎基部或下臂内环结构约 15nt 的位置，而第二步剪切通常距离第二个剪切位点 21nt 左右，正好产生成熟的 miRNA/miRNA*，这种结构存在于大多数植物 *MIRNA* 中（Song et al.，2007；Mateos et al.，2010；Werner et al.，2010）；②长的基部至环区（long base-to-loop，又称为 sequential base-to-loop）模式（图 2-4C），即下臂长度较长，从茎基部开始向环区方向需通过三步剪切才能产生成熟的 miRNA/miRNA*（如 *MIR169* 家族），这种剪切方式会产生额外的 21nt sRNA 片段，但它们在体内并没有大量积累（Bologna et al.，2009）；③短的环区至基部（short loop-to-base）模式（图 2-4D），即上臂较短，从环区开始向茎基部方向仅通过两步剪切即产生成熟的 miRNA/miRNA*（如 *MIR156* 和 *MIR160* 家族），这一类的前体末端区域通常有一段保守的 42nt 小环（Bologna et al.，2009）；④长的环区至基部（long loop-to-base，又称 sequential loop-to-base）模式（图 2-4E），即上臂较长且保守，从环区开始向茎基部方向通过四步顺序剪切产生成熟的 miRNA/miRNA*（如 *MIR319* 和 *MIR159* 家族），这一过程中同一个 pri-miRNA 前体将产生多种 sRNA（Addo-Quaye et al.，2009；Bologna et al.，2009，2013）。pri-miRNA 的茎部结构与环区结构是 DCL1 具体加工模式的重要决定因素，可以决定究竟 DCL1 对该 pri-miRNA 采取哪种加工模式或者哪种加工模式占据主导（Bologna et al.，2009；Zhu et al.，2013a）。同一 pri-miRNA 可能同时具有 base-to-loop 和 loop-to-base 两种剪切模式，两者存在竞争关系。其中，能够产生沉默作用的 miRNA/miRNA* 双链的加工模式通常称为有效加工（productive processing）；反之，不能产生沉默作用的 miRNA/miRNA* 双链的加工模式则称为无效加工（abortive processing）（图 2-4F）。无效加工无法产生有功能的 miRNA/miRNA* 双链，错误加工产生的产物也将被植物体内的核酸酶降解。因此，特别是具有多分支茎环结构的 miRNA，由于两种加工模式相互竞争，影响了有效 miRNA/miRNA* 双链的产生。例如，35S 启动子过表达简单茎环结构的 pri-miR166f 产生的成熟 miR166 含量显著高于同样是 35S 启动子过表达多分支茎环结构的 pri-miR166c，成熟 miR166 的产生效率与 pri-miRNA 的茎部结构与环区结构密切相关（图 2-4G）。

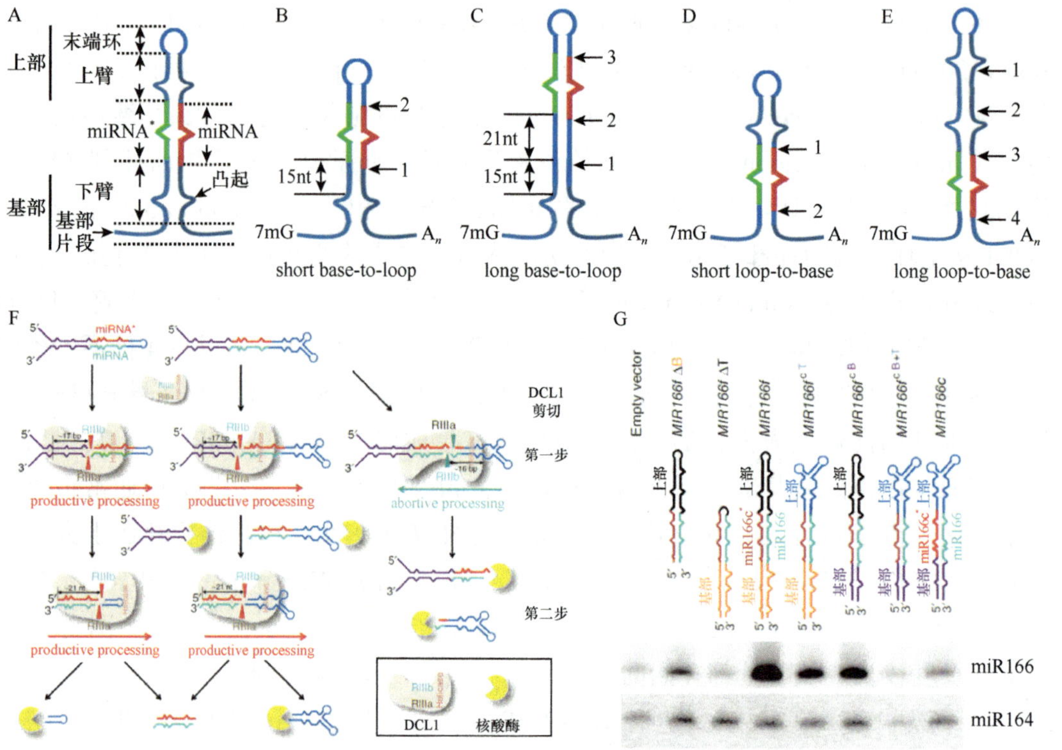

图 2-4 DCL1 对 pri-miRNA 的加工模式示意图

A. pri-miRNA 的基本结构与各部分命名；B～E. DCL1 对 pri-miRNA 的 4 种加工模式，即短的基部至环区（short base-to-loop）模式（B），长的基部至环区（long base-to-loop，又称 sequential base-to-loop）模式（C），短的环区至基部（short loop-to-base）模式（D），长的环区至基部（long loop-to-base，又称 sequential loop-to-base）模式（E），其中箭头右侧数字代表 DCL1 的切割顺序；F. DCL1 对 pri-miRNA 的有效加工（productive processing）和无效加工（abortive processing），图中 Helicase 表示解旋酶；G. sRNA 杂交检测烟草瞬时过表达不同茎环结构的 pri-miR166 情况下所产生的成熟 miR166 含量，miR164 作为内参对照。图 F 和图 G 引自 Zhu 等（2013a）

HYL1 属于双链 RNA 结合蛋白（double-stranded RNA-binding protein，DRB）家族一员，该家族共包含 5 个成员，HYL1/DRB1 主要参与了 miRNA 的生物合成过程，而 DRB2 也会影响部分 miRNA 的积累（Hiraguri et al.，2005；Curtin et al.，2008；Eamens et al.，2012）。HYL1 与 DCL1 直接相互作用对 miRNA 前体高效和精准的剪切有重要作用（Kurihara et al.，2006；Dong et al.，2008；Manavella et al.，2012；Yang et al.，2014）。HYL1 能够形成同源二聚体，其二聚化对于 miRNA 前体的正确剪切至关重要（Yang et al.，2010，2014）。此外，HYL1 还会影响部分 pri-miRNA 的内含子剪接以及 miRNA/miRNA* 装载进入 AGO1 时的链特异性选择（Szarzynska et al.，2009；Manavella et al.，2012）。多项研究表明 HYL1 的磷酸化状态、蛋白质稳定性和亚细胞定位都会影响 miRNA 前体的加工（图 2-5）。诸多证据显示磷酸化能够抑制 HYL1 的功能。蛋白激酶 MPK3（mitogen-activated protein kinase 3）和 SnRK2（SNF1-related protein kinase subfamily 2）均能够磷酸化 HYL1（Raghuram et al.，2015；Yan et al.，2017）。HYL1 的磷酸化状态不仅会影响 HYL1 的活性，还会影响到其蛋白质稳定

性，其中 *snrk2* 突变会引起 HYL1 稳定性降低，蛋白质水平下降（Yan et al.，2017）。磷酸酶 CPL（C-terminal domain phosphatase-like），包括 CPL1 及其同源蛋白 CPL2，能够对 HYL1 去磷酸化，从而促进 HYL1 在 D-body 的定位、miRNA 前体的精确剪切和 miRNA 装载进入 AGO 蛋白时的链选择（Manavella et al.，2012）。KH 结构域蛋白 RCF3（regulator of CBF gene expression 3）则能够通过与 CPL 蛋白的互作促进 HYL1 的去磷酸化（Karlsson et al.，2015）。另一个磷酸酶 PP4（protein phosphatase 4）和 SMEK1 复合物则能将 HYL1 去磷酸化并有助于其蛋白质稳定（Su et al.，2017）。HYL1 的蛋白质稳定性还受到 RING 型泛素连接酶 COP1（constitutive photomorphogenic 1）的调控：在光照条件下，COP1 则在细胞质内正调控 HYL1 的蛋白质积累，从而促进 HYL1 进入细胞核内积累；在黑暗条件下，COP1 则进入细胞核内，导致 HYL1 在细胞质中的降解，从而抑制 HYL1 进入细胞核内积累。还有研究发现，核输入蛋白 KETCH1（karyopherin enabling the transport of the cytoplasmic HYL1）突变后，HYL1 在细胞核中的积累受到抑制，miRNA 的生物合成也受到抑制，表明 KETCH1 能将 HYL1 运输至细胞核以形成剪切复合物（Zhang et al.，2017a）。

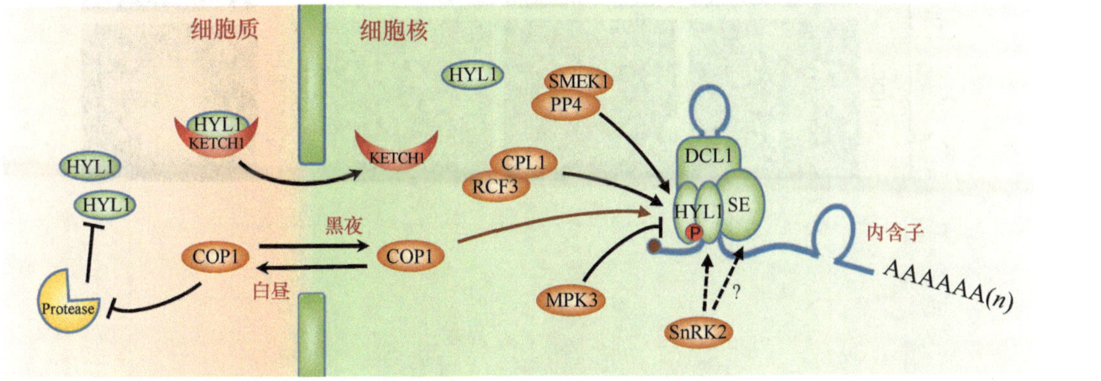

图 2-5　HYL1 的动态调控模式示意图

HYL1 的互作蛋白通过调控 HYL1 的磷酸化状态、蛋白质稳定性和亚细胞定位影响 miRNA 前体的加工。Protease：蛋白酶

具有 C2H2 型锌指结构域的 RNA 结合蛋白 SE（serrate）也是拟南芥 miRNA 剪切复合物的重要核心元件之一，能够结合 pri-miRNA。SE 的突变将导致成熟 miRNA 水平显著降低、pri-miRNA 前体积累以及一些 pri-miRNA 内含子剪接的缺陷（Grigg et al.，2005；Lobbes et al.，2006；Yang et al.，2006a；Laubinger et al.，2008）。液-液相分离（liquid-liquid phase separation，LLPS）是形成无膜细胞器或者生物大分子凝聚体的一种重要机制（Banani et al.，2017；Shin et al.，2017；Shin and Brangwynne，2017），液-液相分离通常是由包含有内在无序区（intrinsically disordered region，IDR）的多元蛋白-蛋白相互作用所驱动的，同时其他分子如 RNA 也能促进这一过程。由于缺少磷脂膜结构屏障，无膜细胞器可以进行高度的动态组装、解离和交换组分。近来的研究显示 D-body 存在明显的相分离特征（图 2-6），蛋白序列分析显示 D-body 的 3

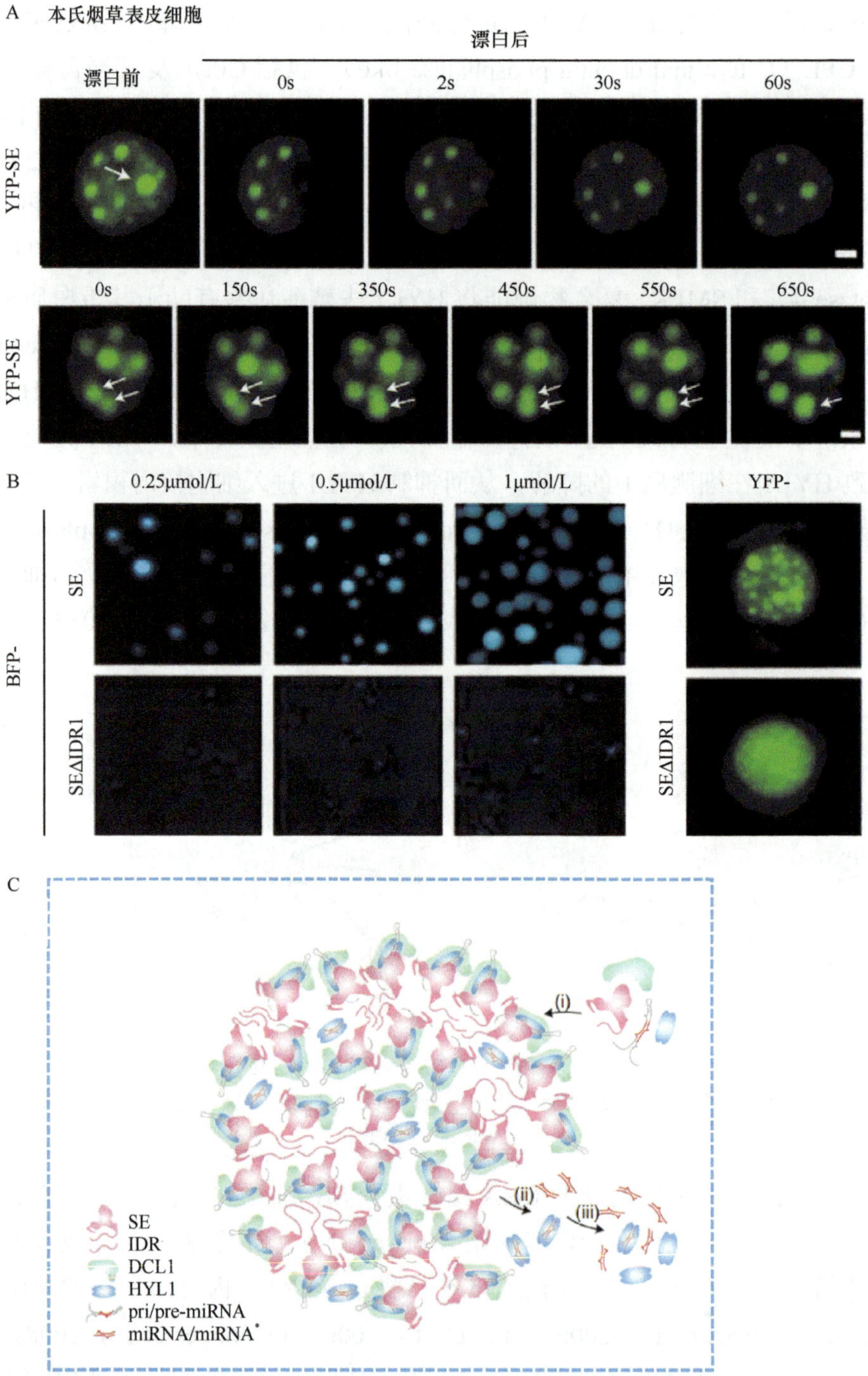

图 2-6 SE 通过相分离过程驱动 D-body 组装并促进 miRNA 加工［修改自 Li 等（2021）］

A. 本氏烟草中瞬时表达 YFP-SE 并通过光漂白观察包含 YFP-SE 的 D-body 重新组装以及两个 D-body 相互融合的相分离过程。B. 原核表达纯化的 BFP-SE 能在体外通过相分离过程形成液滴，而去除 IDR1 的 BFP-SEΔIDR1 无法形成；体内的 YFP-SE 能形成 D-body，而 YFP-SEΔIDR1 不能。C. 植物体内通过相分离过程形成 D-body 并进行 miRNA 加工的模式图：（i）在 SE N 端 IDR 的作用下通过相分离过程由 DCL1、HYL1、SE 和 pri/pre-miRNA 凝缩形成 D-body；（ii）在 D-body 中 pri/pre-miRNA 经过微剪切体（microprocessor）加工生成 miRNA/miRNA* 双链；（iii）miRNA/miRNA* 双链在 HYL1 的帮助下从 D-body 中释放出来个核心蛋白中仅 SE 蛋白含有 3 段明显的 IDR，进一步研究证实 SE 介导了 D-body 的相分离过程，IDR 是形成相分离所必需的，这对 D-body 的组装非常关键（Xie et al.，2021）。另一项研究显示 DEAD-box 类解旋酶 RH6/8/12 也是 D-body 形成所必需的，它们能够与 SE 互作，通过相分离方式驱动 D-body 的形成，进而促进 miRNA 的积累（Li et al.，2021）。20S 蛋白酶体 α 亚基 G1（20S proteasome α subunit G1，PAG1）能与 SE 互作，将无序状态、失去功能的 SE 导入不依赖泛素的 20S 蛋白酶体降解途径进行降解；无序化的 SE 的清除对于保护有功能的 DCL1-HYL1-SE 微剪切体复合物是必需的（Li et al.，2020a）。SE 在微剪切体复合物中还充当支架的作用，许多参与 miRNA 加工调控的蛋白因子都是通过与 SE 互作进而介导对整个微剪切体复合物或者该复合物中 DCL1、HYL1 的精细调控。

除了在 miRNA 生物合成过程中发挥作用，SE 还具有其他方面的功能：SE 能够与 U1 小分子核内核糖核蛋白体相互作用（Knop et al.，2017）；其亚细胞定位分布与丝氨酸/精氨酸剪接因子的定位相类似（Fang and Spector，2007），SE 能影响一些 mRNA 的可变剪接（Laubinger et al.，2008；Raczynska et al.，2014）；此外，SE 还参与调节一些无内含子基因的转录表达（Speth et al.，2018）。

近 20 年来，通过正向或反向遗传学的手段，研究鉴定到了大量影响 miRNA 加工相关的调控因子。多数调控因子都能促进 miRNA 的生物合成，相应的突变体中 miRNA 的积累都有所降低，而其中 pri-miRNA 的水平则变化各异，或提高，或降低，或不变，表明这些蛋白在 pri-miRNA 的加工之前或者加工过程中等不同环节发挥作用，其中涉及 pri-miRNA 的稳定和降解、DCL1 剪切复合物（D-body）的组装、DCL1 复合物的加工活性、pri-miRNA 的内含子剪接、pri-miRNA 的二级结构调节、DCL1 核心复合物的转录调节等多个方面（图 2-7）。

此前的研究表明 5′ → 3′ 核酸外切酶（exoribonuclease，XRN）和 3′ → 5′ 核酸外切酶复合物外切体（exosome）负责 pri-miRNA 加工中间产物的降解（Chekanova et al.，2007；Gy et al.，2007；Kurihara et al.，2012；Kurihara，2017）。有研究证明一种 XRN 的抑制剂 3′-磷酸腺苷-5′-磷酸（3′-phosphoadenosine-5′-phosphate，PAP）的过量积累，能够增加 pri-miRNA 的积累水平和稳定性（Fang et al.，2019）。HEN2（hua enhancer 2）是核外切体靶向复合物（nuclear exosome targeting complex，NEXT）中的一个组分，其突变体中一些 pri-miRNA 的含量增加（Bajczyk et al.，2020）。此外，也有证据显示 SE 能分别与 XRN 及 NEXT 复合物中的多个组分互作，参与了招募核酸外切酶到 pri-miRNA 上（Li et al.，2018b，2020b；Bajczyk et al.，2020）。因此，保护 pri-miRNA 在共转录加工过程中不被降解对于维持 pri-miRNA 的含量、保障 miRNA 的产生是很关键的。

DDL（DAWDLE）是一个包含 FHA 结构域（forkhead-associated domain）的 RNA 结合蛋白，能够结合 DCL1 和 pri-miRNA（Yu et al.，2008）。DDL 缺失后 *MIRNA* 启动子转录活性不受影响，pri-miRNA 和 miRNA 积累量都显著降低，表明 DDL 可能

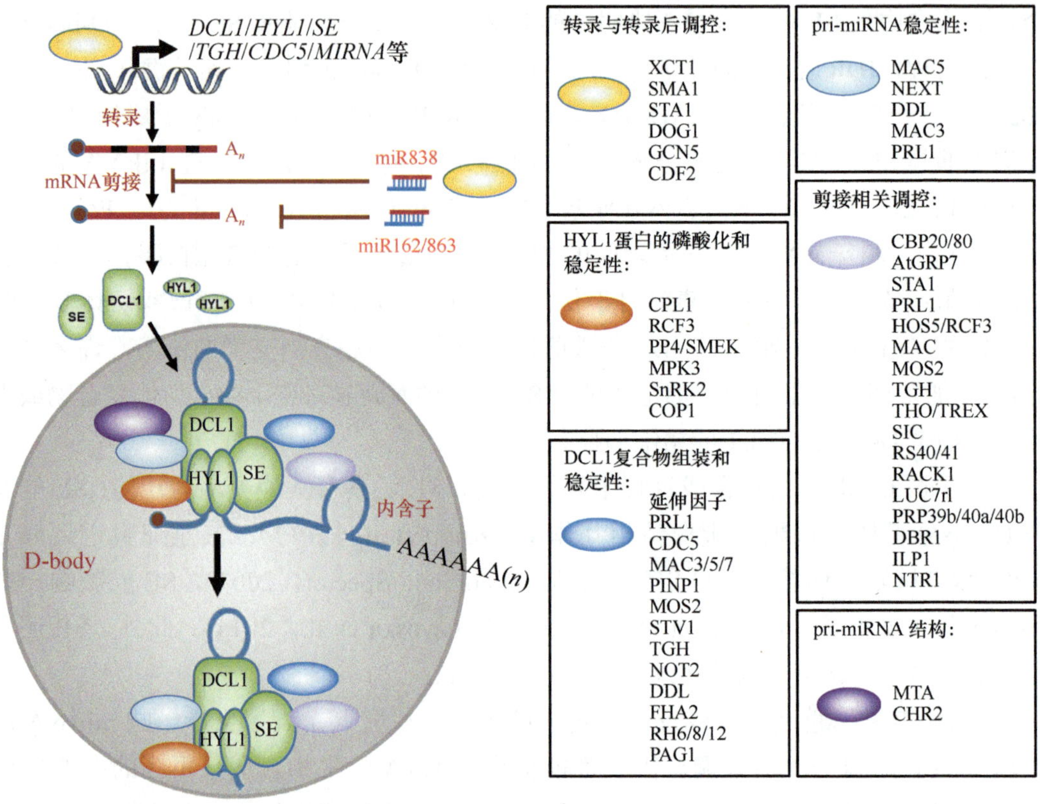

图 2-7　miRNA 前体加工示意图

能够保护 pri-miRNA 不被降解，影响到 pri-miRNA 的稳定性。起到类似作用的还有包含 WD-40 结构域的 PRL1（protein pleiotropic regulatory locus 1；又称 MOS4-associated complex 2，MAC2）（Zhang et al.，2014a），U-box 型 E3 泛素连接酶 MAC3（Li et al.，2018b）和 RNA 结合蛋白 MAC5（Li et al.，2020b）。顾名思义，它们都来自同一个保守的 MAC 复合物，其同源复合物包括人类的 CDC5-SNEV^{PRP_PSO} 复合物和酵母的 NTC（nineteen complex），它们与剪接体（spliceosome）有关，参与 RNA 剪接过程。MAC3 虽然是 E3 泛素连接酶，但和 PRL1 一样也具有可结合蛋白或者 RNA 的 WD-40 结构域，都能够结合 pri-miRNA，但它们的具体调控机制尚不清楚。MAC5 则能够结合 pri-miRNA 的茎环结构，环状结构区段是它结合 RNA 所必需的，它可能通过结合保护 pri-miRNA 不受核酸外切酶的攻击。*mac5* 中 pri-miRNA 的稳定性下降，而 *mac5xrn2* 或 *mac5xrn3* 双突变能够增加 pri-miRNA 的稳定性，部分恢复 pri-miRNA 的积累（Li et al.，2020b）。MAC5 能与 SE 互作而不能与 DCL1、HYL1 互作，*mac5* 突变体中 XRN2 或 XRN3 对 pri-miRNA 的降解依赖 SE，这暗示 MAC5 的功能主要是保护 pri-miRNA 不受 SE 依赖的 5′ → 3′ 核酸外切酶降解（图 2-8）。此外，*hen2* 和另一个 NEXT 复合物组分的突变体 *sop1* 均能够增强 *hyl1* 突变体中某些 pri-miRNA 的稳定性，增加其积累；然而，这两个基因却没有相似的作用（Gao et al.，2020）。这些结果表明 HYL1 可以保护某些 pri-miRNA 不受 SE 依赖的核酸外切酶降解（Gao et al.，2020）。因此，一方面，植物利用 SE 招募核酸外切酶系统降解 pri-miRNA 加工中间产物；另一方面，植物又通过 DDL、HYL1 和 MAC 复合物等协同保护未加工的 pri-miRNA 以避免这些核酸外切酶的降解（图 2-8）。

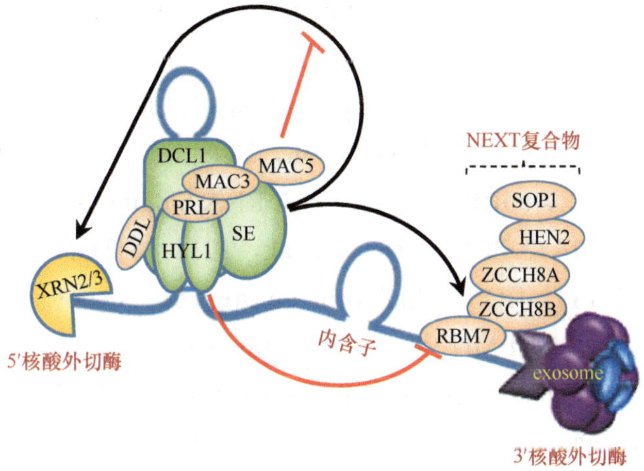

图 2-8　pri-miRNA 稳定性的调节示意图

多个蛋白因子参与调节 pri-miRNA 稳定性，未加工的 pri-miRNA 能够被 5′ → 3′ 核酸外切酶（XRN）和 3′ → 5′ 核酸外切酶复合物外切体（exosome）降解，这一过程依赖 SE。MAC5 和 HYL1 分别能够保护 pri-miRNA 不受 XRN 和外切体的降解。RBM7、ZCCH8A、ZCCH8B、HEN2 和 SOP1 均是 NEXT 复合物的主要组分。DDL、PRL1 和 MAC3 调节 pri-miRNA 稳定性的具体工作机制尚未厘清

虽然上述这些调控因子突变体中 pri-miRNA 的降低表明这些蛋白在 pri-miRNA 稳定性维持的过程中可能发挥作用，但它们看起来也能够影响 DCL1 复合物的组装过程。例如，*not2* 突变体中 D-body 的数量有所增加（Wang et al.，2013），而延伸因子（Fang et al.，2015a）、PRL1（Zhang et al.，2014a）、MAC3（Li et al.，2018b）和 MAC7（Jia et al.，2017）等的突变体中 D-body 都有所减少，DCL1、HYL1 和 SE 的蛋白含量并未受到影响，这表明它们可能有助于 DCL1 复合物的组装。值得注意的是，MAC3 的 E3 泛素连接酶活性是 miRNA 产生所必需的（Li et al.，2018b），这表明蛋白泛素化在 DCL1 复合物的组装过程中有重要作用。此外，DEAH-box 解旋酶 PINP1（PSR1-interacting protein 1）和 RNA 结合蛋白 MOS2（modifier of SNC1,2）也会影响 D-body 的形成（Wu et al.，2013；Qiao et al.，2015），而 MOS2、STV1 和 TGH 都能结合 pri-miRNA 并帮助招募 DCL1 复合物到 pri-miRNA 上（Ren et al.，2012a；Wu et al.，2013；Li et al.，2017）。

在过去 20 年中，大量调节 DCL1 活性的调控因子被鉴定出来。NOT2 和延伸因子除了能够影响 pri-miRNA 的转录，还能与 DCL1 复合物互作，促进 pri-miRNA 的加工（Wang et al.，2013；Fang et al.，2015a）。由 CDC5（Zhang et al.，2013a）、PRL1（Zhang et al.，2014a）、MAC3（Li et al.，2018b）、RNA 结合蛋白 MAC5（Li et al.，2020b）和 MAC7（Jia et al.，2017）等构成的 MAC 复合物，也能够与 DCL1 复合物互作并提高其剪切活性（图 2-7）。TGH 和 DDL 也能与 DCL1 互作并增强其剪切活

性（Yu et al.，2008；Ren et al.，2012a）。有意思的是，去黄化过程中 DCL1 蛋白能够被光稳定，但是升高的 DCL1 蛋白水平却无法改变去黄化植物中的 miRNA 水平，表明其中存在一个光诱导的 DCL1 抑制子（Cho et al.，2017）。事实上，研究发现一个被光稳定的 FHA2（forhead-associated domain 2）蛋白能够通过限制 DCL1 结合 pri-miRNA 来抑制 DCL1 的活性（Park et al.，2021）。此外，不少 pre-mRNA 加工因子也能够与 DCL1 复合物互作并且正调控 pri-miRNA 的加工，其中包括 CBP80（CAP-binding protein 80）和 CBP20（Laubinger et al.，2008）、STA1（STABILIZED 1）（Ben Chaabane et al.，2013）、AtGRP7（glycine-rich RNA-binding protein）（Streitner et al.，2012；Koster et al.，2014）、PRL1（Zhang et al.，2014a）、TGH（Ren et al.，2012a）、MOS2（Wu et al.，2013）、HOS5（high osmotic stress gene expression 5）/RCF3（Chen et al.，2015）、THO1/HPR1/EMU 和 THO2（Furumizu et al.，2010）、SICKLE（Zhan et al.，2012）、RS40（arginine/serine rich splicing factor 40）和 RS41（Chen et al.，2015）、RACK1（receptor for activated C kinase 1）（Speth et al.，2013）、LUC7RL（U1 snRNP subunit lethal unless CBC 7 RL）（Knop et al.，2017）、PRP39b（pre-mRNA-processing protein 39b）、PRP40a 及 PRP40b（Knop et al.，2017）等（图 2-7）。值得注意的是，这些调控因子的功能往往也不仅仅限于调控 miRNA 生物合成，还普遍参与调节 pre-mRNA 的剪接。

研究显示，内含子的剪接过程往往能够促进成熟 miRNA 的积累（Bielewicz et al.，2013；Schwab et al.，2013）。D-body 和一系列剪切相关因子，如 SmD3、SmB、丝氨酸/精氨酸剪切因子 SR33 和可变剪切因子 SRp34 的定位都一致，显示了 mRNA 可变剪切与 pri-miRNA 加工之间存在着密切关联（Fang and Spector，2007；Fujioka et al.，2007）。一系列证据都显示以上两类蛋白普遍都与 mRNA 剪接相关。其中，CBP80 和 CBP20 作为核内帽子结合复合物（nuclear cap-binding complex）的重要亚基，能与 SE 蛋白直接相互作用，也能与 pri-miRNA 转录共激活因子 NOT2b 相互作用，还影响 mRNA 的剪接过程（Laubinger et al.，2008；Wang et al.，2013）。STA1 在人与酵母中的同源蛋白是 U5 核小核糖核蛋白颗粒（snRNP）相关蛋白 PRPF6（pre-mRNA processing factor 6），其拟南芥突变体中存在强烈的内含子保留现象，与此同时也伴随着未剪切 pri-miRNA 的积累（Ben Chaabane et al.，2013）。SICKLE 则是一类与多种 RNA 加工蛋白互作的植物特有蛋白，参与 mRNA 可变剪切的过程（Zhan et al.，2012；Marshall et al.，2016）。与 *se* 突变体类似，*cbp20*、*cbp80*、*sic-1* 和 *sta1* 突变体中都能检测到 pri-miRNA 和一些 pre-mRNA 的剪接缺陷，成熟 miRNA 含量也都降低，这很可能与 pri-miRNA 和 DCL1 mRNA 剪切缺陷有关（Laubinger et al.，2008；Ben Chaabane et al.，2013）。*AtGRP7* 的过表达也会造成一些 pri-miRNA 剪接的改变（Streitner et al.，2012；Koster et al.，2014）。THO1/HPR1/EMU 和 THO2 是 THO/TREX（suppressor of the transcription defects of *Hpr1* mutants by overexpression/transcription-export）复合物中的组成亚基，而该多亚基复合物在动物和酵母中主要参与 pre-mRNA 的共转录加工与 mRNA 的核输出过程（Furumizu et al.，2010）。*tho1* 和 *tho2* 突变体中均可检测到编码丝氨酸/精氨酸富集的剪接因子的基因多种可变剪接转录物。MOS2 是一类 RNA 结合蛋白，是参与植物抗病免疫反应的 *SNC1*（suppressor of *npr1-1*, constitutive 1）转录产物的正确剪接所必需的（Zhang et al.，2005）。另一个参与 miRNA 生物合成过程的 RNA 结合蛋白 TGH 也能与剪接因子丝氨酸/精氨酸富集蛋白共定位或相互作用，暗示其参与 pre-mRNA 的剪接（Calderon-Villalobos et al.，2005）。PRL1 属于 MAC 复合物的一个亚基，MAC 复合物在所有真核模式生物中均参与了剪接复合体的组装和 pre-mRNA 的剪接（Zhang et al.，2014a）。PINP1 则是一类 RNA 解旋酶（Qiao et al.，2015），尽管在拟南芥中尚未有直接证据表明其参与 pre-mRNA 的剪接，但其酵母同源蛋白 Prp16 已被证实是一类剪接因子（Wang et al.，1998）。

如此多的蛋白同时参与 RNA 剪接和 miRNA 的生物合成过程暗示着两个过程之间密切的关系。对于一些包含内含子的 pri-miRNA（Szarzynska et al.，2009），不难理解剪接会是 miRNA 生物合成的关键步骤。然而，一些没有内含子的 pri-miRNA 在前述基因的突变体中也同样受到影响。例如，没有内含子的 pri-miR159a 表达水平在 *CBC*、*STA1*、*PRL1*、*MOS2*、*THO2* 和 *SICKLE* 的突变体中均发生了改变（Laubinger et al.，2008；Szarzynska et al.，2009；Zhan et al.，2012；Ben Chaabane et al.，2013；Copeland et al.，2013；Wu et al.，2013；Zhang et al.，2014a；Francisco-Mangilet et al.，2015）。因此，至少对于这些无内含子的 pri-miRNA，前述蛋白无法通过它们在 RNA 剪接上的功能直接影响 miRNA 的生物合成。一种可能的解释是前述蛋白只在剪接过程中发挥作用，前述蛋白编码基因的突变导致未剪接内含子的积累，而这些未剪接内含子可能通过与 miRNA 剪切复合物的竞争性结合抑制了 miRNA 的生物合成。值得注意的是，内含子套索（intron lariat）RNA 作为剪接过程的副产物，通常会被 RNA 去分支酶 1（RNA debranching enzyme 1，DBR1）所降解，在 DBR1 的弱突变体 *dbr1-2* 中，内含子套索 RNA 过度积累，同时伴随着大量 miRNA 的积累减少，其中内含子套索 RNA 并不影响 pri-miRNA 前体的含量，而是影响其与 HYL1 的结合，很可能是与 pri-miRNA 竞争 miRNA 剪切复合物（Li et al.，2016）。然而，考虑到前述这些蛋白中不少也与 miRNA 剪切复合物或者 pri-miRNA 相互作用，也不排除它们同时独立参与 RNA 剪接和 miRNA 剪切过程的可能性。有意思的是，两个剪切因子 ILP1 和 NTR1，能够与 DCL1 和 SE 互作，从剪接复合体中移除内含子套索 RNA，进而促进 miRNA 的积累（Wang et al.，2019b）。另一个有趣的现象是，一些来源于反转录转座子短散在核原件（short interspersed nuclear element，SINE）的转录物能够形成类似于 pri-miRNA 的茎环结构，SINE 转基因植物表达的 SINE 转录物能够与内源 pri-miRNA 竞争性结合并隔离 HYL1，使得依赖 DCL1-HYL1 的内源 pri-miRNA 加工受到干扰，相应的成熟 miRNA 积累减少，从而产生了 miRNA 缺陷的发育表型（Pouch-Pelissier et al.，2008）。

DCL1 复合物对底物的高效剪切还与 pri-miRNA 的二级结构有着密切关系。染色体重塑因子 CHR2 是一个 DNA/RNA 解旋酶，能够与 SE 直接互作，抑制 miRNA 的积累（Wang et al.，2018a）。CHR2 虽然能够正调控 *MIRNA* 的转录表达，但它也能够直接结合 pri-miRNA 并使其二级结构成为较为松散的结构，从而抑制 pri-miRNA 的加工。在 *chr2* 突变体中，pri-miRNA 的二级结构与野生型有着显著的不同（图 2-9）。由于 RNA m^{6}A 甲基化修饰也能够影响 RNA 的二级结构，因此在 RNA m^{6}A 甲基转移酶 MTA 突变体中，RNA m^{6}A 甲基化修饰减少后对 pri-miRNA 的茎环结构造成影响，也可能进一步影响了 pri-miRNA 的剪切（Bhat et al.，2020）。

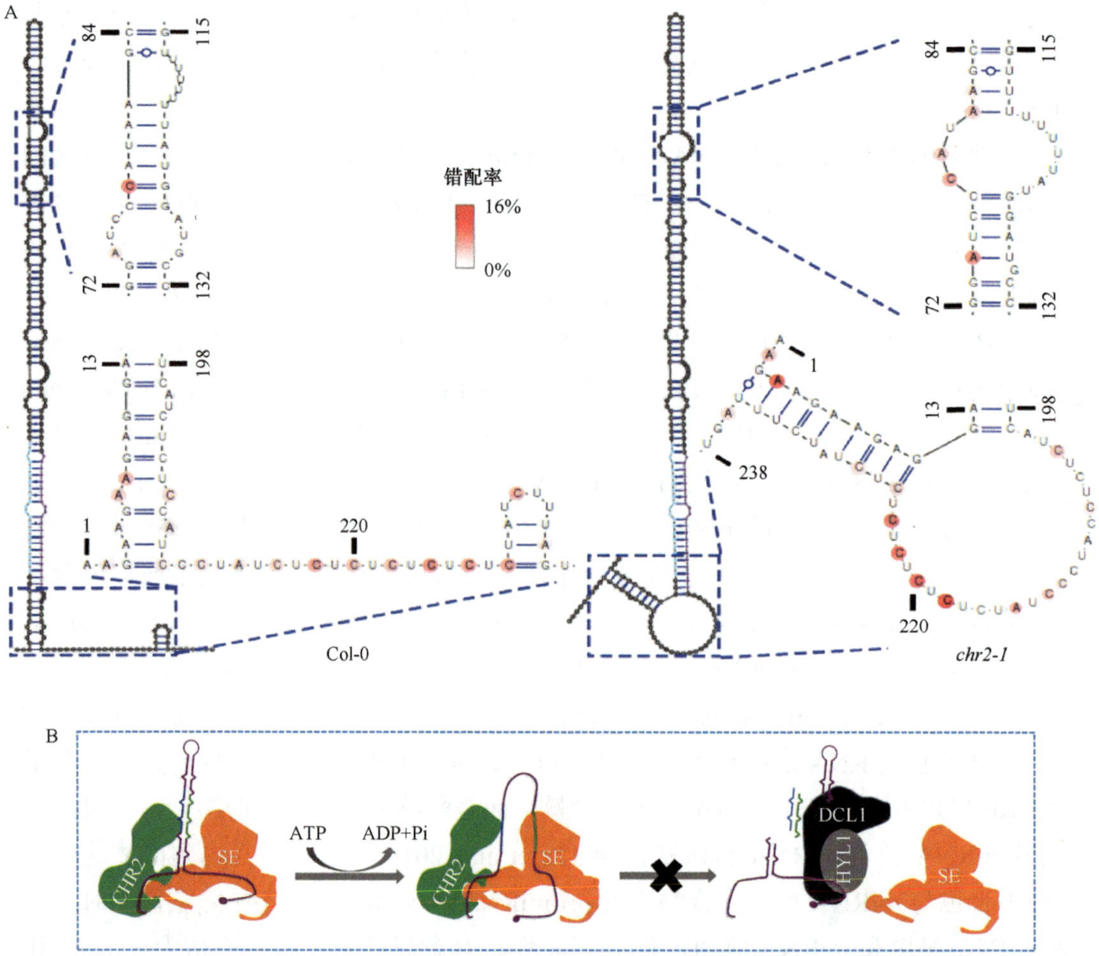

图 2-9　CHR2 通过与 SE 互作重塑 pri-miRNA 二级结构并抑制其加工（Wang et al.，2018a）

A. 拟南芥野生型与 *chr2-1* 突变体中 pri-miRNA 的二级结构示意图；

B. CHR2 通过与 SE 互作抑制 pri-miRNA 加工的工作模型

许多蛋白调控因子主要都是通过与 DCL1 复合物核心元件 DCL1、HYL1 和 SE 直接或间接的蛋白质-蛋白质相互作用来调控 pri-miRNA 的剪切加工。除此之外，对 DCL1 复合物核心元件 DCL1、HYL1 和 SE 的转录调控也是 miRNA 加工调控过程的重要手段。目前，研究已经鉴定出了若干转录水平的调控因子。研究发现，核定位蛋白 XCT（XAP5 circadian timekeeper）和 STA1 能够促进包括 *DCL1* 在内的 *DCL* 基因的表达（Ben Chaabane et al.，2013；Fang et al.，2015b），而组蛋白乙酰转移酶 GCN5（general control non-repressed protein 5）能够抑制 *DCL1*、*HYL1* 和 *SE* 的转录表达（Kim et al.，2009）。DOG1（delay of germination 1）可以上调 *DCL1*、*HYL1*、*SE*、*TGH* 和 *CDC5* 表达（Huo et al.，2016）。剪接因子 SMA1 能够参与 *DCL1* 基因第 9 个内含子的正确剪切进而调控 *DCL1* 的表达（Li et al.，2018a）。另外，*DCL1* 和 *SE* 的转录表达也受到 miRNA 的转录后调控，miR162 和 miR863 分别能够靶向剪切 *DCL1* 和 *SE*，形成一个反馈调控回路从而将 *DCL1* 和 *SE* 控制在一个合适的水平（Xie et al.，2003；Niu et al.，2016）。有意思的是，*DCL1* pre-mRNA 第 14 个内含子中含有一个 *MIR838* 基因，*DCL1* 的转录水平受到 DCL1 对 pri-miR838 加工剪切的负调控（Rajagopalan et al.，2006）（图 2-10）。当核内 DCL1 蛋白处在高水平时，miRNA 生物合成机器能够更高效地和剪接机器竞争 *DCL1* 前体转录物。如果 DCL1 在第 14 个内含子剪接位点确定和开始剪接前就加工第 14 个内含子中的 *MIR838* 发夹结构，就会导致 *DCL1* 前体转录物的错误剪接，产生翻译出截断、功能不完整蛋白的 *DCL1* 成熟转录物

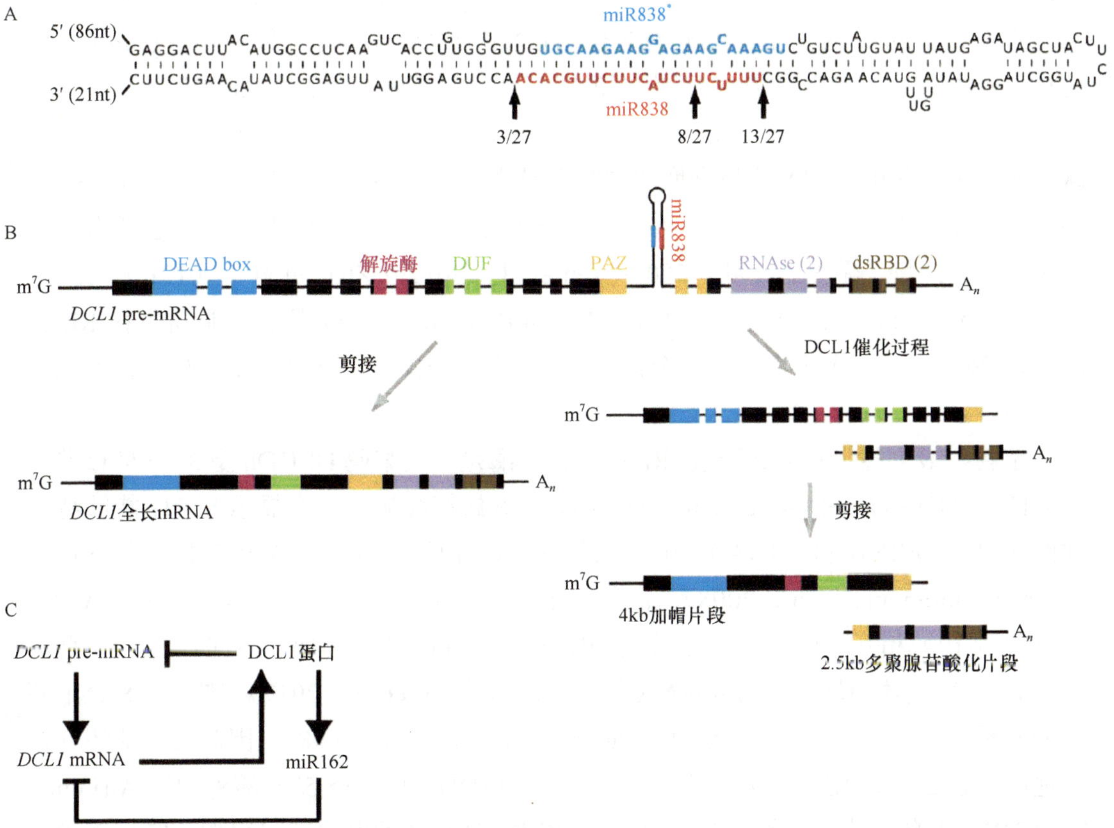

图 2-10　基于内含子中 *MIRNA* 基因的 DCL1-miR838 负反馈调控（Rajagopalan et al.，2006）

A. pri-miR838 的预测发夹结构及成熟 miR838/miR838* 双链位置，箭头显示 5′ RACE 检测到的 pri-miR838 加工剪切位点；B. *DCL1* 前体转录物的转录后加工模式图，DCL1 第 14 个内含子中含有一个 *MIR838* 的发夹结构；C. DCL1-miR162/miR838 负反馈调控工作模型

（图 2-10）。如此一来，这就形成了另一个负反馈调控回路，可以作为 *DCL1*-miR162 负反馈调控回路的有益补充（Rajagopalan et al.，2006）。

miRNA 前体的加工是一个复杂、精细、多层次的调控网络，尽管目前已经鉴定了很多调控因子，但对其中许多调控因子具体生化功能的了解还不够，而且许多调控因子本身也具有多能性，其调控方式涉及多个层面，它们在调控过程中如何相互协调仍有待探索。

（三）miRNA 的稳定性和 RISC 的组装

miRNA/miRNA* 双链被剪切复合物剪切产生后，会通过甲基转移酶 HEN1 在其 3′ 端进行 2′-*O*- 甲基化，拟南芥 HEN1-sRNA 复合物的晶体结构表明 sRNA 双链能够被 HEN1 的双链 RNA 结合结构域（double-strand RNA-binding domain，dsRBD）所结合，其一末端能在 HEN1 的甲基转移酶活性位点中进行依赖 Mg^{2+} 的甲基化修饰（Yu et al.，2005；Yang et al.，2006b）。研究表明一部分 HEN1 在细胞核内定位，HEN1 还能分别与 HYL1 和 DCL1 相互作用并且共定位于细胞核内 D-body 中，这都表明 HEN1 很可能是通过与 HYL1 和 DCL1 互作完成对 miRNA/miRNA* 的加工。HEN1 介导的 3′ 端甲基化修饰对于 miRNA 的稳定性至关重要。HEN1 的 3′ 端甲基化修饰能够保护 miRNA，避免 3′ 端加尾（主要是尿苷化加尾）和 3′ → 5′ 修剪，从而提高了 miRNA 的稳定性。在 *hen1* 的突变体中，包括 miRNA 在内的各类小分子 RNA 都会出现长度增加、积累减少的情况，其中 sRNA 的长度增加实际上是由于其 3′ 端受到了尿苷转移酶 HESO1、URT1 等的尿苷化修饰作用，加上了 1～5 个碱基长的尿苷尾巴，尿苷化修饰会促进 sRNA 的降解（Li et al.，2005；Ren et al.，2012b；Zhao et al.，2012；Tu et al.，2015；Wang et al.，2015）。与甲基化不同，miRNA 的加尾过程很可能发生在 RISC-miRNA 装载之后。至于究竟是哪个核酸酶负责尿苷化修饰的 miRNA 降解，目前尚不得而知。

植物中最早鉴定到能够降解 sRNA 的核酸酶是一类编码 DEDDh 型 3′ → 5′ 核酸外切酶的 SDN（small RNA degrading nuclease）家族核酸酶，研究显示 SDN1 能够特异性降解包括 miRNA 和 siRNA 在内的单链 sRNA，但活性受到 3′ 端甲基化的部分抑制（Ramachandran and Chen，2008）。晶体结构结合生化分析显示 SDN1 能够与 AGO1 的 PAZ 结构域相互作用，从 3′ 端修剪 sRNA（Chen et al.，2018），SDN1 在野生型植物和 *hen1* 突变体中均可参与 miRNA 的 3′ 端修剪（Yu et al.，2017）。然而，SDN1 并不能降解尿苷化加尾的 miRNA（Ramachandran and Chen，2008），因此很可能还存在其他降解尿苷化 miRNA 的核酸外切酶。一个 DEDDy 型 3′ → 5′ 核酸外切酶 Atrimmer 2（ATRM2）的缺失也能够部分回复 *hen1* 和 *hen1heso1* 的发育缺陷表型，它可能参与了未甲基化的 miRNA/miRNA* 的降解，而对于尿苷化 miRNA 的降解则没有明显的影响（Wang et al.，2018c）。值得注意的是，哺乳动物和酵母中的 3′ → 5′ 核酸外切酶 DIS3L2（DIS3-like 2）能够降解尿苷化的 RNA，包括 pre-let-7（Chang et al.，2013；

Ustianenko et al.，2013）。藻类外切体亚基 RRP6（ribosomal RNA-processing protein 6）在体外反应中对 3′端尿苷化 miRNA 的降解活性比对非尿苷化 miRNA 的活性更高（Ibrahim et al.，2010）。因此，两者的拟南芥同源蛋白 SOV（suppressor of varicose）和 RRP6L（RRP6-like）或许会是降解尿苷化 miRNA 的核酸外切酶。总体而言，miRNA 的降解也是 miRNA 水平精准动态调控中的重要一环，目前对于这部分的认识还相对比较有限（图 2-11）。

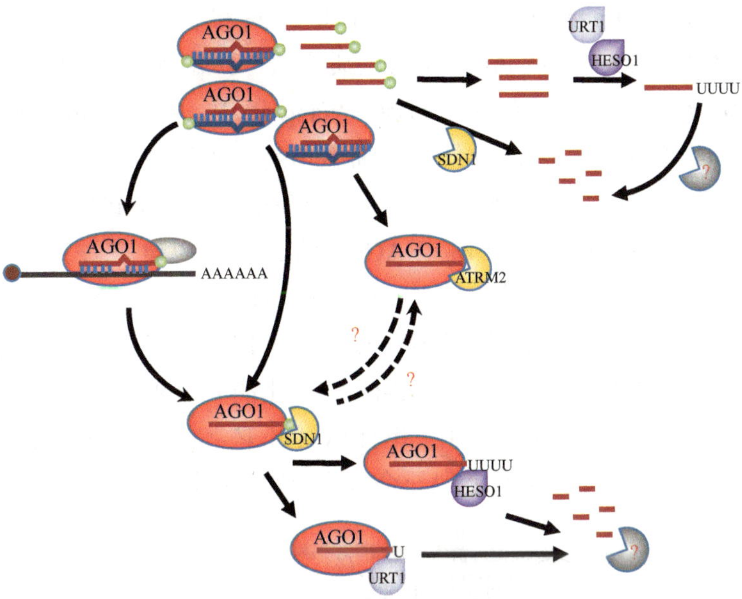

图 2-11　miRNA 的甲基化与稳定性调节模式图

植物体内 miRNA 的甲基化能够维持 miRNA 的稳定性，但甲基化的 miRNA 仍能被诸如 DEDDh 型 SDN1 的核酸酶所切割，并进一步通过尿苷转移酶 HESO1 和/或 URT1 催化尿苷化加尾，并被某核酸外切酶进一步降解。DEDDy 型 3′→5′核酸外切酶 ATRM2 能够与 AGO1 互作并降解野生型或 *hen1* 背景下未甲基化的 miRNA/miRNA*。AGO 中甲基化或未甲基化的 miRNA 可能发生相互转换

miRNA 完成剪切加工之后将被运送出细胞核，核输出蛋白 HST（HASTY）被认为参与了该过程（图 2-12）。与植物的 miRNA 通路有所不同，动物中的 pri-miRNA 到 pre-miRNA 的加工是在细胞核中完成的，而 pre-miRNA 到成熟 miRNA 的加工则是在细胞质中完成的，pre-miRNA 从细胞核到细胞质的运输主要是由 HASTY 蛋白在人类中的同源蛋白 Exportin 5 完成的（Lund et al.，2004）。然而，植物中的 miRNA 的两步剪切过程都是在细胞核中完成的，HASTY 并不参与 pre-miRNA 由核到质中的运输，*HASTY* 突变虽然会造成 miRNA 的积累减少，但并未见 miRNA 在核内积累增加，其核质比例没有显著差别，所以 HASTY 如何参与 miRNA 从细胞核到细胞质的运输作用尚未明了（Park et al.，2005）。miRNA/miRNA* 双链加工完成后进一步装载到以 AGO 蛋白为核心的 RNA 诱导沉默复合物（RISC）中，通常其中一条链被选择为引导链（guide strand），另一条则为随从链（passenger strand），将迅速被移除。目前的 RISC 装载工作模型是：AGO1 与热激蛋白 90（heat shock protein 90，HSP90）

双体形成复合物，在 ATP 的结合作用下，HSP90 能引起 AGO1 的构象改变，允许 sRNA 双链装载进入 AGO1-HSP90 复合物中；ATP 的水解促进 AGO1 与 HSP90 分离，HSP90 分离引起 AGO1 的构象改变则会移除随从链，形成成熟的 RISC-miRNA 复合物（Iki et al.，2010）。在这一过程中，亲环蛋白 CYP40（cyclophilin 40）能够与 HSP90-AGO1 复合物结合，促进 RISC-sRNA 复合物的组装（Iki et al.，2012）。令人意外的是，两个与 AGO1 互作的核输入蛋白 β 家族蛋白 EMA1（enhanced miRNA activity 1）和 TRN1（transportin 1）分别能够负向和正向调节 miRNA 装载进入 AGO1 中，却不介导 AGO1 或 miRNA 的核质穿梭，*ema1* 和 *trn1* 突变体中 AGO1 和 miRNA 的核质分布比例并没有受到影响（Wang et al.，2011；Cui et al.，2016），这暗示着 RISC 的组装可能发生在特异的亚细胞场所。较长一段时间以来，miRNA 装载一直被认为很可能发生在细胞质中，然而一项研究显示 miRNA 可在细胞核中装载进入 AGO1（Bologna et al.，2018）。AGO1 的 N 端同时含有核定位信号（nuclear localization signal，NLS）和核输出信号（nuclear export signal，NES），AGO1 可在细胞核和细胞质之间穿梭，依赖核输出蛋白 EXPO1/CRM1；只定位在核内的 $AGO1^{mNES}$ 突变体与正常的 AGO1 一样能够结合 2′-*O*-甲基化的 miRNA，AGO1 的核质穿梭是 miRNA 介导的 RNA 沉默所必需的，并且这并不依赖 HST（Bologna et al.，2018）（图 2-12）。此后，另一项研究鉴定到一个包含 IDR 序列的核定位蛋白 CARP9（con-

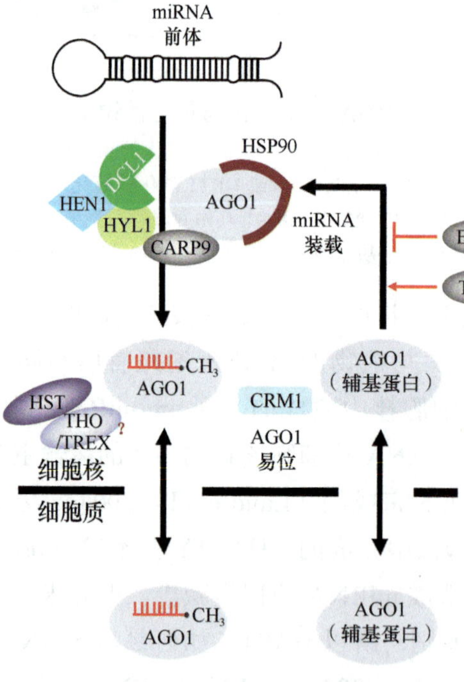

图 2-12　miRNA-AGO1 的装载和核输出模式图［修改自 Bologna 等（2018）］

在细胞核内，pri-miRNA 经 DCL1 复合物加工剪切成 miRNA/miRNA* 双链后，甲基转移酶 HEN1 通过与 DCL1-HYL1 的互作对 miRNA/miRNA* 进行 3′ 端的甲基化修饰，并在 HSP90、EMA1、TRN1 和 CARP9 的参与下完成 AGO1-miRNA 的 RISC 装载。在核输出蛋白 EXPO1/CRM1 的作用下完成 AGO1-miRNA 的核质穿梭。HST 和 THO/TREX 是否参与核输出过程还有待确定

stitutive alterations in the small RNAs pathway 9）能够分别与 HYL1 和 AGO1 互作，它能够与成熟的 miRNA 而不是 pri-miRNA 互作（Tomassi et al.，2020）。CARP9 的突变能导致装载入 AGO1 的 miRNA 含量降低，部分 miRNA 在细胞核内阻滞，同时 AGO1 的含量降低，综合来看，这表明 CARP9 可能参与调节 HYL1-AGO1 的互作，促进包含 HYL1、AGO1 和 HSP90 在内的后加工复合物的形成，在这一过程中，CARP9 能够促进 miRNA 的装载和维持 AGO1 的蛋白稳定性（Tomassi et al.，2020）（图 2-12）。

miRNA/miRNA* 双链装载进入 AGO 时，引导链和随从链的选择并不是随机的，而是受到 miRNA 前体剪切因子、5′ 端核苷酸和 sRNA 双链结构等因素的影响（图 2-13）。HYL1 和 HYL1 的磷酸酶 CPL1 促进引导链的选择，*hyl1* 和 *cpl1* 突变体中 miRNA* 链都会发生积累（Eamens et al.，2009；Manavella et al.，2012）。miRNA 5′ 端特征也会影响 AGO 装载的选择，大部分 miRNA 都是 5′ 端尿苷（U）居首，一般都装载进入 AGO1，很少有 miRNA* 链是尿苷居首的。相反，5′ 端腺苷（A）居首的 miRNA* 链大多数都装载进了 AGO2，而那些 5′ 端胞苷居首的则大部分装载进入 AGO5（Mi et al.，2008）。miR393 和 miR393* 的 5′ 端首位碱基分别为 U 和 A，它们能够分别装载进入 AGO1 和 AGO2 中进而指导 AGO 识别不同的靶标 mRNA（Navarro et al.，2006；Zhang et al.，2011）。然而，miRNA 5′ 端特征并非决定 miRNA/miRNA*-AGO 装载特异性的唯一因素。5′ 端首位碱基为 A 的 miR390 主要转载进入 AGO7 而非 AGO2（Montgomery et al.，2008a），而 AGO10 则能够特异性地结合 miR165/miR166，抑制其装载进入 AGO1（Zhu et al.，2011）。miRNA 的装载还受到 miRNA/

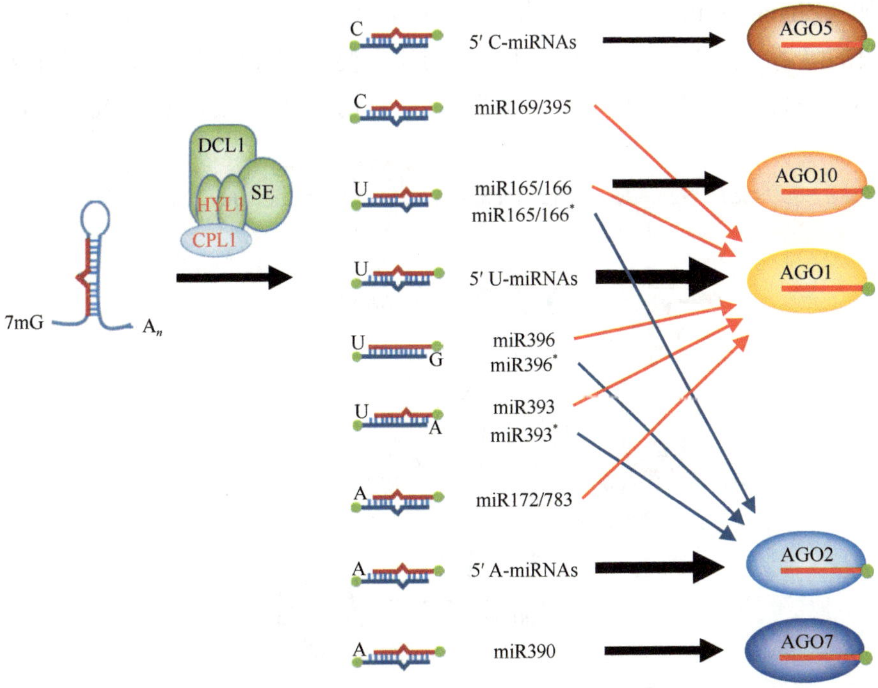

图 2-13　miRNA 装载进入 AGO 蛋白的偏好示意图

miRNA* 双链结构中膨胀凸起（bulge）结构的影响：AGO2 偏好于装载没有中央错配结构的 miRNA 双链，而 AGO1 则偏好于装载含有中央错配的 miRNA 双链，而 AGO10 对于装载 miR165/miR166 的特异性偏好则有赖于 miR166 前体中内部碱基的错配。拟南芥 miR396/miR396* 双链中央序列匹配度高，因此，尽管 miR396* 的 5′ 端首位碱基为 G，miR396* 仍然能够装载进入 AGO2。此外，5′ 端首位碱基为 C 的 miR169 和 miR395，以及首位碱基为 A 的 miR172 和 miR783 则都主要装载进入 AGO1（Zhang et al.，2014b）。

（四）miRNA 的作用方式

植物 miRNA 主要通过转录剪切和翻译后抑制这两种作用方式在转录后水平进行基因表达调控（Chen，2009；Voinnet，2009；Rogers and Chen，2013；Yu et al.，2017）。miRNA 介导的转录剪切通常发生在靶标 mRNA 的精确位置上，通常剪切是由装载有 miRNA 引导链的 AGO 蛋白来完成的。AGO 蛋白含有 PIWI 结构域，具备核酸酶 H 类似结构和 RNA 内切酶活性，能在与 miRNA 5′ 端第 10 位、第 11 位核苷酸配对的靶标 mRNA 互补链上产生切口，分别产生 5′ 剪切片段和 3′ 剪切片段，这两个剪切片段最终会被一些核酸外切酶降解。其中在拟南芥中，5′ → 3′ 核酸外切酶 XRN4 负责 3′ 端剪切片段的降解。5′ 剪切片段则会在尿苷转移酶 HESO1（HEN1 suppressor 1）及其旁系同源蛋白 URT1（UTP: RNA uridylyltransferase 1）的作用下在 3′ 端加上多聚尿苷酸尾巴，在此基础上进一步可能会受到 3′ → 5′ 核酸外切酶 RICE1/2 的降解，尿苷化的 5′ 端剪切片段在具有显性负效应的 *rice1* 催化位点 D54A 突变的过表达植物中积累有所增加（Zhang et al.，2017b）。此外，XRN4 与外切体（exosome）也参与了 5′ 端剪切片段的降解（图 2-14），在 XRN4 和外切体重要共调控亚基 SKI2（SUPERKILLER 2）、SKI3 及 SKI8 的突变体中均分别发现 5′ 剪切片段积累增加（Ren et al.，2014；

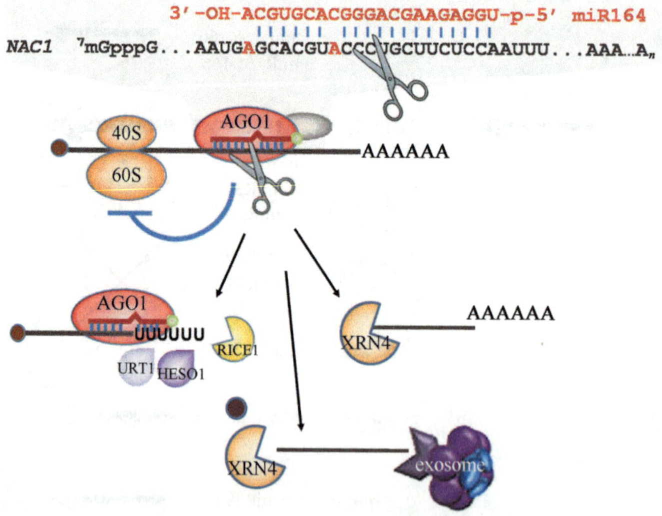

图 2-14　植物 miRNA 作用方式示意图

Branscheid et al.，2015）。

通常，sRNA 与其靶标之间的互补配对程度会影响 sRNA 的实际作用方式，其中转录剪切要求较高程度的序列互补配对（Hutvagner and Zamore，2002）。植物 miRNA 通常普遍与它们的靶标 mRNA 高度互补配对（Fahlgren and Carrington，2010），因此转录剪切被认为是植物 miRNA 对靶标 mRNA 的主要作用方式（Chen，2009；Voinnet，2009）。然而，一系列研究发现，尽管 miRNA 与靶标 mRNA 的高度序列互补配对有利于转录剪切，但并不意味着不会产生翻译抑制（Brodersen et al.，2008；Yang et al.，2012；Li et al.，2013）。其中，miR172、miR171、miR398、miR156 对各自的靶标 *AP2*（*APETALA2*）、*SCL4*（scarecrow-like protein 4）、*CSD2*（copper/zinc superoxide dismutase 2）、*SPL3*（squamosa promoter binding protein-like 3）等 mRNA 就同时具有转录剪切和翻译抑制的作用（Aukerman and Sakai，2003；Chen，2004；Gandikota et al.，2007；Brodersen et al.，2008；Li et al.，2013；Hou et al.，2016；Yu et al.，2016）。因此，序列的互补配对特点并非是植物 miRNA 实际作用方式的决定因素。植物 miRNA 靶标 mRNA 上的翻译抑制作用很可能比预期的更大。通过一个正向遗传学筛选，Brodersen 等（2008）首先发现一种与微管相结合的微管切割酶 KTN1（KATANIN）的活性是 miRNA 引起的翻译抑制所必需的。他们同时还发现加工小体（processing body，P-body）组分 VCS（VARICOSE）、AGO1 和 AGO10 也参与了 miRNA 对底物的翻译抑制过程（Brodersen et al.，2008）。此外，同样定位于加工小体、拥有两个 GW 重复的 SUO 蛋白，其突变也能够解除 miR156/miR157 对其靶标报告基因蛋白水平而非 mRNA 水平的抑制（Xu et al.，2006；Yang et al.，2012），但 SUO 蛋白是否通过 GW 重复序列与 AGO 蛋白直接互作来参与翻译抑制过程尚未明确。正向遗传筛选获得的 AMP1（altered meristem program 1）及其同源蛋白 LAMP1（like AMP1）是一类参与植物 miRNA 介导的翻译抑制的新调控因子，它们定位于内质网膜上，能够与 AGO1 免疫共沉淀（Li et al.，2013）。在 *amp1lamp1* 双突变体中，miRNA 介导的靶标 mRNA 翻译抑制被解除，相关靶标 mRNA 与结合在内质网膜上的多核糖体（polysome）的结合增加（Li et al.，2013），这与亚细胞组分分离实验中 AGO1 及 miRNA 也与多聚核蛋白体共分离的结果是一致的（Lanet et al.，2009），这都表明翻译抑制过程发生在内质网膜上。有意思的是，近来的一项研究发现 HYL1 的功能并不局限于细胞核，细胞质中的 HYL1 能够与 AGO1 互作，并与 AGO1 和 AMP1 在内质网上共定位，促进 AGO1 在多核糖体上的富集，同时结合在 miRNA 的靶标 mRNA 上，参与 miRNA 介导的翻译抑制过程（Yang et al.，2021）。然而，前述多个处于不同亚细胞定位的翻译抑制调控因子的存在，表明 miRNA 介导的翻译抑制涉及多个动态的细胞过程。

综上所述，植物 miRNA 的生物合成、代谢和作用方式是一个复杂的、动态的精细调控过程，涉及转录、转录后加工、翻译、翻译后修饰等多个层面的调控（图 2-15）。

我们相信，随着研究的不断深入，将会有更多 miRNA 及其调控组分和作用机制被进一步揭示。

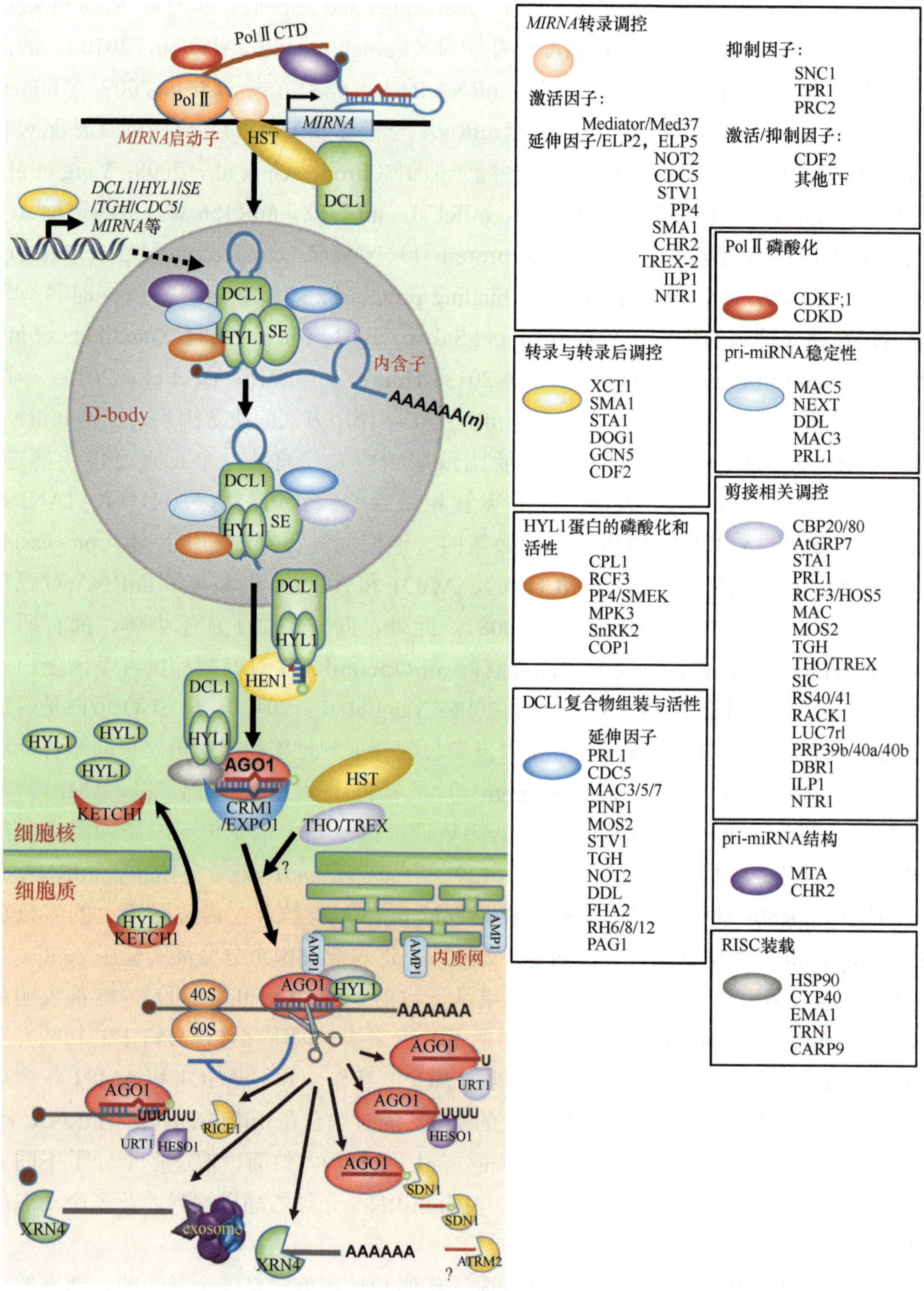

图 2-15　miRNA 合成以及作用方式示意图

二、phasiRNA 的合成与作用方式

植物 phasiRNA 是一类内源性的、起调控作用的非编码 sRNA，它在植物的生长、发育、生殖以及抗病中发挥着重要作用。phasiRNA 初级转录物由 Pol Ⅱ 转录，随后由某些 miRNA 引导 AGO 蛋白对 phasiRNA 初级转录物上的靶位点进行剪切，剪切后的 phasiRNA 前体片段（剪切位点的上游或下游片段）继而被 RDR6（RNA-dependent RNA polymerase 6）复制成双链 RNA，双链 RNA 被 DCL 切割成一系列首尾相接、具有一定相位排列结构特征的 21～24nt 的 sRNA，即 phasiRNA。成熟的 phasiRNA 与 AGO 蛋白组装成沉默复合物，作用于靶基因，发挥转录后调控的功能（图 2-16）。根据其作用方式的不同，phasiRNA 可以分为顺式作用小干扰 RNA（*cis*-acting small interfering RNA，ca-siRNA 或 casiRNA）、反式作用小干扰 RNA（*trans*-acting small interfering RNA，ta-siRNA 或 tasiRNA）。

产生相应 phasiRNA 前体 RNA 的基因相应地称为 *PHAS* 基因（图 2-16B），根据其基因组区域来源可以分为长链非编码 RNA（long noncoding RNA，lncRNA）和蛋白质编码基因两种主要类型。其中一类 *PHAS* 基因最早是在拟南芥中发现的（Allen et al.，2005），由于其转录产物为长链非编码 RNA，能够进一步由 AGO 切割产生一系列具有一定相位的 21nt sRNA，这种 sRNA 能够引导 RISC 基于碱基互补配对原则反式作用于其他基因的转录物，进而引起其特异性降解（Cuperus et al.，2010b），因此被命名为 ta-siRNA，而相应产生这类 lncRNA 的基因也被称为 *TAS* 基因（Allen et al.，2005）（图 2-16B）。此类 *TAS* 基因目前已经鉴定发现的不超过 10 个基因或基因家族：其中以拟南芥为代表的植物中包括 4 个主要 *TAS* 基因家族 *TAS1*、*TAS2*、*TAS3* 和 *TAS4*；部分植物中还存在其他一些 *TAS* 基因家族，如番茄中的 *TAS5*、苔藓类中的 *TAS6* 以及葡萄中特异性的 *vviTAS7*、*vviTAS8*、*vviTAS9* 和 *vviTAS10*（Zhang et al.，2012a）。由于这类 *TAS* 基因家族及家族成员数目有限，因此属于已知 *PHAS* 基因中最小的类群。与 ta-siRNA 不同，一些 phasiRNA 可以作用于其来源基因及来源基因同家族的基因成员。因此，这类 phasiRNA 相应地也可被称为 ca-siRNA。近年陆续在单子叶植物中发现另一类生殖相关的 phasiRNA 也来源于 lncRNA，通常在生殖器官（如小穗、花药等）高表达，它们的具体靶标目前还不清楚，一些研究显示可能参与了减数分裂过程，对雄性育性至关重要（Johnson et al.，2009；Zhai et al.，2015a；Fei et al.，2016；Xia et al.，2019）。研究发现，在双子叶植物中广泛存在一类 21nt phasiRNA，这类 phasiRNA 在减数分裂前期大量积累，并且影响花药的发育（Pokhrel et al.，2021）。蛋白质编码基因来源的 *PHAS* 基因则属于相对较大的类群，涉及众多植物类群基因组中一系列基因家族，其中在多个植物基因组中都发现的一些较大的 *PHAS* 基因家族包括 *NBS-LRR*（nucleotide-binding site and leucine-rich repeat，核苷酸结合位点-亮氨酸富集重复）家族（Zhai et al.，2011；Fei et al.，2015；Xia et al.，2015a）、*PPR*（pentatricopeptide repeat，三角状五肽重复）家族（Howell et al.，2007；Xia et al.，2013，2015b）、*MYB* 转录因子

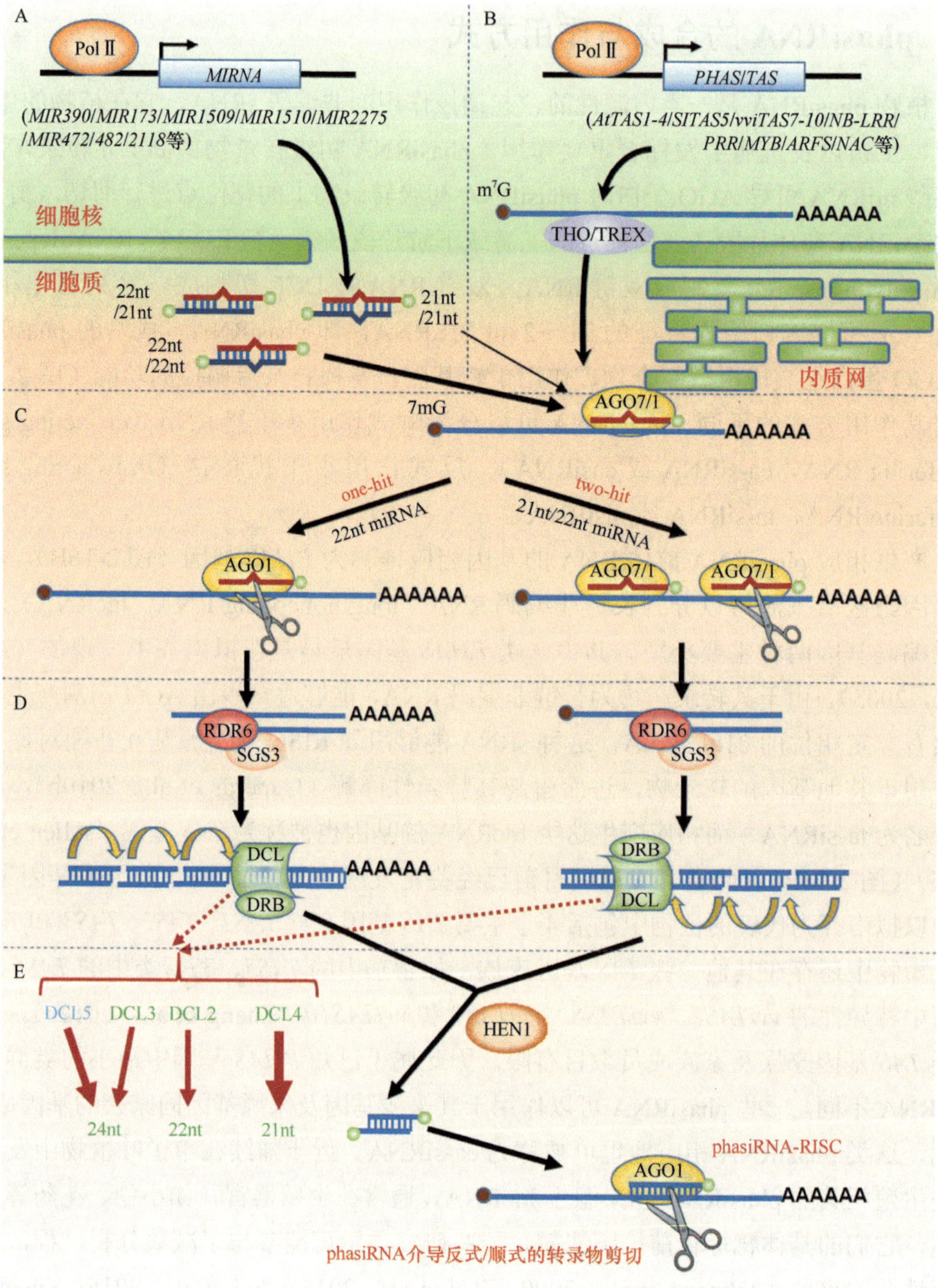

图 2-16 phasiRNA 合成及作用方式示意图

家族（Xia et al.，2013，2015a）、*ARF*（auxin response factor，生长素响应因子）家族（Xia et al.，2013，2017）和 *NAC* 转录因子家族（Liu et al.，2017；Xie et al.，2017b）。这些基因家族的 *PHAS* 基因及其产生的 phasiRNA 作为负调控因子参与了抗病、植物营养生长和生殖生长、种子萌发及植物寄生等诸多生物学过程（Marin et al.，2010；Yifhar et al.，2012；Zhou et al.，2013；Cabrera et al.，2016；Hobecker et al.，2017；

Guo et al.，2018；Shahid et al.，2018；Cui et al.，2020）。

（一）植物 phasiRNA 的转录与加工

phasiRNA 由 RNA 聚合酶Ⅱ（Pol Ⅱ）从 *PHAS* 基因位点转录出编码蛋白质的 mRNA 或长链非编码 RNA 的初级转录物（primary PHAS transcript，pri-PHAS），初级转录物拥有 5′ 端帽子和 3′ 端 poly(A) 尾巴。pri-PHAS 可能被 THO/TREX 复合物从细胞核运输到细胞质中（图 2-16B）（Reed and Cheng，2005；Jauvion et al.，2010；Yoshikawa et al.，2013；Doll et al.，2018）。phasiRNA 的生物合成通常发生在装载了 22nt miRNA（图 2-16A）的 RISC 对 pri-PHAS 的剪切之后（图 2-16C）。粗面内质网膜上的多核糖体（membrane-bound polysome，MBP）是加工 phasiRNA 前体的部位（Jouannet et al.，2012），pri-PHAS 与粗面内质网膜上的核糖体结合，miRNA-RISC 通过碱基互补配对原则先由 miRNA 与 pri-PHAS 特定位点结合，再介导 RISC 中的 AGO 蛋白对其进行剪切，产生 5′ 剪切片段和 3′ 剪切片段。其中 5′ 剪切片段可以被 3′ → 5′ 核酸外切酶复合物［如 SKI2-3-8 复合物（Branscheid et al.，2015）］快速降解，3′ 剪切片段则可以在 RDR6 和 SGS3（suppressor of gene silencing 3）的共同作用下转变成双链 RNA（double-stranded RNA，dsRNA）（图 2-16D）。该 dsRNA 在 Dicer 蛋白的作用下从其中 Pol Ⅱ产生的 RNA 链 5′ 端开始递次剪切，产生 phasiRNA 双链（图 2-16D）。目前已知至少有 DCL4、DCL2、DCL3 和单子叶植物中特有的 DCL5 这 4 种 Dicer 蛋白家族成员参与这个剪切过程，其中 DCL4 还需要双链 RNA 结合蛋白（DRB）的帮助（Vazquez et al.，2004；Adenot et al.，2006；Fukudome et al.，2011；Song et al.，2012）。在 DCL4 缺失的情况下，DCL2 和 DCL3 将替补 DCL4 完成切割工作（Gasciolli et al.，2005；Arif et al.，2012）。phasiRNA 双链的 3′ 端再被甲基转移酶 HEN1 催化完成甲基化修饰（图 2-16E）。目前比较明确的是，ta-siRNA 双链与 miRNA 双链的情况类似，根据 5′ 端首位核苷酸的组成和双链的长度进行双链的分选、装载进入特定的 AGO 蛋白（Mi et al.，2008），进而该 ta-siRNA-RISC 通过碱基互补配对原则与靶标 RNA 进行互作。其他一些 phasiRNA 的 RISC 装载很可能也是经由类似的过程。有意思的是，Dicer 蛋白剪切产生的众多 phasiRNA 中只有一部分能够积累并被检测到，其余则很可能被降解甚至没有被装载进入 AGO 蛋白中。

（二）phasiRNA 加工的“one-hit”和“two-hit”模式

phasiRNA 的起始产生首先需要特定 miRNA 对前体 RNA 进行精确剪切，产生一个 5′ 端作为 phasiRNA 的起始相位。只有部分特定长度的 miRNA 能够触发特定前体 RNA 上 phasiRNA 的产生，如 22nt miR173 能够触发 *TAS1* 转录物产生 ta-siRNA，21nt miR390 则能够触发 *TAS3* 转录物产生 ta-siRNA（Montgomery et al.，2008a，2008b；Chen et al.，2010a；Cuperus et al.，2010b）（图 2-16A）。此外，miRNA 的两端核酸序列也会影响 phasiRNA 的合成，miRNA 3′ 端第 20 位核苷酸影响它与 phasiRNA

初级转录物的结合（Fei et al.，2015），miRNA 5′ 端则影响它与相应 AGO 蛋白的结合（Komiya et al.，2014）。phasiRNA 前体的产生有两种模式，分别被称为“two-hit”和“one-hit”（图 2-16C）。

“two-hit”模式是指 phasiPNA 初始转录物 pri-PHAS 上有两个独立的 miRNA 结合位点，能被相同或不同的 21nt 或 22nt 的 miRNA-AGO 复合物识别并结合，其中只有 3′ 端结合位点被 miRNA-RISC 剪切。产生 ta-siRNA 的 *TAS3* 基因座的剪切就属于“two-hit”模式，该过程主要是由 21nt miR390 装载进入特异的 AGO 家族蛋白 AGO7，进而分别识别 *TAS3* 转录物上两个特异的结合位点并激发 3′ 端位点的剪切，产生的某些 ta-siRNA 能够识别 *ARF* 基因的转录物并抑制 ARF 活性，相应的 ta-siRNA 又被称为 ta-siARF（Axtell et al.，2006；Montgomery et al.，2008a；Endo et al.，2013）。在该过程中，一般只有 3′ 端 miR390 识别位点能被剪切，该剪切位点将作为 Dicer 剪切加工产生 ta-siRNA 的起始点，加工从该剪切位点的 3′ → 5′ 方向进行；5′ 端 miR390 识别位点虽然不被剪切但却是必需的（Cuperus et al.，2010a），表明这一对 miR390-RISC 对于 ta-siRNA 的生物合成至关重要，这很可能与招募 RDR6 有关（Liu et al.，2020）。这种 miR390-*TAS3* 配对及剪切模式在数千种植物物种中都是普遍保守的，维管植物中存在两种类型的 *TAS3* 基因座，根据转录物长短的不同分别称为 *TAS3L* 和 *TAS3S*（Xia et al.，2017）。然而值得注意的是，在许多裸子植物的 *TAS3L* 和一些双子叶植物中的 *TAS3S* 中发现 5′ 端 miR390 识别位点也可以发生剪切，很可能会从 5′ → 3′ 产生 ta-siARF（Xia et al.，2017）。这一现象在人工 *TAS* 转基因植物中也能得到实现。然而，双向剪切的发生可能会影响 ta-siRNA 产生的效率（de Felippes et al.，2017）。此外，只有一个 miR390 结合位点的情况下，*TAS3* 同样可以产生 ta-siRNA（de Felippes et al.，2017），而“two-hit”模式可能有助于提高 ta-siRNA 产生的保真度和下游靶基因调节的准确性。此外，“two-hit”模式也可以由 2 个 22nt 且 5′ 端为 U 的 miRNA 介导剪切，5′ U miRNA 通常是装载到以 AGO1 为核心的 RISC 中，引导剪切产生 phasiRNA 前体，例如，苜蓿属中的 miR1509-AGO1 复合物介导 *Medtr7g012810* 基因转录物剪切产生 phasiRNA（Zhai et al.，2011；Xia et al.，2013）。

phasiRNA 产生的“one-hit”模式则是指 phasiRNA 初级转录物 pri-PHAS 上只有一个 miRNA 结合位点，22nt、5′ 端为 U 的 miRNA 装载进入 AGO1，介导 RISC 剪切 pri-PHAS 并释放 3′ 端片段进行下一步加工（Chen et al.，2010a；Fei et al.，2013）。在该过程中，22nt miRNA 而非 21nt miRNA 装载进入 AGO 蛋白是产生 phasiRNA 的关键因素，很可能是在 miRNA 介导的 pri-PHAS 转录物剪切后，经由 22nt miRNA-RISC 的构象改变能够激活对 RDR6 和 SGS3 的招募，促进了 dsRNA 的产生和后续加工过程的进行（Chen et al.，2010a）。通常 DCL1 剪切产生的成熟 miRNA 多为 21nt，但 22nt miRNA 也可产生于 DCL1 剪切含有非对称凸起结构的 miRNA/miRNA* 双链中（双链一条为 21nt，另一条为 22nt）（Chen et al.，2010a）。植物 miRNA 在 DCL1 剪切加工后其 3′ 端通常会被 HEN1 催化发生甲基化修饰，HEN1 的缺失会引起 miRNA 3′ 端的尿苷加尾反应从而改变其长度。在拟南芥 *hen1* 突变体中，21nt 的成熟 miR171 会发生 3′ 端单尿苷化加尾，从而变成 22nt miRNA，由此进一步激发起靶标 mRNA *SCL*（*scarecrow-like*）的相位剪切，产生 phasiRNA（Zhai et al.，2013）。在菜豆族（Phaseoleae）大多数植物中，miR1510 的前体产生 21nt 的成熟 miRNA，然而 miR1510/miR1510* 的特殊结构会导致其 3′ 端不完全的甲基化，未甲基化的 miR1510 会被单尿苷化修饰产生 22nt 的 miR1510，进而激发靶标 *NLR* 基因转录物的相位剪切产生 phasiRNA（Fei et al.，2018）。此外，DCL2 依赖的剪切通路也能够产生 22nt miRNA 并起始 phasiRNA 的生物合成，如番茄中的 miR6026-SlDCL2b 通路（Wang et al.，2018b）。

（三）phasiRNA 及其 miRNA 激发子的进化

phasiRNA 的产生通路很可能在植物进化早期就已经产生，因为各植物物种中 phasiRNA 的分析表明 *TAS3* 基因是已知最保守和最典型的 *PHAS* 基因，其生物合成通路中的 3 个主要组分包括 miRNA 激发子 miR390、*PHAS* 初始转录物 *TAS3* 和 phasiRNA 靶标 *ARF*。miR390-*TAS3*-*ARF* 通路存在于目前已知最古老的陆生植物地钱（*Marchantia polymorpha*），以及蕨类植物和目前分析过的所有被子植物中（Xia et al.，2017）。miR390 是目前已经鉴定到的 phasiRNA 激发子中长度为 21nt 的唯一一个 miRNA，它特异性地装载进入 AGO7 蛋白中，但 AGO7 在种子植物中才开始出现（Xia et al.，2017）。进化分析显示有功能的 ta-siRNA 是在裸子植物从蕨类植物中分化出来以后才出现的（Xia et al.，2017）。

植物 *PPR* 基因能够产生大量 phasiRNA，特别是在真双子叶植物中。该基因 phasiRNA 可以由 miR7122 超家族多种不同的 miRNA 激发产生，该超家族包括拟南芥中的 miR173、蔷薇科植物的 miR7122 和豆科植物的 miR1509（Xia et al.，2013）。此外，一些 *PPR* phasiRNA 是由产生于非编码的 *TAS* 或 *TAS-like*（*TASL*）基因的 ta-siRNA 激发产生的第三级 siRNA。例如，miR7122 或者源于某些 *TASL* 基因的 phasiRNA 都可以激发 *PPR* 基因转录物产生新的 phasiRNA，而 miR1509 可以通过两轮 *TASL*-ta-siRNA 互作激发 *PPR* 基因转录物产生 phasiRNA（Xia et al.，2013）。其他一些无关的 miRNA 也被发现可以作为 *PPR* phasiRNA 的激发子（Xia et al.，2015a）。如此多样的 miRNA 激发子可能是由于植物 *PPR* 基因的高度序列差异。

另一个相对高度保守的 phasiRNA 通路是 miR828-*TAS4*-*MYB* 通路，该通路广泛存在于种子植物中，但很可能在包括草类在内的一些单子叶植物中丢失。*TAS4* 基因座很可能由 *MIR828* 或者 *MYB* 假基因进化而来（Rock，2013）。与常规多数 22nt miRNA 不同，miR828 产生于一对不含有非对称凸起的 miR828/miR828* 双链，该双链可能是基于前体结构或基于非典型 DCL 蛋白（如 DCL2）的特异性剪切产生的（Wang et al.，2018b）。

多数植物物种基因组分析显示植物防御相关的 *NLR* 基因家族是能够产生

phasiRNA 的最大基因家族。其中，miR482/miR2118 超家族是一类主要的 miRNA 激发子（Fei et al.，2013），该通路在种子植物中也是普遍保守的（Xia et al.，2015a）。miR482/miR2118 家族激发子通过靶向 *NLR* 基因调控植物抗病反应过程。不过也有一些其他独立进化的 miRNA 能够靶向 *NLR* 基因并产生 phasiRNA，特别是在挪威云杉中（Xia et al.，2015a）。miR482/miR2118 超家族除了靶向 *NLR* 基因，在一些单子叶植物，特别是草类植物中，miR482/miR2118 还可倾向于靶向许多 lncRNA 转录物，产生 21nt 的生殖相关 phasiRNA（Johnson et al.，2009；Song et al.，2012；Zhai et al.，2015a）。这类生殖相关 phasiRNA 主要在早期花药中表达，可能参与了减数分裂前的调控（Zhai et al.，2015a）。

除了 21nt 的生殖相关 phasiRNA，在单子叶植物中还发现一类 24nt 的生殖相关 phasiRNA（Johnson et al.，2009），这类 phasiRNA 也是高度富集于花药中，与减数分裂过程相关，所以也被称为减数分裂 phasiRNA（Zhai et al.，2015a）。这类 phasiRNA 需要以 miR2275 作为激发子、靶向长链非编码 RNA 产生。虽然 miR2275 和该类 phasiRNA 在大豆和模式植物拟南芥中未发现，但后续研究发现同样存在于荔枝、葡萄、草莓、棉花等多种双子叶植物中（Xia et al.，2019）。其中在单子叶植物（主要是草类）中，单子叶植物特异的 Dicer 类蛋白 DCL5（DCL3 的同源蛋白）主要负责其靶标 RNA 的剪切和 24nt phasiRNA 的产生，而由于双子叶植物中不存在 DCL5，因此很可能是由负责异染色质相关 24nt siRNA 生物合成的 DCL3 剪切产生（Xia et al.，2019）。考虑到 DCL5 在早期被子植物基因组中并不存在，因此 DCL5 进化上可能是来自 DCL3 的基因复制和功能分化（Liu et al.，2020）。

有研究还发现一个油菜特有的 22nt miR1885 激发子，其积累随不同发育期而动态变化，在幼苗期维持低水平，花期达到峰值，在开花后又迅速降至很低水平；miR1885 靶向一个仅有 TIR 结构域的非典型 *NLR* 基因并产生 phasiRNA，其中一个 phasiRNA 能够靶向与开花和光合作用相关的基因 *BraCP24*，通过下调 *BraCP24* 促进油菜的花期转变（Cui et al.，2020）。

三、nat-siRNA 的合成与作用方式

植物基因组中基因转录的不同方向性和转录区间的重叠性决定了内源 RNA 转录物会存在与其他转录物之间重叠的情况，这种能够通过碱基互补配对原则在转录重叠区形成双链 RNA 的内源转录物称为自然反向转录物（natural antisense transcript，NAT）（图 2-17）。根据 NAT 的工作方式可以进一步分为顺式自然反向转录物（*cis*-NAT）、反式自然反向转录物（*trans*-NAT），其中 *cis*-NAT 是处于正义转录物所在基因座位却来自反义链、表现出序列互补的转录物，*trans*-NAT 则是处于不同基因座位但能够与靶基因正义转录物形成部分互补配对的转录物。*cis*-NAT 与其正义 RNA 的调控通常呈现一对一的模式，而 *trans*-NAT 则可以靶向多个正义转录物。*cis*-NAT 还可进一步细分为以下 5 种类型：头对头/异向（head-to-head/divergent），尾对尾/同向

（tail-to-tail/convergent），完全重叠（fully overlap），邻近头对头（nearby head-to-head）和邻近尾对尾（nearby tail-to-tail）。现有研究发现 NAT 能够在转录、mRNA 加工和剪接、RNA 稳定性、亚细胞运输和翻译调控等多个层面发挥作用。其中，NAT 形成的互补配对的双链 RNA 部分在体内也能够成为 RNA 沉默通路的重要靶标，能够被 DCL 家族蛋白剪切产生 sRNA，相应的这类 sRNA 称为自然反向转录物产生的 siRNA（nat-siRNA）。

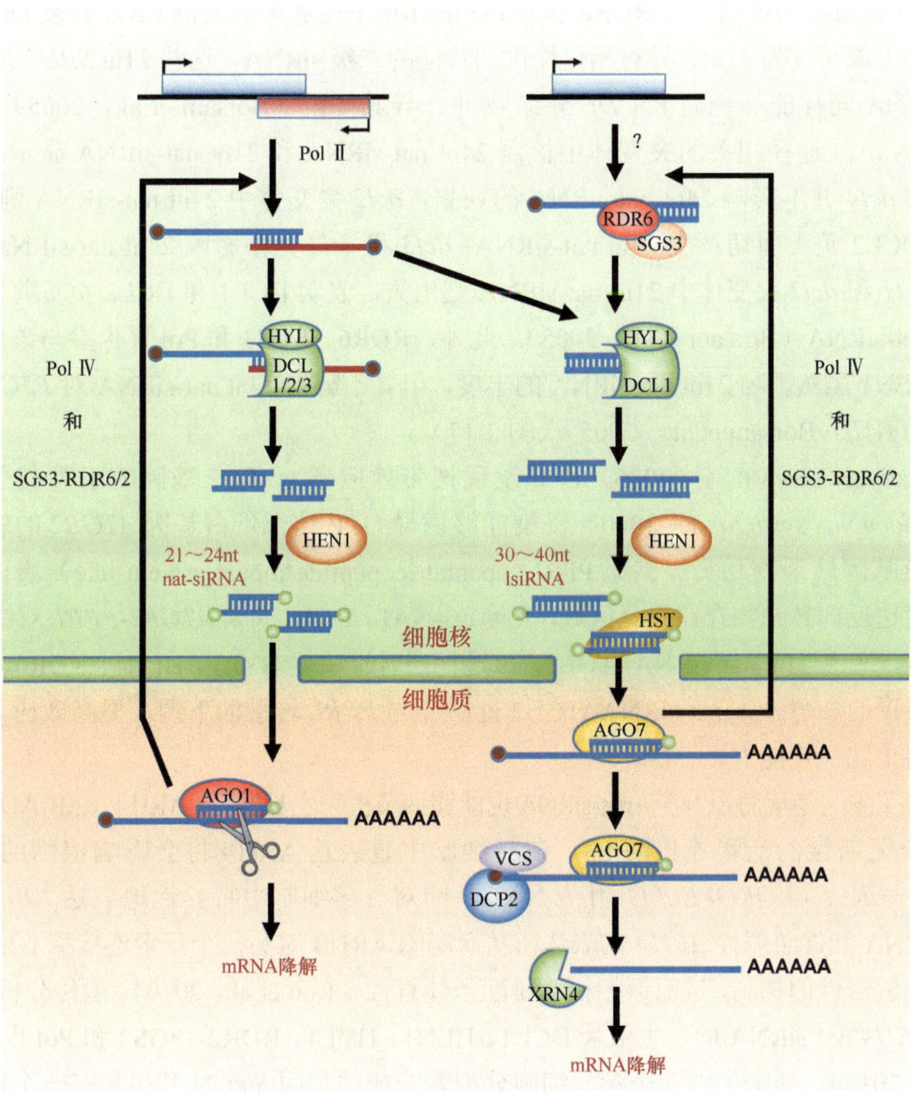

图 2-17　nat-siRNA 合成及作用方式示意图

（一）植物 nat-siRNA 的加工

Borsani 等（2005）最早在 2005 年关于盐胁迫条件下 sRNA 的克隆过程中发现一个特异性受 NaCl 胁迫诱导的 24nt sRNA 正好坐落在受 NaCl 胁迫调控、互为 NAT 的 Δ1-吡咯啉-5-羧酸脱氢酶（Δ1-pyrroline-5-carboxylate dehydrogenase，P5CDH）基因和胁迫相关基因（*similar to radicle induced cell death one 5 gene*，*SRO5*）的重叠区内。该 sRNA 与 *SRO5* 的 3′ 端非编码区 24nt 序列一致，同时与 *P5CDH* 的编码区序列互补，它能够引起以 *P5CDH* 转录物的降解为结果的转录后基因沉默。因此，该 sRNA 被命名为 24nt *SRO5-P5CDH* nat-siRNA（Borsani et al.，2005）。*SRO5* 转录物受到 NaCl 胁迫诱导，其 3′ 端区域能够与组成型表达的 *P5CDH* 转录物形成双链 RNA。dsRNA 在 DCL 的作用下能够加工为 24nt *SRO5-P5CDH* nat-siRNA，该 nat-siRNA 能够引起 *P5CDH* 转录物的剪切，在 RDR6 和 SGS3 的作用下能够形成双链 RNA 并被 DCL1 进一步加工成长度为 21nt、具有相位性排列特征的二级 siRNA，这些 21nt *SRO5-P5CDH* nat-siRNA 同样能够靶向 *P5CDH* 转录物并介导其降解（Borsani et al.，2005）。通过在 RNA 沉默途径相关的突变体中检测 24nt nat-siRNA 和 21nt nat-siRNA 显示：*dcl1*、*dcl3* 和 *dcl4* 并不影响 24nt nat-siRNA 的积累，*dcl2* 突变体中 24nt nat-siRNA 则消失，表明 DCL2 负责剪切产生 24nt nat-siRNA；*dcl3* 和 *dcl4* 并不影响 24nt nat-siRNA 的积累，*dcl1* 和 *dcl2* 突变体中 21nt nat-siRNA 则消失，表明 DCL1 和 DCL2 负责剪切产生 21nt nat-siRNA（Borsani et al.，2005）。此外，RDR6、SGS3 和 Pol Ⅳ 也参与该加工过程，HEN1 虽然影响 21nt nat-siRNA 的丰度，但并不影响 24nt nat-siRNA 对 *P5CDH* 转录物的剪切（Borsani et al.，2005）（图 2-17）。

Katiyar-Agarwal 等（2006）研究发现携带效应子 *avrRpt2* 基因的丁香假单胞菌（*Pseudomonas syringae* DC3000）侵染能够诱导 GTP 结合蛋白基因 *ATGB2* 的转录表达，该基因转录物与另一编码 PPRL（pentatricopeptide repeat protein-like）蛋白的组成型表达反向转录物存在重叠区域，互为 *cis*-NAT。DCL1 负责 *ATGB2-PPRL* 双链 RNA 的剪切，产生 22nt nat-siRNAATGB2，该过程同时也依赖 HYL1、HEN1、RDR6、SGS3 和 Pol Ⅳ 的参与。该 nat-siRNAATGB2 能够介导 *PPRL* 转录的下调，提高效应子激发的寄主植物免疫能力。

除了参与逆境胁迫响应，nat-siRNA 也能够调节植物生长发育。ARI14（ARIADNE14）是一个无活性的泛素连接酶 E3，在精细胞中过表达 ARI14 将会影响植物的育性。*ARI14* 与 *KPI*（*KOKOPELLI*）互为 NAT 基因对，精细胞中特异性地表达 *KPI-ARI14* nat-siRNA 能够负调控 *ARI14* 的表达，从而解除 ARI14 对另一个泛素连接酶 E3 ARI13 底物降解活性的抑制，进而调控植物雄配子体育性（Ron et al.，2010）。遗传分析显示，*KPI-ARI14* nat-siRNA 的产生依赖 DCL1、HEN1、HYL1、RDR2、SGS3 和 Pol Ⅳ（Ron et al.，2010）。矮牵牛中一个参与细胞分裂素合成的基因 *Sho* 的 3′ 端具有一个反向启动子，因此能够同时产生正义和反义转录物，在除根部以外的大部分组织中维持一个稳定的比例。在细胞分裂素处理下，反义转录物增加并产生 35nt nat-siRNA 和 24nt nat-siRNA，进而负调控细胞分裂素的生物合成，通过 nat-siRNA 的组织特异性表达调控细胞分裂素的组织特异性合成和植物生长发育（Zubko and Meyer，2007）。此外，一些 nat-siRNA 特异性地富集于拟南芥的花序、花、果荚等生殖器官以及水稻的谷粒中，表明这些 nat-siRNA 在生殖器官中发挥特异性的调控作用（Chen et al.，2010b）。

（二）植物 nat-siRNA 的类型和产生机制

自首例植物 nat-siRNA 发现以来，通过高通量转录组测序结合小分子 RNA 测序，大量的 *cis*-NAT 和一些潜在的 nat-siRNA 被逐渐鉴定出来（Wang et al.，2005；Jin et al.，2008；Zhang et al.，2012b）。*cis*-NAT 在基因组中所占比例通常不太高，不同测序数据的分析结果或许有所差异。一些 nat-siRNA 往往受到某些植物逆境胁迫的诱导或者在特定发育阶段积累，在植物逆境胁迫的动态响应过程和生长发育过程中发挥调节性功能。由于调节性功能的时空性问题，nat-siRNA 在通常条件下难以被检测到，其表达丰度一般也比较低，因此尽管高通量测序中检测到较多种类的 nat-siRNA，但对这类 nat-siRNA 的详细功能研究还相对有限。nat-siRNA 一般与 *cis*-NAT 的转录区段相关联，其分布主要表现出两种截然不同的模式：一种表现为散布在 *cis*-NAT 重叠区或整个转录物区段，另一种表现为较为集中的位点特异性分布（Zhang et al.，2012b）。不同 *cis*-NAT 位点产生的 nat-siRNA 有不同的长度特征：nat-siRNA 的长度多数为 21～24nt，其中长度为 24nt 的相对较多，但也有一些较长片段的 nat-siRNA 见诸报道，如 35nt *KPI-ARI14* nat-siRNA，假单胞菌也能诱导产生 30～40nt 的长链 siRNA（long siRNA，lsiRNA）（Katiyar-Agarwal et al.，2007；Zubko and Meyer，2007）（图 2-17）。同一 *cis*-NAT 位点也能够产生不同长度的 nat-siRNA（Katiyar-Agarwal et al.，2007；Zhang et al.，2012b）。*SRO5-P5CDH* 基因座上盐诱导的 24nt nat-siRNA 依赖 DCL2，而 21nt nat-siRNA 依赖 DCL1（Borsani et al.，2005）。*ATGB2- PPRL* 基因座上 22nt nat-siRNA 也依赖 DCL1。拟南芥中的遗传分析显示，21nt nat-siRNA 的产生依赖 DCL1，而 24nt nat-siRNA 则依赖 DCL3（Zhang et al.，2012b）。此外，依赖 DCL3 的 24nt nat-siRNA 也依赖于 RDR2 和植物特异性 RNA 聚合酶Ⅳ（Pol Ⅳ）的参与，而只有一部分依赖 DCL1 的 21nt nat-siRNA 依赖于 RDR 和 Pol Ⅳ（Zhang et al.，2012b）。nat-siRNA 长度的多样性以及所依赖的 RNA 沉默元件显示其产生机制的复杂性（图 2-17）。

第二节　转录基因沉默

植物中，sRNA 除了通过剪切靶基因 mRNA 或者抑制 mRNA 的翻译触发转录后基因沉默（PTGS），还有一类 sRNA 可以通过介导靶位点 DNA 的从头甲基化（*de novo* methylation），抑制靶基因的转录，即转录基因沉默（TGS）。该过程依赖一类特定的 siRNA，即 24nt siRNA。因为这一类 RNA 在重复序列区域积累水平很高，又称为 ra-siRNA。其中两个关键的组分是 DNA 依赖的 RNA 聚合酶Ⅳ和Ⅴ（Pol Ⅳ，Pol Ⅴ），由于这两个酶只在植物中出现，因此该途径是植物特有的一个甲基化调控通路，称为 RNA 介导的 DNA 甲基化（RdDM）。过去 20 多年来，关于 RdDM 途径的基本过程得到了详细的阐释。其经典调控过程可以分为以下几个步骤：① Pol Ⅳ在特定染色质区域启动转录产生短的单链非编码 RNA；②单链 RNA 经 RNA 依赖的

RNA 聚合酶 RDR2 扩增产生双链 RNA；③双链 RNA 被Ⅲ型核酸酶（模式植物拟南芥中为 DCL3）加工成 24nt siRNA；④ 24nt siRNA 从细胞核被转运到细胞质并与特定的 AGO 蛋白结合形成沉默复合物，重新入核；⑤ Pol Ⅴ在靶位点转录形成支架 RNA（scaffold RNA）并通过序列互补与 siRNA-AGO 沉默复合物配对；⑥招募特定的 DNA 甲基化酶在靶位点 CHH（H 代表 A、T 或 C）催化胞嘧啶从头甲基化。DNA 甲基化的富集导致靶位点区域的异染色质化，从而抑制转录的起始，造成转录基因沉默。

一、标准 RdDM 途径

（一）Pol Ⅳ依赖的 24nt siRNA（P4-siRNA）的生物合成

目前的研究表明，超过 90% 的 RdDM 途径 siRNA 依赖于 Pol Ⅳ的活性（Zhang et al.，2007；Matzke and Mosher，2014）（图 2-18）。在染色质水平，Pol Ⅳ通常定位在转座子和重复序列富集的区域，这些区域通常被异染色质化，富含 H3K9me2 等抑制性组蛋白修饰标记，表达活性低。但是 Pol Ⅳ如何被招募到靶位点起始 RNA 转录的分子机制目前还不是很清楚。有证据表明，一种可能的机制是 Pol Ⅳ与表观遗传调控因子 SHH1（sawadee homeodomain homologue 1）发生物理互作，而 SHH1 能够识别并结合异染色质修饰 H3K9me2 和未甲基化的 H3K4（Law et al.，2013；Zhang et al.，2013a）。在拟南芥中，Pol Ⅳ直接与 RDR2 相互作用，将转录产生的单链 RNA（P4-RNA）扩增成 dsRNA 分子（Law et al.，2011；Haag et al.，2012）。在 Pol Ⅳ的转录过程中，CLSY1（CLASSY 1），一种染色质重塑因子，通过改变染色质的表观遗传状态，促进 Pol Ⅳ转录的顺利进行（Smith et al.，2007；Law et al.，2011）。随后，核酸

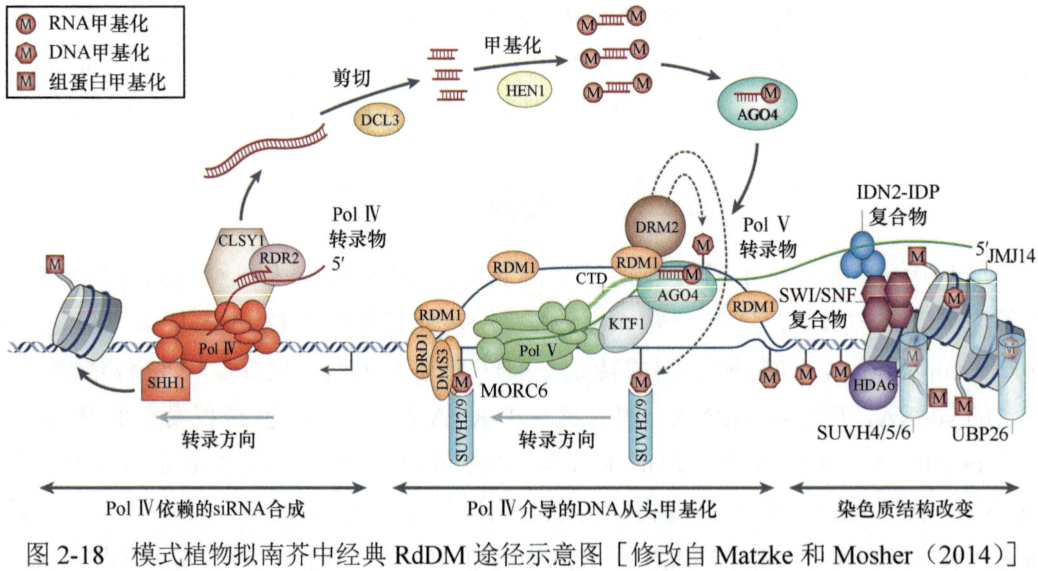

图 2-18 模式植物拟南芥中经典 RdDM 途径示意图［修改自 Matzke 和 Mosher（2014）］
RdDM 途径经典的转录叉模型。左侧图：Pol Ⅳ依赖的 siRNA 合成；中间图：Pol Ⅴ介导的 DNA 从头甲基化；右侧图：由 SWI/SNF 复合物负责核小体的定位，该复合物与 IDN2-IDP 复合物相互作用并与 Pol Ⅴ转录的支架 RNA 结合

酶DCL3将dsRNA产物加工成24nt siRNA，像miRNA和21nt siRNA一样，HEN1（hua enhancer 1）介导的末端3′-OH甲基化修饰能够稳定24nt siRNA（Ji and Chen，2012）。末端修饰后的P4-siRNA随后被运出细胞核，与细胞质中的AGO蛋白结合形成siRNA-AGO沉默复合物。在拟南芥中，有3个AGO蛋白参与了RdDM途径，分别是AGO4、AGO6、AGO9（Zheng et al.，2007；Olmedo-Monfil et al.，2010；Eun et al.，2011；Duan et al.，2015）。研究发现，AGO3也参与了24nt siRNA介导的转录基因沉默（Zhang et al.，2016）。这些AGO蛋白在调控RdDM甲基化上具有一定的功能冗余，同时又有各自的特异性（Havecker et al.，2010）。例如，拟南芥AGO9在生殖细胞中特异表达，控制雌配子体的发育（Olmedo-Monfil et al.，2010）。

（二）Pol Ⅴ转录物与DNA从头甲基化

在经典RdDM模型中，植物特异的Pol Ⅴ聚合酶催化产生的转录物，其作用是作为一种支架RNA招募siRNA-AGO沉默复合物及其他相关的辅助因子（Wierzbicki et al.，2008）（图2-18）。与Pol Ⅳ类似，人们对Pol Ⅴ在染色体上的定位机制了解得并不清楚。基因组免疫沉淀高通量测序数据表明，Pol Ⅴ结合的位点与转座子、重复序列及24nt siRNA的分布高度偶联（Wierzbicki et al.，2012；Zhong et al.，2012）。与组成型异染色质区域的转座子不同，Pol Ⅴ结合的转座子通常是进化上比较年轻的一些小的转座子。目前的研究表明，Pol Ⅴ的定位需要一些辅助因子的参与。这些辅助因子包括一些SU(VAR)3-9组蛋白甲基转移酶家族蛋白，如SUVH2、SUVH9、SUVR2。虽然SUVH2和SUVH9不具有组蛋白甲基转移酶催化活性，但是能够通过SRA结构域结合预先存在的甲基化的DNA，并作为一个平台促进Pol Ⅴ与染色质的互作（Johnson et al.，2008，2014；Kuhlmann and Mette，2012；Liu et al.，2014）。另外，Pol Ⅴ与染色质的偶联及转录还需要一个三组分染色质重塑复合体——DDR（DMS3-DRD1-RDM1）复合体的参与（Law et al.，2010）。其中，Pol Ⅴ转录可能由染色质重塑因子DRD1的解构活性激发，而RDM1的单链DNA结合活性以及DMS3和MORC6可能帮助维持染色质的未打开状态。

Pol Ⅴ通过其最大亚基NRPE1上的AGO尾钩将AGO4锚定，同时NRPE1与一个含KOW结构域的转录延长因子KTF1（SPT5L）互作，而KTF1蛋白上也带有AGO尾钩，因此NRPE1与AGO4及KTF1能够两两相互作用（Bies-Etheve et al.，2009；He et al.，2009；Huang et al.，2009）。Pol Ⅴ转录产生的支架RNA（P5-RNA）与siRNA互补配对并与AGO4绑定。DDR复合物中的RDM1将AGO4与DNA甲基化酶DRM2偶联，在序列同源靶位点催化DNA的从头甲基化（mCHH）。如图2-19所示，植物DRM2甲基转移酶在N端含有泛素相关结构域（UBA），与DRM2在体内的酶活密切相关。有研究表明，水稻DRM2的UBA亚基能够与ATP依赖的RNA解旋酶相互作用，促进DRM2对于RNA高级结构的识别（Dangwal et al.，2013）。DRM2的催化结构域位于C端。在此过程中，RDM1蛋白发挥着关键作用。RDM1

不仅作用于 DDR 染色质重塑复合体中促进 Pol Ⅴ转录，而且能够同时与 AGO4 和 DRM2 发生相互作用，促进 DRM2 的招募，并结合甲基化的单链 DNA（Gao et al., 2010）。

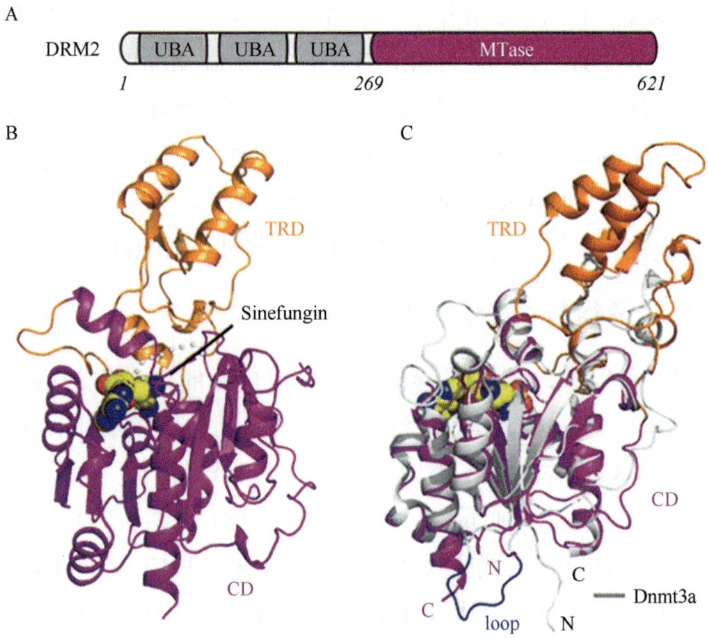

图 2-19 CHH DNA 甲基化酶 DRM2 晶体结构示意图［修改自 Du（2016）］

A. 拟南芥 DRM2 蛋白结构域示意图。B. 烟草 NtDRM 晶体结构示意图，催化结构域亚基（CD）与靶点识别结构域亚基（TRD）分别用紫红色和橘黄色标记。Sinefungin：西奈芬净。C. 烟草 DRM2 与动物 DNA 从头甲基化酶 Dnmt3a 的催化结构域（灰色）晶体结构重叠比对图

除了上述蛋白因子，IDN2-IDP 复合物也参与了 RdDM 途径的调控。IDN2 是一个 dsRNA 结合蛋白，与另外两个功能部分冗余的 IDP 蛋白 IDP1 和 IDP2 形成复合物（Ausin et al., 2012; Xie et al., 2012; Zhang et al., 2012c）。目前的研究认为，IDN2-IDP 复合物可能一方面起到稳定 siRNA-P5-RNA 互补配对的作用，另一方面可能通过与染色质重塑复合物互作影响核小体在染色体上的占位，促进 RdDM 途径下游催化反应的进行（Finke et al., 2012; Zhu et al., 2013b）。在该模型中，首先由组蛋白去乙酰化酶 HDA6、组蛋白去甲基化酶 JMJ14 和泛素特异的蛋白酶 UBP26 去除染色质上的活性标记，然后由组蛋白甲基转移酶如 SUVH4、SUVH5 和 SUVH6 催化添加抑制性组蛋白修饰标记 H3K9me2。通过 MORC1 和 MORC6 的 ATPase 活性，引起染色质高级构象的改变，增强靶位点的沉默效果。表 2-1 列出了目前已知的参与标准 RdDM 途径的蛋白组分。

表 2-1　模式植物拟南芥中参与标准 RdDM 途径的蛋白质组分

蛋白质组分	基因号	功能
NRPD1	AT1G63020	植物特有的 Pol Ⅳ最大亚基
NRPE1	AT2G40030	植物特有的 Pol Ⅴ最大亚基
NRPD2/NRPE2	AG3G23780	Pol Ⅳ/Ⅴ第二大亚基
NRPD4/NRPE4	AT4G15950	Pol Ⅳ/Ⅴ第四大亚基
NRPE5	AT3G57080	Pol Ⅴ第五大亚基
NRPE9B	AT4G16265	Pol Ⅴ第九大亚基
RDR2	AT4G11130	RNA 依赖的 RNA 聚合酶，负责双链 RNA 的合成
DCL3	AT3G43920	Dicer 核酸内切酶，负责 24nt siRNA 的加工
HEN1	AT4G20910	小分子 RNA 甲基化酶，负责在 siRNA 5′ 端添加甲基基团
AGO3	AT1G31290	AGO 蛋白，负责与 siRNA 结合并招募 DNA 甲基化酶 DRM2
AGO4	AT2G27040	AGO 蛋白，负责与 siRNA 结合并招募 DNA 甲基化酶 DRM2
AGO6	AT2G32940	AGO 蛋白，负责与 siRNA 结合并招募 DNA 甲基化酶 DRM2
AGO9	AT5G21150	AGO 蛋白，负责与 siRNA 结合并招募 DNA 甲基化酶 DRM2
CLSY1	AT3G42670	SWI/SNF 染色质重塑因子，参与 Pol Ⅳ转录的诱发
DRD1	AT2G16390	SWI/SNF 染色质重塑因子，DDR 复合物的组分之一，参与 Pol Ⅴ转录
DMS3	AT3G49250	DDR 复合物的组分之一，参与 Pol Ⅴ转录
RDM1	AT3G22680	DDR 复合物的组分之一，AGO4 和 Pol Ⅱ互作蛋白，参与 Pol Ⅴ转录
KTF1/SPT5L	AT5G04290	含有 AGO 尾钩结构，能与 AGO4 互作，参与 Pol Ⅴ转录
IDN2	AT3G48670	双链 RNA 结合蛋白，参与 Pol Ⅴ转录
IDP1	AT1G15910	与 IDN2 形成复合物
IDP2	AT4G00380	与 IDN2 形成复合物
DMS4	AT2G30280	与 Pol Ⅴ和 Pol Ⅱ偶联
DRM2	AT5G14620	DNA 从头甲基化酶
SUVH2	AT2G33290	结合甲基化的 DNA，招募 Pol Ⅴ
SHVH9	AT4G13460	结合甲基化的 DNA，招募 Pol Ⅴ
SUVR2	AT5G43990	组蛋白甲基转移酶
MORC1	AT4G36290	MORC 类型 ATP 酶
MORC6	AT1G19100	MORC 类型 ATP 酶
SHH1/DTF1	AT1G15215	结合 H3K9me2，招募 Pol Ⅳ起始转录
CMT2	AT4G19020	CHH 特异的 DNA 甲基化酶
CMT3	AT1G69770	CHG 特异的 DNA 甲基化酶
DDM1	AT5G66750	染色质重塑因子

二、非典型 RdDM 途径

在模式植物拟南芥中，除了 Pol Ⅳ-RDR2-DCL3 介导的 24nt siRNA 这一经典 RdDM 途径，研究发现其他来源的 siRNA 加工途径作为一种经典 RdDM 途径的补充也能介导 DNA 甲基化。早在 2005 年，人们就发现入侵植物的一种 DNA 病毒基因组的甲基化并不依赖 Pol Ⅳ，而依赖 PTGS 途径中的 RDR6（Herr et al.，2005），说明经典 RdDM 途径并不是 RdDM 的唯一途径。

（一）反向重复序列和 miRNA 介导的 RdDM 途径

在经典 RdDM 途径中，Pol Ⅳ转录产生的非编码 RNA 作为模板被 RDR2 加工成 dsRNA，从而作为 siRNA 的底物。在某些位点，如反向重复序列，Pol Ⅱ产生的转录物也能够形成 dsRNA 并被加工成 siRNA，这些 dsRNA 不依赖于 RDR 的活性，部分来源于类似 miRNA 前体的不完全配对分子内 dsRNA（茎环或发夹 RNA），这种 dsRNA 被不同 DCL 蛋白剪切成 21nt、22nt、24nt siRNA，24nt siRNA 与 AGO4 结合，通过经典 RdDM 机制的下游途径介导 DNA 甲基化（Henderson et al.，2006；Panda et al.，2016）。Pol Ⅱ-DCL3 途径产生的 24nt siRNA 能够通过顺式或反式机制介导靶位点的 DNA 甲基化。例如，在玉米中，一个 Mutator 家族转座子经 Pol Ⅱ-DCL3 机制产生的 24nt siRNA 能够反向调控同家族转座子的表观沉默（Slotkin et al.，2005）（图 2-20）。

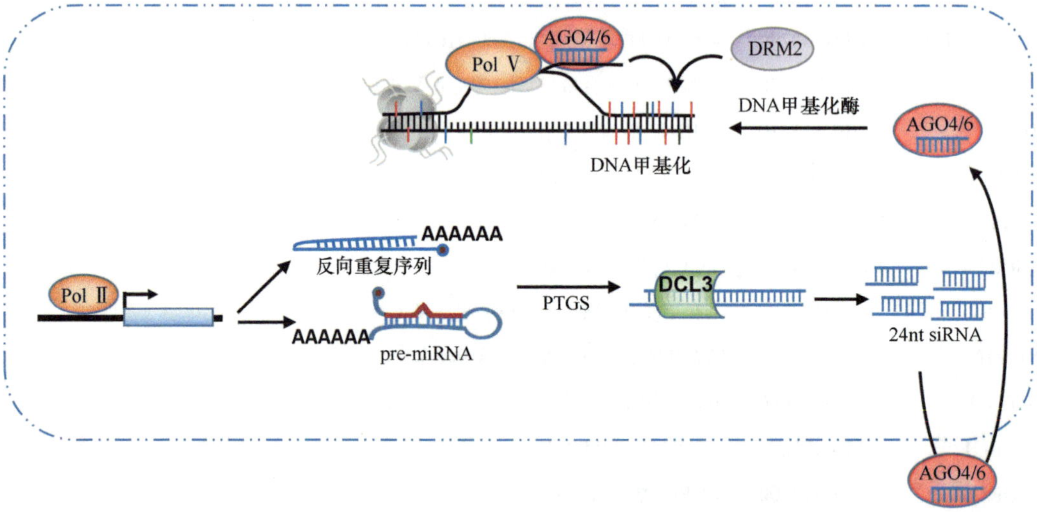

图 2-20　反向重复序列与 miRNA 介导的 RdDM 途径示意图

在 miRNA 生物合成途径中，pre-miRNA 中存在不完全配对的茎环或发夹 dsRNA，在正常情况下，这种 dsRNA 能够被 DCL1 识别加工成 21～22nt 的 miRNA。而在某些情况下，这种 pre-miRNA 能够被 DCL3 加工成 24nt siRNA，进入经典 RdDM 途径。这种 24nt siRNA 产生机制在拟南芥、水稻和苔藓中都有相关报道（Chellappan et al.，2010；Khraiwesh et al.，2010；Wu et al.，2010）（图 2-20）。

（二）RDR6 介导的 RdDM 途径

RDR6在转录后基因沉默（PTGS）途径中主要负责合成21～22nt siRNA的dsRNA底物。研究发现，这种由 Pol Ⅱ-RDR6-DCL2/4 通路产生的 21～22nt siRNA 可以与 AGO6 结合，AGO6 与 Pol Ⅴ产生的支架转录物互作进入 RdDM 途径，通过 DRM2 在靶位点催化从头 DNA 甲基化（McCue et al.，2015）（图 2-21）。这种 RDR6-RdDM 机制在基因组水平主要作用于长链自主转座子，促进转录沉默。

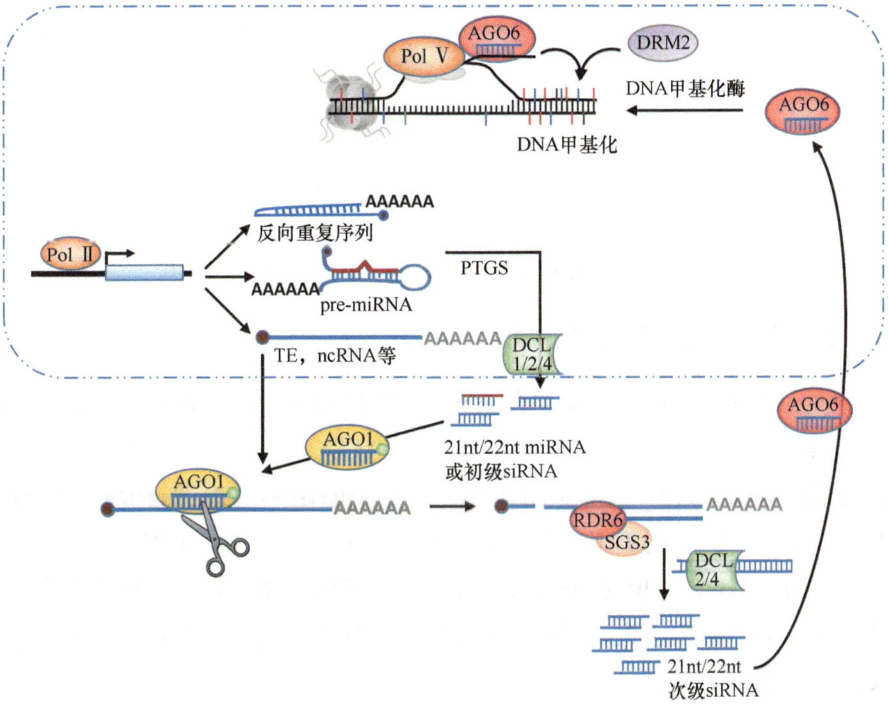

图 2-21　RDR6 介导的 RdDM 途径示意图

TE：转座因子（transposable element）；ncRNA：非编码 RNA（noncoding RNA）。下同

（三）RDR6-DCL3 介导的 RdDM 途径

研究发现，除了上述 RDR6-dsRNA 来源的 21～22nt siRNA 可以介导 RdDM 途径，某些高拷贝转座子的 mRNA 也能够被 RDR6 加工成 dsRNA，通过 DCL3 的剪切进入 RdDM 途径（Mari-Ordonez et al.，2013）（图 2-22）。在 *dcl2dcl4* 双突变体中，RDR6-dsRNA 能够被 DCL3 加工成 24nt siRNA（Gasciolli et al.，2005）。有假说认为，RDR6-DCL3 可能是作为 RDR6-PTGS 途径的一个补充，以应对高表达的转基因或转座子 mRNA。

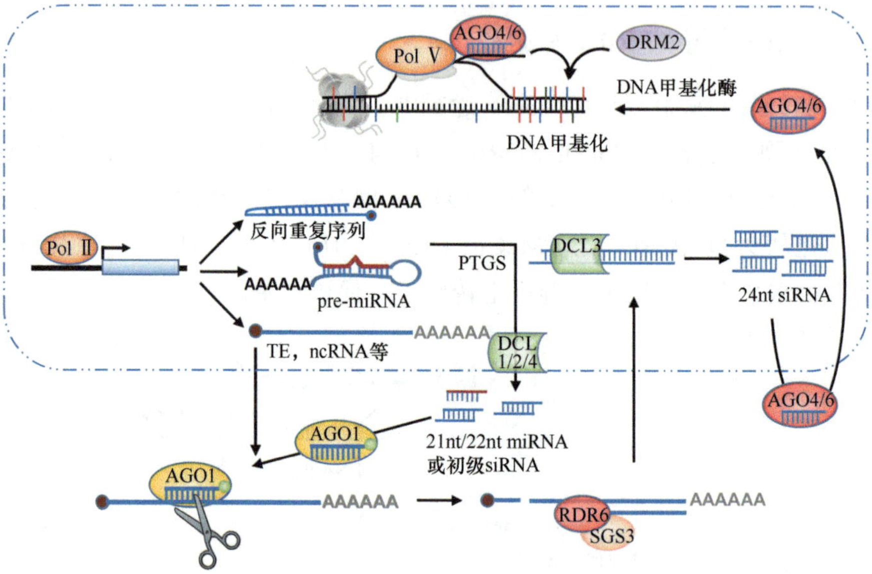

图 2-22　RDR6-DCL3 介导的 RdDM 途径示意图

（四）Pol Ⅳ-NERD 介导的 RdDM 途径

Pontier 等（2012）发现一种含有 GW 和 PHD 结构域的 NERD 蛋白（needed for RDR2-independent DNA methylation）能够招募 AGO2、Pol Ⅳ和 Pol Ⅴ，在非保守基因间隔区位点介导 DNA 甲基化（图 2-23）。在该机制中，GW 结构域负责与 AGO2、Pol Ⅳ和 Pol Ⅴ的互作，而 PHD 负责结合组蛋白 H3。Pol Ⅳ-NERD 介导的 RdDM 途径不依赖 AGO4 和 RDR2，但是 siRNA 的加工依赖 PTGS 途径，在 PTGS 途径突变体中，这些位点的 DNA 甲基化丢失，说明该途径是由 PTGS 途径和 RdDM 途径互作介导的（Garcia et al.，2012）。

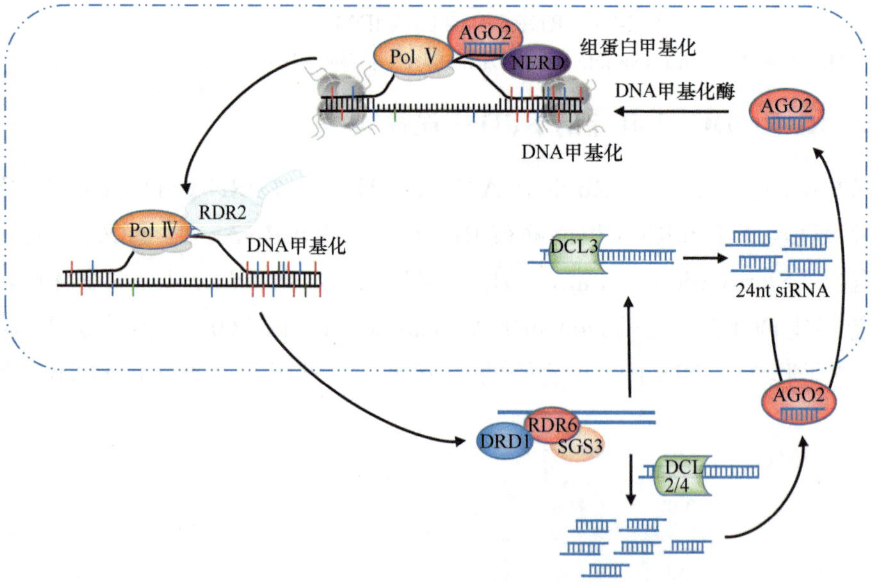

图 2-23　Pol Ⅳ-NERD 介导的 RdDM 途径示意图

（五）DNA 双链断裂修复与 RdDM 途径

在真核生物中，双链断裂（DSB）对 DNA 造成的损伤会被相应的机制精确修复。在拟南芥和人类细胞中发现，在靠近 DSB 区域有 21nt 的小分子 RNA 积累，这些小分子 RNA 被命名为 diRNA（DSB-induced small RNA）（Wei et al.，2012）。在拟南芥中，diRNA 的合成需要 PI3 激酶 ATR、PTGS 组分 RDR6、DCL2/4 以及 RdDM 组分 Pol Ⅳ。在这些组分的缺失突变体中，DSB 的修复效率大大降低，说明 diRNA 参与了 DSB 的修复（图 2-24）。在该机制中，diRNA 通过进入 AGO2 并与 Pol Ⅴ转录物的互作介导 DSB 修复。研究发现，与 AGO2 亲缘关系很近的 AGO3 也具有催化 RdDM 的能力（Zhang et al.，2016），说明在拟南芥中具有 RdDM 活性的除了 AGO4/6/9，还有 AGO2/3 的参与。需要说明的是，虽然在 diRNA 介导的 DSB 修复中涉及 PTGS 和 RdDM 途径中的众多组分，但在 DSB 附近并没有检测到 DNA 甲基化的存在及变化。

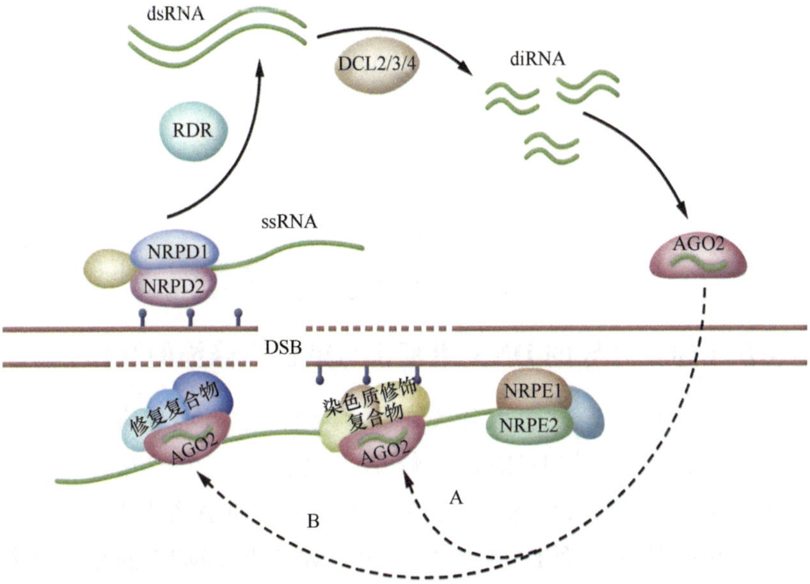

图 2-24　拟南芥中 diRNA 介导的 DSB 修复工作模型［修改自 Wei 等（2012）］

首先由 Pol Ⅳ（NRPD1，NRPD2）从 DSB 区域转录产生单链 RNA 转录物（ssRNA），其次由功能冗余的 RDR 聚合酶扩增成双链 RNA（dsRNA），再经过 Dicer 核酸酶（DCL2/3/4）的协同剪切，加工成 diRNA 分子。随后 diRNA 分子整合进入 AGO2 效应蛋白，AGO2/diRNA 复合物通过与 Pol Ⅴ（NRPE1、NRPE2）转录产生的支架 RNA 的互补配对靶向 DSB 区域，招募染色质修饰因子改变局部的染色质环境或者直接招募 DSB 修复因子进行修复。灰色圆点代表染色质修饰

（六）不依赖 Dicer 的 RdDM 途径

在以上所有 RdDM 途径中，包括经典和非经典 RdDM 途径，均需要 Dicer 加工 dsRNA 产生小分子 RNA。研究发现，一些 dsRNA 能够不经过 Dicer 加工直接装配进入 AGO 蛋白沉默复合物，在其中进一步被核酸外切酶加工成合适的大小（Yang et al.，2016；Ye et al.，2016）（图 2-25）。该发现的一个最直接证据是将拟南芥所有

Dicer 蛋白均敲除或敲低（*dcl1/2/3/4*）后，仍然能够检测到某些 RdDM 靶位点的甲基化。Zhai 等（2015）发现，Pol Ⅳ转录物比预期的要短很多，为 30～40nt，而且与 24nt siRNA 在基因组分布、丰度、链偏好性和 5′腺嘌呤偏好性等方面有诸多相似之处，因此对 Pol Ⅳ依赖的 siRNA 的生物合成提出了“One Precursor One siRNA”（一个前体一个 siRNA）模型。但是，对这种机制在 RdDM 途径中的普遍性还需要更多的研究来加以验证。

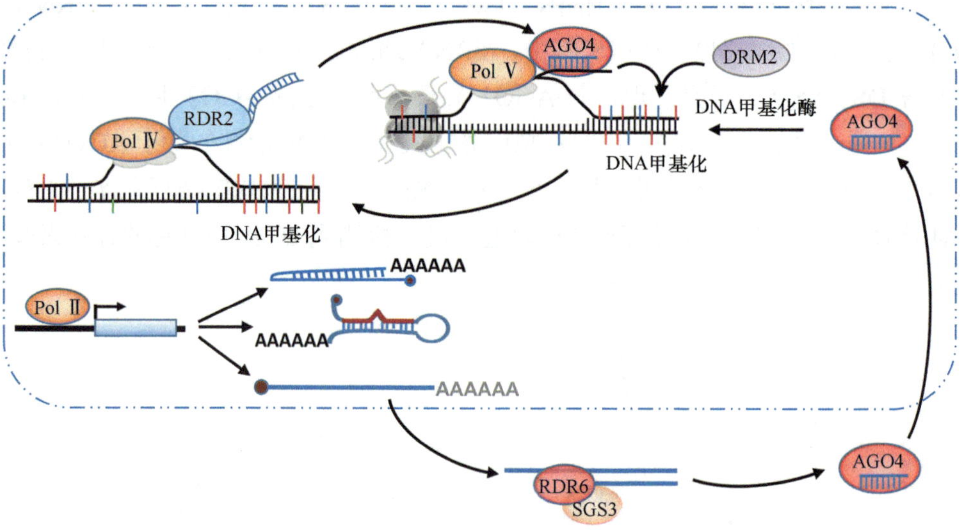

图 2-25　不依赖 Dicer 加工的 RdDM 途径示意图

（七）RdDM 途径介导的 DNA 甲基化与染色质修饰的互作

RdDM 介导的 DNA 甲基化位点多数位于异染色质区，与异染色质标记 H3K9me2 高度偶联。在 DNA 甲基化与 H3K9me2 修饰之间存在一个相互增强的调控环。例如，组蛋白甲基转移酶 SUVH4、SUVH5 和 SUVH6 的 SRA 结构域能够结合甲基化的 DNA，催化 H3K9 甲基化，而 DNA 甲基化酶 CMT3 和 CMT2 的染色质组织修饰域（chromatin organization modifier domain）能够结合 H3K9me2，催化 DNA 非 CG 甲基化（Johnson et al.，2008；Enke et al.，2011）（图 2-26）。

另外，有些 RdDM 靶点首先需要组蛋白修饰酶移除一些活性染色质标记，如组蛋白乙酰化修饰、H3K4me 和 H2B 泛素化修饰等，以维持 DNA 甲基化并促进 H3K9 甲基化。例如，组蛋白去乙酰化酶 HDA6 与 DNA 甲基化酶 MET1 相互作用，促进组蛋白脱乙酰化和 H3K9 甲基化（To et al.，2011；Liu et al.，2012b）。组蛋白去甲基化酶 JMJ14、LDL1 和 LDL2 相互协作移除 H3K4me3，促进 DRM2 介导的 DNA 甲基化的维持（Deleris et al.，2010；Searle et al.，2010；Greenberg et al.，2013）。UBP26 介导的组蛋白 H2B 去泛素化对于某些位点上非 CG 甲基化和 H3K9 甲基化的建立是必需的（Sridhar et al.，2007）（图 2-27）。除此之外，染色质的高维结构对于 RdDM 介导的 DNA 甲基化的维持也有重要影响。例如，MORC 类型的 ATP 酶对于很多 RdDM

位点的 TGS 非常重要。在拟南芥中，MORC6 与 DMS3 共同促进了染色质凝集状态的维持（Moissiard et al.，2012；Brabbs et al.，2013）。

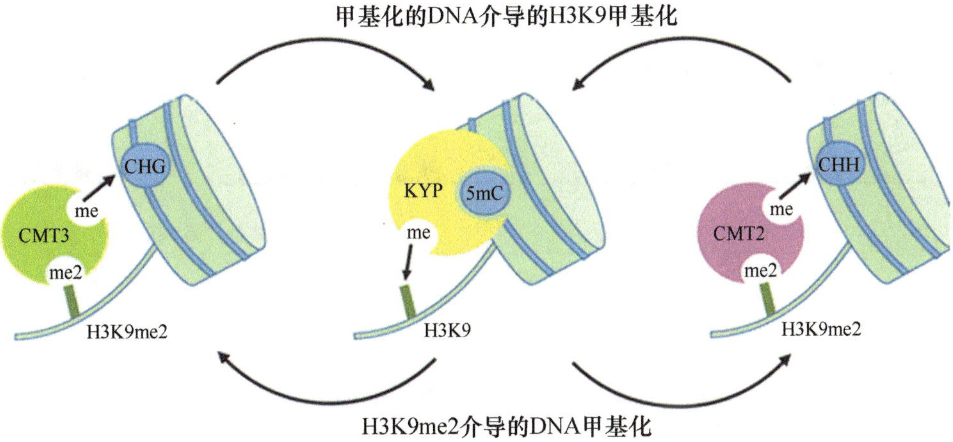

图 2-26 DNA 非 CG 甲基化与 H3K9me2 的互作（Du，2016）

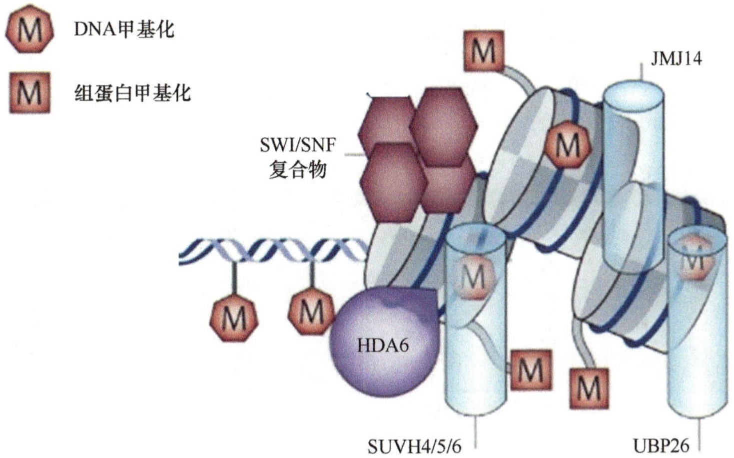

图 2-27 HDA6 和 UBP26 介导的组蛋白甲基化

三、RdDM 的生物学功能

（一）转座子沉默与基因组稳定性

绝大多数 RdDM 靶点都是一些转座子等重复序列，尤其是一些进化上非常年轻的小型转座子（图 2-28）。RdDM 途径介导的 DNA 甲基化对于这些转座子的组成型沉默非常重要。虽然在 RdDM 缺陷型突变体中真正被激活的转座子数量有限，这可能是由于 RdDM 途径介导的 CHH 甲基化与 CG 和 CHG 甲基化有独立的调控机制，但是在胁迫情况下，某些转座子的激活非常显著。例如，如图 2-28 所示，在热激条件下，反转录转座子 *ONSEN* 被转录激活，这种激活在 RdDM 途径缺失的情况下显著增强，并发生新的基因组插入事件（Ito et al.，2011），表明 RdDM 在维持基因组稳定性上具有重要作用。

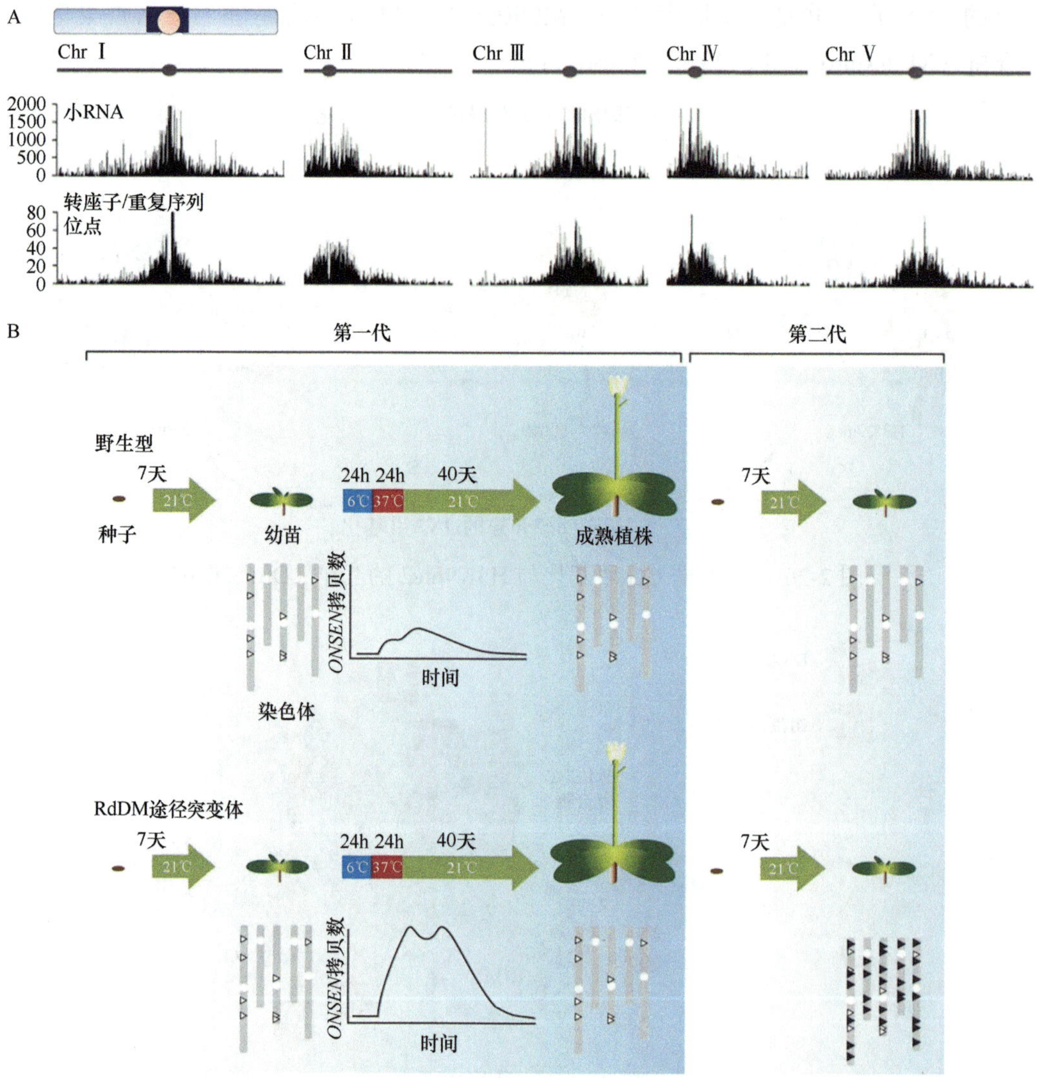

图 2-28 RdDM-siRNA 与基因组稳定性［修改自 Kasschau 等（2007），Ito 等（2011）］

A. 转座子/重复序列在染色体上的分布高度重叠。上层图：24nt siRNA 在拟南芥 5 条染色体上的密度分布；下层图：转座子/重复序列在拟南芥 5 条染色体上的密度分布。B. RdDM-siRNA 调控通路对反转录转座子 *ONSEN* 移动性的跨代调控。曲线动态显示在热激胁迫条件下 *ONSEN* 反转录转座子 DNA 积累的动态。拟南芥 5 条染色体上的空心和实心三角分别代表内源 8 个 *ONSEN* 位点和新的 *ONSEN* 插入位点

（二）RdDM 与表观等位基因形成

植物在响应外界环境变化时会导致基因组特定位点上表观遗传状态的改变，产生不改变 DNA 序列的表观等位突变，如果这种突变被稳定遗传到子代株系中，并表现出一定的表型改变，则形成表观等位基因。这种现象代表了植物的一种适应性进化机制，使植物能够更好地适应不断变化的环境。在未处理的拟南芥中，DNA 甲基化的自发获得或丢失率是遗传突变率的 1000 多倍，而且超甲基化的等位基因通常与 siRNA 的产生和 TGS 密切相关（Becker et al.，2011；Schmitz et al.，2011）。对于植物，需要在这种自发的表观遗传变异与已经建立的稳定遗传的表观遗传状态之间取

得平衡。人们发现，在已经建立 DNA 甲基化模式的 siRNA 产生位点，DNA 甲基化的自发突变率并不高，说明 RdDM 能够稳定 DNA 甲基化模式。另外，siRNA 也参与了 DNA 甲基化模式在不同子代中的重建，尤其是在生殖器官中，这种机制非常重要（Teixeira et al.，2009）。

（三）RdDM 与基因印迹现象

基因印迹表达是指来源于不同亲本的等位基因在合子细胞中的差异表达现象。在植物中，这种现象与 RdDM 途径介导的转录基因沉默密切相关。在拟南芥中，所有已知的印记基因都与 siRNA 产生位点临近或重叠。在这些等位基因中，DNA 甲基化的状态取决于 RdDM 途径与 DNA 去甲基化酶 DME 之间的协同调控。在拟南芥和水稻的印记基因中，siRNA 的产生通常是单亲本表达（Mosher et al.，2009；Rodrigues et al.，2013）。但是 DME 并不控制 siRNA 的单亲本表达，只有一部分印记基因在 RdDM 突变体中表现出双亲本表达的现象，猜测 RdDM 介导的这种亲本表观遗传非对称性机制对于基因印记是必需的。

除了上述作用，RdDM 途径还广泛参与了植物的生长发育以及对生物和非生物胁迫的响应，相关内容将在其他章节具体阐述。

参考文献

Addo-Quaye C, Snyder JA, Park YB, et al. 2009. Sliced microRNA targets and precise loop-first processing of MIR319 hairpins revealed by analysis of the *Physcomitrella patens* degradome. RNA, 15(2): 2112-2121.

Adenot X, Elmayan T, Lauressergues D, et al. 2006. DRB4-dependent TAS3 *trans*-acting siRNAs control leaf morphology through AGO7. Current Biology, 16(9): 927-932.

Alarcon CR, Goodarzi H, Lee H, et al. 2015b. HNRNPA2B1 is a mediator of m(6)A-dependent nuclear RNA processing events. Cell, 162(6): 1299-1308.

Alarcon CR, Lee H, Goodarzi H, et al. 2015a. N6-methyladenosine marks primary microRNAs for processing. Nature, 519(7544): 482-485.

Allen E, Xie Z, Gustafson AM, et al. 2005. microRNA-directed phasing during *trans*-acting siRNA biogenesis in plants. Cell, 121(2): 207-221.

Arif MA, Fattash I, Ma Z, et al. 2012. DICER-LIKE3 activity in *Physcomitrella patens* DICER-LIKE4 mutants causes severe developmental dysfunction and sterility. Molecular Plant, 5(6): 1281-1294.

Aukerman MJ, Sakai H. 2003. Regulation of flowering time and floral organ identity by a microRNA and its APETALA2-like target genes. The Plant Cell, 15(11): 2730-2741.

Ausin I, Greenberg MV, Simanshu DK, et al. 2012. INVOLVED IN DE NOVO 2-containing complex involved in RNA-directed DNA methylation in *Arabidopsis*. Proc Natl Acad Sci USA, 109(22): 8374-8381.

Axtell MJ, Jan C, Rajagopalan R, et al. 2006. A two-hit trigger for siRNA biogenesis in plants. Cell, 127(3): 565-577.

Baek D, Park HC, Kim MC, et al. 2013. The role of *Arabidopsis* MYB2 in miR399f-mediated phosphate-starvation response. Plant Signaling & Behavior, 8(3): e23488.

Bajczyk M, Lange H, Bielewicz D, et al. 2020. SERRATE interacts with the nuclear exosome targeting (NEXT) complex to degrade primary miRNA precursors in *Arabidopsis*. Nucleic Acids Research, 48(12): 6839-6854.

Banani SF, Lee HO, Hyman AA, et al. 2017. Biomolecular condensates: organizers of cellular biochemistry. Nat Rev Mol Cell Bio, 18(5): 285-298.

Becker C, Hagmann J, Muller J, et al. 2011. Spontaneous epigenetic variation in the *Arabidopsis thaliana* methylome. Nature, 480(7376): 245-249.

Ben Chaabane S, Liu R, Chinnusamy V, et al. 2013. STA1, an *Arabidopsis* pre-mRNA processing factor 6 homolog, is a new player involved in miRNA biogenesis. Nucleic Acids Research, 41(3): 1984-1997.

Bhat SS, Bielewicz D, Gulanicz T, et al. 2020. mRNA adenosine methylase (MTA) deposits m(6)A on pri-miRNAs to modulate miRNA biogenesis in *Arabidopsis thaliana*. Proc Natl Acad Sci USA, 117(35): 21785-21795.

Bielewicz D, Kalak M, Kalyna M, et al. 2013. Introns of plant pri-miRNAs enhance miRNA biogenesis. EMBO Reports, 14(7): 622-628.

Bies-Etheve N, Pontier D, Lahmy S, et al. 2009. RNA-directed DNA methylation requires an AGO4-interacting member of the SPT5 elongation factor family. EMBO Reports, 10(6): 649-654.

Bologna NG, Iselin R, Abriata LA, et al. 2018. Nucleo-cytosolic shuttling of ARGONAUTE1 prompts a revised model of the plant microRNA pathway. Molecular Cell, 69(4): 709-719, e705.

Bologna NG, Mateos JL, Bresso EG, et al. 2009. A loop-to-base processing mechanism underlies the biogenesis of plant microRNAs miR319 and miR159. EMBO Journal, 28(33): 3646-3656.

Bologna NG, Schapire AL, Zhai J, et al. 2013. Multiple RNA recognition patterns during microRNA biogenesis in plants. Genome Research, 23(10): 1675-1689.

Borsani O, Zhu J, Verslues PE, et al. 2005. Endogenous siRNAs derived from a pair of natural *cis*-antisense transcripts regulate salt tolerance in *Arabidopsis*. Cell, 123(7): 1279-1291.

Brabbs TR, He Z, Hogg K, et al. 2013. The stochastic silencing phenotype of *Arabidopsis* morc6 mutants reveals a role in efficient RNA-directed DNA methylation. Plant Journal, 75(5): 836-846.

Branscheid A, Marchais A, Schott G, et al. 2015. SKI2 mediates degradation of RISC 5′-cleavage fragments and prevents secondary siRNA production from miRNA targets in *Arabidopsis*. Nucleic Acids Research, 43(22): 10975-10988.

Brodersen P, Sakvarelidze-Achard L, Bruun-Rasmussen M, et al. 2008. Widespread translational inhibition by plant miRNAs and siRNAs. Science, 320(5880): 1185-1190.

Cabrera J, Barcala M, García A, et al. 2016. Differentially expressed small RNAs in *Arabidopsis* galls formed by *Meloidogyne javanica*: a functional role for miR390 and its TAS3-derived ta-siRNAs. New Phytologist, 209(4): 1625-1640.

Cai Q, Liang C, Wang S, et al. 2018. The disease resistance protein SNC1 represses the biogenesis of microRNAs and phased siRNAs. Nature Communications, 9(1): 5080.

Calderon-Villalobos LI, Kuhnle C, Dohmann EM, et al. 2005. The evolutionarily conserved TOUGH protein is required for proper development of *Arabidopsis thaliana*. The Plant Cell, 17(9): 2473-2485.

Cambiagno DA, Giudicatti AJ, Arce AL, et al. 2021. HASTY modulates miRNA biogenesis by linking pri-miRNA transcription and processing. Molecular Plant, 14(3): 426-439.

Carthew RW, Sontheimer EJ. 2009. Origins and mechanisms of miRNAs and siRNAs. Cell, 136(4): 642-655.

Chang HM, Triboulet R, Thornton JE, et al. 2013. A role for the Perlman syndrome exonuclease Dis312 in the Lin28-let-7 pathway. Nature, 497(7448): 244-248.

Chekanova JA, Gregory BD, Reverdatto SV, et al. 2007. Genome-wide high-resolution mapping of exosome substrates reveals hidden features in the *Arabidopsis transcriptome*. Cell, 131(7): 1340-1353.

Chellappan P, Xia J, Zhou X, et al. 2010. siRNAs from miRNA sites mediate DNA methylation of target genes. Nucleic Acids Research, 38(20): 6883-6894.

Chen D, Meng Y, Ma X, et al. 2010b. Small RNAs in angiosperms: sequence characteristics, distribution and generation. Bioinformatics, 26(11): 1391-1394.

Chen HM, Chen LT, Patel K, et al. 2010a. 22-Nucleotide RNAs trigger secondary siRNA biogenesis in plants. Proc Natl Acad Sci USA, 107(34): 15269-15274.

Chen J, Liu L, You C, et al. 2018. Structural and biochemical insights into small RNA 3′ end trimming by *Arabidopsis* SDN1. Nature Communications, 9(1): 3585.

Chen T, Cui P, Xiong L. 2015. The RNA-binding protein HOS5 and serine/arginine-rich proteins RS40 and RS41 participate in miRNA biogenesis in *Arabidopsis*. Nucleic Acids Research, 43(17): 8283-8298.

Chen X. 2004. A microRNA as a translational repressor of APETALA2 in *Arabidopsis* flower development. Science, 303(5666): 2022-2025.

Chen X. 2009. Small RNAs and their roles in plant development. Annu Rev Cell Dev Biol, 25: 21-44.

Cho SK, Ben Chaabane S, Shah P, et al. 2014. COP1 E3 ligase protects HYL1 to retain microRNA biogenesis. Nature Communications, 5(5867): 5867.

Cho SK, Ryu MY, Poulsen C, et al. 2017. HIGLE is a bifunctional homing endonuclease that directly interacts with HYL1 and SERRATE in *Arabidopsis thaliana*. FEBS Letters, 591(10): 1383-1393.

Copeland C, Xu S, Qi Y, et al. 2013. MOS2 has redundant function with its homolog MOS2H and is required for proper splicing of *SNC1*. Plant Signaling & Behavior, 8(9): e25372.

Cuerda-Gil D, Slotkin RK. 2016. Non-canonical RNA-directed DNA methylation. Nature Plants, 2(11): 16163.

Cui C, Wang JJ, Zhao JH, et al. 2020. A *Brassica* miRNA regulates plant growth and immunity through distinct modes of action. Molecular Plant, 13(2): 231-245.

Cui Y, Fang X, Qi Y. 2016. TRANSPORTIN1 promotes the association of microRNA with ARGONAUTE1 in *Arabidopsis*. The Plant Cell, 28(10): 2576-2585.

Cuperus JT, Carbonell A, Fahlgren N, et al. 2010b. Unique functionality of 22-nt miRNAs in triggering RDR6-dependent siRNA biogenesis from target transcripts in *Arabidopsis*. Nature Structural & Molecular Biology, 17(8): 997-1003.

Cuperus JT, Montgomery TA, Fahlgren N, et al. 2010a. Identification of MIR390a precursor processing-defective mutants in *Arabidopsis* by direct genome sequencing. Proc Natl Acad Sci USA, 107(1): 466-471.

Curtin SJ, Watson JM, Smith NA, et al. 2008. The roles of plant dsRNA-binding proteins in RNAilike pathways. FEBS Letters, 582(18): 2753-2760.

Dangwal M, Malik G, Kapoor S, et al. 2013. *De novo* methyltransferase, OsDRM2, interacts with the ATP-dependent RNA helicase, OseIF4A, in rice. Journal of Molecular Biology, 425(16): 2853-2866.

Dastidar MG, Scarpa A, Magele I, et al. 2019. ARF5/MONOPTEROS directly regulates miR390 expression in the *Arabidopsis thaliana* primary root meristem. Plant Direct, 3(2): e00116.

de Felippes FF, Marchais A, Sarazin A, et al. 2017. A single miR390 targeting event is sufficient for triggering TAS3-ta-siRNA biogenesis in *Arabidopsis*. Nucleic Acids Research, 45(9): 5539-5554.

Deleris A, Greenberg MV, Ausin I, et al. 2010. Involvement of a Jumonji-C domain-containing histone demethylase in DRM2-mediated maintenance of DNA methylation. EMBO Reports, 11(12): 950-955.

Dolata J, Bajczyk M, Bielewicz D, et al. 2016. Salt stress reveals a new role for ARGONAUTE 1 in miRNA biogenesis at the transcriptional and post-transcriptional levels. Plant Physiology, 172(1): 297-312.

Doll S, Kuhlmann M, Rutten T, et al. 2018. Accumulation of the coumarin scopolin under abiotic stress conditions is mediated by the *Arabidopsis thaliana* THO/TREX complex. Plant Journal, 93(3): 431-444.

Dong Z, Han MH, Fedoroff N. 2008. The RNA-binding proteins HYL1 and SE promote accurate *in vitro* processing of pri-miRNA by DCL1. Proc Natl Acad Sci USA, 105(29): 9970-9975.

Du J. 2016. Structure and mechanism of plant DNA methyltransferases. Advances in Experimental Medicine and Biology, 945: 173-192.

Duan CG, Zhang H, Tang K, et al. 2015. Specific but interdependent functions for *Arabidopsis* AGO4 and AGO6 in RNA-directed DNA methylation. EMBO Journal, 34(5): 581-592.

Eamens AL, Kim KW, Curtin SJ, et al. 2012. DRB2 is required for microRNA biogenesis in *Arabidopsis thaliana*. PLOS ONE, 7(4): e35933.

Eamens AL, Smith NA, Curtin SJ, et al. 2009. The *Arabidopsis thaliana* double-stranded RNA binding protein DRB1 directs guide strand selection from microRNA duplexes. RNA, 15(12): 2219-2235.

Endo Y, Iwakawa HO, Tomari Y. 2013. *Arabidopsis* ARGONAUTE7 selects miR390 through multiple checkpoints during RISC assembly. EMBO Reports, 14(7): 652-658.

Enke RA, Dong Z, Bender J. 2011. Small RNAs prevent transcription-coupled loss of histone H3 lysine 9 methylation in *Arabidopsis thaliana*. PLOS Genetics, 7(10): e1002350.

Eun C, Lorkovic ZJ, Naumann U, et al. 2011. AGO6 functions in RNA-mediated transcriptional gene silencing in shoot and root meristems in *Arabidopsis thaliana*. PLOS ONE, 6(10): e25730.

Fahlgren N, Carrington JC. 2010. miRNA target prediction in plants. Methods Mol Biol, 592: 51-57.

Fang X, Cui Y, Li Y, et al. 2015a. Transcription and processing of primary microRNAs are coupled by elongator complex in *Arabidopsis*. Nature Plants, 1(6): 15075.

Fang X, Shi Y, Lu X, et al. 2015b. CMA33/XCT regulates small RNA production through modulating the transcription of Dicer-Like genes in *Arabidopsis*. Molecular Plant, 8(8): 1227-1236.

Fang X, Zhao G, Zhang S, et al. 2019. Chloroplast-to-nucleus signaling regulates microRNA biogenesis in *Arabidopsis*. Developmental Cell, 48(3): 371-382, e374.

Fang Y, Spector DL. 2007. Identification of nuclear dicing bodies containing proteins for microRNA biogenesis in living *Arabidopsis* plants. Current Biology, 17(9): 818-823.

Fei QL, Li PC, Teng C, et al. 2015. Secondary siRNAs from *Medicago NB-LRRs* modulated via miRNA-target interactions and their abundances. Plant Journal, 83(3): 451-465.

Fei QL, Xia R, Meyers BC. 2013. Phased, secondary, small interfering RNAs in posttranscriptional regulatory networks. The Plant Cell, 25(7): 2400-2415.

Fei QL, Yang L, Liang WQ, et al. 2016. Dynamic changes of small RNAs in rice spikelet development reveal specialized reproductive phasiRNA pathways. Journal of Experimental Botany, 67(21): 6037-6049.

Fei QL, Yu Y, Liu L, et al. 2018. Biogenesis of a 22-nt microRNA in Phaseoleae species by precursor-programmed uridylation. Proc Natl Acad Sci USA, 115(31): 8037-8042.

Finke A, Kuhlmann M, Mette MF. 2012. IDN2 has a role downstream of siRNA formation in RNA-directed DNA methylation. Epigenetics, 7(8): 950-960.

Francisco-Mangilet AG, Karlsson P, Kim MH, et al. 2015. THO2, a core member of the THO/TREX complex, is required for microRNA production in *Arabidopsis*. Plant Journal, 82(6): 1018-1029.

Fujioka Y, Utsumi M, Ohba Y, et al. 2007. Location of a possible miRNA processing site in SmD3/SmB nuclear bodies in *Arabidopsis*. Plant & Cell Physiology, 48(9): 1243-1253.

Fukudome A, Kanaya A, Egami M, et al. 2011. Specific requirement of DRB4, a dsRNA-binding protein, for the *in vitro* dsRNA-cleaving activity of *Arabidopsis* Dicer-like 4. RNA, 17(4): 750-760.

Furumizu C, Tsukaya H, Komeda Y. 2010. Characterization of EMU, the *Arabidopsis* homolog of the yeast THO complex member HPR1. RNA, 16(9): 1809-1817.

Gandikota M, Birkenbihl RP, Hohmann S, et al. 2007. The miRNA156/157 recognition element in the 3′ UTR of the *Arabidopsis* SBP box gene SPL3 prevents early flowering by translational inhibition in seedlings. Plant Journal, 49(4): 683-693.

Gao S, Wang J, Jiang N, et al. 2020. Hyponastic Leaves 1 protects pri-miRNAs from nuclear exosome attack. Proc Natl Acad Sci USA, 117(229): 17429-17437.

Gao Z, Liu HL, Daxinger L, et al. 2010. An RNA polymerase Ⅱ- and AGO4-associated protein acts in RNA-directed DNA methylation. Nature, 465(7294): 106-109.

Garcia D, Garcia S, Pontier D, et al. 2012. Ago hook and RNA helicase motifs underpin dual roles for SDE3 in antiviral defense and silencing of nonconserved intergenic regions. Molecular Cell, 48(1): 109-120.

Gasciolli V, Mallory AC, Bartel DP, et al. 2005. Partially redundant functions of *Arabidopsis* DICER-like enzymes and a role for DCL4 in producing *trans*-acting siRNAs. Current Biology, 15(16): 1494-1500.

Greenberg MV, Deleris A, Hale CJ, et al. 2013. Interplay between active chromatin marks and RNA-directed DNA methylation in *Arabidopsis thaliana*. PLOS Genetics, 9(11): e1003946.

Griffiths-Jones S, Saini HK, van Dongen S, et al. 2008. miRBase: tools for microRNA genomics. Nucleic Acids Research, 36(Database issue): D154-D158.

Grigg SP, Canales C, Hay A, et al. 2005. SERRATE coordinates shoot meristem function and leaf axial patterning in *Arabidopsis*. Nature, 437(7061): 1022-1026.

Grigorova B, Mara C, Hollender C, et al. 2011. LEUNIG and SEUSS co-repressors regulate miR172 expression in *Arabidopsis* flowers. Development, 138(12): 2451-2456.

Guo G, Liu X, Sun F, et al. 2018. Wheat miR9678 affects seed germination by generating phased siRNAs and modulating abscisic acid/gibberellin signaling. The Plant Cell, 30(4): 796-814.

Gy I, Gasciolli V, Lauressergues D, et al. 2007. *Arabidopsis* FIERY1, XRN2, and XRN3 are endogenous RNA silencing suppressors. The Plant Cell, 19(11): 3451-3461.

Haag JR, Ream TS, Marasco M, et al. 2012. *In vitro* transcription activities of Pol Ⅳ, Pol Ⅴ, and RDR2 reveal coupling of Pol Ⅳ and RDR2 for dsRNA synthesis in plant RNA silencing. Molecular Cell, 48(5): 811-818.

Hajheidari M, Farrona S, Huettel B, et al. 2012. CDKF;1 and CDKD protein kinases regulate phosphorylation of serine residues in the C-terminal domain of *Arabidopsis* RNA polymerase Ⅱ. The Plant Cell, 24(4): 1626-1642.

Havecker ER, Wallbridge LM, Hardcastle TJ, et al. 2010. The *Arabidopsis* RNA-directed DNA methylation argonautes functionally diverge based on their expression and interaction with target loci. The Plant Cell, 22(2): 321-334.

He XJ, Hsu YF, Zhu S, et al. 2009. An effector of RNA-directed DNA methylation in *Arabidopsis* is an ARGONAUTE 4- and RNA-binding protein. Cell, 137(3): 498-508.

Henderson IR, Zhang X, Lu C, et al. 2006. Dissecting *Arabidopsis thaliana* DICER function in small RNA processing, gene silencing and DNA methylation patterning. Nature Genetics, 38(6): 721-725.

Herr AJ, Jensen MB, Dalmay T, et al. 2005. RNA polymerase Ⅳ directs silencing of endogenous DNA. Science, 308(5718): 118-120.

Hiraguri A, Itoh R, Kondo N, et al. 2005. Specific interactions between Dicer-like proteins and HYL1/DRB-family dsRNA-binding proteins in *Arabidopsis thaliana*. Plant Molecular Biology, 57(2): 173-188.

Hobecker KV, Reynoso MA, Bustos-Sanmamed P, et al. 2017. The microRNA 390/TAS3 pathway mediates symbiotic nodulation and lateral root growth. Plant Physiology, 174(4): 2469-2486.

Hou CY, Lee WC, Chou HC, et al. 2016. Global analysis of truncated RNA ends reveals new insights into ribosome stalling in plants. The Plant Cell, 28(10): 2398-2416.

Howell MD, Fahlgren N, Chapman EJ, et al. 2007. Genome-wide analysis of the RNA-DEPENDENT RNA POLYMERASE6/DICER-LIKE4 pathway in *Arabidopsis* reveals dependency on miRNA- and tasiRNA-directed targeting. The Plant Cell, 19(3): 926-942.

Huang L, Jones AM, Searle I, et al. 2009. An atypical RNA polymerase involved in RNA silencing shares small subunits with RNA polymerase Ⅱ. Nature Structural & Molecular Biology, 16(1): 91-93.

Huo H, Wei S, Bradford KJ. 2016. DELAY OF GERMINATION1 (DOG1) regulates both seed dormancy and flowering time through microRNA pathways. Proc Natl Acad Sci USA, 113(15): E2199-E2206.

Hutvagner G, Zamore PD. 2002. A microRNA in a multiple-turnover RNAi enzyme complex. Science, 297(5589): 2056-2060.

Ibrahim F, Rymarquis LA, Kim EJ, et al. 2010. Uridylation of mature miRNAs and siRNAs by the MUT68 nucleotidyltransferase promotes their degradation in *Chlamydomonas*. Proc Natl Acad Sci USA, 107(8): 3906-3911.

Iki T, Yoshikawa M, Meshi T, et al. 2012. Cyclophilin 40 facilitates HSP90-mediated RISC assembly in plants. EMBO Journal, 31(2): 267-278.

Iki T, Yoshikawa M, Nishikiori M, et al. 2010. *In vitro* assembly of plant RNA-induced silencing complexes facilitated by molecular chaperone HSP90. Molecular Cell, 39(2): 282-291.

Ito H, Gaubert H, Bucher E, et al. 2011. An siRNA pathway prevents transgenerational retrotransposition in plants subjected to stress. Nature, 472(7341): 115-119.

Jauvion V, Elmayan T, Vaucheret H. 2010. The conserved RNA trafficking proteins HPR1 and TEX1 are involved in the production of endogenous and exogenous small interfering RNA in *Arabidopsis*. The Plant Cell, 22(8): 2697-2709.

Ji L, Chen X. 2012. Regulation of small RNA stability: methylation and beyond. Cell Research, 22(4): 624-636.

Jia T, Zhang B, You C, et al. 2017. The *Arabidopsis* MOS4-associated complex promotes microRNA biogenesis and precursor messenger RNA splicing. The Plant Cell, 29(10): 2626-2643.

Jin H, Vacic V, Girke T, et al. 2008. Small RNAs and the regulation of *cis*-natural antisense transcripts in *Arabidopsis*. BMC Molecular Biology, 9(1): 6.

Johnson C, Kasprzewska A, Tennessen K, et al. 2009. Clusters and superclusters of phased small RNAs in the developing inflorescence of rice. Genome Research, 19(8): 1429-1440.

Johnson LM, Du J, Hale CJ, et al. 2014. SRA- and SET-domain-containing proteins link RNA polymerase Ⅴ occupancy to DNA methylation. Nature, 507(7490): 124-128.

Johnson LM, Law JA, Khattar A, et al. 2008. SRA-domain proteins required for DRM2-mediated *de novo* DNA methylation. PLOS Genetics, 4(11): e1000280.

Jouannet V, Moreno AB, Elmayan T, et al. 2012. Cytoplasmic *Arabidopsis* AGO7 accumulates in membrane-associated siRNA bodies and is required for ta-siRNA biogenesis. EMBO Journal, 31(7): 1704-1713.

Karlsson P, Christie MD, Seymour DK, et al. 2015. KH domain protein RCF3 is a tissue-biased regulator of the plant miRNA biogenesis cofactor HYL1. Proc Natl Acad Sci USA, 112(45): 14096-14101.

Kasschau KD, Fahlgren N, Chapman EJ, et al. 2007. Genome-wide profiling and analysis of *Arabidopsis* siRNAs. PLOS Biology, 5(3): e57.

Katiyar-Agarwal S, Gao S, Vivian-Smith A, et al. 2007. A novel class of bacteria-induced small RNAs in *Arabidopsis*. Genes & Development, 21(23): 3123-3134.

Katiyar-Agarwal S, Morgan R, Dahlbeck D, et al. 2006. A pathogen-inducible endogenous siRNA in plant immunity. Proc Natl Acad Sci USA, 103(47): 18002-18007.

Khraiwesh B, Arif MA, Seumel GI, et al. 2010. Transcriptional control of gene expression by microRNAs. Cell, 140(1): 111-122.

Kim W, Benhamed M, Servet C, et al. 2009. Histone acetyltransferase GCN5 interferes with the miRNA pathway in *Arabidopsis*. Cell Research, 19(7): 899-909.

Knop K, Stepien A, Barciszewska-Pacak M, et al. 2017. Active 5′ splice sites regulate the biogenesis efficiency of *Arabidopsis* microRNAs derived from intron-containing genes. Nucleic Acids Research, 45(5): 2757-2775.

Komiya R, Ohyanagi H, Niihama M, et al. 2014. Rice germline-specific argonaute MEL1 protein binds to phasiRNAs generated from more than 700 lincRNAs. Plant Journal, 78(3): 385-397.

Koster T, Meyer K, Weinholdt C, et al. 2014. Regulation of pri-miRNA processing by the hnRNP-like protein AtGRP7 in *Arabidopsis*. Nucleic Acids Research, 42(15): 9925-9936.

Kuhlmann M, Mette MF. 2012. Developmentally non-redundant SET domain proteins SUVH2 and

SUVH9 are required for transcriptional gene silencing in *Arabidopsis thaliana*. Plant Molecular Biology, 79(6): 623-633.

Kurihara Y. 2017. Activity and roles of *Arabidopsis thaliana* XRN family exoribonucleases in noncoding RNA pathways. Journal of Plant Research, 130(1): 25-31.

Kurihara Y, Schmitz RJ, Nery JR, et al. 2012. Surveillance of 3′ noncoding transcripts requires FIERY1 and XRN3 in *Arabidopsis*. G3, 2(4): 487-498.

Kurihara Y, Takashi Y, Watanabe Y. 2006. The interaction between DCL1 and HYL1 is important for efficient and precise processing of pri-miRNA in plant microRNA biogenesis. RNA, 12(2): 206-212.

Kurihara Y, Watanabe Y. 2004. *Arabidopsis* micro-RNA biogenesis through Dicer-like 1 protein functions. Proc Natl Acad Sci USA, 101(34): 12753-12758.

Lanet E, Delannoy E, Sormani R, et al. 2009. Biochemical evidence for translational repression by *Arabidopsis* microRNAs. The Plant Cell, 21(6): 1762-1768.

Laubinger S, Sachsenberg T, Zeller G, et al. 2008. Dual roles of the nuclear cap-binding complex and SERRATE in pre-mRNA splicing and microRNA processing in *Arabidopsis thaliana*. Proc Natl Acad Sci USA, 105(25): 8795-8800.

Law JA, Ausin I, Johnson LM, et al. 2010. A protein complex required for polymerase Ⅴ transcripts and RNA-directed DNA methylation in *Arabidopsis*. Current Biology, 20(10): 951-956.

Law JA, Du J, Hale CJ, et al. 2013. Polymerase Ⅳ occupancy at RNA-directed DNA methylation sites requires SHH1. Nature, 498(7454): 385-389.

Law JA, Vashisht AA, Wohlschlegel JA, et al. 2011. SHH1, a homeodomain protein required for DNA methylation, as well as RDR2, RDM4, and chromatin remodeling factors, associate with RNA polymerase Ⅳ. PLOS Genetics, 7(7): e1002195.

Li J, Yang Z, Yu B, et al. 2005. Methylation protects miRNAs and siRNAs from a 3′-end uridylation activity in *Arabidopsis*. Current Biology, 15(16): 1501-1507.

Li Q, Liu N, Liu Q, et al. 2021. DEAD-box helicases modulate dicing body formation in *Arabidopsis*. Sci Adv, 7(18): eabc6266.

Li S, Li M, Liu K, et al. 2020b. MAC5, an RNA-binding protein, protects pri-miRNAs from SERRATE-dependent exoribonuclease activities. Proc Natl Acad Sci USA, 117(38): 23982-23990.

Li S, Liu K, Zhang S, et al. 2017. STV1, a ribosomal protein, binds primary microRNA transcripts to promote their interaction with the processing complex in *Arabidopsis*. Proc Natl Acad Sci USA, 114(6): 1424-1429.

Li S, Liu K, Zhou B, et al. 2018b. MAC3A and MAC3B, two core subunits of the MOS4-associated complex, positively influence miRNA biogenesis. The Plant Cell, 30(2): 481-494.

Li S, Liu L, Zhuang X, et al. 2013. MicroRNAs inhibit the translation of target mRNAs on the endoplasmic reticulum in *Arabidopsis*. Cell, 153(3): 562-574.

Li S, Xu R, Li A, et al. 2018a. SMA1, a homolog of the splicing factor Prp28, has a multifaceted role in miRNA biogenesis in *Arabidopsis*. Nucleic Acids Research, 46(17): 9148-9159.

Li Y, Sun D, Ma Z, et al. 2020a. Degradation of SERRATE via ubiquitin-independent 20S proteasome to survey RNA metabolism. Nature Plants, 6(8): 970-982.

Li Z, Wang S, Cheng J, et al. 2016. Intron lariat RNA inhibits microRNA biogenesis by sequestering the dicing complex in *Arabidopsis*. PLOS Genetics, 12(11): e1006422.

Liu C, Axtell MJ, Fedoroff NV. 2012a. The helicase and RNaseⅢa domains of *Arabidopsis* Dicer-like1 modulate catalytic parameters during microRNA biogenesis. Plant Physiology, 159(2): 748-758.

Liu X, Yu CW, Duan J, et al. 2012b. HDA6 directly interacts with DNA methyltransferase MET1 and maintains transposable element silencing in *Arabidopsis*. Plant Physiology, 158(1): 119-129.

Liu Y, Ke L, Wu G, et al. 2017. miR3954 is a trigger of phasiRNAs that affects flowering time in citrus. Plant Journal, 92(2): 263-275.

Liu Y, Teng C, Xia R, et al. 2020. PhasiRNAs in plants: their biogenesis, genic sources, and roles in stress responses, development, and reproduction. The Plant Cell, 32(10): 3059-3080.

Liu ZW, Shao CR, Zhang CJ, et al. 2014. The SET domain proteins SUVH2 and SUVH9 are required for Pol Ⅴ occupancy at RNA-directed DNA methylation loci. PLOS Genetics, 10(1): e1003948.

Lobbes D, Rallapalli G, Schmidt DD, et al. 2006. SERRATE: a new player on the plant microRNA scene. EMBO Reports, 7(10): 1052-1058.

Lund E, Guttinger S, Calado A, et al. 2004. Nuclear export of microRNA precursors. Science, 303(5654): 95-98.

Macrae IJ, Zhou K, Li F, et al. 2006. Structural basis for double-stranded RNA processing by Dicer. Science, 311(5758): 195-198.

Manavella PA, Hagmann J, Ott F, et al. 2012. Fast-forward genetics identifies plant CPL phosphatases as regulators of miRNA processing factor HYL1. Cell, 151(4): 859-870.

Marin E, Jouannet V, Herz A, et al. 2010. miR390, *Arabidopsis* TAS3 tasiRNAs, and their AUXIN RESPONSE FACTOR targets define an autoregulatory network quantitatively regulating lateral root growth. The Plant Cell, 22(4): 1104-1117.

Mari-Ordonez A, Marchais A, Etcheverry M, et al. 2013. Reconstructing *de novo* silencing of an active plant retrotransposon. Nature Genetics, 45(9): 1029-1039.

Marshall CM, Tartaglio V, Duarte M, et al. 2016. The *Arabidopsis* sickle mutant exhibits altered circadian clock responses to cool temperatures and temperature-dependent alternative splicing. The Plant Cell, 28(10): 2560-2575.

Mateos JL, Bologna NG, Chorostecki U, et al. 2010. Identification of microRNA processing determinants by random mutagenesis of *Arabidopsis* MIR172a precursor. Current Biology, 20(1): 49-54.

Matzke MA, Mosher RA. 2014. RNA-directed DNA methylation: an epigenetic pathway of increasing complexity. Nature Reviews Genetics, 15(6): 394-408.

McCue AD, Panda K, Nuthikattu S, et al. 2015. ARGONAUTE 6 bridges transposable element mRNA-derived siRNAs to the establishment of DNA methylation. EMBO Journal, 34(1): 20-35.

Megraw M, Baev V, Rusinov V, et al. 2006. MicroRNA promoter element discovery in *Arabidopsis*. RNA, 12(9): 1612-1619.

Mi S, Cai T, Hu Y, et al. 2008. Sorting of small RNAs into *Arabidopsis* argonaute complexes is directed by the 5′ terminal nucleotide. Cell, 133(1): 116-127.

Moissiard G, Cokus SJ, Cary J, et al. 2012. MORC family ATPases required for heterochromatin condensation and gene silencing. Science, 336(6087): 1448-1451.

Montgomery TA, Howell MD, Cuperus JT, et al. 2008a. Specificity of ARGONAUTE7-miR390 interaction and dual functionality in TAS3 *trans*-acting siRNA formation. Cell, 133(1): 128-141.

Montgomery TA, Yoo SJ, Fahlgren N, et al. 2008b. AGO1-miR173 complex initiates phased siRNA formation in plants. Proc Natl Acad Sci USA, 105(51): 20055-20062.

Mosher RA, Melnyk CW, Kelly KA, et al. 2009. Uniparental expression of Pol Ⅳ-dependent siRNAs in developing endosperm of *Arabidopsis*. Nature, 460(7252): 283-286.

Navarro L, Dunoyer P, Jay F, et al. 2006. A plant miRNA contributes to antibacterial resistance by repressing auxin signaling. Science, 312(5772): 436-439.

Niu DD, Lii YE, Chellappan P, et al. 2016. miRNA863-3p sequentially targets negative immune regulator ARLPKs and positive regulator SERRATE upon bacterial infection. Nature Communications, 7: 11324.

Olmedo-Monfil V, Duran-Figueroa N, Arteaga-Vazquez M, et al. 2010. Control of female gamete formation by a small RNA pathway in *Arabidopsis*. Nature, 464(7288): 628-632.

Panda K, Ji L, Neumann DA, et al. 2016. Full-length autonomous transposable elements are preferentially targeted by expression-dependent forms of RNA-directed DNA methylation. Genome Biology, 17(1): 170.

Park MY, Wu G, Gonzalez-Sulser A, et al. 2005. Nuclear processing and export of microRNAs in *Arabidopsis*. Proc Natl Acad Sci USA, 102(10): 3691-3696.

Park SJ, Choi SW, Kim GM, et al. 2021. Light-stabilized FHA2 suppresses miRNA biogenesis through interactions with DCL1 and HYL1. Molecular Plant, 14(4): 647-663.

Park W, Li J, Song R, et al. 2002. CARPEL FACTORY, a Dicer homolog, and HEN1, a novel protein, act in microRNA metabolism in *Arabidopsis thaliana*. Current Biology, 12(17): 1484-1495.

Pokhrel S, Huang K, Bélanger S, et al. 2021. Pre-meiotic 21-nucleotide reproductive phasiRNAs emerged in seed plants and diversified in flowering plants. Nature Communications, 12(1): 4941.

Pontier D, Picart C, Roudier F, et al. 2012. NERD, a plant-specific GW protein, defines an additional RNAi-dependent chromatin-based pathway in *Arabidopsis*. Molecular Cell, 48(1): 121-132.

Pouch-Pelissier MN, Pelissier T, Elmayan T, et al. 2008. SINE RNA induces severe developmental defects in *Arabidopsis thaliana* and interacts with HYL1 (DRB1), a key member of the DCL1 complex. PLOS Genetics, 4(6): e1000096.

Qiao Y, Shi J, Zhai Y, et al. 2015. Phytophthora effector targets a novel component of small RNA pathway in plants to promote infection. Proc Natl Acad Sci USA, 112(18): 5850-5855.

Raczynska KD, Stepien A, Kierzkowski D, et al. 2014. The SERRATE protein is involved in alternative splicing in *Arabidopsis thaliana*. Nucleic Acids Research, 42(2): 1224-1244.

Raghuram B, Sheikh AH, Rustagi Y, et al. 2015. MicroRNA biogenesis factor DRB1 is a phosphorylation target of mitogen activated protein kinase MPK3 in both rice and *Arabidopsis*. The FEBS Journal, 282(3): 521-536.

Rajagopalan R, Vaucheret H, Trejo J, et al. 2006. A diverse and evolutionarily fluid set of microRNAs in *Arabidopsis thaliana*. Genes & Development, 20(24): 3407-3425.

Ramachandran V, Chen X. 2008. Degradation of microRNAs by a family of exoribonucleases in *Arabidopsis*. Science, 321(5895): 1490-1492.

Reed R, Cheng H. 2005. TREX, SR proteins and export of mRNA. Curr Opin Cell Biol, 17(3): 269-273.

Reinhart BJ, Weinstein EG, Rhoades MW, et al. 2002. MicroRNAs in plants. Genes & Development, 16: 1616-1626.

Ren G, Chen X, Yu B. 2012b. Uridylation of miRNAs by hen1 suppressor1 in *Arabidopsis*. Current Biology, 22(8): 695-700.

Ren G, Xie M, Dou Y, et al. 2012a. Regulation of miRNA abundance by RNA binding protein

TOUGH in *Arabidopsis*. Proc Natl Acad Sci USA, 109(31): 12817-12821.

Ren G, Xie M, Zhang S, et al. 2014. Methylation protects microRNAs from an AGO1-associated activity that uridylates 5′ RNA fragments generated by AGO1 cleavage. Proc Natl Acad Sci USA, 111(17): 6365-6370.

Rock CD. 2013. *Trans*-acting small interfering RNA4: key to nutraceutical synthesis in grape development? Trends in Plant Science, 18(11): 601-610.

Rodrigues JA, Ruan R, Nishimura T, et al. 2013. Imprinted expression of genes and small RNA is associated with localized hypomethylation of the maternal genome in rice endosperm. Proc Natl Acad Sci USA, 110(19): 7934-7939.

Rogers K, Chen X. 2013. Biogenesis, turnover, and mode of action of plant microRNAs. The Plant Cell, 25(7): 2383-2399.

Ron M, Alandete Saez M, Eshed Williams L, et al. 2010. Proper regulation of a sperm-specific *cis*-nat-siRNA is essential for double fertilization in *Arabidopsis*. Genes & Development, 24(10): 1010-1021.

Schmitz RJ, Schultz MD, Lewsey MG, et al. 2011. Transgenerational epigenetic instability is a source of novel methylation variants. Science, 334(6054): 369-373.

Schwab R, Speth C, Laubinger S, et al. 2013. Enhanced microRNA accumulation through stemloop-adjacent introns. EMBO Reports, 14(7): 615-621.

Searle IR, Pontes O, Melnyk CW, et al. 2010. JMJ14, a JmjC domain protein, is required for RNA silencing and cell-to-cell movement of an RNA silencing signal in *Arabidopsis*. Genes & Development, 24(10): 986-991.

Shahid S, Kim G, Johnson NR, et al. 2018. MicroRNAs from the parasitic plant *Cuscuta campestris* target host messenger RNAs. Nature, 553(7686): 82-85.

Shin Y, Brangwynne CP. 2017. Liquid phase condensation in cell physiology and disease. Science, 357(6357): eaaf4382.

Shin Y, Berry J, Pannucci N, et al. 2017. Spatiotemporal control of intracellular phase transitions using light-activated optoDroplets. Cell, 168(1-2): 159-171.

Slotkin RK, Freeling M, Lisch D. 2005. Heritable transposon silencing initiated by a naturally occurring transposon inverted duplication. Nature Genetics, 37(6): 641-644.

Smith LM, Pontes O, Searle I, et al. 2007. An SNF2 protein associated with nuclear RNA silencing and the spread of a silencing signal between cells in *Arabidopsis*. The Plant Cell, 19(5): 1507-1521.

Song L, Han MH, Lesicka J, et al. 2007. *Arabidopsis* primary microRNA processing proteins HYL1 and DCL1 define a nuclear body distinct from the Cajal body. Proc Natl Acad Sci USA, 104(13): 5437-5442.

Song X, Li P, Zhai J, et al. 2012. Roles of DCL4 and DCL3b in rice phased small RNA biogenesis. Plant Journal, 69(3): 462-474.

Speth C, Szabo EX, Martinho C, et al. 2018. *Arabidopsis* RNA processing factor SERRATE regulates the transcription of intronless genes. eLife, 7: e37078.

Speth C, Willing EM, Rausch S, et al. 2013. RACK1 scaffold proteins influence miRNA abundance in *Arabidopsis*. Plant Journal, 76(3): 433-445.

Sridhar VV, Kapoor A, Zhang K, et al. 2007. Control of DNA methylation and heterochromatic silencing by histone H2B deubiquitination. Nature, 447(7145): 735-738.

Streitner C, Koster T, Simpson CG, et al. 2012. An hnRNP-like RNA-binding protein affects alternative splicing by *in vivo* interaction with transcripts in *Arabidopsis thaliana*. Nucleic Acids Research, 40(22): 11240-11255.

Su C, Li Z, Cheng J, et al. 2017. The protein phosphatase 4 and SMEK1 complex dephosphorylates HYL1 to promote miRNA biogenesis by antagonizing the MAPK cascade in *Arabidopsis*. Developmental Cell, 41(5): 527-539, e525.

Sun Z, Guo T, Liu Y, et al. 2015. The roles of *Arabidopsis* CDF2 in transcriptional and posttranscriptional regulation of primary microRNAs. PLOS Genetics, 11(10): e1005598.

Szarzynska B, Sobkowiak L, Pant BD, et al. 2009. Gene structures and processing of *Arabidopsis thaliana* HYL1-dependent pri-miRNAs. Nucleic Acids Research, 37(9): 3083-3093.

Teixeira FK, Heredia F, Sarazin A, et al. 2009. A role for RNAi in the selective correction of DNA methylation defects. Science, 323(5921): 1600-1604.

Tian R, Wang F, Zheng Q, et al. 2020. Direct and indirect targets of the *Arabidopsis* seed transcription factor ABSCISIC ACID INSENSITIVE3. Plant Journal, 103(5): 1679-1694.

To TK, Kim JM, Matsui A, et al. 2011. *Arabidopsis* HDA6 regulates locus-directed heterochromatin silencing in cooperation with MET1. PLOS Genetics, 7(4): e1002055.

Tomassi AH, Re DA, Romani F, et al. 2020. The intrinsically disordered protein CARP9 bridges HYL1 to AGO1 in the nucleus to promote microRNA activity. Plant Physiology, 184(1): 316-329.

Tu B, Liu L, Xu C, et al. 2015. Distinct and cooperative activities of HESO1 and URT1 nucleotidyl transferases in microRNA turnover in *Arabidopsis*. PLOS Genetics, 11(4): e1005119.

Ustianenko D, Hrossova D, Potesil D, et al. 2013. Mammalian DIS3L2 exoribonuclease targets the uridylated precursors of let-7 miRNAs. RNA, 19(12): 1632-1638.

Vazquez F, Vaucheret H, Rajagopalan R, et al. 2004. Endogenous *trans*-acting siRNAs regulate the accumulation of *Arabidopsis* mRNAs. Molecular Cell, 16(1): 69-79.

Voinnet O. 2009. Origin, biogenesis, and activity of plant microRNAs. Cell, 136(4): 669-687.

Wang F, Perry SE. 2013. Identification of direct targets of FUSCA3, a key regulator of *Arabidopsis* seed development. Plant Physiology, 161(3): 1251-1264.

Wang F, Zhu D, Huang X, et al. 2009. Biochemical insights on degradation of *Arabidopsis* DELLA proteins gained from a cell-free assay system. The Plant Cell, 21(8): 2378-2390.

Wang J, Chen S, Jiang N, et al. 2019b. Spliceosome disassembly factors ILP1 and NTR1 promote miRNA biogenesis in *Arabidopsis thaliana*. Nucleic Acids Research, 47(15): 7886-7900.

Wang L, Song X, Gu L, et al. 2013. NOT2 proteins promote polymerase Ⅱ-dependent transcription and interact with multiple microRNA biogenesis factors in *Arabidopsis*. The Plant Cell, 25(2): 715-727.

Wang S, Quan L, Li S, et al. 2019a. The PROTEIN PHOSPHATASE4 complex promotes transcription and processing of primary microRNAs in *Arabidopsis*. The Plant Cell, 31(2): 486-501.

Wang W, Ye R, Xin Y, et al. 2011. An importin beta protein negatively regulates microRNA activity in *Arabidopsis*. The Plant Cell, 23(10): 3565-3576.

Wang X, Wang Y, Dou Y, et al. 2018c. Degradation of unmethylated miRNA/miRNA*s by a DEDDy-type 3′ to 5′ exoribonuclease Atrimmer 2 in *Arabidopsis*. Proc Natl Acad Sci USA, 115(28): E6659-E6667.

Wang X, Zhang S, Dou Y, et al. 2015. Synergistic and independent actions of multiple terminal

nucleotidyl transferases in the 3′ tailing of small RNAs in *Arabidopsis*. PLOS Genetics, 11(4): e1005091.
Wang XJ, Gaasterland T, Chua NH. 2005. Genome-wide prediction and identification of *cis*-natural antisense transcripts in *Arabidopsis thaliana*. Genome Biology, 6(4): R30.
Wang Y, Wagner JD, Guthrie C. 1998. The DEAH-box splicing factor Prp16 unwinds RNA duplexes *in vitro*. Current Biology, 8(8): 441-451.
Wang Z, Hardcastle TJ, Canto Pastor A, et al. 2018b. A novel DCL2-dependent miRNA pathway in tomato affects susceptibility to RNA viruses. Genes & Development, 32(17-18): 1155-1160.
Wang Z, Ma Z, Castillo-Gonzalez C, et al. 2018a. SWI2/SNF2 ATPase CHR2 remodels pri-miRNAs via serrate to impede miRNA production. Nature, 557(7706): 516-521.
Wei W, Ba Z, Gao M, et al. 2012. A role for small RNAs in DNA double-strand break repair. Cell, 149: 101-112.
Werner S, Wollmann H, Schneeberger K, et al. 2010. Structure determinants for accurate processing of miR172a in *Arabidopsis thaliana*. Current Biology, 20(1): 42-48.
Wierzbicki AT, Cocklin R, Mayampurath A, et al. 2012. Spatial and functional relationships among Pol Ⅴ-associated loci, Pol Ⅳ-dependent siRNAs, and cytosine methylation in the *Arabidopsis* epigenome. Genes & Development, 26(16): 1825-1836.
Wierzbicki AT, Haag JR, Pikaard CS. 2008. Noncoding transcription by RNA polymerase Pol Ⅳb/Pol Ⅴ mediates transcriptional silencing of overlapping and adjacent genes. Cell, 135(4): 635-648.
Wu L, Zhou H, Zhang Q, et al. 2010. DNA methylation mediated by a microRNA pathway. Molecular Cell, 38(3): 465-475.
Wu X, Shi Y, Li J, et al. 2013. A role for the RNA-binding protein MOS2 in microRNA maturation in *Arabidopsis*. Cell Research, 23(5): 645-657.
Xia R, Chen C, Pokhrel S, et al. 2019. 24-nt reproductive phasiRNAs are broadly present in angiosperms. Nat Commun, 10(1): 627.
Xia R, Meyers BC, Liu Z, et al. 2013. MicroRNA superfamilies descended from miR390 and their roles in secondary small interfering RNA biogenesis in Eudicots. The Plant Cell, 25(5): 1555-1572.
Xia R, Xu J, Meyers BC. 2017. The emergence, evolution, and diversification of the miR390-TAS3-ARF pathway in land plants. The Plant Cell, 29(6): 1232-1247.
Xia R, Xu J, Arikit S, et al. 2015a. Extensive families of miRNAs and PHAS loci in norway spruce demonstrate the origins of complex phasiRNA networks in seed plants. Molecular Biology and Evolution, 32(11): 2905-2918.
Xia R, Ye S, Liu Z, et al. 2015b. Novel and recently evolved microRNA clusters regulate expansive F-BOX gene networks through phased small interfering RNAs in wild diploid strawberry. Plant Physiology, 169(1): 594-610.
Xie D, Chen M, Niu J, et al. 2021. Phase separation of SERRATE drives dicing body assembly and promotes miRNA processing in *Arabidopsis*. Nature Cell Biology, 23(1): 32-39.
Xie J, Yang X, Song Y, et al. 2017b. Adaptive evolution and functional innovation of *Populus*-specific recently evolved microRNAs. New Phytologist, 213(1): 206-219.
Xie M, Ren G, Costa-Nunes P, et al. 2012. A subgroup of SGS3-like proteins act redundantly in RNA-directed DNA methylation. Nucleic Acids Research, 40(10): 4422-4431.
Xie Y, Liu Y, Wang H, et al. 2017a. Phytochrome-interacting factors directly suppress *MIR156* expression

to enhance shade-avoidance syndrome in *Arabidopsis*. Nature Communications, 8(1): 348.

Xie Z, Allen E, Fahlgren N, et al. 2005. Expression of *Arabidopsis MIRNA* genes. Plant Physiology, 138(4): 2145-2154.

Xie Z, Kasschau KD, Carrington JC. 2003. Negative feedback regulation of Dicer-like 1 in *Arabidopsis* by microRNA-guided mRNA degradation. Current Biology, 13(9): 784-789.

Xu J, Yang JY, Niu QW, et al. 2006. *Arabidopsis* DCP2, DCP1, and VARICOSE form a decapping complex required for postembryonic development. The Plant Cell, 18(12): 3386-3398.

Xu M, Hu T, Smith MR, et al. 2016. Epigenetic regulation of vegetative phase change in *Arabidopsis*. The Plant Cell, 28(1): 28-41.

Yan J, Wang P, Wang B, et al. 2017. The SnRK2 kinases modulate miRNA accumulation in *Arabidopsis*. PLOS Genetics, 13(4): e1006753.

Yang DL, Zhang G, Tang K, et al. 2016. Dicer-independent RNA-directed DNA methylation in *Arabidopsis*. Cell Research, 26(1): 1264.

Yang L, Liu Z, Lu F, et al. 2006a. SERRATE is a novel nuclear regulator in primary microRNA processing in *Arabidopsis*. Plant Journal, 47(6): 841-850.

Yang L, Wu G, Poethig RS. 2012. Mutations in the GW-repeat protein SUO reveal a developmental function for microRNA-mediated translational repression in *Arabidopsis*. Proc Natl Acad Sci USA, 109(1): 315-320.

Yang SW, Chen HY, Yang J, et al. 2010. Structure of *Arabidopsis* HYPONASTIC LEAVES1 and its molecular implications for miRNA processing. Structure, 18(5): 594-605.

Yang X, Dong W, Ren W, et al. 2021. Cytoplasmic HYL1 modulates miRNA-mediated translational repression. The Plant Cell, 33(6): 1980-1996.

Yang X, Ren W, Zhao Q, et al. 2014. Homodimerization of HYL1 ensures the correct selection of cleavage sites in primary miRNA. Nucleic Acids Research, 42(19): 12224-12236.

Yang Z, Ebright YW, Yu B, et al. 2006b. HEN1 recognizes 21-24 nt small RNA duplexes and deposits a methyl group onto the 2′ OH of the 3′ terminal nucleotide. Nucleic Acids Research, 34(2): 667-675.

Ye R, Chen Z, Lian B, et al. 2016. A Dicer-independent route for biogenesis of siRNAs that direct DNA methylation in *Arabidopsis*. Molecular Cell, 61(2): 222-235.

Yifhar T, Pekker I, Peled D, et al. 2012. Failure of the tomato *trans*-acting short interfering RNA program to regulate AUXIN RESPONSE FACTOR3 and ARF4 underlies the wiry leaf syndrome. The Plant Cell, 24(9): 3575-3589.

Yoshikawa M, Iki T, Tsutsui Y, et al. 2013. 3′ fragment of miR173-programmed RISC-cleaved RNA is protected from degradation in a complex with RISC and SGS3. Proc Natl Acad Sci USA, 110(10): 4117-4122.

Yu B, Bi L, Zheng B, et al. 2008. The FHA domain proteins DAWDLE in *Arabidopsis* and SNIP1 in humans act in small RNA biogenesis. Proc Natl Acad Sci USA, 105(29): 10073-10078.

Yu B, Yang Z, Li J, et al. 2005. Methylation as a crucial step in plant microRNA biogenesis. Science, 307(5711): 932-935.

Yu X, Willmann MR, Anderson SJ, et al. 2016. Genome-wide mapping of uncapped and cleaved transcripts reveals a role for the nuclear mRNA cap-binding complex in cotranslational RNA decay in *Arabidopsis*. The Plant Cell, 28(10): 2385-2397.

Yu Y, Jia T, Chen X. 2017. The 'how' and 'where' of plant microRNAs. New Phytologist, 216(4): 1002-1017.

Yumul RE, Kim YJ, Liu X, et al. 2013. POWERDRESS and diversified expression of the *MIR172* gene family bolster the floral stem cell network. PLOS Genetics, 9(1): e1003218.

Zhai JX, Bischof S, Wang H, et al. 2015b. A one precursor one siRNA model for Pol Ⅳ-dependent siRNA biogenesis. Cell, 163(2): 445-455.

Zhai JX, Jeong DH, De Paoli E, et al. 2011. MicroRNAs as master regulators of the plant *NB-LRR* defense gene family via the production of phased, *trans*-acting siRNAs. Genes & Development, 25(23): 2540-2553.

Zhai JX, Zhang H, Arikit S, et al. 2015a. Spatiotemporally dynamic, cell-type-dependent premeiotic and meiotic phasiRNAs in maize anthers. Proc Natl Acad Sci USA, 112(10): 3146-3151.

Zhai JX, Zhao YY, Simon SA, et al. 2013. Plant microRNAs display differential 3′ truncation and tailing modifications that are ARGONAUTE1 dependent and conserved across species. The Plant Cell, 25(7): 2417-2428.

Zhan X, Wang B, Li H, et al. 2012. *Arabidopsis* proline-rich protein important for development and abiotic stress tolerance is involved in microRNA biogenesis. Proc Natl Acad Sci USA, 109(44): 18198-18203.

Zhang B, You C, Zhang Y, et al. 2020. Linking key steps of microRNA biogenesis by TREX-2 and the nuclear pore complex in *Arabidopsis*. Nature Plants, 6(8): 957-969.

Zhang C, Li G, Wang J, et al. 2012a. Identification of *trans*-acting siRNAs and their regulatory cascades in grapevine. Bioinformatics, 28(20): 2561-2568.

Zhang CJ, Ning YQ, Zhang SW, et al. 2012c. IDN2 and its paralogs form a complex required for RNA-directed DNA methylation. PLOS Genetics, 8(5): e1002693.

Zhang H, Guo Z, Zhuang Y, et al. 2021. MicroRNA775 regulates intrinsic leaf size and reduces cell wall pectin levels by targeting a galactosyltransferase gene in *Arabidopsis*. The Plant Cell, 33(3): 581-602.

Zhang H, Ma ZY, Zeng L, et al. 2013b. DTF1 is a core component of RNA-directed DNA methylation and may assist in the recruitment of Pol Ⅳ. Proc Natl Acad Sci USA, 110(20): 8290-8295.

Zhang S, Liu Y, Yu B. 2014a. PRL1, an RNA-binding protein, positively regulates the accumulation of miRNAs and siRNAs in *Arabidopsis*. PLOS Genetics, 10(12): e1004841.

Zhang S, Xie M, Ren G, et al. 2013a. CDC5, a DNA binding protein, positively regulates post-transcriptional processing and/or transcription of primary microRNA transcripts. Proc Natl Acad Sci USA, 110(43): 17588-17593.

Zhang X, Henderson IR, Lu C, et al. 2007. Role of RNA polymerase Ⅳ in plant small RNA metabolism. Proc Natl Acad Sci USA, 104(11): 4536-4541.

Zhang X, Niu D, Carbonell A, et al. 2014b. ARGONAUTE PIWI domain and microRNA duplex structure regulate small RNA sorting in *Arabidopsis*. Nature Communications, 5: 5468.

Zhang X, Xia J, Lii YE, et al. 2012b. Genome-wide analysis of plant nat-siRNAs reveals insights into their distribution, biogenesis and function. Genome Biology, 13(3): R20.

Zhang X, Zhao H, Gao S, et al. 2011. *Arabidopsis* argonaute 2 regulates innate immunity via miRNA393*-mediated silencing of a Golgi-localized SNARE gene, *MEMB12*. Molecular Cell, 42(3): 356-366.

Zhang Y, Cheng YT, Bi D, et al. 2005. MOS2, a protein containing G-patch and KOW motifs, is essential for innate immunity in *Arabidopsis thaliana*. Current Biology, 15(21): 1936-1942.

Zhang Z, Guo X, Ge C, et al. 2017a. KETCH1 imports HYL1 to nucleus for miRNA biogenesis in *Arabidopsis*. Proc Natl Acad Sci USA, 114(15): 4011-4016.

Zhang Z, Hu F, Sung MW, et al. 2017b. RISC-interacting clearing 3′-5′ exoribonucleases (RICEs) degrade uridylated cleavage fragments to maintain functional RISC in *Arabidopsis thaliana*. eLife, 6: e24466.

Zhang Z, Liu X, Guo X, et al. 2016. *Arabidopsis* AGO3 predominantly recruits 24-nt small RNAs to regulate epigenetic silencing. Nature Plants, 2(5): 16049.

Zhao Y, Yu Y, Zhai J, et al. 2012. The *Arabidopsis* nucleotidyl transferase HESO1 uridylates unmethylated small RNAs to trigger their degradation. Current Biology, 22(8): 689-694.

Zheng X, Zhu J, Kapoor A, et al. 2007. Role of *Arabidopsis* AGO6 in siRNA accumulation, DNA methylation and transcriptional gene silencing. EMBO Journal, 26(6): 1691-1701.

Zhong X, Hale CJ, Law JA, et al. 2012. DDR complex facilitates global association of RNA polymerase Ⅴ to promoters and evolutionarily young transposons. Nature Structural & Molecular Biology, 19(9): 870-875.

Zhou C, Han L, Fu C, et al. 2013. The *trans*-acting short interfering RNA3 pathway and NO APICAL MERISTEM antagonistically regulate leaf margin development and lateral organ separation, as revealed by analysis of an *argonaute7/lobed leaflet1* mutant in *Medicago truncatula*. The Plant Cell, 25(12): 4845-4862.

Zhu H, Hu F, Wang R, et al. 2011. *Arabidopsis* Argonaute10 specifically sequesters miR166/165 to regulate shoot apical meristem development. Cell, 145(2): 242-256.

Zhu H, Zhou Y, Castillo-Gonzalez C, et al. 2013a. Bidirectional processing of pri-miRNAs with branched terminal loops by *Arabidopsis* Dicer-like 1. Nature Structural & Molecular Biology, 20(9): 1106-1115.

Zhu Y, Rowley MJ, Bohmdorfer G, et al. 2013b. A SWI/SNF chromatin-remodeling complex acts in noncoding RNA-mediated transcriptional silencing. Molecular Cell, 49(2): 298-309.

Zielezinski A, Dolata J, Alaba S, et al. 2015. mirEX 2.0: an integrated environment for expression profiling of plant microRNAs. BMC Plant Biology, 15: 144.

Zubko E, Meyer P. 2007. A natural antisense transcript of the *Petunia* hybrida *Sho* gene suggests a role for an antisense mechanism in cytokinin regulation. Plant Journal, 52(6): 1131-1139.

第三章
RNA 沉默调节植物生长发育及响应非生物胁迫

段成国[1]，房媛媛[2]

[1] 中国科学院分子植物科学卓越创新中心；[2] 中国科学院微生物研究所

随着 sRNA 及其介导的 RNA 沉默机制的发现，sRNA 作为一种非常保守的调控分子，在包括植物和动物等真核生物中被不断报道，其保守性和功能的重要性已经得到了非常广泛的验证。大量的研究充分证明，sRNA 介导的 RNA 沉默机制在动植物生长发育等基本过程以及对环境因子的响应中发挥着独特而至关重要的作用。对植物来说，sRNA 尤其是 miRNA 在不同物种中高度保守，其靶基因多数也是保守的。植物中 miRNA 通常靶向某一类型的转录因子家族，而靶标转录因子通过调控特定基因家族的转录将 miRNA 的调控进一步放大，在特定的器官发育与形态建成通路中发挥关键的调控作用。例如，在拟南芥和玉米中，miR156 家族 miRNA 靶向 SPL 家族转录因子编码基因，调控营养生长到生殖生长的发育时序、分蘖等生物学过程，而 miR165/miR166 家族靶向 HD-ZIP Ⅲ家族转录因子编码基因，调控分生组织形成、侧根发育、叶片轴向特征等发育过程（D’Ario et al.，2017）。从进化的角度来说，这种保守性具有更高的调控效率。另外，有些 miRNA 具有组织和发育时序的特异表达模式，赋予植物更精细的调控层次。

许多植物 sRNA 的表达都受环境胁迫的诱导，这些环境信号包括非生物胁迫如温度、光照、水分、营养等。除了非生物胁迫，病原物的侵染也会诱导 sRNA 表达发生变化，这些变化通过改变防御相关基因的表达调节植物对环境胁迫信号的响应。例如，紫外光 UV-B 可以诱导拟南芥 miR396 水平的上调以抑制靶基因 *GRF* 的表达，从而抑制叶片生长，作为一种适应性策略，促进 UV-B 诱导的 DNA 损伤修复（Casadevall et al.，2013）。miR156 和 miR172 能够响应低温，协同控制开花时间（Casadevall et al.，2013）。高氮处理能够降低拟南芥 miR167 的水平以解除对靶基因 *ARF8* 的抑制，增强其在根部的积累，通过生长素信号促进侧根发生、抑制根的伸长（Gifford et al.，2008）。这些例子表明，miRNA 可以作为一种胁迫响应元件动态调控植物的生物学过程。不仅 miRNA，siRNA 介导的 RdDM 途径也参与了植物的非生物胁迫调控。在植物中，转座子是 RdDM 途径介导的 DNA 甲基化的一个主要靶标，RdDM 途径通过 DNA 甲基化介导的转录基因沉默抑制转座子的激活，维持基因组的稳定性。而在胁迫条件下，RdDM 途径的一些关键组分可以被激活或抑制，从而调节转座子的激活，控制与转座子相关的胁迫响应基因的表达（Duan et al.，2018）。另外，RdDM 介导的基因沉默还参与了非生物胁迫记忆的形成与跨代遗传，使植物对重复发生的胁迫过程产生“记忆”，预先做出适应性改变。

本章节将重点阐述 sRNA 介导的转录与转录后基因沉默在植物生长发育和非生物胁迫响应过程中的重要调控作用。

第一节 RNA 沉默调控植物生长发育

一、转录后基因沉默调控植物生长发育的分子机制

MIRNA 基因家族在植物中高度保守（图 3-1），与之相对应，其调控的靶基因在不同物种中也具有保守性。miRNA 在植物中主要通过 mRNA 剪切的形式造成靶基因的转录后基因沉默（post-transcriptional gene silencing，PTGS）。当前的证据表明，miRNA 介导的 PTGS 对于植物的生长发育起着极为重要的作用，控制着从种子萌发到衰老的整个生物学过程。植物 miRNA 通过靶向保守的转录因子编码基因，使之处于整个发育调控网络的中心地位。

（一）sRNA 与分生组织器官发生

从顶端分生组织（SAM）的分化到花分生组织的发生整个过程很大程度上受 *STM-WUS-CLV* 通路调控（图 3-2）。目前已知数个 miRNA 能够靶向该通路上的关键基因从而调节顶端分生组织的发育与维持（表 3-1）。例如，miR394 在 SAM 外侧的 L1 层特异表达，能够扩散到 L3 层一类细胞，靶向降解 *LCR*（*leaf curling responsiveness*）基因，而 LCR 能够抑制 *WUS*（*WUSCHEL*）基因的表达。因此，miR394 能够抑制 *WUS* 的表达从而控制 SAM 干细胞的发育全能性（Knauer et al.，2013）。除了 miR394，miR165 和 miR166 也被认为参与了 SAM 的维持。miR165 和 miR166 共同靶向抑制 HD-ZIP Ⅲ家族转录因子基因的表达（图 3-2A）。在模式植物拟南芥体内，miR165/miR166 的活性取决于 AGO1 和 AGO10 这两个 RNA 沉默因子的相互竞争。AGO1 结合 miR165/miR166 行使剪切靶基因 mRNA 的功能，而 AGO10 对 miR165/miR166 双链具有极高的结合活性（Ji et al.，2011；Zhu et al.，2011），其结合 miRNA 双链后招募核酸外切酶 SDN1 和 SDN2 直接对其进行降解（Yu et al.，2017）。因此，AGO10 能够抑制 miR165/miR166-AGO1 沉默复合物介导的 HD-ZIP Ⅲ基因的沉默，使得 HD-ZIP Ⅲ转录因子能够保持一定水平的表达。有趣的是，HD-ZIP Ⅲ转录因子的表达反过来又可以促进 *AGO10* 的表达，从而形成了一个正向反馈循环（Brandt et al.，2013）。在 SAM 的发育中，腋生分生组织的调控受到 miR164 的精确调控（Raman et al.，2008）。miR164 通过靶向沉默 *CUC* 家族基因（*CUC1*、*CUC2* 和 *CUC3*）控制腋生分生组织的发育。而在单子叶植物中，腋生分生组织-分蘖的发育受 *TSH4* 调控，miR156 能够靶向沉默 *TSH4* 基因调控分蘖（Chuck et al.，2010）。miR156-*TSH4* 在玉米中还参与了玉米穗的发育（Chuck et al.，2010）。*TSH4* 在拟南芥

中的同源基因为 *SPL* 家族转录因子。在拟南芥中 miR156-*SPL* 调控模块主要负责叶间隔长度（Wang et al.，2008）。

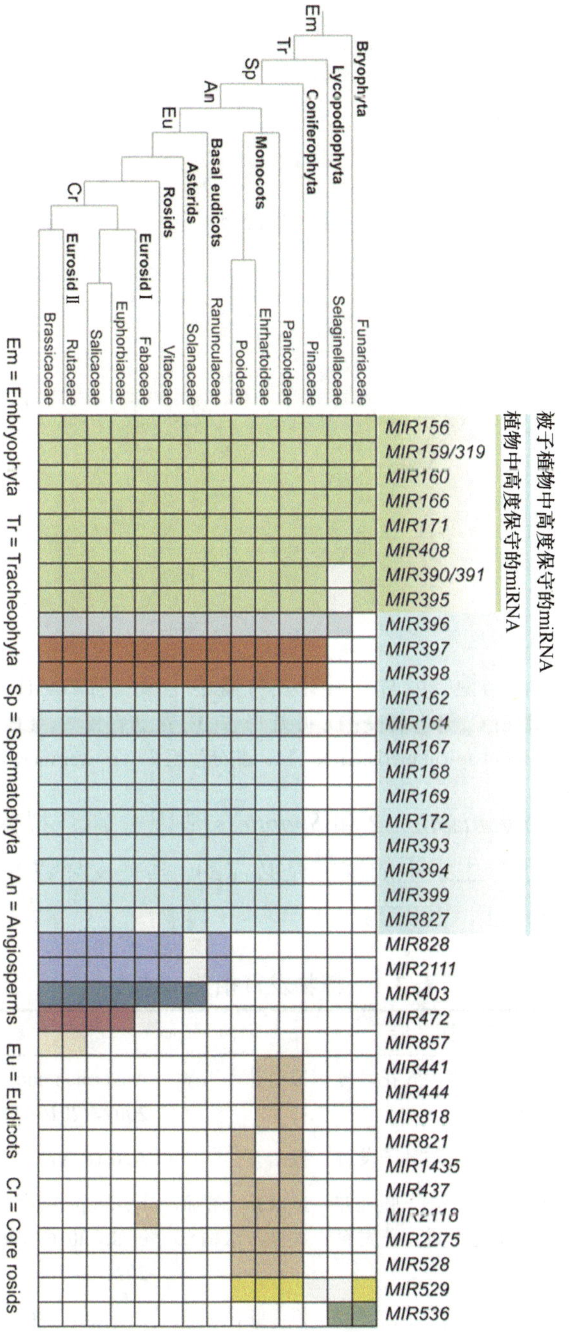

图 3-1 植物中高度保守的 *MIRNA* 基因家族［修改自 Cuperus 等（2011）］

除了上述 miRNA，一些影响 ta-siRNA 合成的突变体也表现出明显的 SAM 发育缺陷。例如，玉米 *LBL1* 基因是拟南芥 *SGS3* 的一个同源基因，参与 ta-siRNA 的合成，其突变导致分生组织发育异常（Timmermans et al.，1998）。在水稻中，*Shoot*

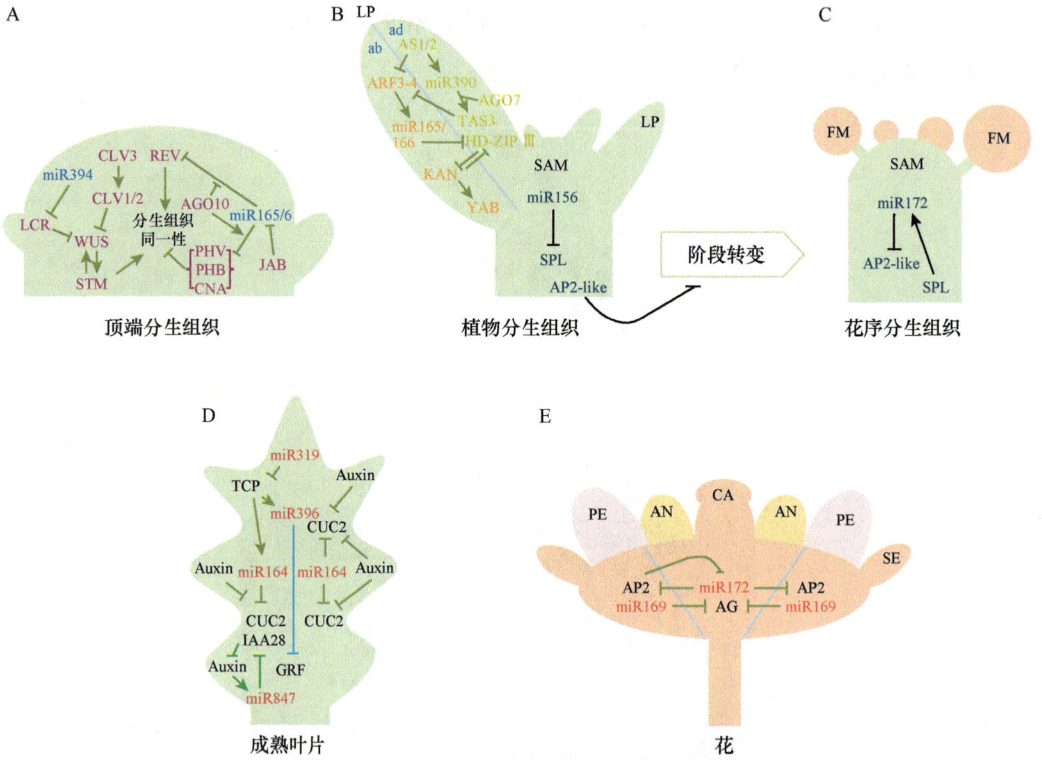

图 3-2　miRNA 与植物叶片和开花发育概述［修改自 D'Ario 等（2017）］

A. 分生组织维持；B. 叶片极性；C. 开花转变；D. 叶片形态；E. 花器官模式。LP：叶原基（leaf primordia）；SAM：顶端分生组织（shoot apical meristem）；FM：花分生组织（flower meristem）；Auxin：生长素

organization 1、*Shoot organization 2* 和 *Shootless* 基因分别是拟南芥 *DCL4*、*AGO7* 和 *RDR6* 的同源基因，对于分生组织的维持是必需的，其突变导致 SAM 完全缺失（Satoh et al.，1999；Nagasaki et al.，2007）。

表 3-1　植物发育相关 sRNA

miRNA	靶基因	靶基因功能	物种	参考文献
miR156	*SPL*	叶间隔长度，开花，分蘖等	拟南芥，玉米	Aukerman and Sakai，2003；Chuck et al.，2007，2010；Wang et al.，2008
miR159	*MYB33*	花药、果荚与种子发育	拟南芥	Achard et al.，2004；Allen et al.，2007
miR160	*ARF*	生长素响应，下胚轴伸长，根瘤形成，花发育	拟南芥，番茄，大豆，水稻	Nizampatnam et al.，2015；Damodharan et al.，2016；Huang et al.，2016；Dai et al.，2021
miR164	*CUC*	分生组织边界同一性，腋生分生组织形成，叶片锯齿化	拟南芥，水稻，茄属	Li et al.，2003；Laufs et al.，2004；Hibara et al.，2006；Nikovics et al.，2006；Raman et al.，2008；Busch et al.，2011
miR165 miR166	*HD-ZIP Ⅲ*	分生细胞维持，叶片的同轴向特性，侧根生长及原形成层一致性	拟南芥	Prigge et al.，2005；Williams et al.，2005；Ochando et al.，2008；Liu et al.，2009；Marin et al.，2010

续表

miRNA	靶基因	靶基因功能	物种	参考文献
miR167	*ARF6/8*	雄性器官发育	拟南芥	Wu et al.，2006
miR169	*CBF*	C 型同源异形基因转录增强子	金鱼草	Cartolano et al.，2007
miR172	*AP2*	抑制开花，花分生组织一致性与模式形成，玉米心皮与雄蕊发育，大麦开花调控，马铃薯块茎发育	拟南芥，玉米，大麦，马铃薯	Chen，2004；Chuck et al.，2007；Martin et al.，2009；Nair et al.，2010；Wollmann et al.，2010；Ji et al.，2011；Jung et al.，2014
miR319	*TCP*	细胞生长与增殖调控，叶片与花瓣性状调控	拟南芥，番茄	Ori et al.，2007；Palatnik et al.，2007
miR390	*TAS3*	产生 ta-siRNA，调控 ARF3/4 家族基因，控制叶片极性与脉管发育	拟南芥	Fahlgren et al.，2006；Montgomery et al.，2008；Xia et al.，2017
miR393	*TIR1*，*AFB*	生长素稳态调控	拟南芥	Parry et al.，2009
miR394	*LCR*	下调 *WUS* 表达，抑制分生组织一致性	拟南芥	Knauer et al.，2013
miR396	*GRF*	叶片细胞增殖，形态调控	拟南芥，苜蓿，水稻	Rodriguez et al.，2010；Bazin et al.，2013；Liu et al.，2014
miR857	*LACCASE7*	次级生长	拟南芥，甜橙	Zhao et al.，2015

（二）sRNA 与叶片发育

1. sRNA 与叶片发育的近轴–远轴极性

sRNA 介导的 RNA 沉默同样广泛参与了叶片从发生到衰老等不同阶段的调控（图 3-2B，图 3-3）。在叶片的近轴–远轴极性发育中，两个 HD-ZIP Ⅲ 基因 *PHB* 和 *PHV* 在新生叶的近轴一侧表达（McConnell and Barton，1998），这种近轴表达受到远轴表达的 miR165/miR166 的调控（Kidner and Martienssen，2004）。miR165/miR166 自身又受到 miR390 介导的 ta-siRNA 途径的调控。miR390 靶向剪切 TAS3 产生串联排列的次级 ta-siRNA，而这些 ta-siRNA 直接作用于生长素响应因子基因 ARF3/4，抑制其在远轴一侧的表达（Fahlgren et al.，2006）。反过来，ARF3/4 转录因子通过生长素依赖的方式促进 miR165/166 基因的转录（Nogueira and Timmermans，2007），因而形成了一个 miR390-*TAS3*-ta-siRNA-*ARF3/4*-miR165/miR166-*PHB/PHV* 调控网络。该调控网络将 miR165/miR166 的表达限制在叶片远轴侧，确保近轴侧 HD-ZIP Ⅲ家族蛋白的表达不受影响。miR390-*TAS3-ARF* 途径对叶片极性的调控在多数植物物种中是保守存在的，但也有例外。例如，TAS3 依赖的 ta-siRNA 在被子植物中靶向调控 *ARF*，但是在苔藓植物中靶向 *AP2* 家族基因，而 *AP2* 在被子植物中主要受 miR172 的调控（Xia et al.，2017）。AP2-like 转录因子在不同物种中的功能也有所差别。在苔藓植物中 AP2-like 转录因子主要负责配子体干细胞的维持（Aoyama et al.，2012），而在被子植物中主要与花器官分生组织的建立、珠被发育等过程有关。这些证据显示 TAS3 依赖的 ta-siRNA 的功能呈现一定程度的分化性。

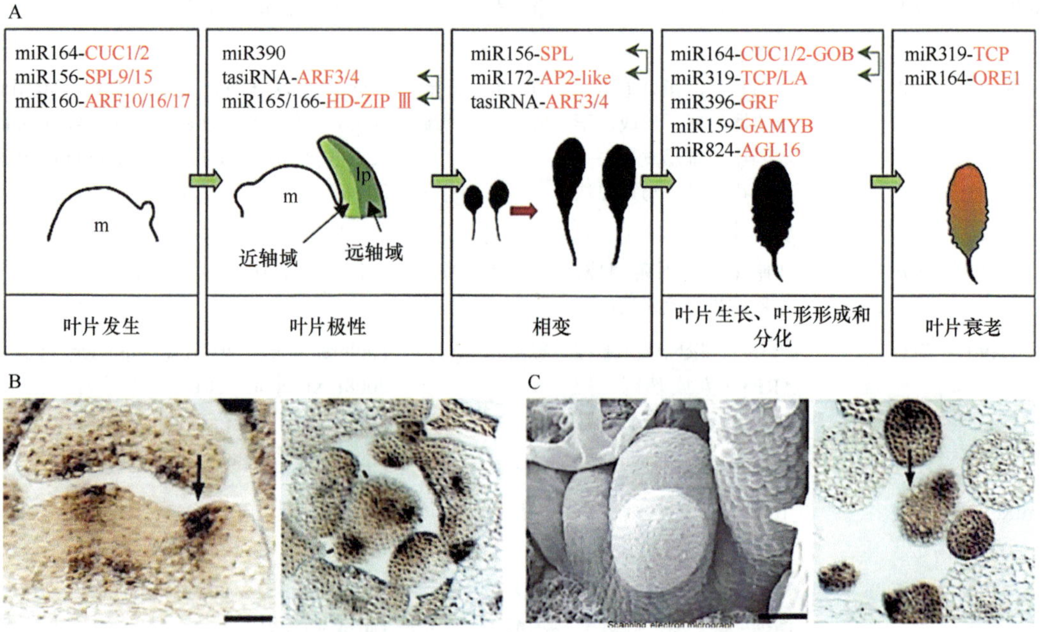

图 3-3　小分子 RNA 与叶片发育［修改自 McConnell 等（2001），Pulido 和 Laufs（2010）］

A. 小分子 RNA 参与了叶片从发生到衰老不同阶段的发育调控。黑色代表小分子 RNA，红色代表它们的靶基因。绿色双箭头代表不同小分子 RNA/靶基因调控模块之间的相互作用。m：分生组织；lp：叶原基。B 和 C. 在野生型植物中（B），miR166 的靶基因 *PHB* 的表达被限制在发育叶片的近轴侧。而在抗 miR166 沉默的 *PHB* 获得性突变 *phb-1d* 中，*PHB* 均匀表达，使叶片呈放射状对称发育

2. sRNA 与叶片形态和大小

在叶片的锯齿形态发育中，涉及生长素与 CUC2 的相互作用（图 3-2D，图 3-3）。CUC2 在凹陷区域的表达促进生长素向凸出区域流动，而生长素抑制 CUC2 在凸出区域的表达。其中，*CUC2* 基因受 miR164 介导的 PTGS 的负向调控。*CUC2* 基因中 miR164 结合位点的突变导致植物呈现平滑的叶缘表型，这与 *CUC2* 过表达表型一致（Nikovics et al.，2006；Berger et al.，2009）。另外，miR164-*CUC2* 调控模块也参与了叶片形态的调控。*TCP* 基因通过 miR164 间接调控 *CUC2* 的表达，TCP4 蛋白能够直接结合 *CUC2* 基因 DNA 序列从而抑制 *CUC2* 的转录活性（Koyama et al.，2010）。而 SPL 家族蛋白能够使 TCP4-CUC2 互作去稳定化，从而部分恢复 CUC2 的表达。有趣的是，*TCP4* 基因反过来又被 miR319 介导的 PTGS 抑制。因此，miR164 与 miR319 在调控叶片锯齿形态的发育中起着协同控制的作用（Palatnik et al.，2003，2007；Rubio-Somoza et al.，2014）。除了以上表达量比较高的 miRNA，微量且组织特异性表达的 miR847 在响应生长素调控叶片锯齿形态的发育中也起着重要的调控作用（Wang and Guo，2015）。研究发现，*MIR847* 及其靶基因 *IAA28* 都在叶缘分生组织中特异性表达

（图 3-4）。IAA28 是生长素信号通路的抑制子，生长素通过诱导 miR847 下调 *IAA28* mRNA，进而上调生长素信号通路，从而控制叶缘分生组织的分生能力（Wang and Guo，2015）（图 3-4）。

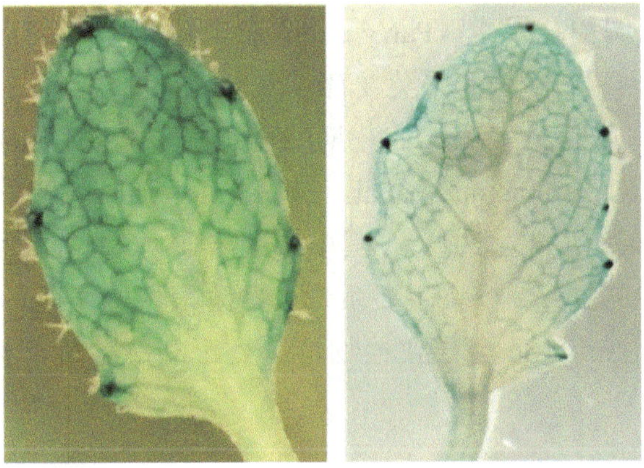

图 3-4 *MIR847* 和 *IAA28* 基因的表达模式（Wang and Guo，2015）
利用 *MIR847* 和 *IAA28* 启动子携带报告基因 *GUS* 构建 *MIR847:GUS* 和 *IAA28:GUS* 进行拟南芥转化，观察到 *MIR847* 和 *IAA28* 在叶缘分生组织中表达

在叶形发育调控方面，miR396 通过靶向 GRF 家族转录因子基因控制细胞分裂与伸长，从而影响叶形。在拟南芥的新生叶中，miR396 在叶片远端特异性表达，因而限制 GRF 在远端的积累，促进近端细胞的增殖（Rodriguez et al.，2010）。随着叶片的成熟，miR396 水平升高，进一步抑制 *GRF* 基因的表达，进而抑制叶片生长。虽然 miR396-*GRF* 调控模块在其他物种如苜蓿和水稻中保守存在，但负责调控不同的生物学过程，如在苜蓿中负责结瘤，而在水稻中负责花发育等（Bazin et al.，2013；Liu et al.，2014）。

（三）sRNA 与花器官发育和开花转变

在花形态发生的 ABC 模型调控通路中，许多关键因子的表达受 sRNA 的调控，如 A 型基因 *AP2* 家族在花分生组织中的表达受到 miR172 的抑制（图 3-2C）。在花器官分化起始阶段，miR172 在顶端分生组织中积累，抑制 *AP2* 表达，阻止顶端分生组织向花分生组织转变。同时，miR172 在花原基中的积累通过排除 A 型基因 *AP2* 的表达间接促进了 C 型基因 *AG* 在该组织中的表达（Zhao et al.，2007a）。有趣的是，AP2 反过来可以抑制 miR172 的积累，因此在 miR172-*AP2* 模块之间形成了一个负反馈机制（Yant et al.，2010）。

在金鱼草和矮牵牛中，miR169 控制 *AG* 同源基因的表达（图 3-2E）。在 miR169 缺失突变体中，C 型基因的表达可以扩散到整个花原基（Cartolano et al.，2007）。另外，miR169 还可以靶向 *CBF* 家族基因促进 C 型基因的转录（Hong et al.，2003）。

紧随花形态建成分化的完成，在花器官发育过程中也有 miRNA 的参与。miR319-

TCP 模块不仅可以控制叶片形态，在花器官发育过程中也发挥着重要作用。miR319 缺失突变导致花瓣长度和宽度都变小（Nag et al.，2009）。miR167-*ARF* 模块通过生长素信号通路调控雄性花器官发育。miR167 过表达与 *arf6* 和 *arf8* 突变体均呈现出明显的雄蕊花丝和花粉发育缺陷（Wu et al.，2006）。miR393 靶向生长素信号通路因子基因 *TIR1* 和 *AFB* 从而调控花发育（Parry et al.，2009）。另外，研究表明 miR159 靶向 MYB33 转录因子基因调节花药和果荚发育（Achard et al.，2004；Allen et al.，2007）。

在植物从营养生长到生殖生长的花期转变过程中，miR156-miR172 的互作发挥着极为重要的作用（Aukerman and Sakai，2003；Xie et al.，2006；Chuck et al.，2007；Wu et al.，2009；Chuck et al.，2011）。其中 miR156-*SPL* 调控模块主要负责植物幼龄阶段的发育，而 miR172-*AP2* 模块主要负责成熟阶段生殖生长的发育调控（图 3-5）。在许多物种中过表达 miR156 会导致植物持续处于幼龄阶段，抑制开花，而过表达

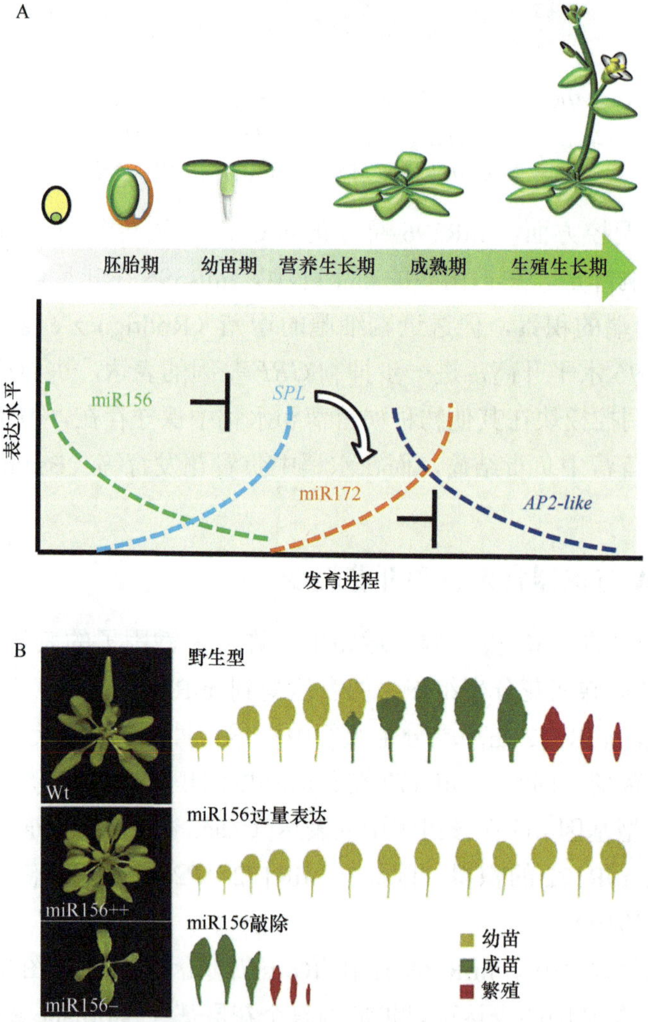

图 3-5　miR156-miR172 相互作用调控植物发育时序（Poethig，2009）

A. miR156、miR172 及其靶基因 *SPL* 和 *AP2-like* 随发育时序的表达动态；

B. miR156 异常表达的拟南芥表现出发育时序的紊乱

miR172 促进植物开花。miR156 在幼龄阶段维持高表达状态，随着发育持续其水平逐渐降低，至成熟阶段降至最低，其靶基因 *SPL* 水平则呈现相反趋势，在营养生长末期积累量最高。SPL 转录因子的高表达促进 miR172 的产生，通过降解 *AP2* 基因促进开花，使植物从营养生长阶段向花期转变。因此，miR156/*SPL*-miR172/*AP2* 分子模块的互作完美界定了营养生长和生殖生长发育的边界。

（四）sRNA 与根的发育

除了在叶片形态建成中调控 *CUC2* 基因起作用，miR164 在调控拟南芥根发育过程中也发挥着重要调控作用。miR164 在根中响应生长素靶向转录因子 NAC1 编码基因，调控侧根的初始发育（Guo et al.，2005）。过量表达 *NAC1* 或者 *MIR164a* 和 *MIR164b* 突变体都造成拟南芥侧根的增多，表明 miR164 对生长素促进侧根的发育具有负调控作用（Guo et al.，2005）（图 3-6）。另外，拟南芥中的 miR160 能调控靶基因 *ARF10*、*ARF16* 和 *ARF17* 的表达水平，高表达 miR160 或者 *ARF10* 和 *ARF16* 双敲除突变体会影响植物根的向地性（Mallory et al.，2005；Wang et al.，2005）（图 3-6）。miR847-*IAA28* 模块也响应生长素诱导调控侧根的生长发育，miR847 和 *IAA28* 也在侧根起始部位表达（Wang and Guo，2015）。

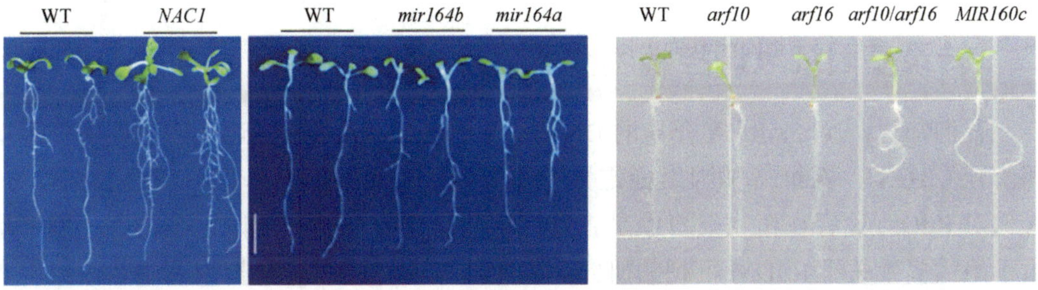

图 3-6　miRNA 与根发育调控（Guo et al.，2005；Mallory et al.，2005；Wang et al.，2005）
左图：相对于野生型拟南芥（WT），过量表达 *NAC1* 或者 *MIR164a* 和 *MIR164b* 突变体的拟南芥侧根增多；
右图：*ARF10* 和 *ARF16* 双敲除突变体和过表达 *MIR160c* 基因影响拟南芥根的向地性

（五）sRNA 与根细胞命运决定

研究表明，miR165/miR166 与靶基因 HD-ZIP Ⅲ型转录因子家族基因 *PHB* 的互作决定了植物根细胞的命运（图 3-7）。在植物根中，径向组织的排列方式高度保守。研究发现，这种发育模式的确立是通过转录因子和 miRNA 在柱状维管和周围内皮层细胞之间的运动协同调控实现的（Carlsbecker et al.，2010；Scheres，2010）。柱状维管中产生的 SHR 蛋白进入内皮层以激活 SCARECROW。这些转录因子激活 *MIR165a*/*MIR166b* 基因的表达，促进 miR165/miR166 的积累。内皮层产生的 miR165/miR166 降解靶基因 HD-ZIP Ⅲ型转录因子 *PHB* 基因。这种靶基因 mRNA 在维管层的不同分布模式以剂量依赖的方式决定了木质部细胞类型。

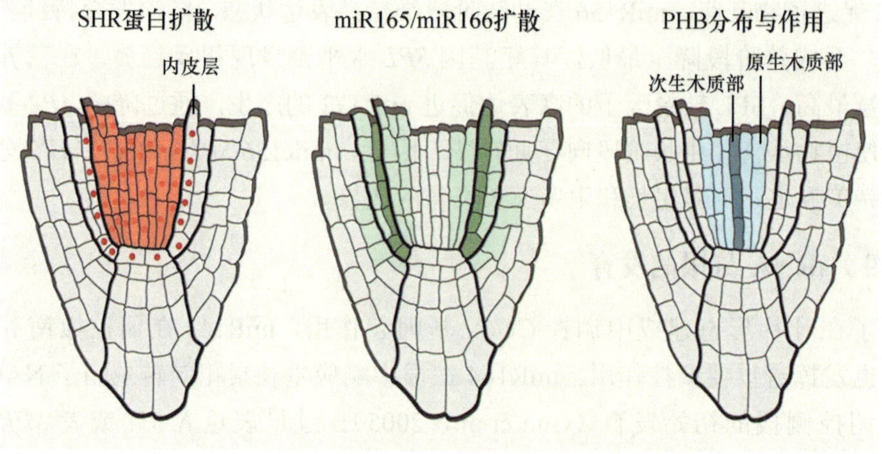

图 3-7 miR165/miR166 与靶基因的空间互作决定了根细胞的命运

[修改自 Carlsbecker 等（2010），Scheres（2010）]

左图：转录因子 SHR（红色）在中央维管形成层合成，然后穿过边界（粗线条）进入下一层细胞的细胞核中（红点），决定内皮层细胞的发生；中间图：在其他蛋白因子的帮助下，细胞核内的 SHR 转录因子激活 miRNA 尤其是 miR165/miR166 的转录（深绿色），并将这种激活传导到两侧（浅绿色）；右图：PHB 转录因子的 mRNA 被 miR165/miR166 介导的转录后基因沉默以剂量依赖的方式下调，PHB 的低水平积累决定了次生木质部的形成（深蓝色），PHB 的高水平积累决定了原生木质部的形成（浅蓝色）

二、转录基因沉默调控植物生长发育的分子机制

我们知道，24nt siRNA 介导的 DNA 从头甲基化（RdDM）途径通过促进转录基因沉默（TGS），在维持基因组稳定性方面发挥着不可或缺的作用。但是长期以来，人们对 RdDM 途径在植物发育中是否发挥重要功能持怀疑态度，这在很大程度上是由于绝大多数关于 RdDM 机制的研究过去主要集中在模式植物拟南芥中，而拟南芥 RdDM 途径的主要突变体均表现出正常的发育表型。因此，人们认为 RdDM 途径只是植物用来维持基因组稳定性以及响应环境胁迫的，对植物生长发育影响不大。有研究发现，在拟南芥中 RdDM 途径参与了减数分裂调控（Walker et al.，2018）。雄性亲本 RdDM 途径的缺失会导致 *MPS1* 基因的错误拼接，从而破坏减数分裂。与拟南芥相似，在荠菜中敲除 Pol Ⅳ最大的亚基 NRPD1 导致转座子区 siRNA 的积累消失，花粉在孢子阶段发育异常，减数分裂停止（Wang et al.，2020），表明 RdDM 途径对花粉发育的调控在不同植物中具有保守性。

高通量测序技术及 CRISPR 基因编辑技术的发展，使得在作物中开展 RdDM 研究成为可能，相关领域的研究方兴未艾。初步的研究表明，与在拟南芥中不同，RdDM 在作物农艺性状形成中发挥着关键的调节作用。相关进展在下面章节简述（图 3-8）。

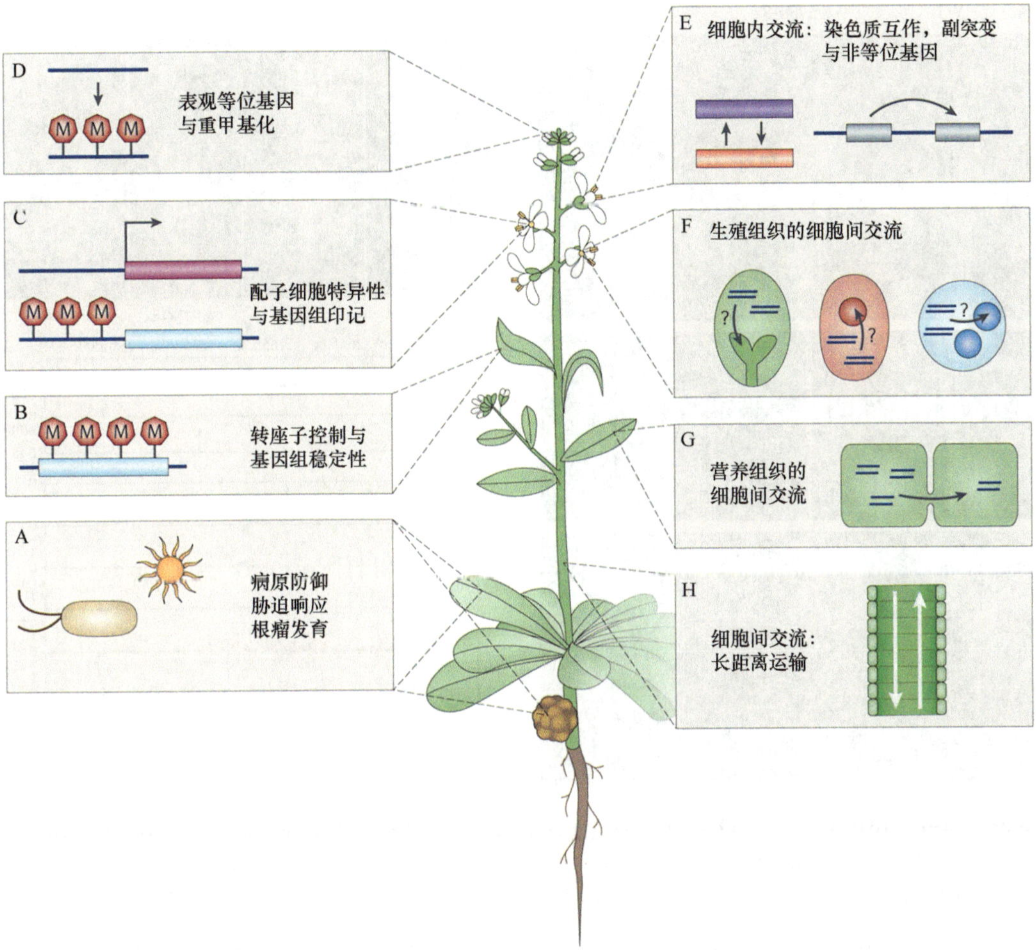

图 3-8 RdDM 途径介导的转录基因沉默生物学功能概述（Matzke and Mosher，2014）

（一）RdDM 途径与水稻发育

在拟南芥中，DRM2 甲基转移酶负责在 RdDM 靶位点催化 CHH 甲基化。研究发现，通过敲低水稻 OsDRM2 甲基转移酶，水稻表现出严重的发育缺陷，包括晚花、败育等生长发育缺陷（Moritoh et al.，2012）。DCL3 在拟南芥中负责 24nt siRNA 的加工。同样，水稻中 DCL3 同源基因 OsDCL3a 负责水稻 24nt siRNA 的加工。敲低 OsDCL3a 的水稻呈现出矮化、旗叶倾角增大和次生枝减少等重要农艺性状缺陷（Wei et al.，2014）。OsDCL3a 依赖的 siRNA 主要由微型反向重复转座因子（miniature inverted-repeat transposable element，MITE）产生，这些 siRNA 能够催化 MITE 发生甲基化，抑制相近基因的表达。这些发现表明 RdDM 途径介导的转录基因沉默对于水稻的正常生长发育是不可或缺的（图 3-9A）。

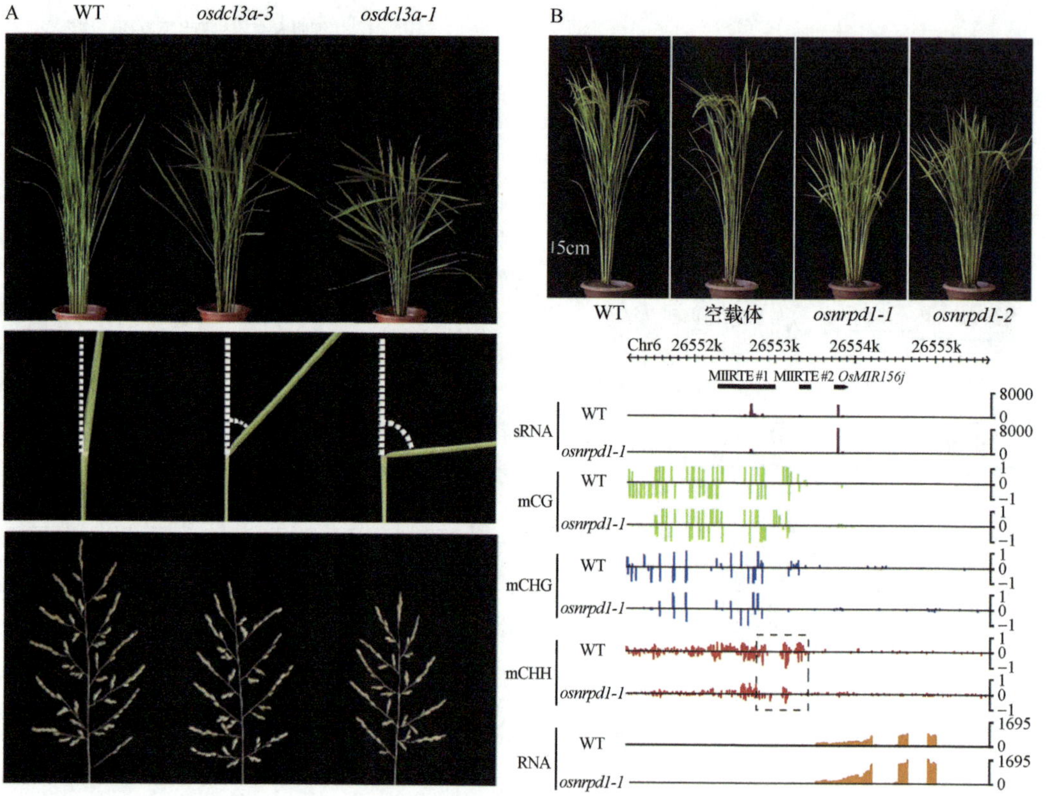

图 3-9 24nt siRNA 介导的 DNA 甲基化与水稻发育［修改自 Wei 等（2014），Xu 等（2020）］
A. 水稻 *osdcl3a* 缺失突变体表现出矮化，旗叶倾角增大，次生枝减少等发育缺陷；B. 水稻 *osnrpd1a* 突变体分蘖增多，植株矮化（上图）；*osnrpd1a* 突变导致 *MIR156j* 基因启动子区 CHH 甲基化降低，*MIR156* 表达量上升

分蘖数是和水稻产量息息相关的一个重要农艺性状。敲除水稻 Pol Ⅳ大亚基会导致分蘖数增多和矮化的表型（Xu et al.，2020）。深入研究发现，Pol Ⅳ依赖的 RdDM 途径能够催化水稻两个 *MIR156* 基因的启动子区转座子的 DNA 甲基化，从而抑制 *MIR156* 基因的转录和成熟 miR156 的积累。而 miR156 能够促进分蘖。同时，RdDM 介导的 CHH 甲基化还能够靶向分蘖抑制基因 *D14* 的 3′ 端转座子，激活 *D14* 的转录。因此，RdDM 通过分别靶向 *MIR156* 和 *D14* 基因调控分蘖（图 3-9B）。

研究还发现，24nt siRNA 介导的 DNA 甲基化参与了水稻光敏雄性不育的调控。已知长链非编码 RNA-LDMAR 对于水稻在长日照条件下的雄性育性是必需的，研究发现在 LDMAR 启动子区有 24nt siRNA 的积累，能够通过 RdDM 途径靶向 LDMAR 的启动子抑制其转录，从而调控光敏雄性不育（Ding et al.，2012）。

（二）RdDM 途径与果实成熟

据研究报道，DNA 甲基化与园艺植物果实的成熟和品质形成密切相关。例如，在番茄和草莓等果实成熟过程中，DNA 甲基化在基因组水平呈现一个降低的趋势，DNA 去甲基化酶功能失活会导致番茄果实不能正常成熟（Lang et al.，2017；Cheng et al.，2018）。其中，随着果实的不断成熟，包括 RdDM 途径在内的甲基化相关基因的表达逐渐降低（Cheng et al.，2018）（图 3-10A）。而在柑橘中，随着果实发育的逐渐成熟，柑橘 DNA 去甲基化酶的表达逐渐降低，导致全基因组 DNA 甲基化呈现增加的趋势（Huang et al.，2019）（图 3-10B，图 3-10C）。不仅如此，DNA 甲基化通过调控芳香类挥发物的合成还参与了番茄风味形成的调控（Zhang et al.，2016）。

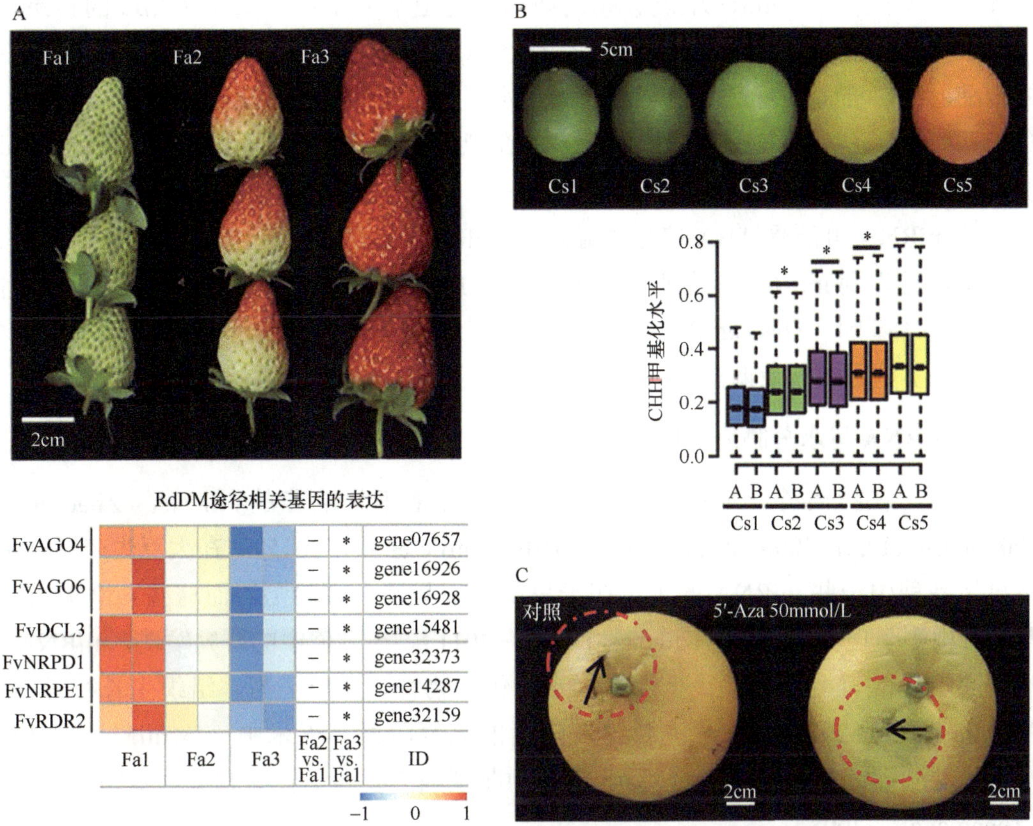

图 3-10　24nt siRNA 介导的 DNA 甲基化与果实发育

［修改自 Cheng 等（2018），Huang 等（2019）］

A. 随着草莓的成熟，RdDM 途径相关基因的表达量呈持续下调的趋势；B 和 C. 随着柑橘的成熟，CHH 甲基化水平逐渐升高（B），DNA 甲基化抑制剂处理柑橘果实后延迟果实成熟（C）。图 B 中横轴 A 和 B 为实验重复

第二节　RNA 沉默响应非生物胁迫

一、转录后基因沉默响应非生物胁迫

（一）miRNA 介导的转录后基因沉默与植物非生物胁迫响应

1. miRNA 与盐胁迫响应

许多响应盐胁迫的 miRNA 能够靶向转录因子基因。在玉米中存在大量响应盐胁迫的 miRNA，这些 miRNA 在盐胁迫条件下的表达模式各异，其中有些 miRNA 在玉米抗盐品种中表达，有些在盐敏感品种中呈现延迟表达（Ding et al.，2009）。在玉米

中，miR159、miR164 和 miR1661 分别靶向 Myb、NAC1 和 HD-ZIP 家族转录因子。另外，这些 miRNA 的靶标中还包括一些 MADS-box 蛋白和锌指蛋白。玉米 miR474 和 miR395 受盐胁迫诱导上调，并靶向调控盐胁迫抗性负调控因子。与之相反，玉米 miR396 的表达受盐胁迫诱导抑制。在拟南芥盐胁迫响应中，miR397-LAC/CKB3 模块发挥关键调控作用。miR397 能够靶向剪切盐胁迫响应基因 *LAC* 和 *CKB3* 的转录物，这两个基因分别编码漆酶 LAC 和酪蛋白激酶 CKB3。而盐胁迫处理能够诱导 *MIR397* 的转录上调，从而下调 *LAC* 和 *CKB3* 表达水平。在拟南芥中过表达 miR397 能够增强 *LAC* 和 *CKB3* 的沉默与植物的抗盐能力。在拟南芥和水稻中，miR169 都能被盐胁迫诱导表达，在水稻 miR169n(o) 的上游存在一个脱落酸（ABA）响应元件（ABRE），暗示该 miRNA 可能受 ABA 信号诱导，而 miR169g 受干旱引起的渗透胁迫诱导，该诱导是通过识别 miRNA 上的脱水响应元件（DRE）实现的。水稻 miR169 能够靶向沉默 *NF-YA* 基因（Zhao et al.，2009），该基因编码一个 CCAAT 盒结合转录因子，参与控制众多基因的转录调控。

2. miRNA 与水分胁迫响应

目前，在拟南芥、水稻和甘蔗中都发现许多干旱响应的 miRNA（Zhao et al.，2007b；Liu et al.，2008；Zhou et al.，2010；Gentile et al.，2015）。在大豆生产品种中，不抗旱品种中一些 miRNA 的表达在干旱胁迫下呈现上调趋势，而这些 miRNA 在抗旱品种中则呈现下调趋势（Kulcheski et al.，2011）。在甘蔗中的研究发现，miRNA 在响应胁迫时的表达模式取决于很多因素，包括物种、胁迫类型、组织生长特异性等（Gentile et al.，2015）。在水淹胁迫及随后的恢复阶段，玉米中一些 miRNA 的积累水平呈现剧烈的动态变化，这些 miRNA 的靶基因主要与活性氧和醛基基团清除有关（Zhang et al.，2008）。

3. miRNA 与极端温度胁迫响应

极端温度如高温和低温对植物生长与作物产量有重要负面影响。低温胁迫根据温度范围又可以分为冷害（低于 20℃）和冻害（低于 0℃）。冷害胁迫抑制植物对水分的吸收，而冻害诱导细胞脱水并引起渗透胁迫和活性氧的过量积累。目前，在植物不同物种中已经鉴定出大量响应极端温度的 miRNA（Lv et al.，2010；Cao et al.，2014）。在 40℃高温下，耐热和不耐热小麦生产品种幼苗中 miRNA 的表达模式明显不同（Xin et al.，2011）。这些 miRNA 在不同物种响应胁迫过程中的表达差异显示，miRNA 的功能在一定程度上具有物种特异性。在水稻中，miR812q 在低温胁迫条件下在生殖生长的早期急剧上调，该 miRNA 能够靶向调控 CIPK10 的表达，而 CIPK10 在 CBL-CIPK 信号通路介导的非生物胁迫响应途径中发挥关键作用（Jeong et al.，2011）。

4. miRNA 与 ABA 介导的胁迫响应

在拟南芥中，miR417 的表达受 ABA、脱水和盐胁迫调控（Jung and Kang，2007）。高盐处理下调 miR417 的表达，而 ABA 和脱水处理导致 miR417 水平呈现先升高后下降的趋势。过表达 miR417 的拟南芥种子在 ABA 和高盐处理后萌发率和幼苗存活率均显著下降，但是对 miR417 调控和休眠相关的靶基因机制还不清楚。除 miR417 之外，miR393 受 ABA、脱水、低温和盐胁迫诱导表达上调（Sunkar and Zhu，2004；Zhao et al.，2007c）。miR393 主要靶向调控 F-box 生长素受体基因和生长素转运抑制响应蛋白（TIR1）基因（Navarro et al.，2006）。TIR1 反过来又通过 SCF-E3 泛素连接酶介导的蛋白质降解途径抑制 AUX/IAA 生长素蛋白的积累。因此 miR393-TIR1 模块能够通过转录后基因沉默途径和蛋白质降解途径调控生长素信号通路及植物生长。

5. miRNA 与光胁迫响应

虽然光对于植物生长是必需的，但超过光合作用饱和点的过量光照会引起植物的胁迫反应，造成光胁迫损伤。据统计，在拟南芥和水稻中有超过 20% 的基因表达是受白光调控的。在白光中，UV-B 被认为对植物生长不利，能够引起基因组 DNA、RNA 和蛋白质等生物大分子的损伤，从而造成植物形态学和生理上的改变。在植物中，某些 miRNA 启动子区含有与 UV-B 响应蛋白编码基因类似的结构特征，这些 miRNA 被认为是 UV-B 响应 miRNA。在拟南芥中，已报道的 UV-B 响应 miRNA 包括 miR156/miR157、miR159、miR319、miR160、miR165/miR166、miR167、miR169、miR170/miR171/miR172、miR393、miR398 及 miR401 等，多数 miRNA 靶向调控转录因子（Zhou et al.，2007）。在小麦中也鉴定到了一些 miRNA 能够响应 UV-B 胁迫信号，如 Tae-miR6000、miR156、miR159、miR164、miR167、miR171、miR395 等，但是这些 miRNA 响应 UV-B 胁迫的模式并不完全相同，有的呈现上调趋势，有些则被下调。

6. 植物营养稳态调控

营养稳态平衡对于植物生长发育和作物产量形成至关重要。植物从土壤中吸收营养元素并转运至不同的细胞器，发挥关键的生物学功能。研究表明，miRNA 在植物营养稳态调控中发挥着关键作用。这些 miRNA 能够靶向调控控制营养元素吸收与转运相关的基因。

（1）磷稳态调控

据报道，多个 miRNA 参与了不同植物的磷稳态调控（Lundmark et al.，2010；Hu et al.，2011；Hackenberg et al.，2013；Pei et al.，2013）。在拟南芥中，低磷水平能够诱导 miR399 的表达，抑制靶基因 *UBC24* mRNA 在根中的积累（Chiou et al.，2006；Chiou，2007）。*UBC24* 编码一个蛋白质泛素降解途径的 E2 酶，突变 *UBC24* 基因中

的 miR399 靶点导致植物在磷缺乏的情况下磷转运基因 *PHT1* 的诱导表达受到抑制。在水稻中，过表达 osa-miR827 的植株表现出磷稳态和叶片中磷移动的异常，磷在老叶中过量积累（Wang et al.，2012）。

（2）硫稳态调控

植物根系以硫酸盐的形式吸收硫，硫酸盐在体内必须还原为硫化物才能被代谢。植物中保守的 miR395 通过靶向一个低亲和硫酸盐转运蛋白 APS 来调控硫稳态。在拟南芥中，硫饥饿能够诱导 miR395 的表达，该诱导受 SLIM1（sulfur limitation 1）转录因子控制（Kawashima et al.，2009；Jeong et al.，2011；Jagadeeswaran et al.，2014）。

（3）砷毒性调控

砷是一种一级致癌物，其在植物中的毒性主要造成光合效率降低、碳水化合物代谢异常、活性氧胁迫以及脂质过氧化等。在水稻中，砷胁迫能够诱导一些 miRNA 的表达发生改变，这些 miRNA 的改变造成许多离子通道等相关基因的表达变化，进而影响茉莉酸和脂质代谢（Srivastava et al.，2009；Yu et al.，2012）。研究表明，某些 miRNA，如 miR319 能够靶向茉莉酸合成途径中的一些关键转录因子，调控茉莉酸介导的砷胁迫响应（Srivastava et al.，2013），而茉莉酸参与了砷胁迫信号的感应。

（4）微量元素稳态调控

除了大量元素，许多微量元素，如铁、锰、锌等可以作为许多代谢酶的辅助因子在众多生物学过程中发挥作用。Waters 等（2012）研究发现，铁元素的缺乏能够诱导 miR397a 和 miR398a/b/c 的积累下调，显示这些 miRNA 可能在植物响应铁元素胁迫中发挥作用。在锌稳态调控中，缺锌导致 miR398 表达升高，同时 *CSD* 表达受到抑制，而 miR398 的下调能够稳定 *CSD* 的表达（Li et al.，2013），显示 miR398 在锌代谢途径中发挥作用。铜元素对于植物光合作用过程是必需的。研究表明，低铜处理能够诱导拟南芥 miR397、miR398、miR408 和 miR857 的积累（Abdel-Ghany and Pilon，2008）。而低铜诱导的铜锌超氧化物歧化酶（Cu/Zn-SOD）的下调与 miR398 有关。miR398 是植物中一类保守的 miRNA，能够靶向抑制 CSD1 和 CSD2 蛋白的翻译以及 SOD1 铜分子伴侣 *CCS1* 的表达，而 CCS1 对成熟 Cu/Zn-SOD 的合成是必需的（Beauclair et al.，2010）。与 miR398 相反，低铜诱导的 miR397、miR408 和 miR857 则对铜代谢中漆酶和质体蓝素相关基因的表达具有抑制作用（Paul et al.，2015）。

7. 重金属毒性调控

随着现代工业的发展，重金属污染不仅给全球生态安全带来严重的威胁，也对农业生产具有很大的危害。重金属在植物中的过量积累能够导致植物生理和代谢过程的改变，影响植物生长发育与产量。重金属根据其对植物的必要性可分为必需重金属和非必需重金属。必需重金属元素包括铜、铁、锌和锰等，这些重金属可以作为微量元素调节植物发育和代谢，但过量积累对植物有很大的毒性。非必需重金属即使在很微量的情况下也对植物完全有害，如镉、铝和汞等。钴过去不被认为是必需的微量营养元素，研究发现，钴参与了植物芽、叶盘茎和胚芽鞘的发育，说明钴可能也是一种植物生长必需的微量元素。

（1）镉毒性调控

镉在植物中的积累会导致植物发黄萎蔫、生长抑制与细胞死亡、蛋白质损伤及活性氧胁迫等。因此，镉对作物产量影响极大。研究发现，镉处理会诱导油菜许多保守和非保守miRNA在不同组织中的差异表达，如bna-miR393、bna-miR156a、bna-miR167a/c、bna-miR160、bna-miR164b、bna-miR394a/b/c及bna-miR395等（Huang et al.，2010；Zhou et al.，2012）。其中，bna-miR395能够靶向硫转运蛋白（如SULTR2;1）和ATP硫酸化酶（ATP sulfurylase，ATPS）（Huang et al.，2010）。硫转运蛋白SULTR2;1对于硫酸盐从成熟叶片到幼叶的移动是必需的，而APS负责催化硫同化的第一步（Liang et al.，2010）。通过对比镉处理和未处理萝卜中差异表达的miRNA发现，一些miRNA的表达受镉处理的诱导积累量发生改变。通过降解组测序分析这些响应镉处理的差异表达miRNA，发现这些miRNA可能靶向一些植物螯合肽合成酶基因以及一些铁离子与ABC转运蛋白基因等（Xu et al.，2013）。虽然上述研究鉴定出了一些镉响应的miRNA，但是对这些miRNA响应镉信号的分子机制还缺乏更深入的研究。

（2）汞毒性调控

汞是一种剧毒重金属，主要以二价离子的形式分布于土壤中并被植物吸收，其在植物中的毒性响应主要表现为生长矮小、细胞形态丧失、微管发育异常、叶绿素含量降低及活性氧积累等。与其他重金属积累类似，汞在植物体内的积累会造成许多miRNA的差异表达。在植物中，超氧化物歧化酶（SOD）对于抵抗活性氧胁迫是必需的。Zhou等（2008）发现汞处理能够增强苜蓿中SOD的活性。在拟南芥中过表达抗miR398沉默的*CSD2*转录物，能够使植物获得更强的抵抗包括汞在内的重金属胁迫的能力，说明miR398参与了汞胁迫响应（Sunkar et al.，2006）。

（3）其他重金属毒性调控

铝毒对植物的伤害主要是通过结合根细胞壁上的羧基和磷酸基团，造成细胞结构异常，抑制细胞壁扩展和根系生长，从而影响根对土壤矿物质营养和水分的吸收。另外，铝毒也会造成胼胝质积累异常、细胞质钙离子失衡以及诱导活性氧胁迫等。少量的研究表明，铝胁迫能够诱导miRNA的差异表达，但不同物种中miRNA响应铝胁迫的模式并不相同（Chen et al.，2012；Zeng et al.，2012）。植物体内少量锰离子的存在可以作为许多酶促反应的重要辅助因子发挥作用，但过量锰的积累对植物有毒性。少量研究显示，锰处理也能诱导一些miRNA的差异表达（Valdés-López et al.，2010；Gupta et al.，2014）。在菜豆中，miR1508、miR1515、miR1510/miR2110和miR1532被认为分别靶向钙依赖的蛋白激酶、热激蛋白、NBS-LRR抗性蛋白及受体蛋白激酶等编码基因（Valdés-López et al.，2010）。

表 3-2 总结了目前已经证实参与植物响应非生物胁迫的 miRNA。

表 3-2　植物响应非生物胁迫的 miRNA

miRNA	植物种类	胁迫类型	靶基因编码蛋白
miR156	水稻，小麦，甘蔗，大豆	盐，干旱，高温，离子稳态	SPL 家族转录因子
miR159	水稻，小麦，甘蔗	盐，干旱，高温	MYB 家族转录因子
miR160	水稻，小麦，大麦	盐，干旱，高温	生长素响应因子 ARF
miR162a	水稻	离子稳态	DCL1
miR164	小麦	盐，干旱，高温	NAC 结构域蛋白
miR166	水稻，小麦，甘蔗，大麦	盐，干旱，高温，离子稳态	HD-ZIP 家族转录因子
miR167	水稻，小麦，甘蔗，大豆，大麦	盐，干旱，高温	生长素响应因子 ARF
miR168	水稻，小麦，甘蔗，大麦	盐，干旱，高温，离子稳态	AGO1
miR169	小麦，甘蔗，水稻	盐，干旱，高温，离子稳态	CBF-B/NF-YA，HAP12-CCAAT-box 转录因子，HAP2 转录因子
miR170	水稻	干旱	ACP1
miR171	水稻，小麦，甘蔗，大豆，大麦	盐，干旱，高温，离子稳态	SCF1，Fe-SOD1，FAN
miR172	水稻，小麦，甘蔗	盐，干旱，高温，离子稳态	AP2，AP2-like
miR319	水稻	盐	TF21
miR390	烟草	离子稳态	LRR-RLK
miR393	水稻	盐，干旱，低温	TIR1，AFB2/3，MYB 家族转录因子
miR394	水稻	盐，低温	F-box 家族蛋白
miR395	小麦，大豆	干旱	ATP 硫酸化酶
miR396	水稻，小麦，甘蔗，大豆	盐，干旱，高温，低温，离子稳态	GRF 家族转录因子
miR397	甘蔗，水稻	盐，离子稳态	LAC 家族
miR398	甘蔗	盐	硒结合蛋白
miR408	水稻	干旱，离子稳态	SPX，BCP
miR444	水稻，大麦	盐，干旱，离子稳态	MADS-box 转录因子
miR474	水稻	干旱	PPR
miR482	小麦	干旱	
miR528	水稻，甘蔗	盐，离子稳态	IAR1，OsDCL，LAC
miR529	水稻	干旱，低温	SBP-box 家族
miR530-3p	水稻	盐，干旱，低温	
miR809	水稻	盐，干旱，低温	Glutaredoxin 2，含 PPR 蛋白

续表

miRNA	植物种类	胁迫类型	靶基因编码蛋白
miR827	小麦	高温	NLA
miR1318	水稻	离子稳态	钙结合蛋白或钙 ATP 酶
miR1428	水稻	干旱	细胞色素 c
miR1432	水稻	离子稳态	钙结合蛋白或钙 ATP 酶
miR1884	水稻	干旱	AAA ATP 酶
miR2871	水稻	盐，干旱，低温	GT 家族蛋白
miR5049	小麦	干旱	WPK4 蛋白激酶
miR5175	大麦	高温	ACC-like 氧化酶

（二）其他 sRNA 介导的转录后基因沉默与植物非生物胁迫响应

除 miRNA 之外，其他 PTGS 相关的 sRNA 也参与了植物非生物胁迫的响应。由反向转录物产生的 nat-siRNA 最初就是在盐胁迫研究中发现的（Sunkar and Zhu，2004；Borsani et al.，2005）。拟南芥 P5CDH 和 SRO5 的 3′ 非翻译区转录物呈反向重叠，形成一段双链 RNA，该双链 RNA 被 Dicer 核酸酶识别加工成 nat-siRNA，产生的 nat-siRNA 反过来靶向 P5CDH 介导 mRNA 的剪切，这种剪切进一步促进了次级 siRNA 的产生，从而加强了 *P5CDH* 基因的 PTGS。nat-siRNA 介导的 P5CDH 沉默能够抑制脯氨酸的降解，促进脯氨酸的积累。而脯氨酸的高水平积累能够通过活性氧的清除和渗透保护增强植物抵抗盐胁迫的能力。

除了 nat-siRNA，一种拟南芥 ta-siRNA——ta-siRNA289，据报道参与了低氧胁迫响应。ta-siRNA289 能够靶向抑制一种含有半胱氨酸结构域的蛋白酶编码基因（Jung and Kang，2007）。在一种俗称"还魂草"的碗柱草（*Craterostigma plantagineum*）中，CDT-1 编码一种失水胁迫相关并受 ABA 诱导的基因，该基因编码的蛋白能够指导一类内源 siRNA 的生物合成，增强植物抵抗失水胁迫的能力（Hilbricht et al.，2008）。

在小麦中也发现不同胁迫处理能够诱导一些内源 siRNA 的表达发生变化。这些内源 siRNA 响应不同胁迫信号的模式并不完全相同。有些在一种胁迫中被上调表达，在另一种胁迫中则呈相反的趋势，而有些在不同胁迫处理中具有类似的变化趋势。但是，人们对这些内源 siRNA 的靶基因及其生物学功能还没有完全了解，有待进一步研究。

二、转录基因沉默响应非生物胁迫

（一）RdDM 途径介导的 DNA 甲基化与极端温度胁迫响应

在植物低温胁迫响应中，低温会诱导一些转录因子的表达，如 CBF 家族转录因子等。这些转录因子结合到下游 *COR* 基因的启动子区激活表达（Chang et al.，

2020)。研究表明，拟南芥染色质重塑因子 PICKLE 参与了 CBF 介导的低温胁迫响应（Yang et al.，2019）。*pkl* 突变体对低温超敏感，*CBF3* 及下游 *COR* 基因如 *COR15B* 和 *RD29A* 的表达在 *pkl* 突变体中显著下降。PICKLE 是一个多功能蛋白，其不仅参与了 RdDM 途径的调控，还在组蛋白 H3K27me3-PRC 多梳蛋白复合物介导的转录抑制中发挥关键作用（Yang et al.，2017；Carter et al.，2018）。在 *pkl* 突变体中，24nt siRNA 的水平及 Pol Ⅳ产生的转录物的积累水平都大幅降低，这些证据暗示 PICKLE 可能为 RdDM 途径的起始提供一个适宜的染色质环境。

在植物高温胁迫响应中，热激蛋白（HSP）对于植物抵抗高温的能力非常重要。拟南芥 SDC 蛋白是一个 F-box 蛋白，能够介导蛋白降解，转录调控一系列响应长期高温胁迫的基因，因此该基因的活性对于植物从高温胁迫中恢复具有重要作用（Sanchez and Paszkowski，2014）。研究发现，*SDC*（*SUPPRESSOR OF DRM1 DRM2 CMT3*）基因是 RdDM 甲基化途径的一个靶基因，在无胁迫状态下能够被其转录沉默，而高温胁迫能够解除这种转录抑制（Popova et al.，2013），说明热激胁迫的转录响应能够解除 RdDM 途径对某些关键基因的沉默。

（二）RdDM 途径介导的 DNA 甲基化与盐胁迫响应

高盐能够引起离子毒性、渗透胁迫以及一些次生胁迫如活性氧积累等，从而抑制植物生长与发育。在植物中，CIPK（CBL interacting protein kinase）在细胞离子稳态调控中发挥关键作用（Zhu，2016）。HKT1 是一种高亲和性钾离子通道蛋白，能够介导钠离子的流入，在植物抗盐性调控中起重要作用。在野生型拟南芥中，在 *HKT1* 基因启动子上游 2.6kb 区域存在一段 siRNA 富集区域，该区域的 DNA 甲基化水平受 RdDM 途径调控（Baek et al.，2011）。在 RdDM 途径突变体 *rdr2* 中，该区域的 DNA 甲基化水平下调，并激活 *HKT1* 的表达，表明 RdDM 途径能够负调控 *HKT1* 的表达。另外，研究表明 RdDM-HKT1 调控模块在不同植物中似乎具有保守性，如在小麦中也存在类似的机制（Kumar et al.，2017）。在小麦中，盐胁迫能够诱导基因型与组织特异的 DNA 甲基化模式改变，下调 *TaHKT2;1* 和 *TaHKT2;3* 等基因的表达。R2R3-MYB 家族转录因子 MYB74 受盐胁迫诱导，与 *HKT1* 类似，*MYB74* 基因启动子区域也受 RdDM 途径介导的 DNA 甲基化的转录基因沉默抑制，从而在无胁迫情况下维持一个低水平的表达（Xu et al.，2015）。而在盐胁迫条件下，DNA 甲基化和 24nt siRNA 的水平几乎检测不到，说明 RdDM 介导的 *MYB74* 转录抑制能够被盐胁迫诱导解除。这些证据暗示，RdDM 途径介导的转录基因沉默在无胁迫情况下倾向于抑制一些胁迫响应基因的表达，从而使植物能够将主要的能量分配于正常的生长发育。

（三）RdDM 途径介导的 DNA 甲基化与干旱胁迫响应

在植物干旱胁迫响应中，干旱诱导植物激素 ABA 的合成，而 ABA 提高植物对干旱的抵抗能力。研究表明，DNA 甲基化参与了干旱胁迫的调控。在杨树中的研究发现，干旱胁迫的植株 DNA 甲基化水平发生明显改变，与之相关的许多干旱响应基因的表达发生变化，但是这种诱导机制还不为人所知（Liang et al.，2014）。在玉米中，Mao 等（2015）发现在 *ZmNAC111* 基因的启动子区存在一个微型反向重复转座因子（MITE），RdDM 介导的 DNA 甲基化和组蛋白 H3K9me2 修饰能够在该 MITE 区域富集，从而抑制 *ZmNAC111* 的表达。

（四）RdDM 途径介导的 DNA 甲基化与 ABA 胁迫响应

在植物中，许多胁迫信号均能诱导 ABA 的合成。ABA 信号通路参与了种子萌发、气孔开关和根系生长等生物学过程的调控，因而在植物抵御逆境胁迫的调控中发挥着非常关键的作用。许多 ABA 诱导的基因都受 DNA 去甲基化酶 ROS1 介导的主动去甲基化过程的调控（Kim et al.，2019）。在 *ros1* 突变体中，ABA 处理后胁迫响应基因的表达降低，在这些基因中，超过 60% 的基因启动子区呈现 DNA 高甲基化状态，表明 ROS1 能够抑制这些区域的超甲基化。DNA 甲基化不仅参与了 ABA 胁迫响应基因的转录调控，还能够改变蛋白的亚细胞定位。研究发现，STRS1 和 STRS2 两个 DEAD-box RNA 解旋酶参与了多种胁迫的响应，其突变体呈现出增强的抗性和胁迫响应基因表达的上调（Khan et al.，2014）。RdDM 途径的缺失导致 STRS2 在细胞内的定位异常，而在 *strs* 突变体中，RdDM 靶位点 DNA 甲基化水平明显下调。

三、RNA 沉默与非生物胁迫记忆

在植物的整个生命周期中，面对变化万千的外界环境，植物需要做出适应性的改变以维持生长和繁衍。这些环境包括较长时间的周期性的气候变化，也包括较短时间的非生物胁迫，如干旱、高温等。这种短时的非生物胁迫在植物的生命周期中可能多次重复发生。目前的观点认为，植物可能对这种多次重复发生的非生物胁迫产生“记忆”行为，在当代或跨代做出适应性改变（图 3-11）。但是，对这种记忆持续的长度以及记忆消除的机制，人们还知之甚少。

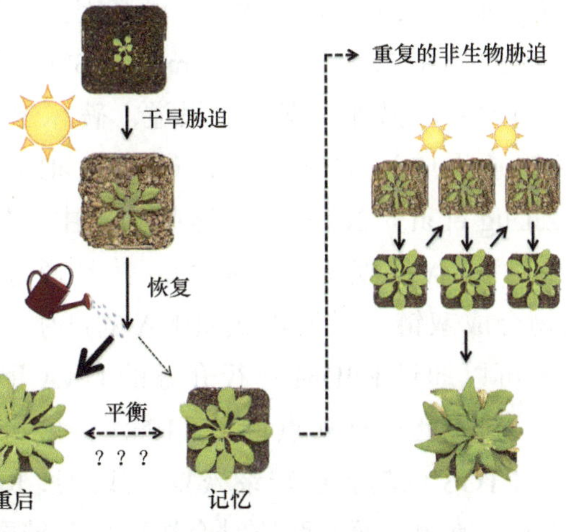

图 3-11　植物应对非生物胁迫恢复过程中的平衡机制［修改自 Crisp 等（2016）］

非生物胁迫的记忆现象与表观遗传机制关系密切。在动物生殖中，在配子体中会发生大规模的表观重编程或重启，包括组蛋白修饰和 DNA 甲基化状态的改变。虽然在植物中不会发生大规模的表观重塑行为，但在植物有丝分裂和减数分裂过程中会发生胁迫诱导的表观遗传修饰变化（Crisp et al.，2016）。各种各样的环境胁迫会显著改变染色质的状态及附着其上的各种表观遗传修饰，包括 DNA 甲基化修饰。植物的春化现象是环境变化与表观遗传修饰相互影响的一个经典例子。在该机制中，植物感受温度和光周期的不断变化，调节开花相关基因的表达，使植物在适宜的条件下开花。在植物响应非生物胁迫过程中，有些 sRNA 受环境诱导（Gutzat and Mittelsten Scheid，2012；Crisp et al.，2016）。在植物非生物胁迫中，转录及转录后 RNA 转录物的调节是一个主要的调节步骤。而 RNA 的稳定性对于转录后水平 RNA 的调节至关重要。RNA 代谢不仅可以清除胁迫响应转录物，而且可以被植物用来拮抗或者逃避表观记忆的启动，如产生或者清除可用于 PTGS 或 TGS 的 RNA 模板（Gazzani et al.，2004；Gy et al.，2007；Gregory et al.，2008；Christie et al.，2011）（图 3-12）。

新转录出来的植物 mRNA 通过 5′ 端加帽、3′ 端加 poly(A) 尾巴等机制实现稳定状态，而 RNA 降解通过移除这些结构特征或者核酸内切酶的作用来实现。除了 RNA 降解的一般机制，sRNA 介导的转录后沉默赋予 RNA 降解的特异性及在植物非生物胁迫响应中的特殊作用（Sunkar et al.，2012；Crisp et al.，2016）。例如，sRNA 生物合成途径的突变体，特别是 *ago1*，对高温的获得性耐性丧失。miR156 在恢复期的诱导对于适应性驯化的传递非常重要，而且 miR156 的组成型过表达对重复的高温胁迫表现出更高的耐热性（Stief et al.，2014）。除此之外，胁迫与恢复过程中各种非编码 RNA 的产生也为 sRNA 的产生和 mRNA 调控提供了底物来源。另一种情况是，RNA 降解机制和 RNA 沉默机制在 RNA 底物上存在一定的竞争性（图 3-12B）。例如，当表达外源基因时，会触发正义转基因诱导的转录后基因沉默（sense transgene-induced post-transcriptional gene silencing，S-PTGS）途径，引起内源基因的共抑制（Vaucheret et al.，1997）。当细胞质 RNA 降解途径受到破坏时，S-PTGS 的沉默效应会更显著（Gazzani et al.，2004；Gy et al.，2007），导致在内源基因上产生 sRNA（Gregory et al.，2008）。与之相似，一些 RNA 拼接因子或参与 mRNA 3′ 端形成的蛋白因子突变也会增强转基因 RNA 沉默的效率。另外，据研究报道，破坏 5′ 加帽机制或细胞质 RNA 降解机制会导致内源转录物成为 RNA 沉默的靶标和 sRNA 产生的底物（Martínez de Alba et al.，2015；Zhang et al.，2015）。在这些例子中，转录或 RNA 降解过程中异常 RNA 分子的出现为 RNA 沉默提供了底物，并且通过 RNA 依赖的 RNA 聚合酶（RDR）将这些底物合成双链，触发次级 sRNA 的产生。这些 sRNA 不仅可以启动转录后基因沉默，还可以通过 RdDM 途径介导的 DNA 甲基化，造成转录基因沉默（参考第二章第二节）。因此，有观点认为，RNA 降解机制可能与不同表观遗传机制竞争或合作，通过 PTGS 机制促进转录恢复，或通过 RdDM 机制促进记忆形成（图 3-12B）。在该机制中，植物在面对胁迫时会快速启动转录，大量转录物的产生会导致异常 mRNA 积累的增加，被 RDR 利用合成双链 RNA，用于次级 sRNA 的加工，通过 PTGS-RdDM 精细调控对非生物胁迫的适应性改变以维持生长和繁衍。

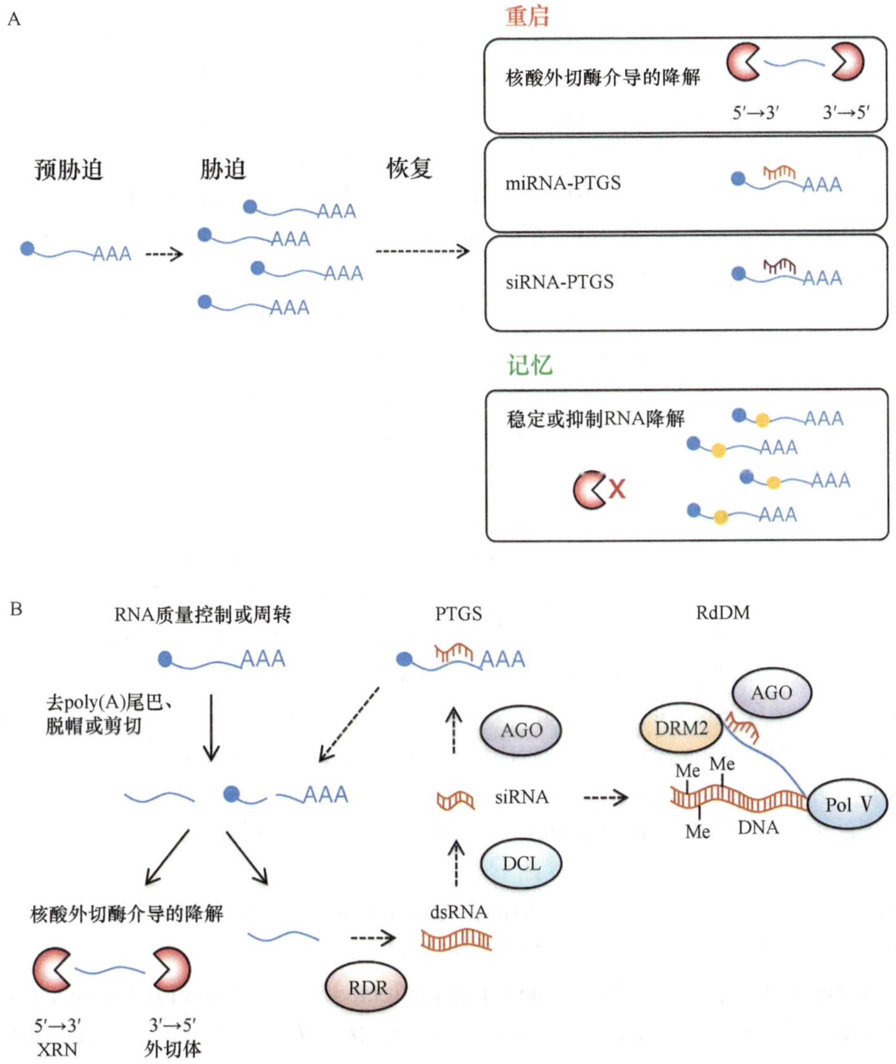

图 3-12　胁迫恢复记忆与重启中 RNA 代谢的作用及 RNA 降解与 RNA 沉默途径的相互抑制关系［修改自 Crisp 等（2016）］

A. 在胁迫后的恢复期，RNA 代谢通过核酸外切酶、miRNA-PTGS 和 siRNA-PTGS 等机制促进转录组的重启，或者通过抑制 RNA 降解和特定转录物的稳定增强转录组的记忆；B. RNA 降解与基因沉默通路利用相同的 RNA 底物分子。细胞通过 RNA 降解机制确保转录物的质量，对该机制的阻断或干扰导致底物 RNA 分子进入 RNA 沉默途径，触发 PTGS 或可遗传的 TGS

参考文献

Abdel-Ghany SE, Pilon M. 2008. MicroRNA-mediated systemic down-regulation of copper protein expression in response to low copper availability in *Arabidopsis*. Journal of Biological Chemistry, 283(23): 15932-15945.

Achard P, Herr A, Baulcombe DC, et al. 2004. Modulation of floral development by a gibberellinregulated microRNA. Development, 131(14): 3357-3365.

Allen RS, Li J, Stahle MI, et al. 2007. Genetic analysis reveals functional redundancy and the major target genes of the *Arabidopsis* miR159 family. Proc Natl Acad Sci USA, 104(41): 16371-16376.

Aoyama T, Hiwatashi Y, Shigyo M, et al. 2012. AP2-type transcription factors determine stem cell identity in the moss *Physcomitrella patens*. Development, 139(17): 3120-3129.

Aukerman MJ, Sakai H. 2003. Regulation of flowering time and floral organ identity by a microRNA and its APETALA2-like target genes. The Plant Cell, 15(11): 2730-2741.

Baek D, Jiang J, Chung JS, et al. 2011. Regulated *AtHKT1* gene expression by a distal enhancer element and DNA methylation in the promoter plays an important role in salt tolerance. Plant & Cell Physiology, 52(1): 149-161.

Bazin J, Khan GA, Combier JP, et al. 2013. miR396 affects mycorrhization and root meristem activity in the legume *Medicago truncatula*. Plant Journal, 74(6): 920-934.

Beauclair L, Yu A, Bouche N. 2010. microRNA-directed cleavage and translational repression of the copper chaperone for superoxide dismutase mRNA in *Arabidopsis*. Plant Journal, 62(3): 454-462.

Berger Y, Harpaz-Saad S, Brand A, et al. 2009. The NAC-domain transcription factor GOBLET specifies leaflet boundaries in compound tomato leaves. Development, 136(5): 823-832.

Borsani O, Zhu J, Verslues PE, et al. 2005. Endogenous siRNAs derived from a pair of natural *cis*-antisense transcripts regulate salt tolerance in *Arabidopsis*. Cell, 123(7): 1279-1291.

Brandt R, Xie Y, Musielak T, et al. 2013. Control of stem cell homeostasis via interlocking microRNA and microProtein feedback loops. Mechanisms of Development, 130(1): 25-33.

Busch BL, Schmitz G, Rossmann S, et al. 2011. Shoot branching and leaf dissection in tomato are regulated by homologous gene modules. The Plant Cell, 23(10): 3595-3609.

Cao X, Wu Z, Jiang F, et al. 2014. Identification of chilling stress-responsive tomato microRNAs and their target genes by high-throughput sequencing and degradome analysis. BMC Genomics, 15(1): 1130.

Carlsbecker A, Lee JY, Roberts CJ, et al. 2010. Cell signalling by microRNA165/6 directs gene dose-dependent root cell fate. Nature, 465(7296): 316-321.

Carter B, Bishop B, Ho KK, et al. 2018. The chromatin remodelers PKL and PIE1 act in an epigenetic pathway that determines H3K27me3 homeostasis in *Arabidopsis*. The Plant Cell, 30(6): 1337-1352.

Cartolano M, Castillo R, Efremova N, et al. 2007. A conserved microRNA module exerts homeotic control over *Petunia hybrida* and *Antirrhinum majus* floral organ identity. Nature Genetics, 39(7): 901-905.

Casadevall R, Rodriguez RE, Debernardi JM, et al. 2013. Repression of growth regulating factors by the microRNA396 inhibits cell proliferation by UV-B radiation in *Arabidopsis* leaves. The Plant Cell, 25(9): 3570-3583.

Chang YN, Zhu C, Jiang J, et al. 2020. Epigenetic regulation in plant abiotic stress responses. Journal of Integrative Plant Biology, 62(5): 563-580.

Chen L, Wang T, Zhao M, et al. 2012. Identification of aluminum-responsive microRNAs in *Medicago truncatula* by genome-wide high-throughput sequencing. Planta, 235(2): 375-386.

Chen X. 2004. A microRNA as a translational repressor of APETALA2 in *Arabidopsis* flower development. Science, 303(5666): 2022-2025.

Cheng J, Niu Q, Zhang B, et al. 2018. Downregulation of RdDM during strawberry fruit ripening. Genome Biology, 19(1): 212.

Chiou TJ. 2007. The role of microRNAs in sensing nutrient stress. Plant, Cell & Environment, 30(3): 323-332.

Chiou TJ, Aung K, Lin SI, et al. 2006. Regulation of phosphate homeostasis by microRNA in *Arabidopsis*. The Plant Cell, 18(2): 412-421.

Christie M, Brosnan CA, Rothnagel JA, et al. 2011. RNA decay and RNA silencing in plants: competition or collaboration? Frontiers in Plant Science, 2: 99.

Chuck G, Meeley R, Irish E, et al. 2007. The maize tasselseed4 microRNA controls sex determination and meristem cell fate by targeting tasselseed6/indeterminate spikelet1. Nature Genetics, 39(12): 1517-1521.

Chuck G, Whipple C, Jackson D, et al. 2010. The maize SBP-box transcription factor encoded by *tasselsheath4* regulates bract development and the establishment of meristem boundaries. Development, 137(8): 1243-1250.

Chuck GS, Tobias C, Sun L, et al. 2011. Overexpression of the maize corngrass1 microRNA prevents flowering, improves digestibility, and increases starch content of switchgrass. Proc Natl Acad Sci USA, 108(42): 17550-17555.

Crisp PA, Ganguly D, Eichten SR, et al. 2016. Reconsidering plant memory: intersections between stress recovery, RNA turnover, and epigenetics. Science Advances, 2(2): e1501340.

Cuperus JT, Fahlgren N, Carrington JC. 2011. Evolution and functional diversification of *MIRNA* genes. The Plant Cell, 23(2): 431-442.

D'Ario M, Griffiths-Jones S, Kim M. 2017. Small RNAs: big impact on plant development. Trends in Plant Science, 22(12): 1056-1068.

Dai X, Lu Q, Wang J, et al. 2021. MiR160 and its target genes *ARF10*, *ARF16* and *ARF17* modulate hypocotyl elongation in a light, BRZ, or PAC-dependent manner in *Arabidopsis*: miR160 promotes hypocotyl elongation. Plant Science, 303: 110686.

Damodharan S, Zhao D, Arazi T. 2016. A common miRNA160-based mechanism regulates ovary patterning, floral organ abscission and lamina outgrowth in tomato. Plant Journal, 86(6): 458-471.

Ding D, Zhang L, Wang H, et al. 2009. Differential expression of miRNAs in response to salt stress in maize roots. Annals of Botany, 103(1): 29-38.

Ding J, Shen J, Mao H, et al. 2012. RNA-directed DNA methylation is involved in regulating photoperiod-sensitive male sterility in rice. Molecular Plant, 5(6): 1210-1216.

Duan CG, Zhu JK, Cao X. 2018. Retrospective and perspective of plant epigenetics in China. Journal of Genetics and Genomics, 45(11): 621-638.

Fahlgren N, Montgomery TA, Howell MD, et al. 2006. Regulation of AUXIN RESPONSE FACTOR3 by TAS3 ta-siRNA affects developmental timing and patterning in *Arabidopsis*. Current Biology, 16(9): 939-944.

Gazzani S, Lawrenson T, Woodward C, et al. 2004. A link between mRNA turnover and RNA interference in *Arabidopsis*. Science, 306(5698): 1046-1048.

Gentile A, Dias LI, Mattos RS, et al. 2015. MicroRNAs and drought responses in sugarcane. Frontiers in Plant Science, 6: 58.

Gifford ML, Dean A, Gutierrez RA, et al. 2008. Cell-specific nitrogen responses mediate developmental plasticity. Proc Natl Acad Sci USA, 105(2): 803-808.

Gregory BD, O'Malley RC, Lister R, et al. 2008. A link between RNA metabolism and silencing affecting *Arabidopsis* development. Developmental Cell, 14(6): 854-866.

Guo HS, Xie Q, Fei JF, et al. 2005. MicroRNA directs mRNA cleavage of the transcription factor NAC1 to downregulate auxin signals for *Arabidopsis* lateral root development. The Plant Cell, 17(5): 1376-1386.

Gupta OP, Sharma P, Gupta RK, et al. 2014. MicroRNA mediated regulation of metal toxicity in plants: present status and future perspectives. Plant Molecular Biology, 84(1-2): 1-18.

Gutzat R, Mittelsten Scheid O. 2012. Epigenetic responses to stress: triple defense? Curr Opin Plant Biol, 15(5): 568-573.

Gy I, Gasciolli V, Lauressergues D, et al. 2007. *Arabidopsis* FIERY1, XRN2, and XRN3 are endogenous RNA silencing suppressors. The Plant Cell, 19(11): 3451-3461.

Hackenberg M, Huang PJ, Huang CY, et al. 2013. A comprehensive expression profile of microRNAs and other classes of non-coding small RNAs in barley under phosphorous-deficient and -sufficient conditions. DNA Research, 20(2): 109-125.

Hibara K, Karim MR, Takada S, et al. 2006. *Arabidopsis* CUP-SHAPED COTYLEDON3 regulates postembryonic shoot meristem and organ boundary formation. The Plant Cell, 18(11): 2946-2957.

Hilbricht T, Varotto S, Sgaramella V, et al. 2008. Retrotransposons and siRNA have a role in the evolution of desiccation tolerance leading to resurrection of the plant *Craterostigma plantagineum*. New Phytologist, 179(3): 877-887.

Hong RL, Hamaguchi L, Busch MA, et al. 2003. Regulatory elements of the floral homeotic gene *AGAMOUS* identified by phylogenetic footprinting and shadowing. The Plant Cell, 15(6): 1296-1309.

Hu B, Zhu C, Li F, et al. 2011. LEAF TIP NECROSIS1 plays a pivotal role in the regulation of multiple phosphate starvation responses in rice. Plant Physiology, 156(3): 1101-1115.

Huang H, Liu R, Niu Q, et al. 2019. Global increase in DNA methylation during orange fruit development and ripening. Proc Natl Acad Sci USA, 116(4): 1430-1436.

Huang J, Li Z, Zhao D. 2016. Deregulation of the OsmiR160 target gene *OsARF18* causes growth and developmental defects with an alteration of auxin signaling in rice. Scientific Reports, 6: 29938.

Huang SQ, Xiang AL, Che LL, et al. 2010. A set of miRNAs from *Brassica napus* in response to sulphate deficiency and cadmium stress. Plant Biotechnology Journal, 8(8): 887-899.

Jagadeeswaran G, Li YF, Sunkar R. 2014. Redox signaling mediates the expression of a sulfate-deprivation-inducible microRNA395 in *Arabidopsis*. Plant Journal, 77(1): 85-96.

Jeong DH, Park S, Zhai J, et al. 2011. Massive analysis of rice small RNAs: mechanistic implications of regulated microRNAs and variants for differential target RNA cleavage. The Plant Cell, 23(12): 4185-4207.

Ji L, Liu X, Yan J, et al. 2011. *ARGONAUTE10* and *ARGONAUTE1* regulate the termination of floral stem cells through two microRNAs in *Arabidopsis*. PLOS Genetics, 7(3): e1001358.

Jung HJ, Kang H. 2007. Expression and functional analyses of microRNA417 in *Arabidopsis thaliana* under stress conditions. Plant Physiology and Biochemistry, 45(10-11): 805-811.

Jung JH, Lee S, Yun J, et al. 2014. The miR172 target TOE3 represses AGAMOUS expression during *Arabidopsis* floral patterning. Plant Science, 215-216(2): 29-38.

Kawashima CG, Yoshimoto N, Maruyama-Nakashita A, et al. 2009. Sulphur starvation induces the expression of microRNA-395 and one of its target genes but in different cell types. Plant Journal, 57(2): 313-321.

Khan A, Garbelli A, Grossi S, et al. 2014. The *Arabidopsis* STRESS RESPONSE SUPPRESSOR DEAD-box RNA helicases are nucleolar- and chromocenter-localized proteins that undergo stress-mediated relocalization and are involved in epigenetic gene silencing. Plant Journal, 79(1): 28-43.

Kidner CA, Martienssen RA. 2004. Spatially restricted microRNA directs leaf polarity through ARGONAUTE1. Nature, 428(6978): 81-84.

Kim JS, Lim JY, Shin H, et al. 2019. ROS1-dependent DNA demethylation is required for ABA-Inducible NIC3 expression. Plant Physiology, 179(4): 1810-1821.

Knauer S, Holt AL, Rubio-Somoza I, et al. 2013. A protodermal miR394 signal defines a region of stem cell competence in the *Arabidopsis* shoot meristem. Developmental Cell, 24(2): 125-132.

Koyama T, Mitsuda N, Seki M, et al. 2010. TCP transcription factors regulate the activities of ASYMMETRIC LEAVES1 and miR164, as well as the auxin response, during differentiation of leaves in *Arabidopsis*. The Plant Cell, 22(11): 3574-3588.

Kulcheski FR, de Oliveira LF, Molina LG, et al. 2011. Identification of novel soybean microRNAs involved in abiotic and biotic stresses. BMC Genomics, 12: 307.

Kumar S, Beena AS, Awana M, et al. 2017. Physiological, biochemical, epigenetic and molecular analyses of wheat (*Triticum aestivum*) genotypes with contrasting salt tolerance. Frontiers in Plant Science, 8: 1151.

Lang Z, Wang Y, Tang K, et al. 2017. Critical roles of DNA demethylation in the activation of ripening-induced genes and inhibition of ripening-repressed genes in tomato fruit. Proc Natl Acad Sci USA, 114(22): E4511-E4519.

Laufs P, Peaucelle A, Morin H, et al. 2004. MicroRNA regulation of the *CUC* genes is required for boundary size control in *Arabidopsis* meristems. Development, 131(17): 4311-4322.

Li X, Qian Q, Fu Z, et al. 2003. Control of tillering in rice. Nature, 422(6932): 618-621.

Li Y, Zhang Y, Shi D, et al. 2013. Spatial-temporal analysis of zinc homeostasis reveals the response mechanisms to acute zinc deficiency in *Sorghum bicolor*. New Phytologist, 200(4): 1102-1115.

Liang D, Zhang Z, Wu H, et al. 2014. Single-base-resolution methylomes of *Populus trichocarpa* reveal the association between DNA methylation and drought stress. BMC Genetics, 15(Suppl 1): S9.

Liang G, Yang F, Yu D. 2010. MicroRNA395 mediates regulation of sulfate accumulation and allocation in *Arabidopsis thaliana*. Plant Journal, 62(6): 1046-1057.

Liu H, Guo S, Xu Y, et al. 2014. OsmiR396d-regulated OsGRFs function in floral organogenesis in rice through binding to their targets OsJMJ706 and OsCR4. Plant Physiology, 165(1): 160-174.

Liu HH, Tian X, Li YJ, et al. 2008. Microarray-based analysis of stress-regulated microRNAs in *Arabidopsis thaliana*. RNA, 14(5): 836-843.

Liu Q, Yao X, Pi L, et al. 2009. The *ARGONAUTE10* gene modulates shoot apical meristem maintenance and establishment of leaf polarity by repressing miR165/166 in *Arabidopsis*. Plant Journal, 58(1): 27-40.

Lundmark M, Korner CJ, Nielsen TH. 2010. Global analysis of microRNA in *Arabidopsis* in response to phosphate starvation as studied by locked nucleic acid-based microarrays. Physiologia Plantarum, 140(1): 57-68.

Lv DK, Bai X, Li Y, et al. 2010. Profiling of cold-stress-responsive miRNAs in rice by microarrays. Gene, 459(1-2): 39-47.

Mallory AC, Bartel DP, Bartel B. 2005. MicroRNA-directed regulation of *Arabidopsis* AUXIN RESPONSE FACTOR17 is essential for proper development and modulates expression of early auxin response genes. The Plant Cell, 17(5): 1360-1375.

Mao H, Wang H, Liu S, et al. 2015. A transposable element in a *NAC* gene is associated with drought tolerance in maize seedlings. Nature Communications, 6: 8326.

Martin A, Adam H, Diaz-Mendoza M, et al. 2009. Graft-transmissible induction of potato tuberization by the microRNA miR172. Development, 136(17): 2873-2881.

Marin E, Jouannet V, Herz A, et al. 2010. miR390, *Arabidopsis* TAS3 tasiRNAs, and their AUXIN RESPONSE FACTOR targets define an autoregulatory network quantitatively regulating lateral root growth. The Plant Cell, 22(4): 1104-1117.

Martínez de Alba AE, Moreno AB, Gabriel M, et al. 2015. In plants, decapping prevents RDR6-dependent production of small interfering RNAs from endogenous mRNAs. Nucleic Acids Research, 43(5): 2902-2913.

Matzke MA, Mosher RA. 2014. RNA-directed DNA methylation: an epigenetic pathway of increasing complexity. Nature Reviews Genetics, 15(6): 394-408.

McConnell JR, Barton MK. 1998. Leaf polarity and meristem formation in *Arabidopsis*. Development, 125(15): 2935-2942.

McConnell JR, Emery J, Eshed Y, et al. 2001. Role of PHABULOSA and PHAVOLUTA in determining radial patterning in shoots. Nature, 411(6838): 709-713.

Montgomery TA, Howell MD, Cuperus JT, et al. 2008. Specificity of ARGONAUTE7-miR390 interaction and dual functionality in TAS3 *trans*-acting siRNA formation. Cell, 133(1): 128-141.

Moritoh S, Eun CH, Ono A, et al. 2012. Targeted disruption of an orthologue of DOMAINS REARRANGED METHYLASE 2, OsDRM2, impairs the growth of rice plants by abnormal DNA methylation. Plant Journal, 71(1): 85-98.

Nag A, King S, Jack T. 2009. miR319a targeting of TCP4 is critical for petal growth and development in *Arabidopsis*. Proc Natl Acad Sci USA, 106(52): 22534-22539.

Nagasaki H, Itoh J, Hayashi K, et al. 2007. The small interfering RNA production pathway is required for shoot meristem initiation in rice. Proc Natl Acad Sci USA, 104(37): 14867-14871.

Nair SK, Wang N, Turuspekov Y, et al. 2010. Cleistogamous flowering in barley arises from the suppression of microRNA-guided HvAP2 mRNA cleavage. Proc Natl Acad Sci USA, 107(1): 490-495.

Navarro L, Dunoyer P, Jay F, et al. 2006. A plant miRNA contributes to antibacterial resistance by repressing auxin signaling. Science, 312(5772): 436-439.

Nikovics K, Blein T, Peaucelle A, et al. 2006. The balance between the *MIR164A* and *CUC2* genes controls leaf margin serration in *Arabidopsis*. The Plant Cell, 18(11): 2929-2945.

Nizampatnam NR, Schreier SJ, Damodaran S, et al. 2015. microRNA160 dictates stage-specific auxin and cytokinin sensitivities and directs soybean nodule development. Plant Journal, 84(1): 140-153.

Nogueira F, Timmermans MC. 2007. An interplay between small regulatory RNAs patterns leaves. Plant Signaling & Behavior, 2(6): 519-521.

Ochando I, Gonzalez-Reig S, Ripoll JJ, et al. 2008. Alteration of the shoot radial pattern in *Arabidopsis thaliana* by a gain-of-function allele of the class Ⅲ HD-Zip gene *INCURVATA4*. The

International Journal of Developmental Biology, 52(7): 953-961.

Ori N, Cohen AR, Etzioni A, et al. 2007. Regulation of LANCEOLATE by miR319 is required for compound-leaf development in tomato. Nature Genetics, 39(6): 787-791.

Palatnik JF, Allen E, Wu X, et al. 2003. Control of leaf morphogenesis by microRNAs. Nature, 425(6955): 257-263.

Palatnik JF, Wollmann H, Schommer C, et al. 2007. Sequence and expression differences underlie functional specialization of *Arabidopsis* microRNAs miR159 and miR319. Developmental Cell, 13(1): 115-125.

Parry G, Calderon-Villalobos LI, Prigge M, et al. 2009. Complex regulation of the TIR1/AFB family of auxin receptors. Proc Natl Acad Sci USA, 106(52): 22540-22545.

Paul S, Datta SK, Datta K. 2015. miRNA regulation of nutrient homeostasis in plants. Frontiers in Plant Science, 6: 232.

Pei L, Jin Z, Li K, et al. 2013. Identification and comparative analysis of low phosphate tolerance-associated microRNAs in two maize genotypes. Plant Physiology and Biochemistry, 70: 221-234.

Poethig RS. 2009. Small RNAs and developmental timing in plants. Curr Opin Genet Dev, 19(4): 374-378.

Popova OV, Dinh HQ, Aufsatz W, et al. 2013. The RdDM pathway is required for basal heat tolerance in *Arabidopsis*. Molecular Plant, 6(2): 396-410.

Prigge MJ, Otsuga D, Alonso JM, et al. 2005. Class Ⅲ homeodomain-leucine zipper gene family members have overlapping, antagonistic, and distinct roles in *Arabidopsis* development. The Plant Cell, 17(1): 61-76.

Pulido A, Laufs P. 2010. Co-ordination of developmental processes by small RNAs during leaf development. Journal of Experimental Botany, 61(5): 1277-1291.

Raman S, Greb T, Peaucelle A, et al. 2008. Interplay of miR164, *CUP-SHAPED COTYLEDON* genes and LATERAL SUPPRESSOR controls axillary meristem formation in *Arabidopsis thaliana*. Plant Journal, 55(1): 65-76.

Rodriguez RE, Mecchia MA, Debernardi JM, et al. 2010. Control of cell proliferation in *Arabidopsis thaliana* by microRNA miR396. Development, 137(1): 103-112.

Rubio-Somoza I, Zhou CM, Confraria A, et al. 2014. Temporal control of leaf complexity by miRNA-regulated licensing of protein complexes. Current Biology, 24(22): 2714-2719.

Sanchez DH, Paszkowski J. 2014. Heat-induced release of epigenetic silencing reveals the concealed role of an imprinted plant gene. PLOS Genetics, 10(11): e1004806.

Satoh N, Hong SK, Nishimura A, et al. 1999. Initiation of shoot apical meristem in rice: characterization of four *SHOOTLESS* genes. Development, 126(16): 3629-3636.

Scheres B. 2010. Developmental biology: roots respond to an inner calling. Nature, 465(7296): 299-300.

Srivastava S, Srivastava AK, Suprasanna P, et al. 2009. Comparative biochemical and transcriptional profiling of two contrasting varieties of *Brassica juncea* L. in response to arsenic exposure reveals mechanisms of stress perception and tolerance. Journal of Experimental Botany, 60(12): 3419-3431.

Srivastava S, Srivastava AK, Suprasanna P, et al. 2013. Identification and profiling of arsenic stress-induced microRNAs in *Brassica juncea*. Journal of Experimental Botany, 64(1): 303-315.

Stief A, Altmann S, Hoffmann K, et al. 2014. *Arabidopsis* miR156 regulates tolerance to recurring environmental stress through SPL transcription factors. The Plant Cell, 26(4): 1792-1807.

Sunkar R, Kapoor A, Zhu JK. 2006. Posttranscriptional induction of two Cu/Zn superoxide dismutase genes in *Arabidopsis* is mediated by downregulation of miR398 and important for oxidative stress tolerance. The Plant Cell, 18(8): 2051-2065.

Sunkar R, Li YF, Jagadeeswaran G. 2012. Functions of microRNAs in plant stress responses. Trends in Plant Science, 17(4): 196-203.

Sunkar R, Zhu JK. 2004. Novel and stress-regulated microRNAs and other small RNAs from *Arabidopsis*. The Plant Cell, 16(8): 2001-2019.

Timmermans MC, Schultes NP, Jankovsky JP, et al. 1998. Leafbladeless1 is required for dorsoventrality of lateral organs in maize. Development, 125(15): 2813-2823.

Valdés-López O, Yang SS, Aparicio-Fabre R, et al. 2010. MicroRNA expression profile in common bean (*Phaseolus vulgaris*) under nutrient deficiency stresses and manganese toxicity. New Phytologist, 187(3): 805-818.

Vaucheret H, Nussaume L, Palauqui JC, et al. 1997. A transcriptionally active state is required for post-transcriptional silencing (cosuppression) of nitrate reductase host genes and transgenes. The Plant Cell, 9(8): 1495-1504.

Walker J, Gao H, Zhang J, et al. 2018. Sexual-lineage-specific DNA methylation regulates meiosis in *Arabidopsis*. Nature Genetics, 50(1): 130-137.

Wang C, Huang W, Ying Y, et al. 2012. Functional characterization of the rice SPX-MFS family reveals a key role of OsSPX-MFS1 in controlling phosphate homeostasis in leaves. New Phytologist, 196(1): 139-148.

Wang JJ, Guo HS. 2015. Cleavage of INDOLE-3-ACETIC ACID INDUCIBLE28 mRNA by microRNA847 upregulates auxin signaling to modulate cell proliferation and lateral organ growth in *Arabidopsis*. The Plant Cell, 27(3): 574-590.

Wang JW, Schwab R, Czech B, et al. 2008. Dual effects of miR156-targeted SPL genes and CYP78A5/KLUH on plastochron length and organ size in *Arabidopsis thaliana*. The Plant Cell, 20(5): 1231-1243.

Wang JW, Wang LJ, Mao YB, et al. 2005. Control of root cap formation by microRNA-targeted auxin response factors in *Arabidopsis*. The Plant Cell, 17(8): 2204-2216.

Wang Z, Butel N, Santos-Gonzalez J, et al. 2020. Polymerase Ⅳ plays a crucial role in pollen development in *Capsella*. The Plant Cell, 32(4): 950-966.

Waters BM, McInturf SA, Stein RJ. 2012. Rosette iron deficiency transcript and microRNA profiling reveals links between copper and iron homeostasis in *Arabidopsis thaliana*. Journal of Experimental Botany, 63(16): 5903-5918.

Wei L, Gu L, Song X, et al. 2014. Dicer-like 3 produces transposable element-associated 24-nt siRNAs that control agricultural traits in rice. Proc Natl Acad Sci USA, 111(10): 3877-3882.

Williams L, Grigg SP, Xie M, et al. 2005. Regulation of *Arabidopsis* shoot apical meristem and lateral organ formation by microRNA miR166g and its AtHD-ZIP target genes. Development, 132(16): 3657-3668.

Wollmann H, Mica E, Todesco M, et al. 2010. On reconciling the interactions between APETALA2, miR172 and AGAMOUS with the ABC model of flower development. Development, 137(21): 3633-3642.

Wu G, Park MY, Conway SR, et al. 2009. The sequential action of miR156 and miR172 regulates developmental timing in *Arabidopsis*. Cell, 138(4): 750-759.

Wu MF, Tian Q, Reed JW. 2006. *Arabidopsis* microRNA167 controls patterns of *ARF6* and *ARF8* expression, and regulates both female and male reproduction. Development, 133(21): 4211-4218.

Xia R, Xu J, Meyers BC. 2017. The emergence, evolution, and diversification of the miR390-TAS3-ARF pathway in land plants. The Plant Cell, 29(6): 1232-1247.

Xie K, Wu C, Xiong L. 2006. Genomic organization, differential expression, and interaction of SQUAMOSA promoter-binding-like transcription factors and microRNA156 in rice. Plant Physiology, 142(1): 280-293.

Xin M, Wang Y, Yao Y, et al. 2011. Identification and characterization of wheat long non-protein coding RNAs responsive to powdery mildew infection and heat stress by using microarray analysis and SBS sequencing. BMC Plant Biology, 11(1): 61.

Xu L, Wang Y, Zhai L, et al. 2013. Genome-wide identification and characterization of cadmium-responsive microRNAs and their target genes in radish (*Raphanus sativus* L.) roots. Journal of Experimental Botany, 64(14): 4271-4287.

Xu L, Yuan K, Yuan M, et al. 2020. Regulation of rice tillering by RNA-directed DNA methylation at miniature inverted-repeat transposable elements. Molecular Plant, 13(6): 851-863.

Xu R, Wang Y, Zheng H, et al. 2015. Salt-induced transcription factor MYB74 is regulated by the RNA-directed DNA methylation pathway in *Arabidopsis*. Journal of Experimental Botany, 66(19): 5997-6008.

Yang R, Hong Y, Ren Z, et al. 2019. A role for PICKLE in the regulation of cold and salt stress tolerance in *Arabidopsis*. Frontiers in Plant Science, 10: 900.

Yang R, Zheng Z, Chen Q, et al. 2017. The developmental regulator PKL is required to maintain correct DNA methylation patterns at RNA-directed DNA methylation loci. Genome Biology, 18(1): 103.

Yant L, Mathieu J, Dinh TT, et al. 2010. Orchestration of the floral transition and floral development in *Arabidopsis* by the bifunctional transcription factor APETALA2. The Plant Cell, 22(7): 2156-2170.

Yu LJ, Luo YF, Liao B, et al. 2012. Comparative transcriptome analysis of transporters, phytohormone and lipid metabolism pathways in response to arsenic stress in rice (*Oryza sativa*). New Phytologist, 195(1): 97-112.

Yu Y, Ji L, Le BH, et al. 2017. ARGONAUTE10 promotes the degradation of miR165/6 through the SDN1 and SDN2 exonucleases in *Arabidopsis*. PLOS Biology, 15(2): e2001272.

Zeng QY, Yang CY, Ma QB, et al. 2012. Identification of wild soybean miRNAs and their target genes responsive to aluminum stress. BMC Plant Biology, 12(1): 182.

Zhang B, Tieman DM, Jiao C, et al. 2016. Chilling-induced tomato flavor loss is associated with altered volatile synthesis and transient changes in DNA methylation. Proc Natl Acad Sci USA, 113(44): 12580-12585.

Zhang X, Zhu Y, Liu X, et al. 2015. Suppression of endogenous gene silencing by bidirectional cytoplasmic RNA decay in *Arabidopsis*. Science, 348(6230): 120-123.

Zhang Z, Wei L, Zou X, et al. 2008. Submergence-responsive microRNAs are potentially involved in the regulation of morphological and metabolic adaptations in maize root cells. Annals of Botany, 102(4): 509-519.

Zhao B, Ge L, Liang R, et al. 2009. Members of miR-169 family are induced by high salinity and transiently inhibit the NF-YA transcription factor. BMC Molecular Biology, 10: 29.

Zhao B, Liang R, Ge L, et al. 2007b. Identification of drought-induced microRNAs in rice. Biochem Bioph Res Co, 354(2): 585-590.

Zhao L, Kim Y, Dinh TT, et al. 2007a. miR172 regulates stem cell fate and defines the inner boundary of APETALA3 and PISTILLATA expression domain in *Arabidopsis* floral meristems. Plant Journal, 51(5): 840-849.

Zhao T, Li G, Mi S, et al. 2007c. A complex system of small RNAs in the unicellular green alga *Chlamydomonas reinhardtii*. Genes & Development, 21(10): 1190-1203.

Zhao Y, Lin S, Qiu Z, et al. 2015. MicroRNA857 is involved in the regulation of secondary growth of vascular tissues in *Arabidopsis*. Plant Physiology, 169(4): 2539-2552.

Zhou L, Liu Y, Liu Z, et al. 2010. Genome-wide identification and analysis of drought-responsive microRNAs in *Oryza sativa*. Journal of Experimental Botany, 61(15): 4157-4168.

Zhou X, Wang G, Zhang W. 2007. UV-B responsive microRNA genes in *Arabidopsis thaliana*. Molecular Systems Biology, 3: 103.

Zhou ZS, Song JB, Yang ZM. 2012. Genome-wide identification of *Brassica napus* microRNAs and their targets in response to cadmium. Journal of Experimental Botany, 63(12): 4597-4613.

Zhou ZS, Wang SJ, Yang ZM. 2008. Biological detection and analysis of mercury toxicity to alfalfa (*Medicago sativa*) plants. Chemosphere, 70(8): 1500-1509.

Zhu H, Hu F, Wang R, et al. 2011. *Arabidopsis* Argonaute10 specifically sequesters miR166/165 to regulate shoot apical meristem development. Cell, 145(2): 242-256.

Zhu JK. 2016. Abiotic stress signaling and responses in plants. Cell, 167(2): 313-324.

第四章

RNA 沉默在植物-病毒互作中的功能

张钟徽

华南师范大学生命科学学院

RNA 沉默是大多数真核生物基因表达的一种重要调控方式，在 sRNA 的介导下，一方面通过 DNA 甲基化、组蛋白修饰等进行转录水平的调节；另一方面则通过直接的 RNA 干扰进行转录后水平的调节（参考第二章）。RNA 沉默也是直接用于防御包括病毒、活跃转座子等在内的核酸侵入的一种古老而保守的机制。当植物病毒入侵寄主植物时，能够诱发寄主植物 RNA 沉默反应，即病毒诱导的基因沉默（virus-induced gene silencing，VIGS）。RNA 沉默在抗病毒防卫反应中扮演着重要角色，既通过调控寄主植物内源抗病相关基因以应对病毒入侵，又直接通过 sRNA 靶向病毒，引起病毒 RNA 的降解或病毒 DNA 的表观遗传修饰进而抑制其表达。病毒也因此相应地进化出一系列机制，特别是通过表达 RNA 沉默抑制子来抑制寄主植物 RNA 沉默。在漫长的生物进化过程中，植物病毒及其寄主植物之间一直在进行着复杂的抑制与反抑制的持久斗争。

第一节　RNA 沉默在植物抗 RNA 病毒反应中的功能

一、RNAi 与 RNA 病毒

（一）RNAi 的激活与 RNA 病毒初级 vsiRNA 的产生

大多数植物 RNA 病毒属于正义单链 RNA 病毒，它们的 RNA 基因组都包含不完全匹配的调节性茎环（stem-loop）或折回（fold-back）结构。单链的病毒 RNA 也可以在病毒编码的 RNA 依赖的 RNA 聚合酶（RNA-dependent RNA polymerase，RDR）的作用下合成 dsRNA 复制中间体（replication intermediate，RI）（Voinnet，2005）。病毒侵染植物材料的 sRNA 克隆实验和高通量测序结果显示，源于 RNA 病毒基因组的特殊高级结构或者 RI 的 dsRNA 区段都能被寄主植物 DCL（Dicer-like）蛋白识别并剪切产生病毒来源的 siRNA（virus-derived small interfering RNA，vsiRNA）（Molnar et al.，2005；Ho et al.，2006，2008；Du et al.，2007；Donaire et al.，2009；Qi et al.，2009；Pantaleo et al.，2010；Szittya et al.，2010）。这类不依赖于寄主植物 RDR 产生的 vsiRNA，又称为初级 vsiRNA（primary vsiRNA）（图 4-1）。这些 vsiRNA 都能够装载进入以 AGO 蛋白为核心的 RISC，引导 RISC 将病毒 RNA 降解为 vsiRNA，通过

RNA 沉默促进抗病毒防卫反应（图 4-1）。对 vsiRNA 的来源分析发现，这些 vsiRNA 在病毒基因组上并不是随机分布的，而是非对称性地分布于病毒 RNA 的正义链上（Molnar et al.，2005；Ho et al.，2006，2008；Du et al.，2007；Donaire et al.，2009；Qi et al.，2009；Pantaleo et al.，2010；Szittya et al.，2010）。其中，对黄瓜花叶病毒（*Cucumber mosaic virus*，CMV）及其卫星 RNA（satellite RNA，satRNA）侵染拟南芥后 vsiRNA 的研究发现，大多数 satsRNA（来源于卫星 RNA 的 sRNA）分布于卫星 RNA 高度碱基配对的结构区域（图 4-1）（Du et al.，2007）。同样，对兰花环斑病毒（*Cymbidium ringspot tombusvirus*，CymRSV）缺陷干扰 RNA（defective interfering RNA，DI RNA）的研究显示，其 DI RNA 中高度碱基配对的结构也能高效地激发 RNA 沉默，增强这些结构稳定性的突变明显增加相应 vsiRNA 的积累（Havelda et al.，1997；Silhavy et al.，2002）。体外 Dicer 剪切活性实验也显示桃潜隐花叶类病毒中类似 pri-miRNA 的发夹结构就足以在体外有效激发 Dicer 的剪切（Landry and Perreault，2005）。因此，植物初级 vsiRNA 很可能主要来源于病毒 RNA 自身的高级结构。也有一些病毒和类病毒产生的正义与反义 vsiRNA 表现出更为接近的分布对称性（Ho et al.，2006；Navarro et al.，2009），这很可能与病毒 RNA 复制的策略、场所和特定病毒的不同特点有关。

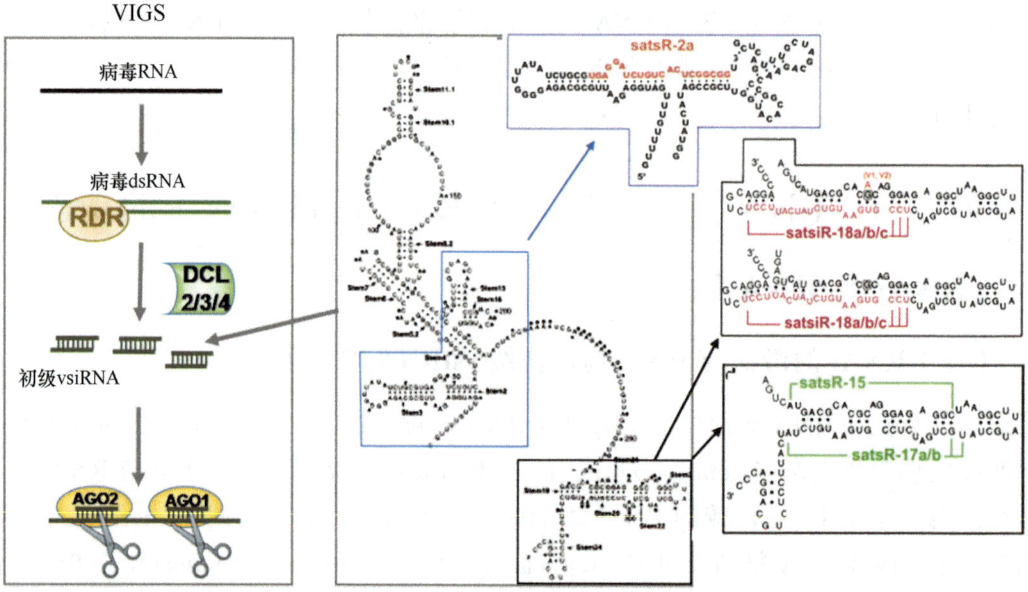

图 4-1　病毒诱导的基因沉默（VIGS）示意图［修改自 Du 等（2007）］

左图：正义单链 RNA 病毒在病毒编码的 RDR 作用下合成病毒 dsRNA 复制中间体，激发寄主 RNA 沉默途径；右图：具有高级结构的病毒 RNA（如黄瓜花叶病毒的卫星 RNA）高效激发 RNA 沉默，satsRNA 分布于高度碱基配对的结构区域（右图）

拟南芥基因组编码 4 种 DCL 蛋白，即 DCL1、DCL2、DCL3 和 DCL4，分别对特定的沉默途径起主要作用，但相互之间也存在一定的功能冗余：DCL1 主要参与 miRNA 的剪切，几乎不参与抗病毒防卫反应；DCL2、DCL3 和 DCL4 均可以识别病毒 RNA，分别产生 22nt、24nt 和 21nt 的 vsiRNA（Blevins et al.，2006；Deleris et al.，2006；Aregger et al.，2012）。初级 vsiRNA 的产生需要 DCL 蛋白的协同和层级作用（图 4-2）。RNA 病毒的侵染主要受到 DCL4 的影响，DCL2 则次之。DCL4 主要将病毒 RNA 剪切成 21nt vsiRNA，在 DCL4 失活的情况下，DCL2 才发挥替代作用，将病毒 RNA 剪切成 22nt vsiRNA（Blevins et al.，2006；Bouche et al.，2006；Deleris et al.，2006）。在 DCL4 或其重要辅助因子 DRB4（double-stranded RNA-binding protein 4）功能缺失的情况下，拟南芥对多种 RNA 病毒的侵染都表现出超敏感（Qu et al.，2008；Jakubiec et al.，2012）。不过，在 DCL4 失活的情况下由 DCL2 产生的 22nt vsiRNA 并不足以引导对侵染拟南芥的 CMV 的完全沉默（Wang et al.，2011）。在病毒侵染条件下，尽管 *dcl2* 单突变体与野生型相比没有明显差异，但 *dcl2dcl4* 双突变体的表型与野生型的差异明显加强（Deleris et al.，2006）。在烟草脆裂病毒（*Tobacco rattle virus*，TRV）、芜菁皱缩病毒（*Turnip crinkle virus*，TCV）和 CMV 侵染的植物中都能够检测到 DCL3 依赖的 24nt vsiRNA，并且在 DCL4 失活或者 DCL4 和 DCL2 同时失活的情况下，DCL3 剪切产生的 24nt vsiRNA 也会有一定程度的增加，但 24nt vsiRNA 的积累并不能抑制 RNA 病毒的积累，*dcl3* 的突变也不能显著改变寄主植物对 RNA 病毒的沉默效应（Bouche et al.，2006；Deleris et al.，2006；Qu et al.，2008；Zhang et al.，2012）。因此，这表明 DCL3 对抗 RNA 病毒沉默反应的作用有限。此外，DCL1 在 RNA 病毒引起的抗病毒沉默反应中也作用甚微：相比 TRV 和油菜花叶病毒（*Oilseed rape mosaic virus*，ORMV）侵染的拟南芥 *dcl2dcl3dcl4* 三突变体中几乎难以检测到 DCL1 依赖的 vsiRNA（Blevins et al.，2006；Deleris et al.，2006），CMV 侵染的拟南芥 *dcl2dcl3dcl4* 三突变体中 DCL1 依赖的 vsiRNA 则略微增加（Bouche et al.，2006）。然而，在敲除能抑制 DCL4 活性的病毒蛋白 CP/P38 的 TCVΔCP 病毒侵染实

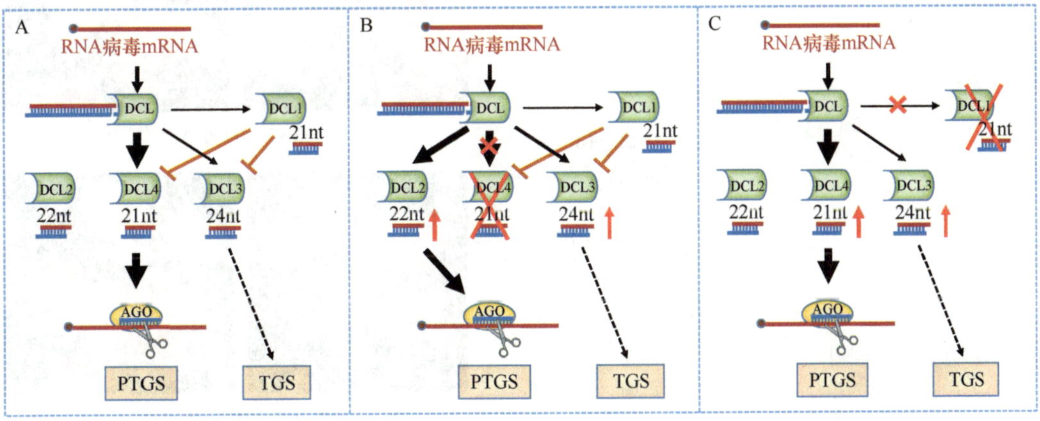

图 4-2　拟南芥不同 DCL 蛋白在抗 RNA 病毒沉默反应中的协同和层级调控作用

A. 正常条件下，DCL4 及其产生的 21nt vsiRNA 在 RNA 病毒侵染过程中起主要的防御作用；B. 在 DCL4 功能缺失或者受病毒 RNA 沉默抑制子抑制活性的情况下，DCL2 接替 DCL4 的作用，产生 22nt vsiRNA 从而抵御 RNA 病毒侵染，而 DCL3 产生的 24nt vsiRNA 对抵御 RNA 病毒侵染作用有限；C. DCL1 在 RNA 病毒引起的抗病毒沉默反应中作用甚微，但在某些病毒侵染条件下，DCL1 的功能缺失会引起 *DCL4* 和 *DCL3* 表达上调，增强抗病毒防卫反应

验中，研究发现 DCL1 的突变会导致 DCL4 和 DCL3 的转录表达提高，增强了抗病毒防卫反应，表明这些蛋白可能受到 DCL1 的负调控（Qu et al.，2008）。

（二）次级 vsiRNA 的产生和沉默信号的放大

在植物-病毒互作过程中，除了 RNAi 的核心剪切元件 DCL 和 AGO，RNAi 介导的抗病毒防卫反应还需要寄主植物 RDR 的参与。病毒正常或者异常单链 RNA 及初级防卫反应对病毒 RNA 的剪切产生的病毒 RNA 片段，都能在寄主植物 RDR 的作用下转变成双链 RNA，这些双链 RNA 能够进一步经由 DCL 蛋白剪切产生新的 vsiRNA，使植物的抗病毒防卫反应得到放大。相应的，这一过程中产生的 vsiRNA 则称为次级 vsiRNA（secondary vsiRNA）（图 4-3）。在许多病毒侵染过程中，高水平次级 vsiRNA 的产生和植物抗病毒防卫反应的放大需要寄主植物编码 RDR 诸如 RDR1、RDR2 和 RDR6 的参与，特别是 RDR6 和 RDR1 对 RNA 病毒的转录后基因沉默发挥着非常重要的作用（Donaire et al.，2008；Qi et al.，2009；Garcia-Ruiz et al.，2010；Qu，2010；Wang et al.，2010）。RNA 解旋酶 SDE3（silencing defective 3）和卷曲螺旋结构域（coiled-coil domain）蛋白 SGS3（suppressor of gene silencing 3）作为 RDR6 的辅助因子参与了这一过程（Mourrain et al.，2000；Dalmay et al.，2001）。病毒 RNA 中一些缺少 5′ 端帽子或 3′ 端 poly(A) 尾巴的 RNA 能够刺激寄主植物 RDR 活性。初级 vsiRNA-RISC 执行对病毒 RNA 的剪切能释放出更多的无 5′ 端帽子或 3′ 端 poly(A) 尾巴的靶标 RNA，为 RDR 提供更多可作用的单链 RNA 底物，还可以作为 RDR 合成

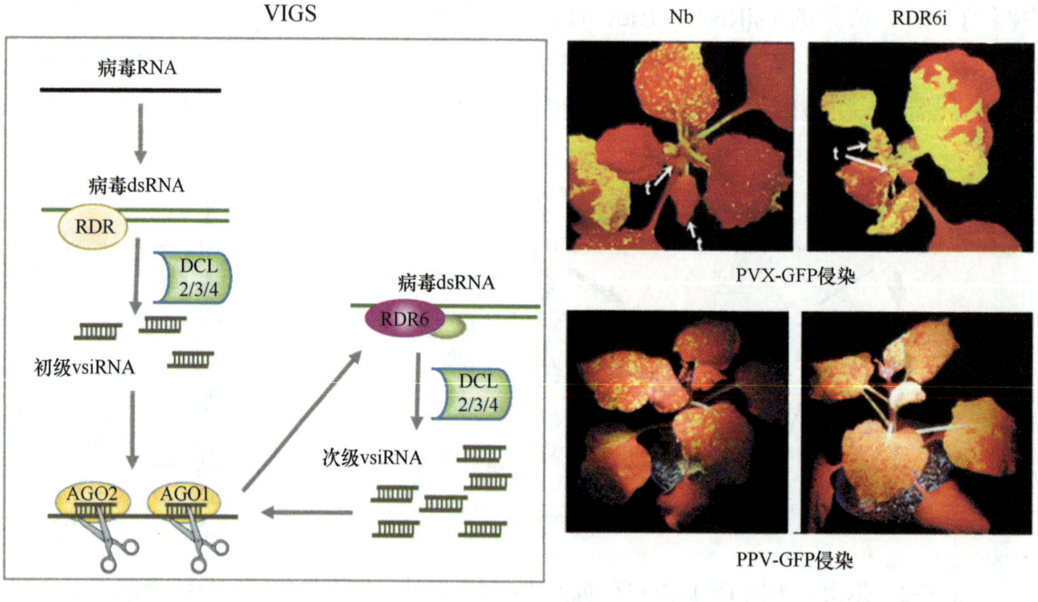

图 4-3 RDR6 介导的次级 VIGS 和抗病毒作用［修改自 Schwach 等（2005），Ying 等（2010）］
左图：正义单链 RNA 病毒复制中间体促发寄主初级 VIGS，在植物 RDR6 作用下激发次级 VIGS。右图：利用 RNAi 沉默本氏烟草（Nb）*RDR6*（RDR6i），极大地提高系统叶中马铃薯 X 病毒（*Potato virus X*，PVX）和李痘病毒（*Plum pox virus*，PPV）积累量［在紫外光下，植物叶片呈现红色荧光；绿色荧光为绿色荧光蛋白（GFP）标记的病毒信号］

dsRNA 的引物，引起新一轮的沉默信号放大（Moissiard et al.，2007）。RDR 还参与沉默信号 vsiRNA 的系统性扩散，DCL4 产生 21nt siRNA 的通路是非细胞自主性的，即该通路产生的 21nt siRNA 或者其长 dsRNA 前体能通过胞间连丝在胞间移动或在韧皮部进行长距离移动。RDR，特别是 RDR6，在这一过程中通过扩增 sRNA 或其前体来保证沉默信号的长距离传递，提高系统性抗病毒作用（图 4-3）。的确，相比野生型的本氏烟草（*Nicotiana benthamiana*，Nb），*RDR6* 沉默突变体（RDR6i）的系统叶积累更高的病毒量（Schwach et al.，2005；Ying et al.，2010）（图 4-3）。

RDR1 被认为同时参与了水杨酸（salicylic acid，SA）途径和 PTGS 途径相关的抗病毒防卫反应过程（Yu et al.，2003）。拟南芥 *AtRDR1* 和普通烟草（*Nicotiana tabacum*）*NtRDR1* 均能分别被 SA 和病毒侵染所诱导，影响烟草花叶病毒（*Tobacco mosaic virus*，TMV）、TRV 在拟南芥中以及 TMV、PVX 在烟草中的侵染性（Xie et al.，2001）。RDR2 虽然主要与异染色质、转录基因沉默相关，但对于 RNA 病毒 TRV 的沉默仍有重要作用（Donaire et al.，2008）。虽然 TRV 侵染的拟南芥 *rdr1rdr6* 双突变体中 vsiRNA 显著降低，但相较之下，*rdr1rdr2rdr6* 三突变体中 vsiRNA 积累量降低更多（Donaire et al.，2008），在其他病毒的侵染过程中并未见到类似现象（Garcia-Ruiz et al.，2010；Wang et al.，2010）。这些结果进一步说明不同的 RDR 在不同的病毒侵染过程中，对 vsiRNA 的产生及不同病毒的抑制作用会有所不同，具体因 RNA 病毒的种类不同而异。例如，上述本氏烟草 RDR6 沉默突变体（RDR6i）能够增强 PPV、PVX、马铃薯 Y 病毒（*Potato virus Y*，PVY）、CMV 及其 Y 卫星 RNA 的侵染，对 TRV 和 TMV 则不行（Schwach et al.，2005；Ying et al.，2010）；拟南芥 *rdr6* 突变体对 CMV 易感，对 TMV、TRV、芜菁花叶病毒（*Turnip mosaic virus*，TuMV）、芜菁清脉病毒（*Turnip vein clearing virus*，TVCV）则与野生型敏感性无明显不同；*rdr* 的各种双突变体、三突变体对不同病毒也反应各异（Dalmay et al.，2000；Mourrain et al.，2000；Deleris et al.，2006；Donaire et al.，2008；Garcia-Ruiz et al.，2010；Wang et al.，2010）。决定这种特异性的因素仍亟待探究。CMV 侵染拟南芥不同 RDR 突变体发现，RDR1 和 RDR6 都能产生次级 vsiRNA，但 vsiRNA 在病毒转录物上的分布模式有所不同：RDR1 倾向于扩增病毒转录物 5′ 端的 vsiRNA，而 RDR6 则倾向于扩增病毒转录物 3′ 端的 vsiRNA（Wang et al.，2010）。在 phasiRNA 生物合成过程中，*PHAS* 前体 RNA 经由 miRNA-RISC 剪切后，根据“two-hit”或“onc-hit”模式的不同，RDR6 和 SGS3 被招募到 5′ 端剪切片段或者 3′ 端剪切片段来扩增互补链，这也决定了后续 phasiRNA 在 *PHAS* 前体转录物上的分布（参考第二章）。因此，拟南芥的 RDR1 和 RDR6 对 CMV vsiRNA 进行扩增的不同分布倾向性或许与不同 RDR 被招募到受初次剪切的病毒转录物的方式有关。

（三）抗病毒 RISC 的组装和剪切

DCL 介导的病毒 dsRNA 区域的剪切虽然能够产生 vsiRNA，但并不足以充分促进病毒 RNA 的降解。虽然受 TRV 侵染的 *dcl2dcl3*、*dcl2dcl4* 和 *dcl3dcl4* 突变体中含有大致相当的 vsiRNA，但只有 *dcl2dcl4* 植物表现出了强烈的病毒病症和高效价的病毒积累（Deleris et al.，2006）。在 AGO1 和 AGO2 突变缺陷的情况下，即便积累了高水平的 vsiRNA 仍不足以产生对 CMV 的抗性效应，表明 AGO1 和 AGO2 居于 DCL 介导的 vsiRNA 生物合成过程的下游，对于 vsiRNA 的抗病毒活性至关重要（Wang et al.，2011）。

植物基因组中通常都编码多个 AGO 蛋白，其中拟南芥中含有 *AGO1*～*AGO10* 共 10 个 *AGO* 基因，其中 *AGO8* 为假基因。sRNA 根据自身序列长度、5′ 端首个碱基组成等特征的不同，会装载到不同的 AGO 中，根据 AGO 剪切活性的不同参与不同的沉默途径（Mi et al.，2008；Takeda et al.，2008；Zhang et al.，2016b）（参考第二章）。相应的，vsiRNA 也会有选择地装载进入不同的 AGO 中发挥抗病毒作用。其中 AGO1 是最早被鉴定出来参与抗病毒防卫反应的一个主要 AGO 成员（Morel et al.，2002）。不同的研究中显示 AGO1 参与了不同物种中 CMV、TCV、雀麦花叶病毒（*Brome mosaic virus*，BMV）、水稻条纹病毒（*Rice stripe virus*，RSV）、水稻矮缩呼肠孤病毒（*Rice dwarf phytoreovirus*，RDV）、TuMV 等多种 RNA 病毒的抗病毒防卫反应，*ago1* 突变体表现出对诸多 RNA 病毒的侵染超敏感（Morel et al.，2002；Qu et al.，2008；Wang et al.，2011；Dzianott et al.，2012；Garcia-Ruiz et al.，2015）。CMV 侵染植物中的 AGO1 pull-down 实验显示 AGO1 能够结合 vsiRNA（Zhang et al.，2006）。类似的遗传学研究表明，AGO1 和 AGO2 是拟南芥中抗 RNA 病毒的两个主要 AGO 蛋白（Harvey et al.，2011；Jaubert et al.，2011；Wang et al.，2011；Carbonell et al.，2012；Zhang et al.，2012；Garcia-Ruiz et al.，2015；Ma et al.，2015）。部分遗传和生化证据显示，其他一些 AGO 诸如 AGO5、AGO7、AGO10 在某些抗 RNA 病毒反应中也发挥了一定的作用（Qu et al.，2008；Takeda et al.，2008；Garcia-Ruiz et al.，2015）。水稻中 AGO1 和水稻特异的 AGO18 蛋白都是参与抗 RNA 病毒 RSV 和 RDV 的主要 AGO 效应蛋白（Wu et al.，2015，2017）（图 4-4）。尽管 AGO4 被认为主要参与 DNA 甲基化和组蛋白修饰等 TGS 过程，在拟南芥中 AGO4 仍被认为在 CMV 侵染过程中通过与内源 sRNA 结合进而调节寄主植物转录反应，参与 CMV 抗病毒防卫反应过程（Hamera et al.，2012）。

AGO 通常都能够结合 vsiRNA 靶向并抑制病毒 RNA，已有研究证据表明拟南芥 AGO1、AGO2、AGO5、AGO10 及水稻 AGO1、AGO18 都能结合 vsiRNA（Takeda et al.，2008；Harvey et al.，2011；Wang et al.，2011；Zhang et al.，2012；Garcia-Ruiz et al.，2015；Wu et al.，2015）（图 4-5）。此外，在基于烟草瞬时表达系统瞬时表达 AGO 蛋白的免疫共沉淀实验中显示拟南芥除了 AGO6/7/10，AGO1/2/3/4/5/9 都能够结合马铃薯纺锤块茎类病毒（*Potato spindle tuber viroid*，PSTVd）产生的 siRNA（图 4-5）。然而，在正常侵染条件下内源 AGO 是否也真正参与到类病毒侵染的防御过程，还有待进一步的验证（Minoia et al.，2014）。

图 4-4 水稻 AGO1 和 AGO18 的抗病毒作用（Wu et al.，2015）

水稻 *ago1*、*ago18* 突变体对 RNA 病毒 RSV 侵染的超敏感表型（A，C）和超高病毒积累量（B，D）

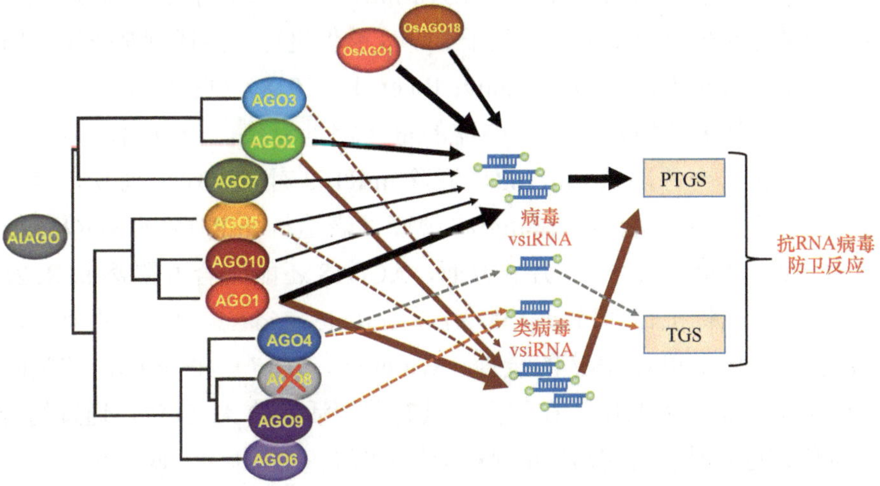

图 4-5 植物 AGO 家族蛋白在抗 RNA 病毒防卫反应中的作用

AtAGO：拟南芥 AGO 家族蛋白；OsAGO：水稻 AGO 家族蛋白

二、植物内源 miRNA 和 siRNA 参与 RNA 病毒相关抗病途径

越来越多的证据显示植物内源 miRNA 和 siRNA，通过靶向一些内源基因，包括 RNA 沉默途径组分、激素信号通路及 NBS-LRR（nucleotide-binding site and leucine-rich repeat，核苷酸结合位点-亮氨酸富集重复）抗性基因等，在抗 RNA 病毒防卫反应中发挥着重要的作用（Mlotshwa et al.，2008；Naqvi et al.，2010；Zhang et al.，2016b）。

（一）植物内源 miRNA 靶向 RNA 沉默途径组分参与 RNA 病毒相关抗病途径

植物中存在一些 miRNA，其目标靶向的是 RNA 沉默途径本身的核心组分。例如，拟南芥 miR162、miR168、miR403 分别靶向 DCL1、AGO1、AGO2（Xie et al.，2005），豆科植物 miR1515/1507、miR2118 则分别靶向 DCL2、SGS3（Zhai et al.，2011），在植物体内起到反馈负调控 RNA 沉默途径的作用（Zhu et al.，2011b）。这些负调控机制在寄主植物-病毒互作的长期进化中为植物病毒所利用。一个易感大豆品种的基因芯片数据显示：miR168a、miR403a、miR162b 和 miR1515a 在感染大豆花叶病毒（*Soybean mosaic virus*，SMV）后表达上调，进而相应地抑制 RNA 沉默途径核心元件 AGO1、AGO2、DCL1 和 DCL2 的表达，这很可能抑制了抗病毒沉默途径，产生更有利于 SMV 在寄主植物中扩增的体内环境（Bao et al.，2018）。相反，水稻条纹病毒（*Rice stripe virus*，RSV）侵染能诱导 miR444 上调，进而负调控其靶标 *MADS* 家族基因 *MADS23/27a/57* 的表达。*MADS23/27a/57* 能够结合到重要的抗病毒相关元件 *RDR1* 的启动子并抑制其表达。RSV 侵染后，miR444 的上调能够解除这种抑制进而正调控 *RDR1* 的表达，增强抗病毒防卫反应（Wang et al.，2016a）。此外，miR168 特异的结构弹性特征使其前体能够产生部分成熟变体 isomiR168，其中 22nt isomiR168 偏好于装载进入 AGO10，AGO10-miR168 复合物能够抑制 AGO1 的蛋白翻译过程，而番茄丛矮病毒属沉默抑制子 P19 能够促进这一翻译抑制作用（Brodersen et al.，2008；Mallory and Vaucheret，2009；Iki et al.，2018）（图 4-6）。

水稻 AGO18 是多种病毒抗性所必需的重要沉默元件。一方面，不具有剪切活性的 AGO18 能够结合并隔离 miR168，解除 miR168 对 AGO1 的剪切，增强 AGO1 的表达和提高抗病毒防卫能力。在 *ago18* 突变体表达抗 miR168 的 *AGO1a* 能够恢复其抗病能力（Wu et al.，2015）。另一方面，AGO18 还能结合并隔离 miR528，从而解除 miR528 对其靶标抗坏血酸氧化酶（L-ascorbate oxidase，AO）的剪切，提高了 AO 介导的活性氧积累和对 RSV 的抗性（Wu et al.，2017）（图 4-6）。这是除了拟南芥 AGO10（Zhu et al.，2011b），在体内不具有剪切活性的 AGO 蛋白通过结合和隔离 miRNA，避免其进入具有剪切活性的 AGO 发挥沉默效应的又一典型范例。

此外，在番茄花叶病毒（*Tomato mosaic virus*，ToMV）侵染本氏烟草过程中，miR403a 参与调控其靶基因、重要抗病沉默效应元件 *AGO2* 的表达（Diao et al.，

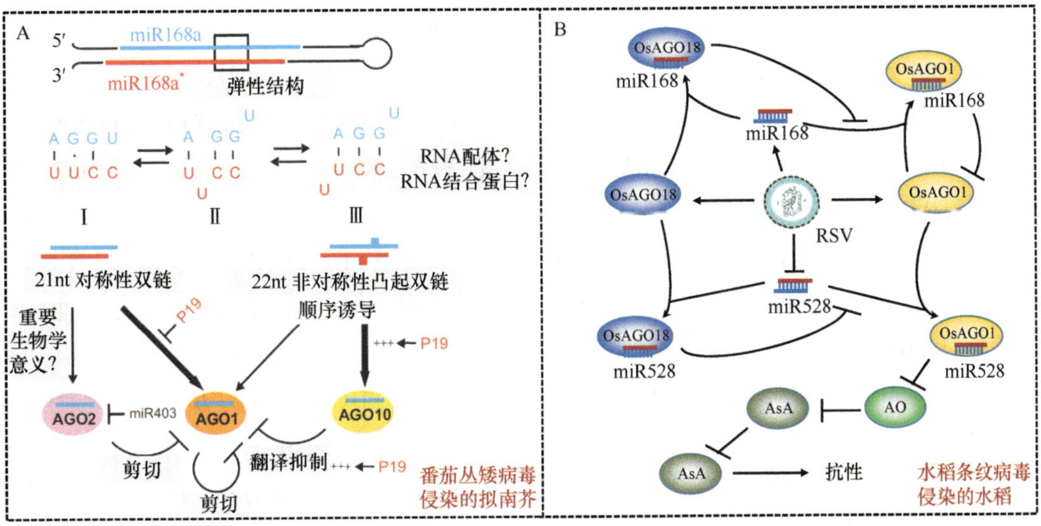

图 4-6 miR168 负调控 *AGO1* 和 AGO10/AGO18 调控作用示意图

A. 拟南芥 miR168 靶向 *AGO1* mRNA 剪切，起负调控作用，22nt miR168 变体能够加载进入 AGO10，进而抑制 AGO1 的蛋白翻译，番茄丛矮病毒（*Tomato bushy stunt virus*，TBSV）编码的沉默抑制子 P19 能够促进 miR168 对 AGO1 的翻译抑制（Iki et al.，2018）。B. 病毒侵染水稻诱导 *AGO1* 和 *AGO18*，一方面，不具有剪切活性的 AGO18 可以结合并隔离 miR168，增强 AGO1 的表达进而提高抗病毒能力；另一方面，AGO18 还可以结合并隔离 miR528 进入 AGO1，从而解除 miR528 对其靶标抗坏血酸氧化酶（L-ascorbate oxidase，AO）的剪切，提高了 AO 介导的活性氧（reactive oxygen species，ROS）积累和对水稻条纹病毒的抗性（Wu et al.，2017）

2019）。值得注意的是，CMV、TCV 和香石竹意大利环斑病毒（*Carnation Italian ringspot virus*，CIRV）侵染拟南芥时均可诱导表达 AGO2，这与 *ago1* 缺陷突变体中 *AGO2* 表达上调相类似（Harvey et al.，2011；Pertermann et al.，2018）。考虑到这些病毒分别编码了 RNA 沉默抑制子（将在第三节阐述），如 2b、P38/CP 和 P19，这些 RNA 沉默抑制子均可抑制以 AGO1 为核心的沉默复合物 RISC 活性，所以这些病毒侵染提高 *AGO2* 的表达很可能是通过抑制 AGO1-miR403 对 *AGO2* mRNA 的剪切实现的（Harvey et al.，2011；Pertermann et al.，2018）。因此，当抗病毒第一道防线的主要沉默元件 AGO1 受到病毒侵染抑制时，可以通过解除 miR403 对 *AGO2* 的抑制，触发同样为主要抗病毒沉默元件 AGO2 的上调表达，迅速建立抗病毒的第二道防线。

（二）植物内源 miRNA 和 siRNA 靶向抗病基因参与 RNA 病毒相关抗病途径

植物抗病蛋白能够识别病毒蛋白并诱导过敏性病害抗性，即病原物效应子触发的免疫（effector-triggered immunity，ETI）（Moffett，2009）。然而，自身免疫反应的激活往往会造成植物生长发育的严重抑制。因此，在没有病毒侵染的情况下，抗病基因的表达通常会被限制在很低的水平，以维持正常生长和基础免疫能力的平衡。植物内源 miRNA 和 phasiRNA 往往在这一过程中具有重要的调控作用。研究发现油菜特有的 22nt bra-miR1885 可靶向 TIR-NBS-LRR 类型的抗病基因，这是已报道的首个靶向并剪切抗病基因转录物的植物 miRNA（He et al.，2008）。在此之后，一系列 miRNA 被鉴定或预测靶向抗病毒相关抗病基因。烟草中两个 miRNA——22nt nta-miR6019 和 21nt nta-miR6020 能够指导 TMV 抗性相关的抗病基因转录物的剪切（Li et al.，2012）。其中 22nt nta-miR6019 剪切抗病基因之后能够触发 21nt phasiRNA 的产生（Li et al.，2012）。在前述 SMV 易感大豆品种的 sRNA 分析中发现，病毒诱导包括 miR1507a、miR1507c、miR482a 在内一系列 miRNA 的上调表达，这些 miRNA 均预测靶向几个 NBS-LRR 家族抗病基因转录物（Bao et al.，2018）。进一步研究发现，bra-miR1885 靶向的 *BraTNL1* 负调控抗病毒防卫反应，提高 *BraTNL1* 的表达水平能增强油菜对 TuMV 的抗性。在非侵染条件下，bra-miR1885 介导 *BraTNL1* 的剪切，以维持本底水平的免疫活性。miR1885 还靶向一个仅含有 TIR 结构域的 *BraTIR1* 基因，通过对 *BraTIR1* 转录物的剪切产生 phasiRNA，其中一个 phasiRNA——phasiR130-4 能够靶向并沉默与开花和光合作用相关的基因 *BraCP24*，表明 *BraTIR1* 作为一种能够产生 phasiRNA 的靶基因参与油菜开花调控（图 4-7）。当 TuMV 侵染时，一方面会诱导 miR1885 上调，通过 phasiR130-4 介导 *BraCP24* 的降解从而促进开花；另一方面，油菜通过提高 *BraTNL1* 的表达应答 TuMV 的侵染，以补偿 miR1885 对其介导的沉默抑制作用，使植物处于活跃的免疫状态（Cui et al.，2020）。

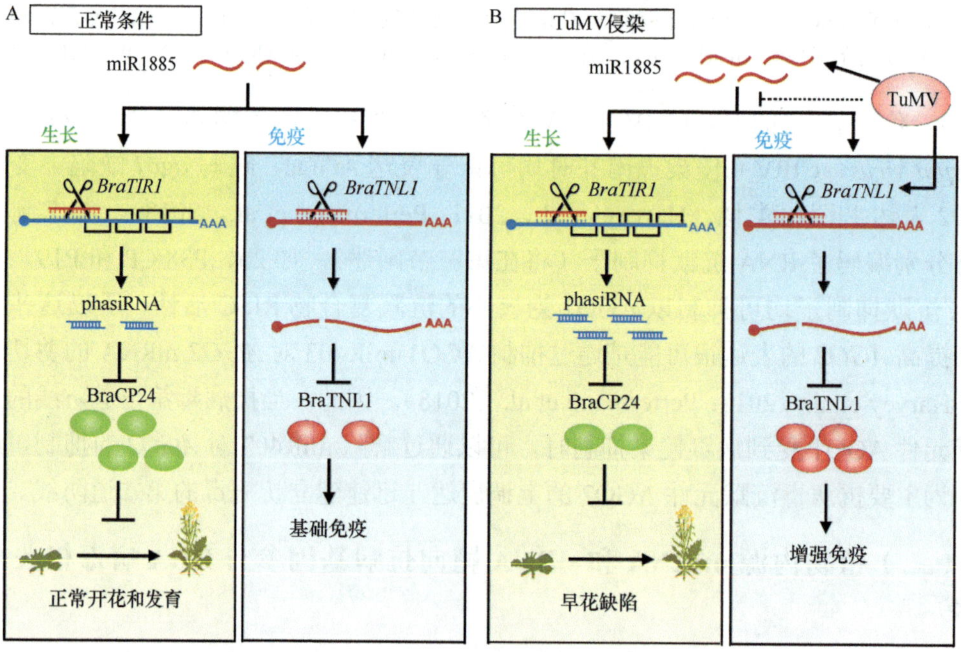

图 4-7　miR1885 介导的植物生长与免疫反应调控（Cui et al.，2020）

在正常条件下，miR1885 维持低水平表达，miR1885 介导的抗病基因 *BraTNL1* 转录物的降解以及依赖 miR1885 的 phasiR130 介导的 *BraTIR1* 的沉默都维持在一个可控的水平，从而促进营养生长形态建成，并维持基础免疫。在 TuMV 侵染条件下，病毒沉默抑制子 HC-Pro 一方面抑制 miR1885 介导的 *BraTNL1* 降解，同时病毒侵染诱导 *BraTNL1* 表达，促进免疫受体的积累；另一方面，病毒侵染诱导 miR1885 表达，促进 phasiR130-4 介导的 *BraCP24* 沉默，加速成花转化并产生异常发育表型

三、RNA 病毒产生 sRNA 与寄主植物基因的互作

在植物病毒侵染植物过程中，RNA 病毒产生的 vsiRNA 在寄主植物中大量积累，由于 siRNA 与靶标 RNA 的识别可以容许一定的错配，因此不排除一些 vsiRNA 能够与寄主植物转录物存在足够的互补配对能力，并引起寄主植物转录物的沉默。如果 vsiRNA 恰巧靶向的转录物是与寄主植物色素合成途径相关的基因，其沉默就可能造成颜色改变或花叶表型。例如，感染郁金香碎色病毒（*Tulip breaking virus*，TBV）造成郁金香花瓣的碎色表型（图 4-8）。17 世纪初，鲜花在荷兰受到追捧，郁金香的碎色更是引起奥斯曼帝国的郁金香狂热（Tulip Mania），一株“永远的奥古斯都”售价达一万荷兰盾。

图 4-8　17 世纪初奥斯曼帝国的郁金香狂热（Tulip Mania）

研究发现，Y 株系黄瓜花叶病毒（CMV）卫星 RNA（Y-satellite RNA，Y-Sat）能够诱导 CMV 侵染表型，而 Y-Sat 本身并不编码任何蛋白。源自 Y-Sat 的一条 vsiRNA 可以通过不完全匹配方式特异性地靶向编码烟草镁螯合酶（magnesium chelatase，CHLI）基因的 mRNA，*CHLI* 的下调会影响叶绿素生物合成，导致叶黄化表型（Shimura et al.，2011；Smith et al.，2011）。少量的碱基变化极大地改变了其病毒致病性和病症诱导的寄主植物特异性，在 Y-Sat vsiRNA 与 *CHLI* 匹配度较好的普通烟草中表现黄化（图 4-9），而在 Y-Sat vsiRNA 与 *CHLI* 匹配度略差的抗病品种迪勃纳氏烟草（*Nicotiana debneyi*）中则没有出现类似表型（Smith et al.，2011）。类似地，侵染十字花科的烟草花叶病毒（crucifer-infecting tobacco mosaic virus，TMV-Cg）侵染时产生的 vsiR221 和 vsiR118 能够分别靶向拟南芥 *CPSF30*（*cleavage and polyadenylation specificity factor*）和 *TRAPα*（*translocon-associated protein alpha*），RLM-5′ RACE（RNA ligase-mediated 5′ RACE）实验检测到这两个 vsiRNA 的剪切位点（Qi et al.，2009）。在葡萄斑点病毒（*Grapevine fleck virus*，GFkV）和沙地葡萄茎痘相关病毒（*Grape *vine rupestris stem pitting-associated virus*，GRSPaV）侵染的植物样品中，分别检测到来自 GFkV 和 GRSPaV 的 27/30 个 vsiRNA 靶向 24/26 个不同的葡萄转录物（Miozzi et al.，2013）。其中，通过 qRT-PCR 和 5′ RACE 验证后发现 GFkV 来源的 vsiR1378 可以指导参与膜内蛋白降解调控过程的 *S2P*（*S2P metalloprotease*）mRNA 的剪切，而 GRSPaV 来源的 vsiR6978 可以指导参与内吞运输过程的 *VPS55*（*vacuolar protein-sorting 55*）mRNA 的剪切（Miozzi et al.，2013）。除了 RNA 病毒，类病毒产生的 siRNA 中也发现有部分能够靶向寄主植物基因的例子。研究发现 PSTVd 毒性调节区产生的一个 vsiRNA 能够靶向番茄中胼胝质合酶基因（*callose synthase*，*CalS*）*CalS11-like* 和 *CalS12-like*，而 *CalS* 基因的表达对于类病毒侵染过程中胼胝质的形成非常重要（Adkar-Purushothama et al.，2015）。另一类叶绿体定位的桃潜隐花叶类病毒（*Peach latent mosaic viroid*，PLMVd）产生的 2 个 vsiRNA，能够靶向切割叶绿体热激蛋白 90（chloroplast heat shock protein 90，cHSP90）的转录物（Navarro et al.，2012）。此外，还有一些 PLMVd 产生的 vsiRNA 预测可以靶向 CC-NBS-LRR 类抗性基因的转录物（Navarro et al.，2012）。总体而言，vsiRNA 对寄主植物基因的靶向调控对于寄主植物和病毒本身的生物学意义究竟是什么，是否都只是与病症产生或帮助病毒侵染有关，或许也可能被寄主植物用于抗病毒防卫反应，这都有待进一步的研究和验证。

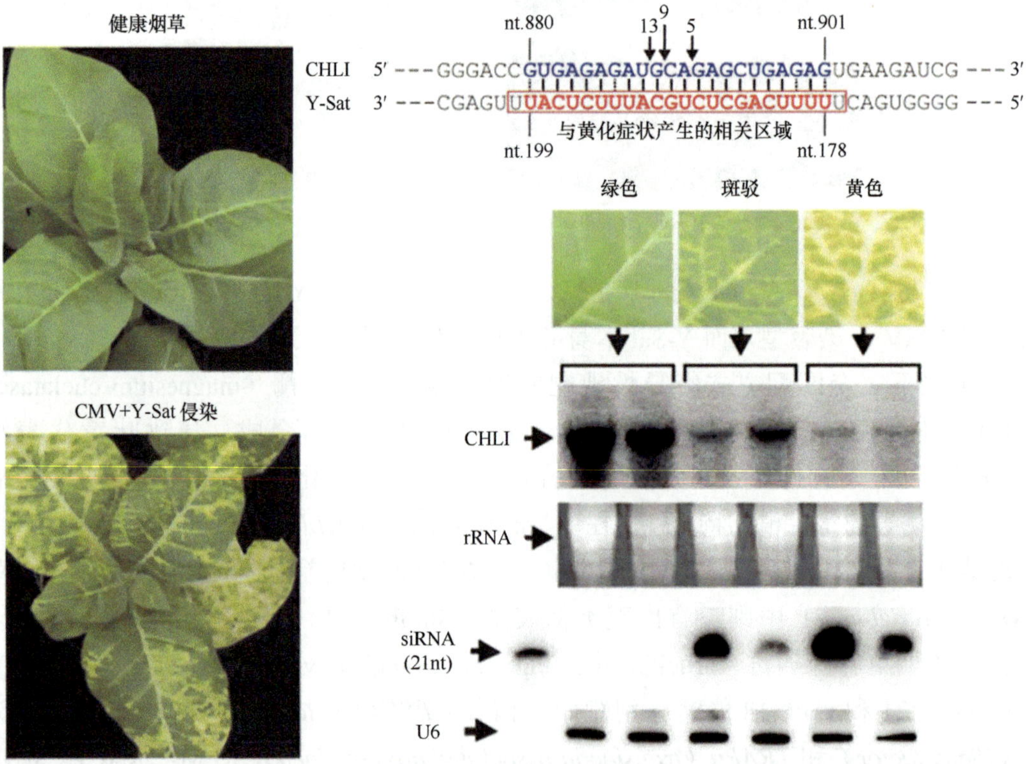

图 4-9　CMV+Y-Sat 感染造成黄瓜花叶表型及分子机制分析［修改自 Smith 等（2011）］

CMV Y-Sat 的一条 vsiRNA 靶向编码烟草镁螯合酶编码基因 *CHLI*，*CHLI* 下调影响叶绿素生物合成而产生叶黄化表型病毒侵染能够产生大量来源于病毒基因组的 vsiRNA，并且这些 vsiRNA 能够靶向同源的寄主植物基因。利用植物-病毒互作的这种特性，VIGS 被开发为一种广泛适用的植物基因功能研究方法，即将靶基因的同源片段构建到某个病毒（如 TRV）基因组，在侵染过程中产生能够靶向目的基因的 vsiRNA，从而抑制基因表达（Liu et al.，2002a，2002b）。

第二节　RNA 沉默在植物抗 DNA 病毒反应中的功能

一、RNAi 与 DNA 病毒

（一）RNAi 的激活与 DNA 病毒 vsiRNA 的产生

植物 DNA 病毒的主要类群包括单链 DNA 病毒——双生病毒（geminiviruses）和双链 DNA 病毒——拟逆转录病毒（pararetroviruses）[如花椰菜花叶病毒（*Cauliflower mosaic virus*，CaMV）]（图 4-10）。DNA 病毒侵染植物后在植物细胞核中进行 DNA 复制，DNA 复制过程中形成独立的微型染色体（minichromosome）或附加体（episome）。因此，DNA 复制及其基因表达过程中会同时成为寄主植物转录基因沉默（TGS）和转录后基因沉默（PTGS）的攻击靶标（Chellappan et al.，2004a；Vanitharani et al.，2005；Blevins et al.，2006；Raja et al.，2010）。

双生病毒为单链环状 DNA 病毒，虽然在其转录过程中并没有明显的 dsRNA 中间体阶段，但由于其基因组中基因间隔区（intergenic region，IR）含有 Pol Ⅱ的双向启动子区，能够进行双向转录，因此正义和反义转录物能够产生相互重叠的碱基互补配对区段，有可能在体内形成 dsRNA 从而成为寄主植物 RNA 沉默的初始靶标（图 4-11）。Lucioli 等（2003）最早在双生病毒番茄黄化曲叶病毒侵染的番茄 RNA 样品中检测到了双生病毒特异的 vsiRNA。此后，又陆续在其他多种双生病毒侵染的寄主植物中检测到双生病毒特异的 vsiRNA（Chellappan et al.，2004b；Akbergenov et al.，2006；Blevins et al.，2006）。此外，基于一系列双生病毒及其卫星 DNA 改造并构建的 VIGS 载体均能有效引起目的基因的沉默，这些应用也表明双生病毒的侵染能够激发寄主植物 RNA 沉默机制，产生 vsiRNA（Kjemtrup et al.，1998；Peele et al.，2001；Turnage et al.，2002；Muangsan et al.，2004；Huang et al.，2009）。另外，CaMV 侵染的植物中也能检测到对应 CaMV 各个编码基因区段的 vsiRNA，能形成折回（fold-back）结构的 35S 引导区很可能是 CaMV siRNA 的主要来源（Blevins et al.，2011）。因此，与 RNA 病毒类似，植物 DNA 病毒双向转录物形成的 dsRNA 和具有二级结构特征的单链转录物都是激发植物 RNA 沉默机制的重要来源（图 4-11）。

2006 年，在分别感染了甘蓝曲叶病毒（*Cabbage leaf curl virus*，CaLCuV）和 CaMV 的野生型拟南芥中，Blevins 等检测到的 vsiRNA 主要有以下三类：21nt siRNA、22nt siRNA 和 24nt siRNA（图 4-12）。其中，21nt siRNA 和 22nt siRNA 也是 RNA 病

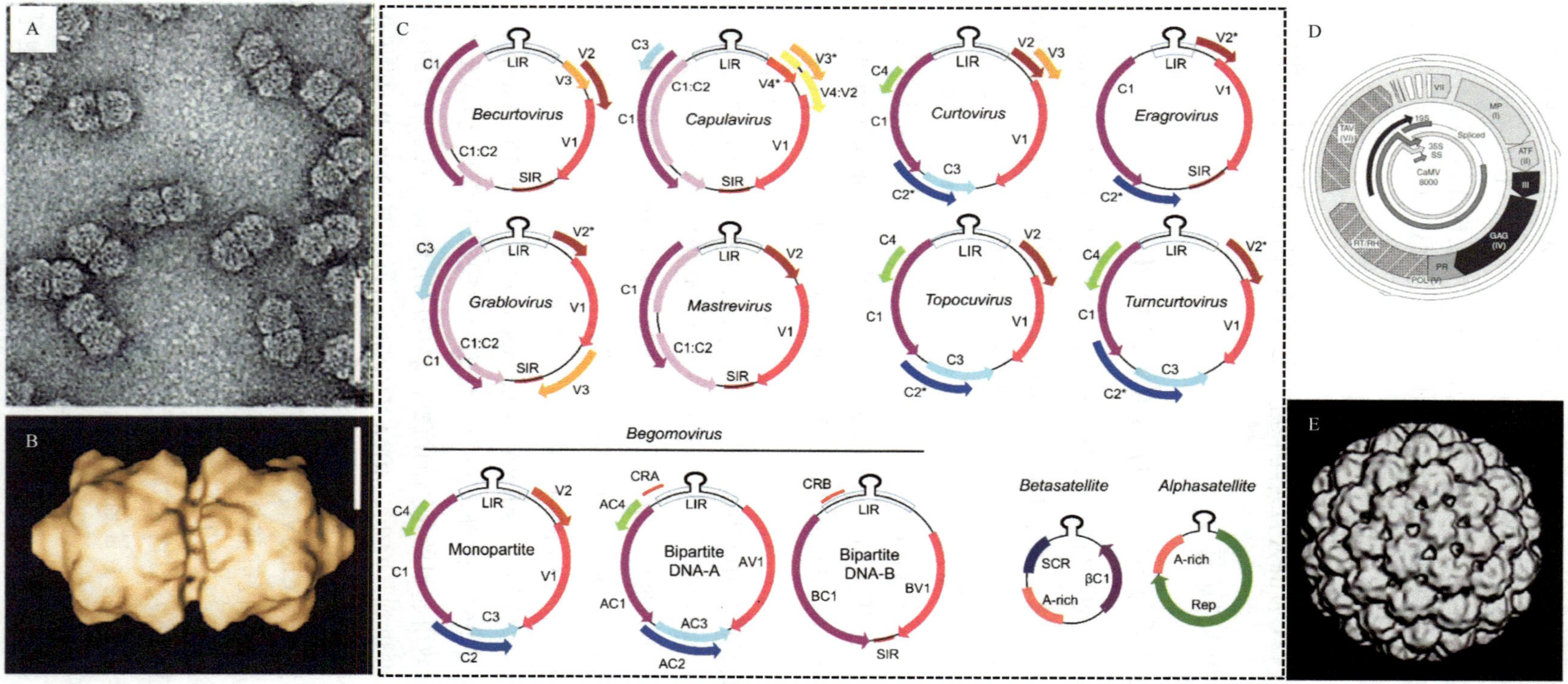

图 4-10　植物主要 DNA 病毒基因组与病毒颗粒结构特征

植物双生病毒与拟逆转录病毒的基因组和病毒颗粒结构。A. 电镜下观察纯化后乙酸铀染色的双生病毒玉米条纹病毒（*Maize streak virus*，MSV）双生形态的病毒颗粒，比例尺为 50μm；B. 冷冻电镜重构的玉米条纹病毒颗粒结构，比例尺为 10μm（Teixeira et al.，2021）；C. 双生病毒 9 个属病毒和 α/β 卫星 DNA（satellite DNA）的基因组结构简图（Zerbini et al.，2017）；D. 拟逆转录病毒 CaMV 基因组结构简图；E. 冷冻电镜重构的 CaMV 病毒颗粒结构（Plisson et al.，2005）

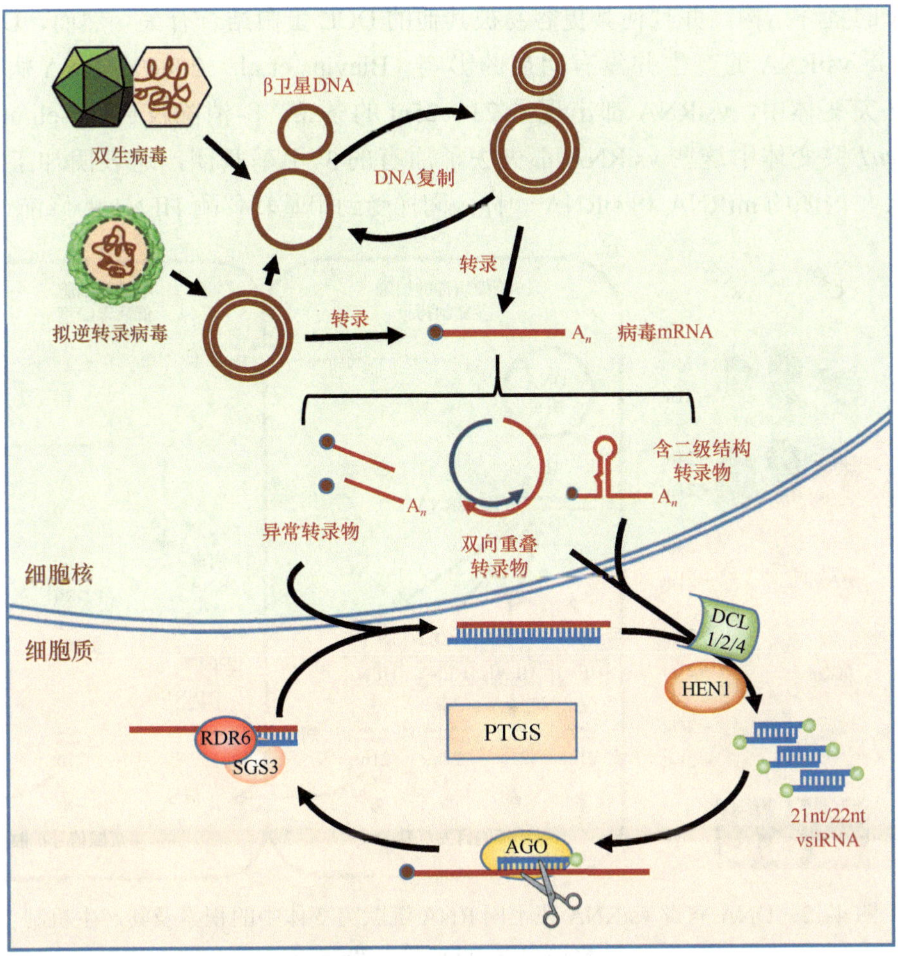

图 4-11 DNA 病毒 vsiRNA 的产生与转录后基因沉默防卫反应

DNA 病毒双向转录所产生的正义和反义重叠转录物，以及含有二级结构的或异常的转录物都有可能在体内形成 dsRNA 从而成为寄主植物 RNA 沉默的初始靶标，产生 vsiRNA

毒侵染植物过程中产生的主要 vsiRNA 类型（Deleris et al.，2006），主要装载进入 AGO1 和 AGO2，并参与病毒 RNA 的降解，即 PTGS 过程。而与 RNA 病毒不同的是，依赖 DCL3 的 24nt vsiRNA 在 DNA 病毒侵染植物产生的 vsiRNA 中占有相当大的比例，该类 vsiRNA 足以激发 VIGS 过程（Blevins et al.，2006）。DCL3 对于抗 DNA 病毒的侵染至关重要，DCL3 的缺失能够增强菜豆金色花叶病毒属（*Begomovirus*）病毒的致病性，破坏 24nt vsiRNA 的生物合成，这也从侧面表明 TGS 在寄主植物抵抗双生病毒中可能担负着重要的作用（Akbergenov et al.，2006；Blevins et al.，2006）。DCL2 则主要负责大部分 22nt vsiRNA 的生物合成，而剩余一小部分 22nt vsiRNA 可能来源于 DCL1 的作用（Akbergenov et al.，2006；Blevins et al.，2006）。值得注意的是，DCL1 有助于 CaMV 侵染植物中 vsiRNA 的产生，CaMV 侵染的 *dcl1* 和 *hyl1* 突变体中 21nt vsiRNA 积累量显著降低（Blevins et al.，2006，2011），这很可能与 DCL1 和 HYL1 形成的剪切复合物能够识别 CaMV 35S 引导区转录物类似 pri-miRNA 或者 pre-miRNA 的茎环结构，并且使其更容易被其他的 DCL 蛋白结合有关。然而，DCL1 对双生病毒 vsiRNA 的产生并没有明显的影响（Blevins et al.，2006）。DNA 病毒侵染的 *hen1* 突变体中，vsiRNA 都出现了 23～25nt 的条带，β-消除反应（β-elimination）显示 *hen1* 突变体中这些 vsiRNA 都失去了原有的 3′ 甲基基团，这表明加工完成的 vsiRNA 与内源的 miRNA 和 siRNA 一样，同样受到甲基转移酶 HEN1 的修饰。

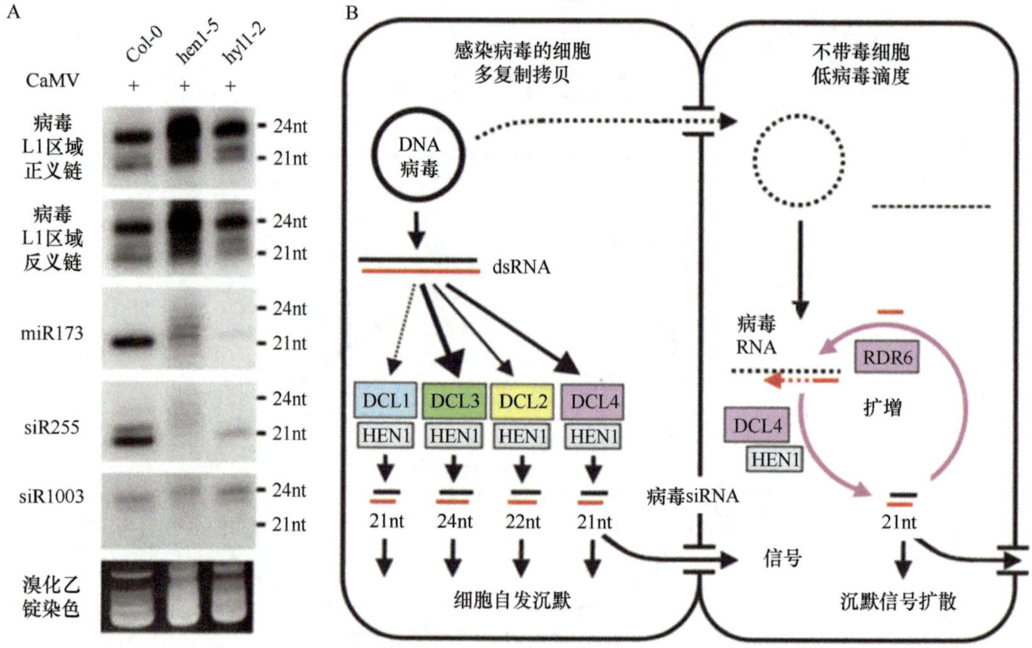

图 4-12　DNA 病毒 vsiRNA 在不同 RNA 沉默突变体中的积累及其产生机制
［修改自 Blevins 等（2006）］

A. CaMV vsiRNA 在不同 RNA 沉默通路突变体中的积累情况；B. DNA 病毒 vsiRNA 的产生机制简图

此外，理论上寄主植物的 RDR 对于 DNA 病毒 dsRNA 的形成和 vsiRNA 的信号放大是有一定作用的。病毒单链转录物在寄主植物 RDR 的作用下能够转变成 dsRNA，这些 dsRNA 同样也可以成为激发植物 RNA 沉默防卫反应的另一来源。然而，在 *rdr6* 和 *rdr2* 突变体中，双生病毒侵染植物中病毒 vsiRNA 的积累并没有发生明显的变化，其病毒症状也没有明显的差异，甚至在 *rdr1rdr2rdr6* 三突变体中也没有显著差异（Blevins et al.，2006；Raja et al.，2008；Aregger et al.，2012）。这可能暗示寄主植物的 RDR 之间存在功能冗余，也不排除可能是双生病毒 vsiRNA 的产生并不依赖 RDR1/2/6，而是其他 RDR 在其抗病毒防卫反应中发挥主要作用。然而，也有研究显示 RDR6 介导拟南芥对中国番茄黄化曲叶病毒（*Tomato yellow leaf curl China virus*，TYLCCNV）系统性侵染的非寄主植物防御能力：TYLCCNV 本身无法系统性侵染拟南芥哥伦比亚生态型（Col-0 ecotype），但可以系统性侵染 Col-0 背景的 *rdr6* 突变体（Li et al.，2014）（图 4-13）。在 TYLCCNV 能够侵染的烟草中，病毒侵染后 *rdr6* 突变体中的病毒积累量相对于野生型显著增加，病症表现也更加严重（Li et al.，2014）（图 4-13）。

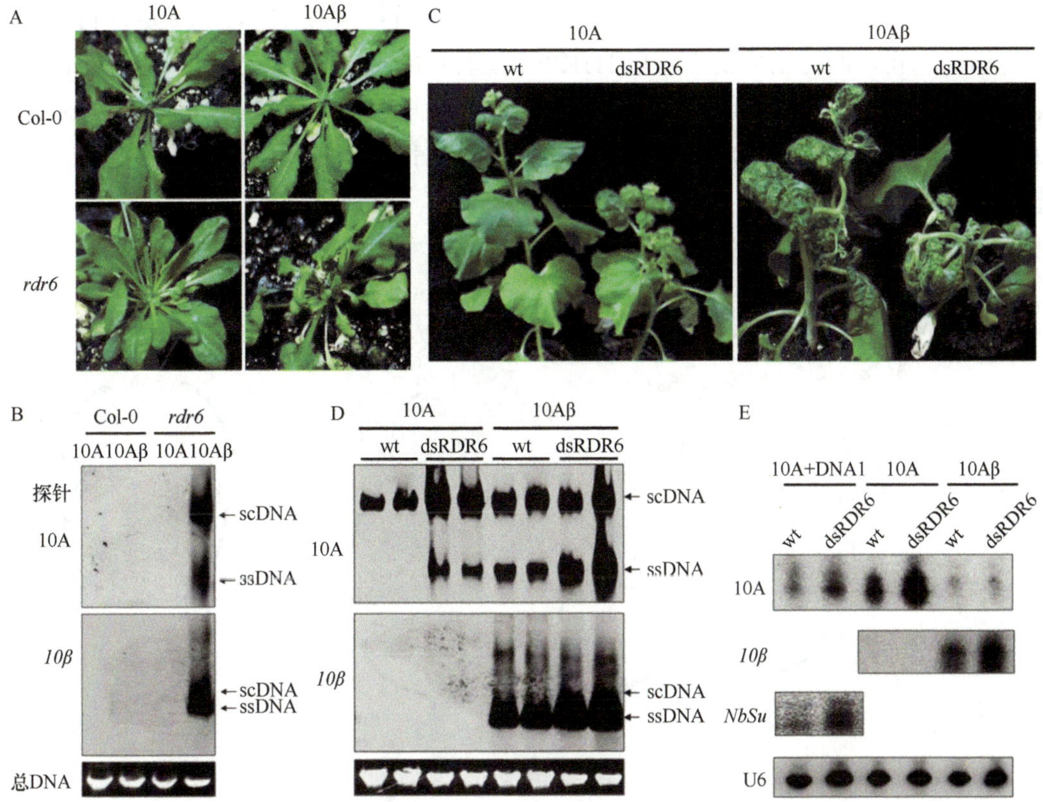

图 4-13 RDR6 介导 TYLCCNV 侵染烟草和拟南芥过程的 RNA 沉默防卫反应
［修改自 Li 等（2014）］

A. TYLCCNV 分离株 Y10（10A）、TYLCCNV Y10+TYLCCNB β 卫星 DNA（10Aβ）分别侵染拟南芥野生型（Col-0）和 *rdr6* 突变体 30 天后（30dpi）的表型，其中 10A 和 10Aβ 均无法侵染 Col-0，无明显病症，仅 *rdr6* 突变体对 10Aβ 的侵染表现出病症；B. DNA 印迹实验检测图 A 中各感染植株中病毒 DNA 的积累，scDNA 代表超螺旋 DNA，ssDNA 代表单链 DNA；C. 10A 和 10Aβ 病毒分别侵染本氏烟草野生型（wt）和 *rdr6* 敲低突变体（dsRDR6）30 天后（30dpi）的表型，其中 10A 和 10Aβ 病毒侵染 dsRDR6 后的病症均较野生型更严重；D. DNA 印迹实验检测图 C 中各感染植株中病毒 DNA 的积累；E. RNA 印迹法检测图 C 中各感染植株中病毒 vsiRNA 的积累，其中 10A+DNA1 为感染 10A+沉默烟草基因 *NbSu* 片段，检测了来源于 *NbSu* 的 siRNA 的积累，U6 为上样量参照

（二）DNA 病毒与转录基因沉默

DNA 病毒侵染后在植物细胞核复制，诱导产生的 vsiRNA 也对 DNA 病毒基因组进行转录基因沉默（TGS）（图 4-14）。双生病毒 ssDNA 可以被转换成 dsDNA 复制中间体，dsDNA 可以被 RNA 聚合酶Ⅳ（Pol Ⅳ）识别。Pol Ⅳ转录出的单链 RNA 在 RDR2 作用下转变成 dsRNA，dsRNA 被 DCL3 加工产生 24nt vsiRNA。24nt vsiRNA 能够装载到 AGO4 形成 RNA 沉默复合物，在 RNA 聚合酶Ⅴ（Pol Ⅴ）复合物转录产生的新生转录物招募下，通过 RNA 介导的 DNA 甲基化（RNA-directed DNA methylation，RdDM）途径，实现对病毒 DNA 的甲基化修饰。另外，双生病毒能够结合组蛋白并组装形成微型染色体或者附加体，成为核内独立的遗传复制单元，它们

相应地也会面临寄主植物组蛋白修饰途径的调控（图 4-14）。H3K9me2 是抑制性组蛋白修饰标志物，而寄主植物组蛋白 H3K9 甲基转移酶（KYP2/SUVH4）能够结合病毒染色质，参与了病毒基因组的染色质修饰，抑制病毒基因的表达（Castillo-Gonzalez et al.，2015）。同时，细胞质的甲基循环也参与了病毒 DNA 和组蛋白修饰过程，为甲基化反应提供甲基基团。

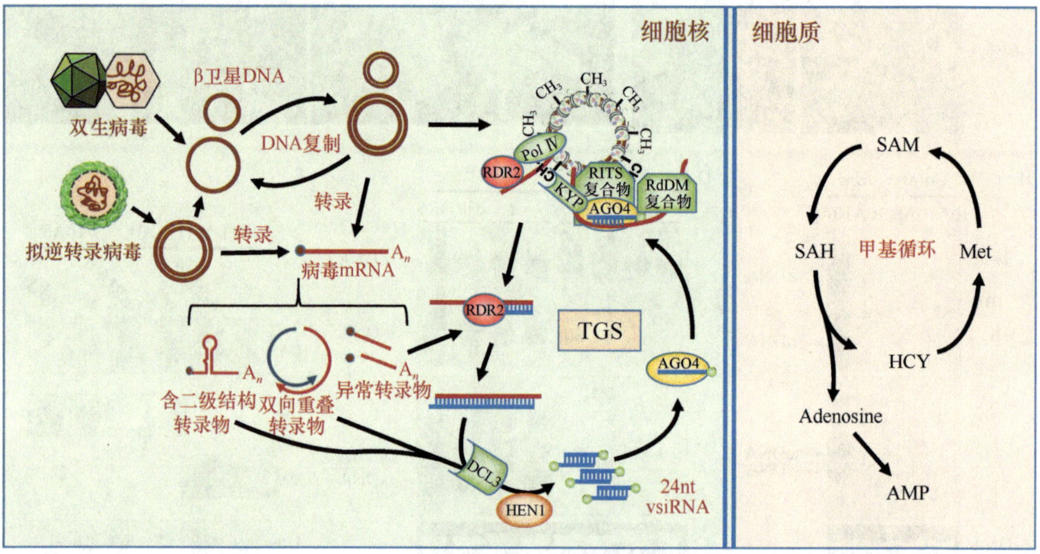

图 4-14　DNA 病毒 vsiRNA 的产生与转录基因沉默防卫反应

双生病毒形成的 dsDNA 复制中间体可以被 Pol Ⅳ 识别。Pol Ⅳ 转录出的单链 RNA 能由 RDR2 转变成 dsRNA，该 dsRNA 与其他病毒来源的双链 RNA 共同被 DCL3 加工产生 24nt vsiRNA。24nt vsiRNA 能够装载到 AGO4，AGO4 与 RNA 诱导的转录沉默复合物（RNA-induced transcriptional silencing complex，RITS 复合物）结合，通过 24nt vsiRNA 靶向 Pol Ⅴ 复合物转录产生的支架 RNA，招募 RdDM 复合物对病毒 DNA 进行甲基化修饰。双生病毒能够结合组蛋白并组装形成微型染色体，微型染色体上的组蛋白能够被 RITS 复合物中的组蛋白修饰酶类，如 H3K9 甲基转移酶（KYP2/SUVH4）修饰（Castillo-Gonzalez et al.，2015）。在病毒 DNA 和组蛋白修饰过程中，SAM → SAH → HCY → Met → SAM 的甲基循环能够产生甲基供体 SAM，为甲基化反应提供甲基基团。SAM：*S*-腺苷-L-甲硫氨酸（*S*-adenosyl-L-methionine）；SAH：*S*-腺苷-L-高半胱氨酸（*S*-adenosyl-L-homocysteine）；HCY：高半胱氨酸（homocysteine）；Met：甲硫氨酸（methionine）；Adenosine：腺苷酸；AMP：腺苷一磷酸（adenosine monophosphate）

2003 年，Seemanpillai 等构建的利用番茄曲叶病毒（*Tomato leaf curl virus*，TLCV）自身启动子驱动 *GUS* 表达的转基因植物，在接种 TLCV 时会造成 *GUS* 的转录基因沉默，这一沉默与 TLCV 启动子区段的甲基化水平提高有关，而在接种其他异源双生病毒时并不会造成这一结果。由此表明：在病毒侵染过程中，序列同源的病毒启动子也能够成为寄主植物 TGS 体系的目标（Seemanpillai et al.，2003）。辣椒金色花叶病毒（*Pepper golden mosaic virus*，PepGMV）侵染出现症状后恢复正常的叶片。针对病毒甲基化情况进行分析也发现，出现病毒症状减轻甚至恢复正常的叶片中含有的病毒基因组甲基化程度比具有症状的叶片中所含病毒基因组甲基化程度要高，并且 24nt vsiRNA 所靶向的病毒基因组区段主要集中在病毒的启动子区段（Rodriguez-Negrete et al.，2009）。对 CaLCuV 和甜菜曲顶病毒（*Beet curly top virus*，BCTV）基因组在侵染寄主植物后其自身的基因组 DNA 及其结合的组蛋白进行的表观遗传分析显示，双生病毒在侵染寄主植物时，寄主植物 TGS 体系会对其基因组 DNA 及结合的组蛋白进行一系列的表观遗传修饰，而携带了沉默抑制子的双生病毒能够在一定程度上抑制这种 TGS 反应，同时还能够反过来影响寄主植物基因组 DNA 的胞嘧啶甲基化水平（Raja ct al.，2008；Buchmann ct al.，2009；Yang ct al.，2013）。

二、DNA 病毒产生 sRNA 与寄主植物基因的互作

一些哺乳动物 DNA 病毒基因组中一些独立的、类似 pri-miRNA 的茎环结构能够产生 miRNA-like 的 sRNA，这些 sRNA 一方面对于顺式调控病毒基因组表达有着重要功能，另一方面某些 sRNA 也能反式调控某些寄主植物转录物，抑制其表达（Cullen，2006；Gupta et al.，2006）。前面介绍过 RNA 病毒产生的一些 sRNA 能够与寄主植物基因互作，并且往往与病症的产生有关（参考本章第一节），DNA 病毒产生的 vsiRNA 也有类似的情况。在感染了木尔坦棉花曲叶病毒（*Cotton leaf curl Multan virus*，CLCuMuV）及其 β 卫星 DNA（CLCuMuB）的棉花中检测到一些 vsiRNA 可能靶向寄主植物基因组，其潜在靶标都在侵染植物中表达下调。生物信息学分析结合 5′ RACE 进一步验证了 vsiR3114 能够剪切一个 MYB 转录因子的转录物，但其生物学功能还没有得到进一步的探讨（Wang et al.，2016b）。

双生病毒在正义链和反义链编码蛋白基因之间的基因间隔区（IR）能够启动双向转录，双向转录物的重叠区间是产生 vsiRNA 的主要位置之一。关于番茄黄化曲叶病毒（*Tomato yellow leaf curl virus*，TYLCV）的研究发现，TYLCV 侵染番茄时，来自基因间隔区的双向转录物能够产生许多 vsiRNA，其中来自 25nt 区间内的病毒 RNA vsiRNA（−2752～21nt）能够靶向番茄中的一个长链非编码 RNA（lncRNA）的互补链 SlLNR1(−) 并促进 *SlLNR1* 的降解（图 4-15A，图 4-15B）（Yang et al.，2019）。过表达 IR 双向转录物或 vsiRNA（−2752～21nt），抑或沉默 *SlLNR1* 都能使植物产生类似 TYLCV 侵染的矮化和卷叶病症（Yang et al.，2019）（图 4-15C）。因此，*SlLNR1* 位点存在这 25nt 同源序列的番茄品种表现为 TYLCV 感病表型；然而，在该 25nt 同源区间内缺失 14nt 序列的番茄品种，其 *SlLNR1* 不会被 vsiRNA（−2752～21nt）介导降解，表现为 TYLCV 抗病表型（Yang et al.，2019）（图 4-15D）。

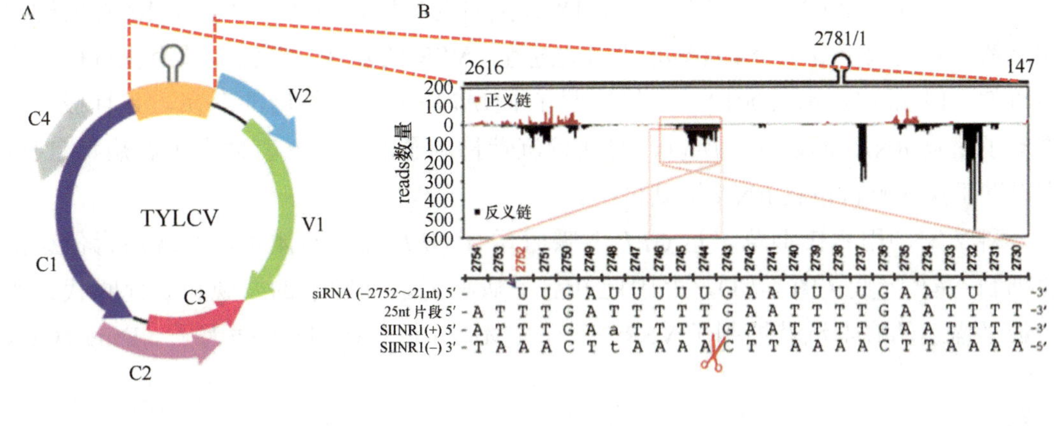

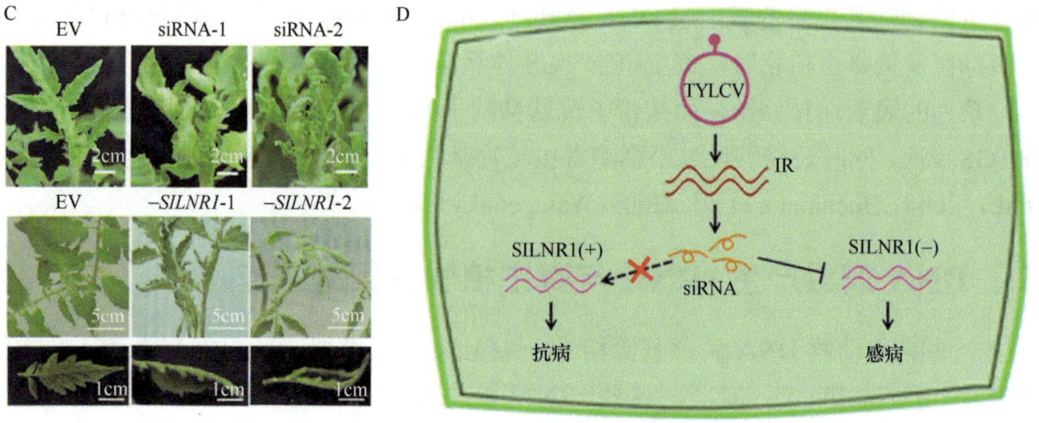

图 4-15 TYLCV 侵染产生 vsiRNA 靶向寄主植物内源 lncRNA［修改自 Yang 等（2019）］

A. TYLCV 病毒基因组结构简图；B. TYLCV vsiRNA 在 IR 的分布情况和 vsiRNA（–2752～21nt）及其靶序列 SlLNR1(+) 和 SlLNR1(–) 的序列、位置、切割位点信息；C. 在番茄中过表达 vsiRNA（–2752～21nt）和沉默 *SlLNR1* 的发育表型，与 TYLCV 侵染后矮化和卷叶表型一致，EV 代表转化空载体；D. TYLCV 侵染产生 vsiRNA 靶向寄主植物内源 lncRNA 的工作模型

第三节 RNAi 抑制子

在寄主植物与病毒的长期进化过程中，为了抵御寄主植物的 RNA 沉默机制，植物病毒通过编码一些蛋白对寄主植物 RNA 沉默系统进行趋避、抑制甚至劫持，进而影响植物抗病性。自最早发现的植物病毒沉默抑制子烟草蚀纹病毒（*Tobacco etch virus*，TEV）P1/HC-Pro 和 CMV2b 至今（Anandalakshmi et al.，1998；Kasschau and Carrington，1998），在几乎所有的植物病毒属中都鉴定出了病毒 RNA 沉默抑制子（viral suppressor of RNA silencing，VSR），几乎每种植物病毒都编码至少一个抑制子，有些病毒甚至编码多个抑制子（Diaz-Pendon and Ding，2008；Csorba et al.，2009；Szittya and Burgyan，2013；Li and Wang，2019；Teixeira et al.，2021）。不同种类的病毒沉默抑制子非常多样化，没有明显的序列相似性。因此，VSR 蛋白可能从距今并不久远的时间节点经历了不同进化历程。同一个 VSR 也会表现出功能的多样性，可能既参与病毒生活史过程，又担负沉默抑制子功能。VSR 对寄主植物 RNA 沉默的抑制机制非常复杂多样，可能通过与 RNAi 相关的各种 RNA 或者寄主植物蛋白互作等方式影响到病毒 RNA 的识别与结合、DCL 蛋白的剪切、RISC 的组装、RNA 的靶定和沉默信号的放大等多个 RNA 沉默相关过程。VSR 的发现被认为是具有里程碑意义的事件（Li and Ding，2001），不仅证明了 RNAi 作为抗病作用的存在，并且极大地推动了植物 RNAi 的研究。所以，对病毒沉默抑制子的研究既有助于了解病毒自身，也有助于深入解析植物 RNA 沉默机制。

科学家利用本氏烟草表达 *GFP* 并瞬时诱导 *GFP* 沉默的体系，发现病毒侵染能够抑制 *GFP* 沉默（图 4-16），并因此开启了病毒沉默抑制子的发现和研究时代。作为最早描述的病毒沉默抑制子 VSR 之一，CMV2b 是 CMV 的致病因子（Ding et al.，

1995），能够阻遏沉默信号的长距离扩散（Guo and Ding，2002）（图 4-16）。

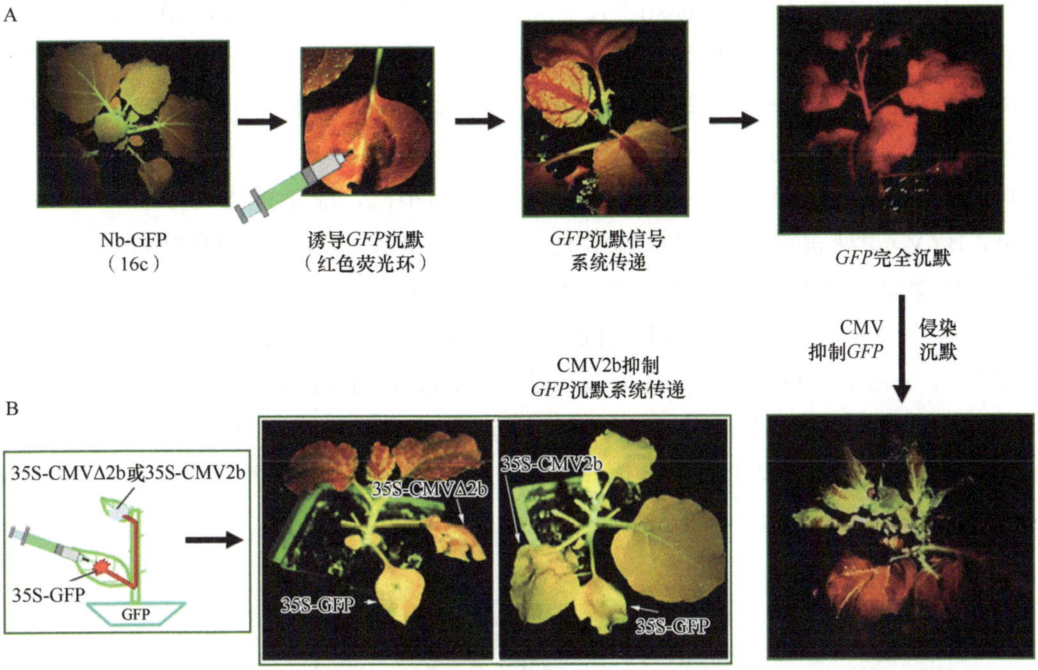

图 4-16 瞬时诱导 *GFP* 沉默和 CMV2b 抑制 *GFP* 沉默［修改自 Guo 和 Ding（2002）］

A. 本氏烟草表达 *GFP* 植物（16c，来自大卫 · 鲍科姆教授实验室）瞬时诱导 *GFP* 沉默（注射携带 *GFP* 的农杆菌），红色荧光环表明 *GFP* 被沉默，且沉默信号从维管系统（叶脉）传递至系统叶片，最终 *GFP* 完全沉默，整株植物呈现红色荧光；CMV 侵染抑制 *GFP* 沉默，植物恢复 *GFP* 荧光并出现 CMV 病症（图片来自郭惠珊实验室）。B. 表达没有活性的 2b 突变体（35S-CMVΔ2b）不抑制 *GFP* 沉默系统传递，而表达正常 2b 蛋白（35S-CMV2b）抑制 *GFP* 沉默系统传递

一、RNA 病毒沉默抑制子

（一）与 RNAi 相关 RNA 进行互作的 RNA 病毒沉默抑制子

多年来，针对不同 RNA 病毒种属编码沉默抑制子的一系列体内或体外的生化分析方法显示，许多病毒沉默抑制子尽管序列和结构的相似性不高，但在进化上是独立的，往往都具有 RNA 结合能力，有些对所结合的 RNA 有长度特异性或单双链选择性，有些则没有。

体外和体内结合实验显示：烟草蚀纹病毒（TEV）HC-Pro、番茄丛矮病毒属（*Tombusvirus*）P19、长线形病毒属（*Closterovirus*）P21、花生丛簇病毒（*Peanut clump virus*，PCV）P15 和大麦黄化花叶病毒（*Barley yellow mosaic virus*，BYMV）γB 等都具有长度选择性的 ds-siRNA 结合蛋白活性，其结合 ds-siRNA 必须有 3′ 两个碱基突出末端，这正是 DCL 蛋白剪切产物的 3′ 端典型特征（Lakatos et al.，2004，2006；Merai et al.，2006）。其中，番茄丛矮病毒属 P19 具有非常强的双链 siRNA（double-stranded siRNA，ds-siRNA）结合活性，通过结合并隔离 siRNA 从而抑制 RNAi（Silhavy et al.，2002）。晶体结构解析显示 P19 形成一个尾对尾类似卡尺状的同源二聚体

（图 4-17A），可以量取任意序列的 19nt ds-siRNA（Vargason et al.，2003；Ye et al.，2003）。P19 不能结合 24nt ds-siRNA 和非完全互补的 miRNA/miRNA* 双链（Duan et al.，2012）。同样，CIRV 编码的 P19 能高效结合 vsiRNA，但不能结合 miRNA/miRNA* 双链（Lozsa et al.，2008）。P19 还可以在体内或体外抑制 siRNA 介导的 RNA 剪切和 siRNA-RISC 的组装（Lakatos et al.，2006；Lozsa et al.，2008；Dunoyer et al.，2010；Schuck et al.，2013）。与 P19 的卡尺状结构不同，甜菜黄化病毒（*Beet yellows virus*，BYV）P21 晶体结构解析显示其可形成头对头、尾对尾的环状同源八聚体，每个 P21 单体在环内存在可能结合 RNA 的凹面（Ye and Patel，2005）（图 4-17B）。电泳迁移率变动分析（electrophoretic mobility shift assay，EMSA）实验显示 P21 能够结合 21～401nt 的 ssRNA（single-stranded RNA）或 dsRNA（Ye and Patel，2005）。与 CMV2b 相似的番茄不育病毒（*Tomato aspermy virus*，TAV）2b 蛋白晶体结构显示能够形成类似一对挂钩状的二聚体与一个 ds-siRNA 相结合，并且能够结合 21nt ds-siRNA 和 30nt ds-siRNA（Chen et al.，2008）（图 4-17C）。

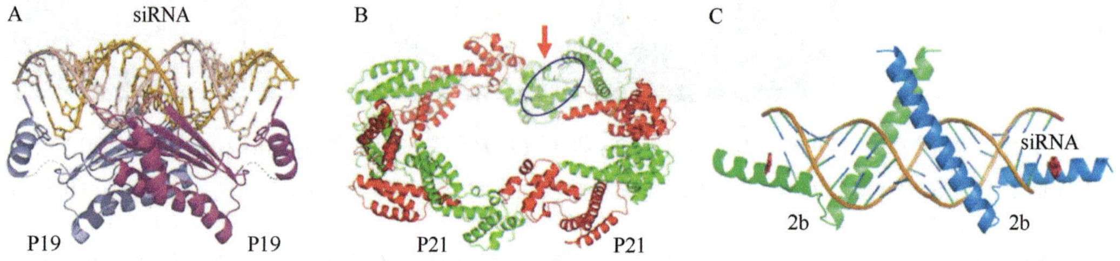

图 4-17　若干病毒沉默抑制子蛋白与 RNA 结合的晶体结构

A. 番茄丛矮病毒属 P19 晶体结构飘带模型，两个 P19 单体（紫色与深蓝色）形成二聚体并结合 siRNA 双链（Ye et al.，2003）；B. 甜菜黄化病毒 P21 晶体结构飘带模型，蛋白均为 P21 单体（红色和绿色），形成头对头、尾对尾的环状同源八聚体，椭圆圈标示出结合 RNA 的潜在位点（Ye et al.，2003）；C. 番茄不育病毒 2b 蛋白晶体结构飘带模型，两个 2b 单体（绿色和蓝色）形成二聚体并结合双链 siRNA（Chen et al.，2008）

不同种或株系 CMV 编码的 2b 蛋白结合靶标 RNA 的特异性存在一定差异（Zhang et al.，2006；Goto et al.，2007；Chen et al.，2008；Duan et al.，2012）。SD（Shandong）株系 CMV2b 蛋白除了能够结合 21nt ds-siRNA 和 24nt ds-siRNA，还能够结合 miRNA/miRNA* 双链和长的 dsRNA，但不结合任何长度的 ssRNA（Duan et al.，2012）。CMV2b 蛋白 N 端 1～61aa 是 dsRNA 结合域（dsRNA binding domain，dsRBD），而 1～37aa 序列就足以结合 24nt ds-siRNA 和长的 dsRNA，但结合 21nt siRNA 需要完整的 dsRBD（Duan et al.，2012）。利用瞬时诱导 *GFP* 沉默体系进行抑制 RNAi 活性实验，证明 CMV2b 抑制 *GFP* 沉默需要完整的 dsRBD（Duan et al.，2012）（图 4-18）。

EMSA 实验也表明，芜菁皱缩病毒（TCV）CP/P38 和石柑子潜隐病毒（*Pothos latent virus*，PoLV）P14 也结合不同长度的长链 dsRNA，能够在农杆菌瞬时表达系统中抑制 dsRNA 加工剪切成 siRNA（Merai et al.，2006；Perez-Canamas and Hernandez，2015）。与 P38 一样，同属于番茄丛矮病毒科的天竺葵线状病毒（*Pelargonium line pattern virus*，PLPV）编码的衣壳蛋白 P37 也能够结合 ds-siRNA，但不能结合长链

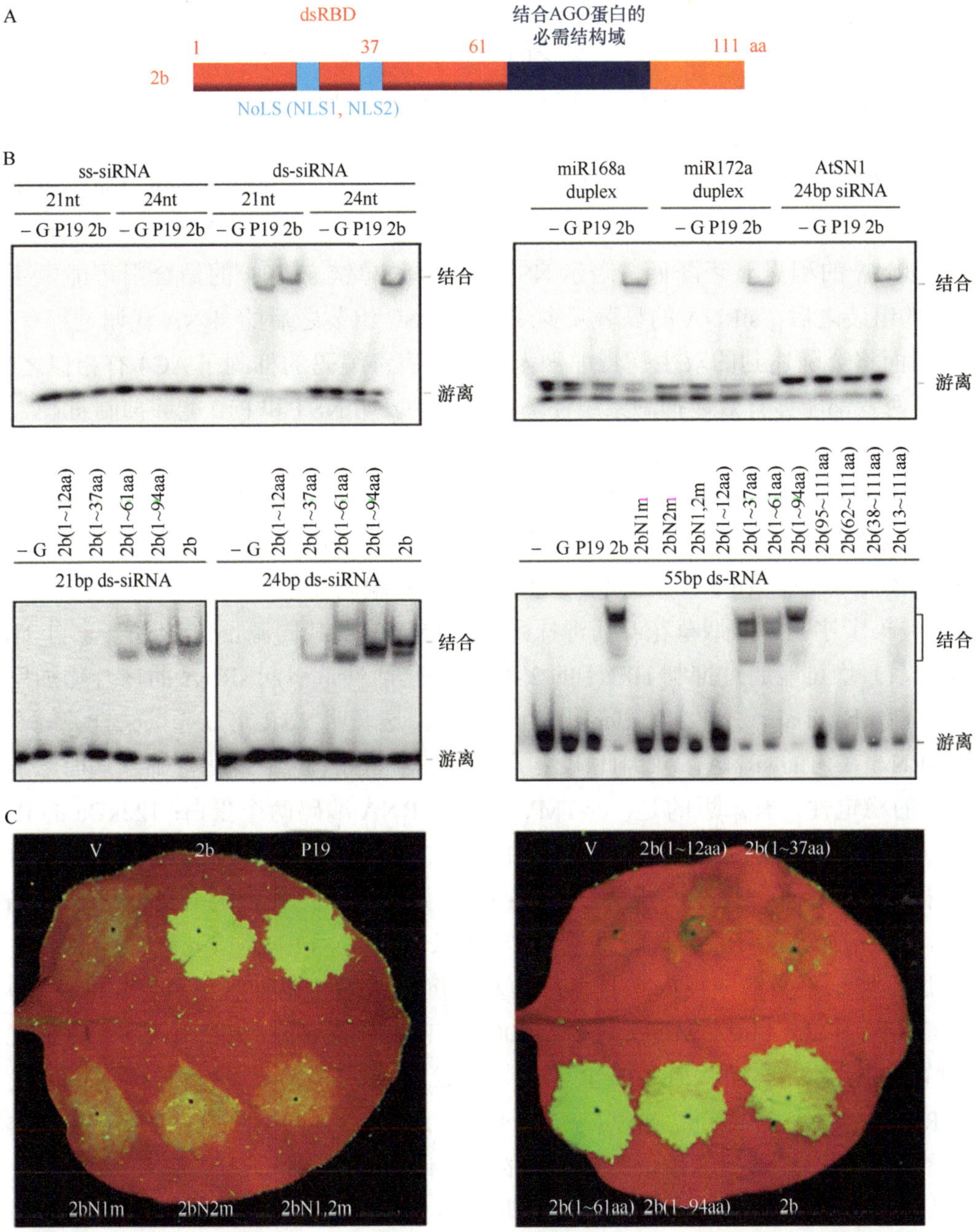

图 4-18　SD-CMV2b 结合 dsRNA 和抑制 RNAi 功能检测［修改自 Duan 等（2012)］

A. CMV2b 蛋白结构示意图。2b 包含 111aa，1～61aa 为 dsRBD，其中包含两个相邻的核定位信号（nuclear localization signal，NLS1 和 NLS2）组成的核仁定位信号（NoLS），同时还包含与 AGO 蛋白结合的必需结构域。B. EMSA 实验证明 2b 能结合长、短 dsRNA 和 miRNA/miRNA* 双链，但 NLS 突变（2bN1m、2bN2m 和 2bN1,2m）不能结合 dsRNA；而 P19 只能结合 21nt ds-siRNA。C. 2b 抑制 *GFP* 沉默。V 为载体负对照，不能抑制 *GFP* 沉默，P19 抑制 *GFP* 沉默（GFP 积累表现为绿色荧光）；2b 的 1～61aa dsRBD 具有和全长 2b 蛋白一样的抑制 *GFP* 沉默活性，但 NLS 突变不能抑制 *GFP* 沉默

dsRNA（Giner et al.，2010）。2b、P38 和 P14 较宽范围的 RNA 靶标结合能力暗示着这些 VSR 可能参与了基因沉默的多个环节：结合长链 dsRNA 可能阻碍某些 DCL 对底物的剪切，抑或阻碍某些 RDR 产生更多的 dsRNA；结合 ds-siRNA 则可能是对 vsiRNA 进行隔离，抑制 RISC-vsiRNA 复合物的组装。与上述结合 dsRNA 的 VSR 不同的是，水稻条纹病毒（*Rice stripe virus*，RSV）NS3 和葡萄病毒 A（*Grapevine virus A*，GVA）P10 蛋白都主要结合单链 siRNA 分子（Zhou et al.，2006；Xiong et al.，2009）。在基于烟草瞬时表达系统的沉默抑制子验证实验中，分别与 NS3 和 P10 共表达的组合中 siRNA 的积累显著降低，暗示 NS3 或 P10 与单链 siRNA 的结合很可能发生在 RISC 的组装之后，siRNA 的显著减少或许与 RISC 组装之后的 sRNA 代谢过程有关。这与后面将会陈述到的双生病毒非洲木薯花叶病毒编码的抑制子 AC4 有相似之处。此外，两者都能够有效地抑制系统性基因沉默，表明 NS3 和 P10 能够抑制 siRNA 的长距离运输。

一项研究发现，P19、HC-Pro 和 P21 转基因植物中 miRNA/miRNA* 双链的 3′ 端 2′-*O*- 甲基化修饰都受到抑制，免疫共沉淀实验显示三者均能结合 3′ 端甲基化修饰或未修饰的 miRNA（Yu et al.，2006）。其中，TMV 编码复制酶（replicase）蛋白 P122（来自侵染十字花科的烟草花叶病毒株系，cr-TMV）及其同源蛋白 P126（来自 TMV OM 株系）均可能通过抑制 HEN1 的 2′-*O*- 甲基化活性，引起 sRNA 的尿苷化加尾和降解（Csorba et al.，2007；Vogler et al.，2007）。这表明 VSR 可以通过结合并隔离包括 vsiRNA 在内的 sRNA，并因此阻止了 HEN1 对 sRNA 的甲基化修饰，从而影响了 sRNA 的稳定性。有意思的是，cr-TMV 基因组 RNA 编码两个蛋白：122kDa 的 P122 蛋白及其通读产物 178kDa 的 P178 蛋白。P122 蛋白包含 3 个结构域，即甲基转移酶结构域、基因间隔区和解旋酶结构域；P178 则还有一个额外的 RDR 基序（Csorba et al.，2007）。其中 P122 能够结合特异性长度的 ds-siRNA 或 miRNA/miRNA* 双链，进而抑制正义链或反向重复引起的基因沉默，同时也抑制了内源 miRNA 的积累（Csorba et al.，2007；Vogler et al.，2007）。P122 可以抑制 siRNA-RISC 的组装及其对靶标 RNA 的剪切，但是对于预组装完成的 RISC 无效，暗示其抑制作用发生在 siRNA 装载进入 RISC 之前（Csorba et al.，2007）。其中 P122 的甲基转移酶结构域是否具有甲基转移酶活性，与 HEN1 的甲基化活性抑制是否存在关联，即 P122 对 sRNA 甲基化修饰的抑制或许不仅仅是其 RNA 结合和隔离作用造成的，还可能与对 HEN1 活性的抑制有关。另外，通读蛋白 P178 是否具备 sRNA 结合能力，其在体内的生物学功能究竟是什么？这一系列问题目前都还有待进一步探索。

另外，与以上描述的通过结合长、短 RNA 而抑制 RNAi 的模式不同，甘薯中单链 RNA 病毒［甘薯褪绿矮化病毒（*Sweet potato chlorotic stunt virus*，SPCSV），长线形病毒科（*Closteroviridae*）］编码的核酸内切酶 RNase3 能够通过降解 21～24nt 的 siRNA 为约 14nt 的 sRNA 从而抑制 ssRNA 介导的 RNAi（Cuellar et al.，2009）。因此，当 SPCSV 和甘薯羽状斑驳病毒［*Sweet potato feathery mottle virus*，SPFMV；马铃薯

Y 病毒科（*Potyviridae*）］两种病毒联合侵染时，SPCSV 的 VSR 功能极大地帮助了 SPFMV 的侵染，即两种病毒联合侵染时的协同作用（synergism）造成更严重的病害和产量损失（Cuellar et al.，2009）。这是一种与前述通过结合 vsiRNA 完全不同的抑制抗病 RNAi 的新策略。

总体而言，通过结合、隔离或降解 vsiRNA，抑制 RISC-siRNA 的组装都可能是植物 RNA 病毒中比较普遍的一种沉默抑制策略。其中一些 VSR 能够结合并隔离 miRNA/miRNA* 双链，因此其转基因过表达植物往往会表现出类似 miRNA 功能缺陷的表型。

（二）与沉默效应器 AGO 蛋白进行互作的 RNA 病毒沉默抑制子

除了与 RNAi 相关的 RNA 之间的互作，RNA 病毒编码 VSR 通过与 RNAi 通路相关蛋白之间直接或间接的互作，特别是与 RISC 中的蛋白组分互作也是对抗病毒 RNAi 的重要抑制策略之一。

除了结合 dsRNA，CMV2b 还能结合 AGO 蛋白。多个株系的 CMV2b 蛋白都含有细胞核定位信号并定位于植物细胞核（Lucy et al.，2000；Duan et al.，2012），而且来自 FNY 株系的 CMV2b 蛋白与 AGO1 在细胞核和细胞质都能够共定位（Mayers et al.，2000）。进一步的遗传学和生化证据表明 FNY2b 的过表达转基因植物也具有与 *ago1-27* 突变体相似的发育表型，FNY2b 能与 AGO1 的 PAZ 和部分 PIWI 结构域相结合并抑制其切割活性，该抑制并不是通过对 siRNA 或 miRNA 的隔离、阻碍其装载进入 RISC 实现的（Zhang et al.，2006）。此后，另外两项研究中也发现 SD-2b 能分别与 AGO1 和 AGO4 相互作用（Duan et al.，2012；Hamera et al.，2012）。位于 dsRNA 结合域（dsRBD）的 NLS 的突变影响 SD-2b 与 dsRNA 的结合活性和抑制 *GFP* 沉默活性（图 4-19），但不影响 SD-2b 与 AGO1/AGO4 的相互作用，显示出 SD-2b 的 dsRBD 和 SD-2b 与 AGO1/AGO4 互作结构域是相互独立的（Duan et al.，2012）。进一步研究证明 SD-2b 与 AGO 蛋白的直接互作抑制其切割活性，其过程不需要 SD-2b 的 dsRNA 结合活性（Duan et al.，2012）。SD-2b 结合 dsRNA 就足以抑制 RNAi。那么，2b 和 AGO 的互作究竟有什么生物学意义呢？利用构建携带不同 SD-2b 的突变体 CMV 进行侵染，发现 2b-AGO 互作是病毒在植物中积累所必需的（Fang et al.，2016）（图 4-19）。CMV2b 是致病因子（Ding et al.，1995），所以，不携带 2b 的 CMV（CMVΔ2b）侵染不产生病症也基本不能积累病毒 RNA；携带包含 dsRBD 的 2b（1～76aa）使 CMV 产生强的病症，但不能抑制植物对病毒 RNA 的剪切，所以积累更多的 vsiRNA；而包含 AGO 结合结构域的 2b（8～111aa）使 CMV 积累更多的病毒 RNA，减少了 vsiRNA 的产生（图 4-19）。进一步的研究证明 2b-AGO 结合是病毒抵抗植物 RDR 依赖的 vsiRNA 扩增的重要策略（Fang et al.，2016）。因此，尽管不同株系的病毒的 VSR 功能及表现存在差异，但黄瓜花叶病毒属 2b 蛋白与 AGO 蛋白的结合是病毒抵抗植物抗病 RNAi 所必需的。

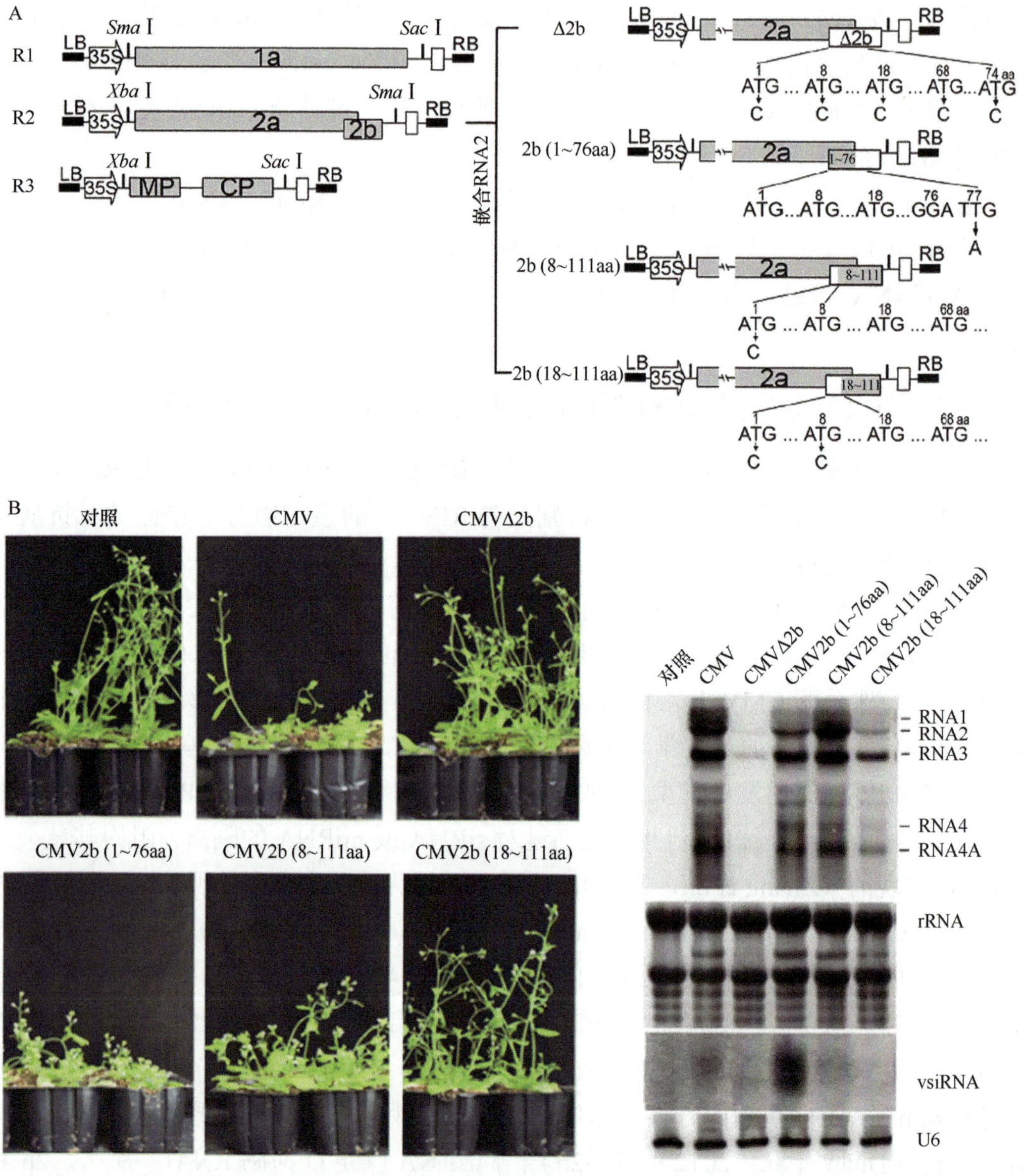

图 4-19 2b-AGO 结合抑制植物 RNAi 介导的对 CMV RNA 的降解［修改自 Fang 等（2016）］
A. CMV 携带不同 2b 结构域示意图。CMV 编码 2b 蛋白的亚基因组（RNA4A）镶嵌于编码 2a 蛋白的基因组（RNA2）中，2b 的各个突变位点的设计都避免造成 2a 蛋白的突变（Fang et al.，2016）。B. 携带不同 2b 功能的 CMV 侵染拟南芥的表型和 CMV RNA 和 vsiRNA 杂交

TCV P38 同样具有明显的多功能性，一方面作为病毒衣壳蛋白（CP）起到对病毒 RNA 的包装作用；另一方面作为 VSR 发挥基因沉默抑制作用。研究发现 P38 也可以通过与 AGO 蛋白的互作来抑制 RNA 沉默。根据 TCV 单体结构进行结构模拟，TCV P38 能够形成同源二聚体甚至六聚体；由于含有两个 AGO 互作蛋白常用的典型 GW（Gly-Trp）基序，P38 能通过 GW 基序形成的挂钩结构（AGO hook）特异性地与抗病相关的两个主要 AGO 蛋白 AGO1 和 AGO2 互作，但并不与 AGO4 和 AGO7

互作（Azevedo et al.，2010；Zhang et al.，2012；Chattopadhyay et al.，2015；Iki et al.，2017）。TCV P38 能够特异性地干扰 DCL4 的功能，抑制 21nt vsiRNA 的产生，并触发 DCL2 替代 DCL4 发挥抗病毒的功能，进而产生 22nt vsiRNA，与此同时 DCL3 产生的 24nt vsiRNA 也会伴随着增加（Deleris et al.，2006）。所以，根据 Azevedo 等的研究推测 P38 可能通过与 AGO1 的互作和功能抑制调控 DCL 蛋白的稳态：通过抑制 miR162 对 DCL1 表达的负向调控，促进了 DCL1 蛋白的积累；DCL1 的积累则抑制了受其负调控的 DCL4 和 DCL3 的表达，进而削弱了针对 TCV 的抗病毒沉默反应（Qu et al.，2008；Azevedo et al.，2010）（图 4-20）。GW 基序的突变会破坏 P38 与 AGO1 的互作，从而破坏 P38 的沉默抑制子活性（Azevedo et al.，2010；Iki et al.，2017）。Iki 等（2017）基于烟草 BY-2 细胞（BY-2 lysate，BYL）建立了高效的体外翻译体系，从 RNA 结合能力、RDR 的 dsRNA 合成活性、长链 dsRNA 的体外剪切、RISC 的体外装载和剪切能力等多个方面对 P38 的沉默抑制子功能进行了深入解析。其结果显示：一方面，P38 在 BYL 中可以结合 RDR 合成长链 dsRNA 并抑制其加工产生 siRNA；另一方面，P38 也可以特异性地结合 21nt 的双链 siRNA，抑制其装载进入 AGO1/AGO2。通过一系列点突变发现，P38 在 dsRNA 加工和 RISC 装载过程中的作用是相对独立的，可以分离开：P38 的 R57A 点突变能够特异性地破坏 P38 对 RISC 装载的抑制作用而保留对 dsRNA 加工的抑制；P38 的 R84A 点突变则显著影响其对 dsRNA 加工的抑制作用而维持其对 RISC 装载的抑制功能；但是，P38 与 AGO 的互作以及 P38 自身的同源二聚化对上述两方面的抑制功能乃至 P38 的沉默抑制子活性都是必需的（Iki et al.，2017）。

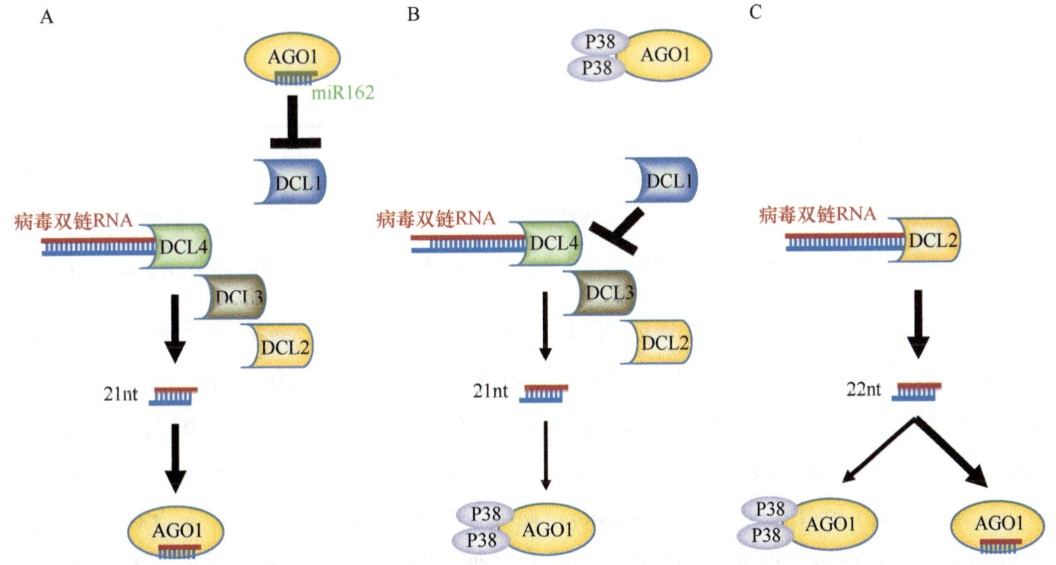

图 4-20 P38 与 AGO1 的互作调控 DCL 蛋白的稳态示意图（Azevedo et al.，2010）

A. miR162-AGO1 介导 DCL1 表达抑制，减少 DCL1 蛋白的积累；B. P38 二聚体与 AGO1 互作，促进 DCL1 蛋白的积累，抑制了受其负调控的 DCL4 和 DCL3，并触发 DCL2 替代 DCL4 的抗病毒功能进而产生 22nt vsiRNA（C）

与 P38 一样，同属于番茄丛矮病毒科的天竺葵线状病毒（PLPV）同样编码了一个带有 GW 基序的衣壳蛋白 P37。P37 也能形成二聚体，分别能与 AGO1 和 AGO4 相互作用，但 GW 的突变并不完全破坏其互作，却会破坏其 RNA 结合能力和沉默抑制子活性（Perez-Canamas and Hernandez，2015）。P37 的沉默抑制机制与 P38 是否相同还有待进一步研究。甘薯轻型斑驳病毒（*Sweet potato mild mottle virus*，SPMMV）编码的沉默抑制子蛋白 P1 的 N 端含有 3 个 GW 基序，能与 AGO1 互作并抑制已装载的 siRNA/miRNA-RISC 活性（Giner et al.，2010）。与 P38 不同的是，P1 不具有 siRNA、dsRNA 的结合能力，也并不抑制 HEN1 介导的 miRNA 的 3′ 甲基化修饰，不影响 dsRNA 的加工，其表达也并不影响体内 miRNA 的积累（Giner et al.，2010）。寄主植物中也存在一些包含 GW/WG 基序的蛋白，能够与 AGO 蛋白相互作用并参与相关 RNA 沉默途径，特别值得注意的是，RNA 解旋酶 SDE3 能够通过 GW 基序与抗病毒相关的 AGO1 和 AGO2 相互作用，辅助 RDR6 介导的 PTGS 信号扩增过程（Garcia et al.，2012）。因此，关于 P1 与 AGO1 互作推测的可能机制就是 P1 可以模仿包含 GW 基序的重要蛋白如 SDE3 与 AGO1 互作，与其竞争结合 AGO1 进而抑制 SDE3 相关的抗病毒功能。此外，P1 也可能通过与 RISC 互作抑制 sRNA-RISC 与靶标 RNA 的配对结合（Szittya and Burgyan，2013）（图 4-21）。

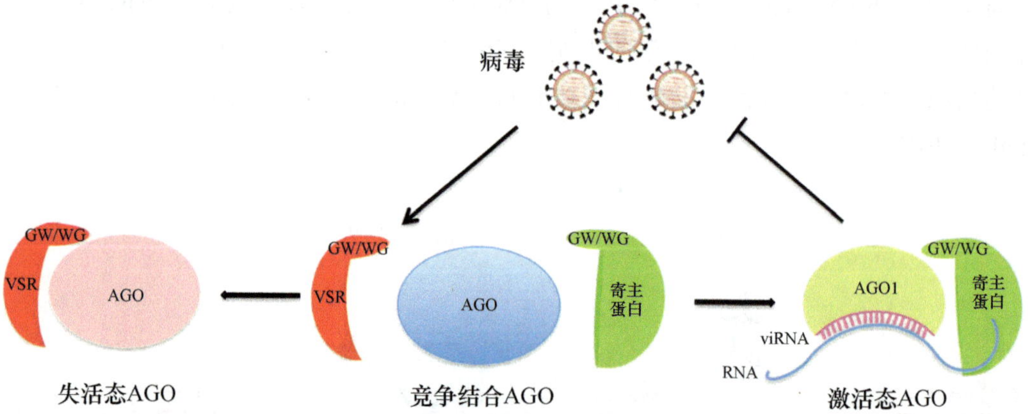

图 4-21 寄主蛋白和 VSR 通过 GW 基序与 AGO1 竞争性结合示意图（Jin and Zhu，2010）

另一个能与 AGO 蛋白互作的 VSR 是韧皮部生长的马铃薯卷叶病毒属（*Polerovirus*）病毒编码的 F-box 蛋白 P0（Pazhouhandeh et al.，2006；Baumberger et al.，2007；Bortolamiol et al.，2007；Csorba et al.，2010；Derrien et al.，2012；Hendelman et al.，2013；Li et al.，2019；Michaeli et al.，2019）。P0 蛋白对于病毒侵染是必不可少的，甜菜西方黄化病毒（*Beet western yellows virus*，BWYV）和马铃薯卷叶病毒（*Potato leafroll virus*，PLRV）中 P0 的无义突变将强烈降低甚至完全破坏病毒的积累（Mayo et al.，1996）。与前述的诸多 VSR 不同，P0 并不具有 RNA 结合能力（Csorba et al.，2010），它通过自身含有的小型 F-box 基序与寄主植物泛素连接酶 E3 SKP1（S-phase kinase-related protein 1）互作形成 SCF（SKP1-cullins-F-box）复合物并促进

AGO1 蛋白降解，F-box 基序的突变将导致其沉默抑制子功能的丧失（Pazhouhandeh et al.，2006；Baumberger et al.，2007；Bortolamiol et al.，2007；Li et al.，2019）。虽然 P0 在体内能够与 AGO1 互作，但并不是与 AGO1 直接发生作用，AGO1 DUF1785 结构域是 P0 介导的 AGO1 蛋白降解所必需的（Baumberger et al.，2007；Bortolamiol et al.，2007；Csorba et al.，2010；Derrien et al.，2018）。P0 也并不影响已经完成组装的 siRNA/miRNA-RISC 的切割活性，但阻遏 siRNA/miRNA-RISC 的从头装载（Csorba et al.，2010）。P0 的转基因植物也会表现出类似 miRNA 通路缺陷突变体的强烈发育异常表型（Bortolamiol et al.，2007）。然而，P0 介导的 AGO1 蛋白降解对一些蛋白酶体抑制剂如 MG132、MG115 和环氧酶素（epoxomicin）的处理并不敏感（Baumberger et al.，2007），但能被自噬相关抑制剂阿洛司他丁（aloxistatin，E64d）和 3- 甲基腺嘌呤（3-methyladenine，3-MA）抑制（Derrien et al.，2012）。亚细胞定位也显示 AGO1 与 ATG8a 在自噬囊泡中共定位（Derrien et al.，2012），P0 不仅能和 AGO1 一样定位于内质网，也能和 ATG8a 共定位（Li et al.，2013；Michaeli et al.，2019）。P0 能够诱导 ATI1/2（ATG8-interacting protein 1/2），ATI1/2 能够在内质网内与 AGO1 互作，将 AGO1 包裹在 ATI 有关的囊泡小体中，促进其从内质网到液泡的转移并降解（Michaeli et al.，2019）。除了马铃薯卷叶病毒属 P0，同属于黄症病毒科（*Luteoviridae*）的突起镶嵌病毒属（*Enamovirus*）病毒豌豆耳突花叶病毒（*Pea enation mosaic virus*，PEMV）编码的沉默抑制子 P0 同样也有类似 F-box 的结构域，其转基因过表达植物也表现出类似 AGO1 缺陷的发育表型。因此，P0 很可能也具有类似的促进 AGO1 蛋白降解的功能，表明这种抑制策略在黄症病毒科 RNA 病毒中是比较保守的（Fusaro et al.，2012）。

PVX 编码的 P25 蛋白也能促进 AGO1 和 AGO2 蛋白降解，但与马铃薯卷叶病毒属 P0 不同的是，这种蛋白降解对 26S 蛋白酶体抑制剂 MG132 敏感（Chiu et al.，2010）。P25 是一个多功能蛋白，具有核酸结合与 RNA 解旋酶活性（Morozov et al.，1999；Kalinina et al.，2002；Morozov and Solovyev，2003），参与胞间连丝的形成。烟草瞬时表达系统中的免疫共沉淀实验显示 P25 能分别与 AGO1/2/3/4 互作，而无法与 AGO5/9 互作，MG132 能够抑制 P25 介导的 AGO1 蛋白降解，预示 P25 可能通过 26S 蛋白酶体降解 AGO 蛋白来抑制寄主植物沉默防卫反应（Chiu et al.，2010）。由此可见，通过 VSR 靶向 AGO 蛋白并介导其降解是 RNA 病毒抑制寄主植物 RNA 沉默防卫反应广泛采用的重要策略之一（图 4-22）。

（三）与其他 RNAi 相关蛋白进行互作的 RNA 病毒沉默抑制子

除了作用于以 AGO 为核心的 RISC 抑制其沉默效应，VSR 还可以特异性地抑制沉默信号的产生和放大过程。通过文库筛选发现，TuMV 编码的沉默抑制子 HC-Pro 能够与编码乙烯诱导的转录因子 RAV2/EDF2 相互作用（Endres et al.，2010）。RAV2 是 HC-Pro 抑制发夹结构引起的 PTGS 过程所需要的。通过研究发夹结构引起的 *GUS* 转基因 PTGS 并分析检测 *GUS* 相关 siRNA 发现，HC-Pro 能够促进积累 *GUS* 转基因

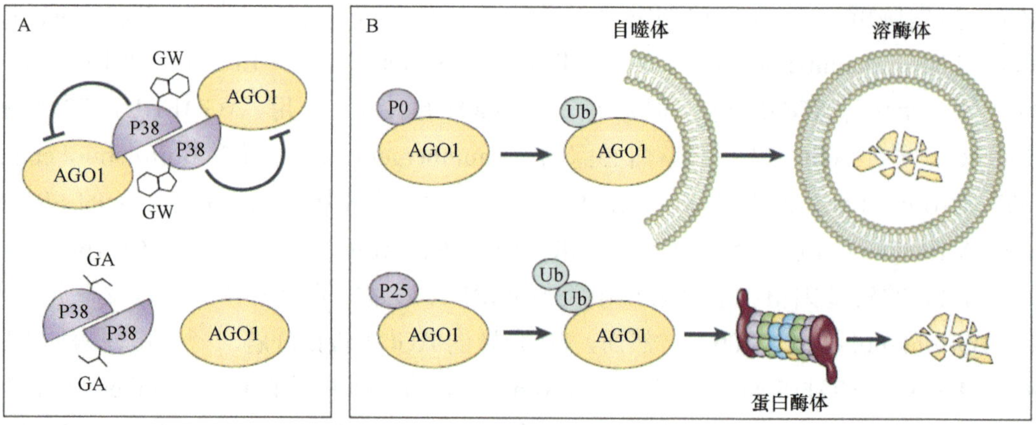

图 4-22　VSR 靶向并介导 AGO1 失活或降解示意图［修改自 Pumplin 和 Voinnet（2013）］
A. VSR 通过 GW 基序与 AGO1 结合介导失活；B. VSR 结合 AGO1 介导其降解

产生的初级 siRNA，却抑制次级 siRNA 的产生，在 *rav2* 突变体中，HC-Pro 不能促进 *GUS* 转基因初级 siRNA 的产生，表明 RAV2 是 HC-Pro 促进初级 PTGS 所必需的。此外，RAV2 是 HC-Pro 抑制 siRNA 活性所必需的，但并不影响 HC-Pro 介导的 miRNA 活性抑制。转录组分析认为 HC-Pro 可能通过与 RAV2 互作，促进内源沉默抑制子 *FRY1*（*FIERY1*）和 *CML38*（*calmodulin-like 38*）基因的表达（Gy et al.，2007；Endres et al.，2010）。但究竟这是一种直接还是间接的转录调控？细胞质定位的 HC-Pro 如何与核定位的转录因子互作并实现对核内基因的表达调控？这些问题还有待进一步的探索。水稻黄矮病毒（*Rice yellow stunt virus*，RYSV）编码的 P6 蛋白则能够与 RDR6 直接相互作用并阻断次级 siRNA 的合成，抑制系统性沉默，但并不能抑制细胞内的转基因沉默（Guo et al.，2013）。

（四）干扰转录基因沉默的 RNA 病毒沉默抑制子

虽然 RNA 病毒只在植物细胞质中复制，但有些病毒的蛋白或 VSR 被发现进入细胞核，如 CMV2b 和甜菜坏死黄脉病毒（*Beet necrotic yellow vein virus*，BNYVV）P25。CMV2b 蛋白包含有核定位信号并定位于植物的细胞核（Lucy et al.，2000；Duan et al.，2012）。所以，除了在细胞质中通过结合 vsiRNA 或长链 dsRNA，或者通过与 AGO1 互作而抑制 RISC 组装和切割活性，抑制植物转录后基因沉默的两种模式，CMV2b 蛋白还参与和 DNA 甲基化相关的转录基因沉默（TGS）的抑制过程（Guo and Ding，2002；Duan et al.，2012；Hamera et al.，2012）。Q-2b 的过表达能引起 *GUS* 转基因甲基化降低；SD-2b 过表达同样引起转座子和重复序列甲基化的降低，而其介导对 DNA 甲基化等转录基因沉默过程的抑制作用需要其 dsRNA 结合活性，不依赖于其与 AGO 的互作，这表明 2b 可能在细胞核中通过结合和隔离 siRNA 及前体长链 dsRNA 抑制 RdDM 过程（Duan et al.，2012；Zhao et al.，2016a）。

SD-2b 的核仁定位结合核仁及核仁相关小体（如 D-body）中与异染色质相关的

siRNA，降低它们介导靶标 DNA 的甲基化（Duan et al.，2012），可能造成原来被沉默的转座子和重复序列的表达而产生并积累更多的内源 sRNA（图 4-23A）。在 CMV

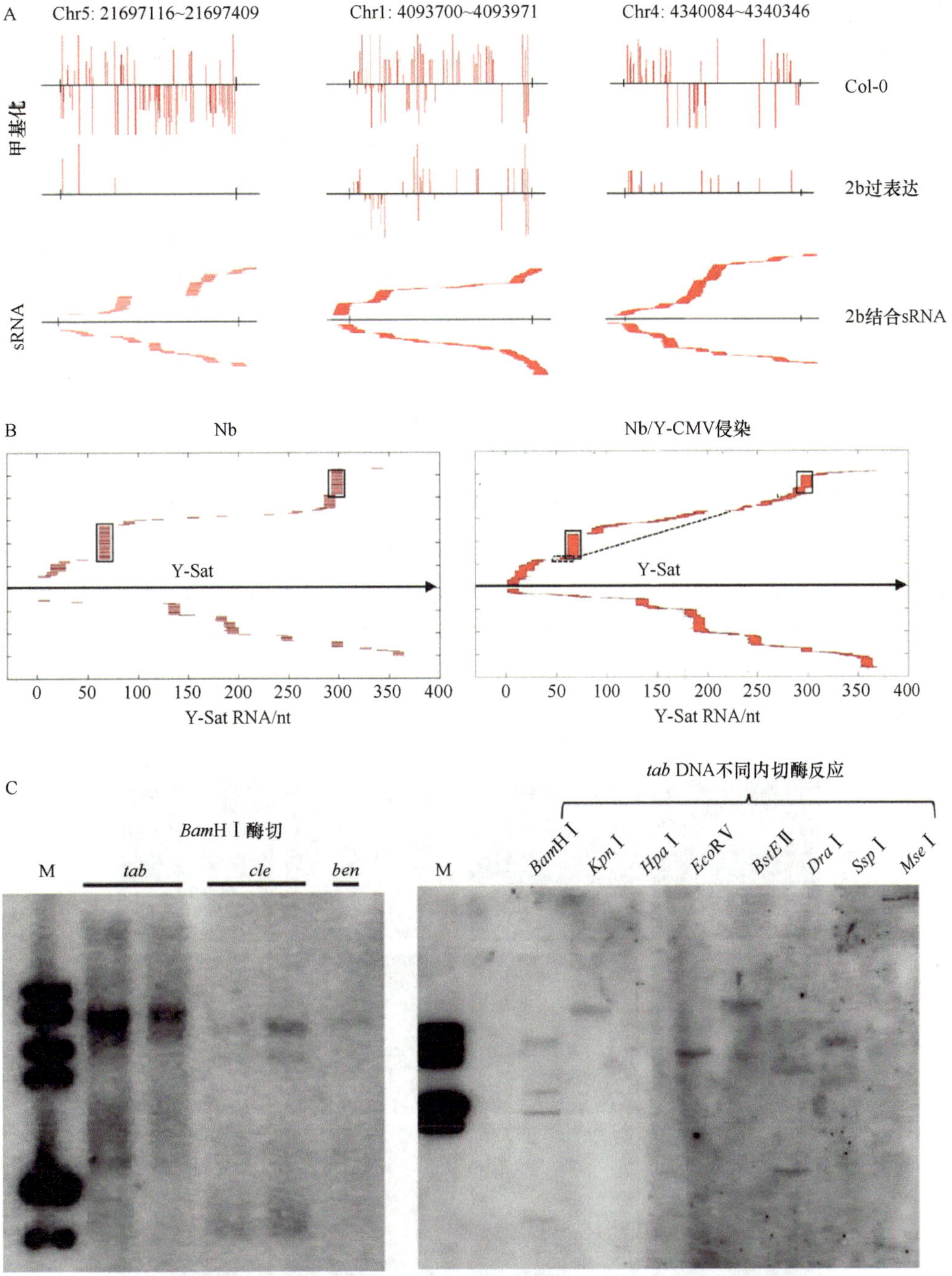

图 4-23　2b 干扰转录基因沉默降低植物基因组甲基化和积累相关 sRNA
［修改自 Zahid 等（2015）］

A. 野生型 Col-0 和过表达 2b 植物一些基因组片段甲基化和 2b 结合 sRNA 的结果，图片参考 Zhao 等（2016a，2016b）；B. 野生型本氏烟草 Nb 和 Y-CMV 侵染后与 Y-Sat RNA 同源的 sRNA（红色短横线）积累量对比；C. 多种野生型烟草（普通烟草 *tab*、心叶烟 *cle*、本氏烟草 *ben*）和不同内切酶反应后与 Y-Sat 特异 DNA 片段杂交，显示植物内源存在 Y-Sat 同源 DNA 片段继代感染和 2b 蛋白抑制 DNA 甲基化的情况下，这些内源 sRNA 合成了依赖 CMV 复制的卫星 RNA（satellite RNA，satRNA）（Zahid et al.，2015）（图 4-23B）。尽管目前尚不知道合成机制，但 sRNA 测序、多种烟草植物中存在与 CMV satRNA 同源序列（图 4-23C）及其甲基化水平的改变、CMV satRNA 减弱 CMV 的病症等，支持了 CMV satRNA 来源于植物内源序列的观点（Hou et al.，2011；Duan et al.，2012；Zahid et al.，2015；Zhao et al.，2016a）。事实上，作为来源于卫星 RNA 的 sRNA，satsiR-12 被证明靶向 CMV RNA 保守的 3′-UTR 区域，并介导依赖 RDR6 产生次级 vsiRNA；但同时 2b 也抑制 satsiR-12 介导的对 CMV RNA 的剪切（Zhu et al.，2011a）。所以，在自然情况下，植物和病毒的互作由于 VSR 的存在而变得格外复杂（Zhao et al.，2016b）。

病毒是专性寄生微生物，只有通过侵染寄主得以繁殖传代。VSR 在病毒自身侵染过程中是一把双刃剑：一方面，病毒利用其抑制植物的抗病毒 RNAi 帮助自身成功侵染；另一方面，植物也利用其抑制 RNAi 的作用诱导抗性，如抗病基因的表达和抗性 satRNA 的产生（Zahid et al.，2015；Zhao et al.，2018）。另外，2b 与 AGO 互作极大地改变了 2b 的定位（Duan et al.，2012；Fang et al.，2016）（图 4-24A），这或许也是植物抵抗病毒抑制 RNAi 的一种策略（Fang et al.，2016；Zhao et al.，2016b）。这些结果和现象告诉我们，体外试验或利用转基因过表达研究 VSR 抑制 RNAi 的结果，不一定能完全代表其在自身病毒侵染时的作用。例如，2b 蛋白，在没有病毒复制的

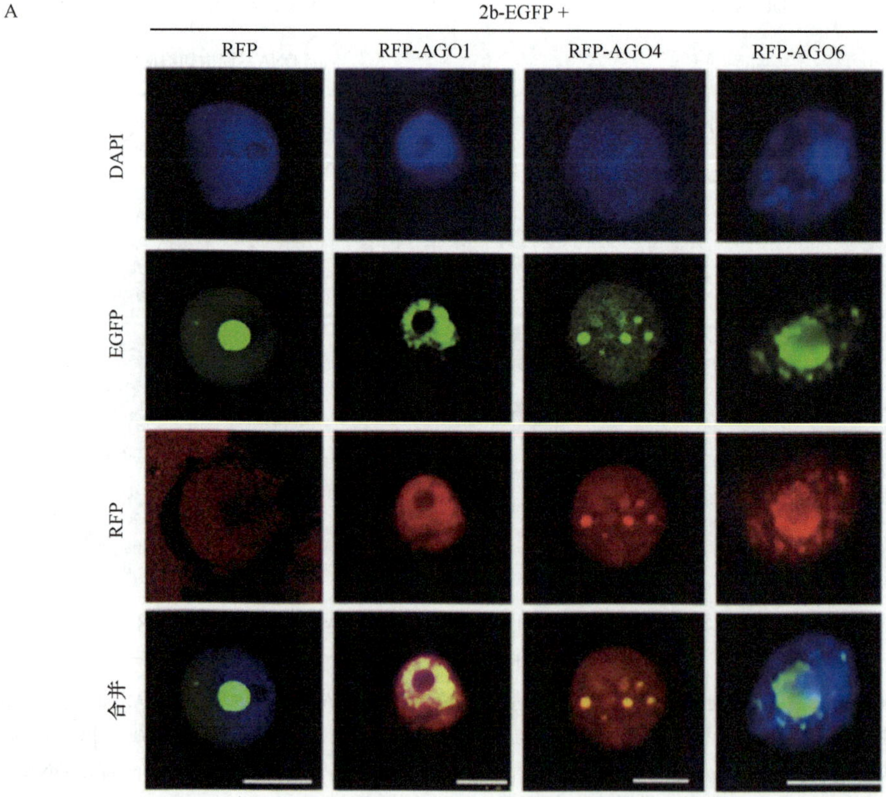

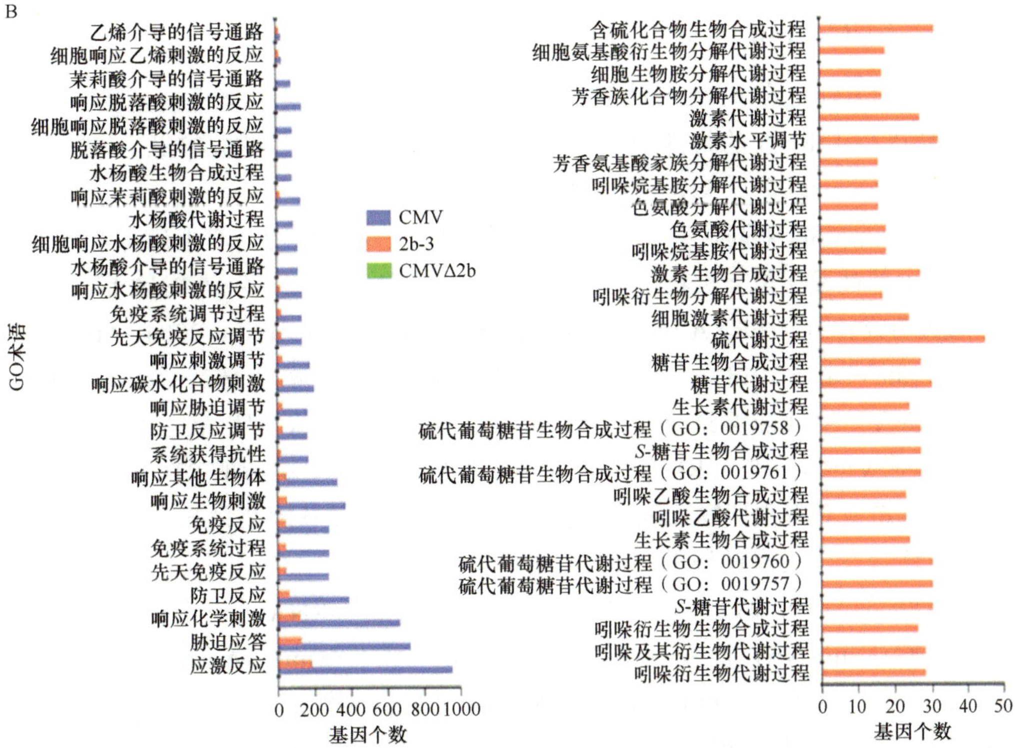

图 4-24　2b 与 AGO 互作改变定位和 2b 介导的植物基因表达模式

［修改自 Duan 等（2012），Zhao 等（2018）］

A. 2b 和 AGO 蛋白互作改变 2b 的定位。EGFP 标记 2b（绿色荧光）和 RFP 标记 AGO 蛋白（红色荧光），蓝色为 DAPI 染细胞核。2b-EGFP 单独表达主要定位于细胞核仁，与不同 AGO 互作改变其核仁定位，弥散或点状定位于细胞核。B. GO 分析比较 2b 过表达植株（2b-3）、CMV 和 CMVΔ2b（缺失 2b）侵染植物转录组改变的基因，2b 过表达多提高与代谢途径相关基因的表达（橙色），而相比于 CMVΔ2b 侵染，CMV 诱导的更多是与抗逆和免疫应答相关基因的表达（蓝色）

情况下，2b 干扰植物基因多为参与代谢途径的基因，而在 CMV 侵染的背景下，2b 诱导了一系列与植物抗逆和免疫相关的基因表达（Zhao et al.，2018）（图 4-24B）。

二、DNA 病毒沉默抑制子

与 RNA 病毒只需要应对 RNA 降解途径不同，DNA 病毒同时面临 PTGS 和 TGS 途径的抑制。因此，DNA 病毒进化产生出相应的 VSR，分别应对两个不同的沉默途径。与 RNA 病毒 VSR 类似，DNA 病毒也编码了许多具有多功能的 VSR，通过与 RNAi 相关 RNA 和蛋白等进行互作，或抑制活性，或抑制积累/表达，还有直接或间接地影响 DNA 甲基化和组蛋白修饰等转录基因沉默过程。尤其作为植物 DNA 病毒当中的最大类群双生病毒，尽管每个病毒基因组编码为数不多的几个蛋白，却具有丰富多样的沉默抑制手段。

（一）与 RNAi 相关 RNA 互作的 DNA 病毒沉默抑制子

尽管 DNA 病毒和 RNA 病毒在进化关系与具体基因组上都相去甚远，但由于 RNA 沉默机制中 RNA 的特殊地位，沉默抑制子作用于寄主植物 RNA 沉默机制时，最重要的策略之一就是与 RNAi 相关 RNA 互作。

DNA 病毒 VSR 中同样有不少具有不同的 RNA 结合能力。双生病毒 C4/AC4 在多项研究中都被发现是一类沉默抑制子，能够通过结合和隔离双链 RNA 前体以阻遏 DCL 的剪切或者结合 siRNA 影响 RISC 的装载（Vanitharani et al.，2004；Amin et al.，2011；Sunitha et al.，2013）。体外试验显示非洲木薯花叶病毒（*African cassava mosaic virus*，ACMV）AC4 能够结合单链的 miRNA 和 siRNA，这表明 AC4 可能通过结合 vsiRNA 阻遏 vsiRNA 进入 RISC 进而抑制寄主植物对双生病毒的 PTGS 反应，而其副效应就是造成对寄主植物 miRNA 途径的干扰，AC4 转基因植物产生严重的发育缺陷表型，这与参与发育过程的 miRNA 途径受到干扰有关（Chellappan et al.，2005）。值得注意的是，通过免疫共沉淀方法分离 ACMV AC4-sRNA 的复合物并检测发现，AC4 只结合了 miRNA，而没有 miRNA*，这暗示 AC4 与 miRNA 的结合很可能是发生在 RISC-miRNA 组装、miRNA/miRNA* 分离之后。此外，在 ACMV 侵染的植物以及 AC4 的过表达转基因植物中，相应的 miRNA 含量都较对照植物中显著降低，这是否暗示着 AC4 与 AGO 竞争性获得 miRNA 后促进了 miRNA 的降解目前不得而知。在玉米线条病毒属小麦矮缩病毒（*Wheat dwarf virus*，WDV）中，鉴定出该属第一个沉默抑制子蛋白 Rep。Rep 蛋白能够分别抑制转基因引起的局部基因沉默和系统性沉默，体外 EMSA 实验显示 Rep 能够结合 21nt 和 24nt 的单链 siRNA 和双链 siRNA（Wang et al.，2014）。TYLCCNV 编码的 V2 蛋白可能通过结合 siRNA 抑制 RISC 的装载，而木尔坦棉花曲叶病毒（*Cotton leaf curl Multan virus*，CLCuMuV）V2 则可能通过结合长链 dsRNA 抑制 DCL 的加工剪切（Amin et al.，2011；Saeed et al.，2015）。

比较特别的是，番茄黄化曲叶病毒（TYLCV）编码的 V2 蛋白被证明能够与番茄中 RDR6 的辅因子 SGS3 相互作用，影响 vsiRNA 的扩增（Zrachya et al.，2007；Glick et al.，2008）。SGS3 对存在 5′ 端突出的 dsRNA 具有强的结合能力，并且很可能是结合在双链和单链 RNA 的结合部，这一特点与 SGS3 参与 RDR6 合成 dsRNA 的功能相吻合；体外试验显示 V2 也有类似 RNA 结合能力，能够与 SGS3 竞争性结合具有 5′ 端突出的 dsRNA，进一步干扰 vsiRNA 的扩增过程（Fukunaga and Doudna，2009）（图 4-25）。

（二）与转录后基因沉默相关蛋白互作的 DNA 病毒沉默抑制子

由于 DNA 病毒也是寄主植物 PTGS 的重要靶标，因此 DNA 病毒中也不乏与 PTGS 过程主要元件蛋白互作的沉默抑制子，分别通过蛋白互作参与 vsiRNA 的加工、沉默信号扩增转移、RISC-vsiRNA 的组装等过程的抑制。

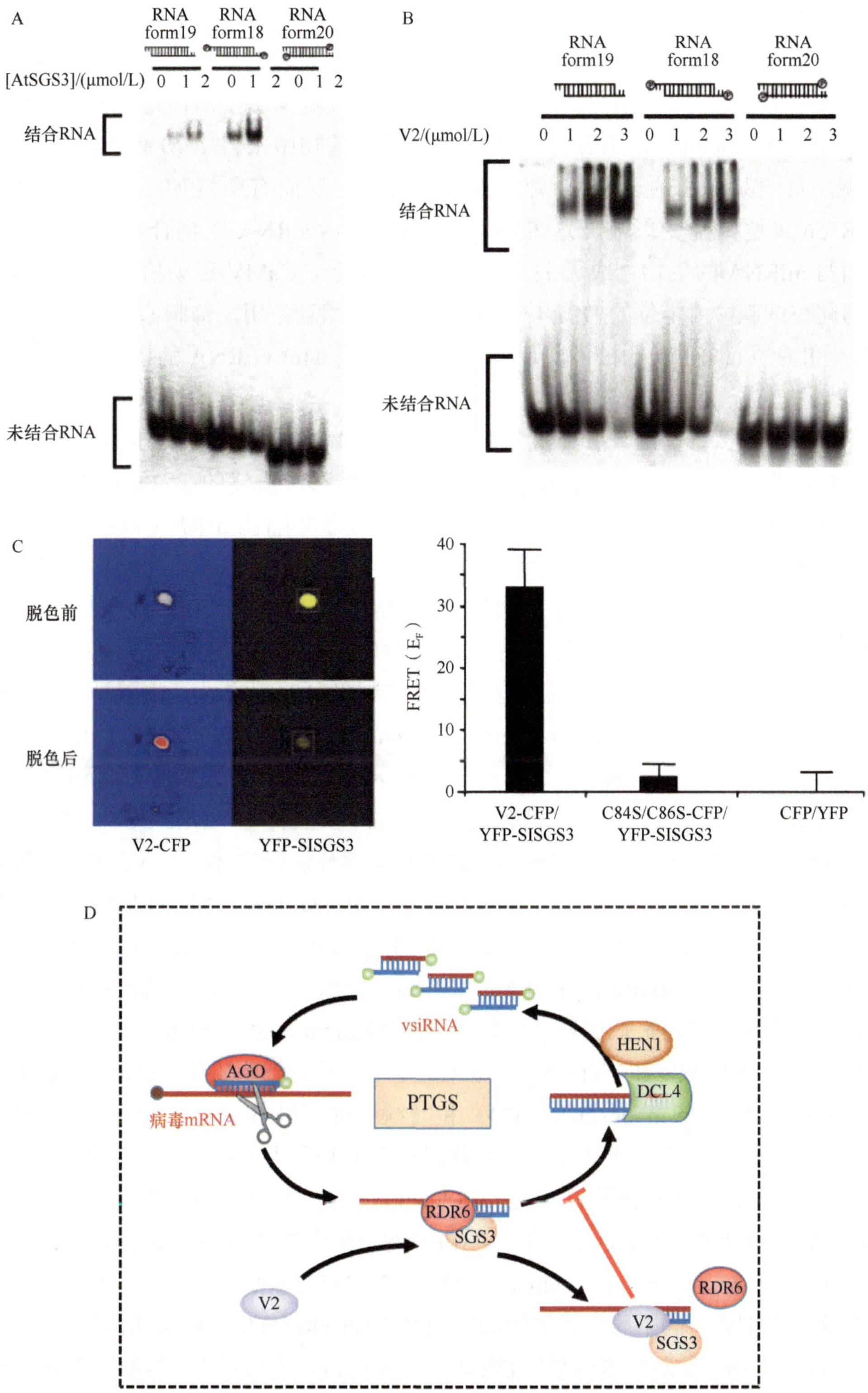

图 4-25 双生病毒 TYLCV V2 与 SGS3 互作的沉默抑制调控

A. EMSA 实验检测 SGS3 与不同结构 RNA 的结合能力；B. EMSA 实验检测 TYLCV V2 与不同结构 RNA 的结合能力；C. 荧光共振能量转移（FRET）实验证明 V2 与 SGS3 的体内互作，V2 C84S/C86S 突变能够破坏两者互作；D. 双生病毒 TYLCV V2 与 SGS3 互作的沉默机制模型双链 DNA 病毒花椰菜花叶病毒（*Cauliflower mosaic virus*，CaMV）编码一个核质定位的转录激活蛋白［transactivator protein（TAV），又称 P6］，蛋白序列中含有两个核定位信号序列，其核定位信号对于 P6 蛋白的沉默抑制子活性是必需的，该蛋白能与核输入蛋白 α 相互作用并进入核。P6 转基因植物中来自 *TAS1* 的 tasiRNA255 表达下调，负责其剪切的 miR173 含量不仅没有减少反而有所增加；而其他 miRNA，如 miR156 表达则不受影响。这表明 P6 能够与核内 siRNA 生物合成相关的因子互作，而与 miRNA 的生物合成无关。进一步研究显示，CaMV 侵染植物时该蛋白能够直接与同在细胞核内定位的 DCL4 辅助因子 DRB4 相互作用，抑制 DCL4 介导的 21nt vsiRNA 和内源 tasiRNA 的核内剪切加工，间接导致 24nt vsiRNA 的增加（Haas et al.，2008）。

双生病毒也编码了一系列沉默抑制子直接或间接地调控 RDR6-SGS3 相关过程，抑制沉默信号的放大，进而限制沉默信号的转移。前述的 TYLCV V2 蛋白就能够与 RDR6 辅助因子 SGS3 互作，同时竞争性结合并隔离 dsRNA 以抑制 RDR6 活性。V2 C84S/C86S 点突变能够破坏与 SGS3 的互作，进而破坏其沉默抑制子的活性（图 4-25）。类似地，属于另一个曲顶病毒属的甜菜曲顶病毒（BCTV）编码的 V2 也能通过干扰 RDR6-SGS3 通路抑制寄主植物的转录后基因沉默（Luna et al.，2017，2020），这体现了双生病毒 V2 蛋白这种沉默抑制机制的保守性。中国番茄黄化曲叶病毒 β 卫星 DNA（*Tomato yellow leaf curl China beta satellite*，TYLCCNB）编码的 βC1 蛋白和番茄金色花叶病毒（*Tomato golden mosaic virus*，TGMV）编码的 AL2 蛋白也能通过正向调控植物内源沉默抑制子 rgsCaM 间接抑制 RDR6-SGS3 通路的功能（图 4-26），具体的机制在后面的植物内源抑制子部分进行详述。与 V2 蛋白不同，印度绿豆黄化花叶病毒（*Mungbean yellow mosaic Indian virus*，MYMIV）编码的 VSR 蛋白 AC2 并不具有 RNA 结合能力，但分别能够与 RDR6 和 AGO1 相互作用，推测一方面通过直接抑制 RDR6 产生更多的 dsRNA 底物，另一方面则通过抑制 AGO1 的活性，从两个不同层面来抵御转录后基因沉默（Kumar et al.，2015）。

此外，MYMV AC4 和 TYLCV C4 是一类定位于植物细胞质膜（plasma membrane，PM）、胞间连丝（plasmodesmata，PD）和叶绿体的沉默抑制子，能够抑制 RNAi 信号的细胞间扩散；其脂酰化（AC4 的棕榈酰化和 C4 的豆蔻酰化）位点的突变会破坏其 PM/PD 定位和沉默抑制子的功能（Carluccio et al.，2018；Rosas-Diaz et al.，2018）（图 4-26A，图 4-26C）。C4 能与同样是 PM/PD 定位的受体样激酶（receptor-like kinase，RLK）BAM1（barely any meristem 1）和 BAM2 的胞内激酶结构域强烈互作，其互作是双生病毒在细胞间的系统性扩散所必需的（Carluccio et al.，2018；Rosas-Diaz et al.，2018）。*bam1bam2* 双突变体与 C4 过表达转基因类似，能够抑制 RNAi 信号的细胞间扩散，这表明 C4 可能通过抑制质膜上 BAM1/BAM2 的某些功能，进而抑制了细胞间的沉默信号扩散（Rosas-Diaz et al.，2018）（图 4-26B）。

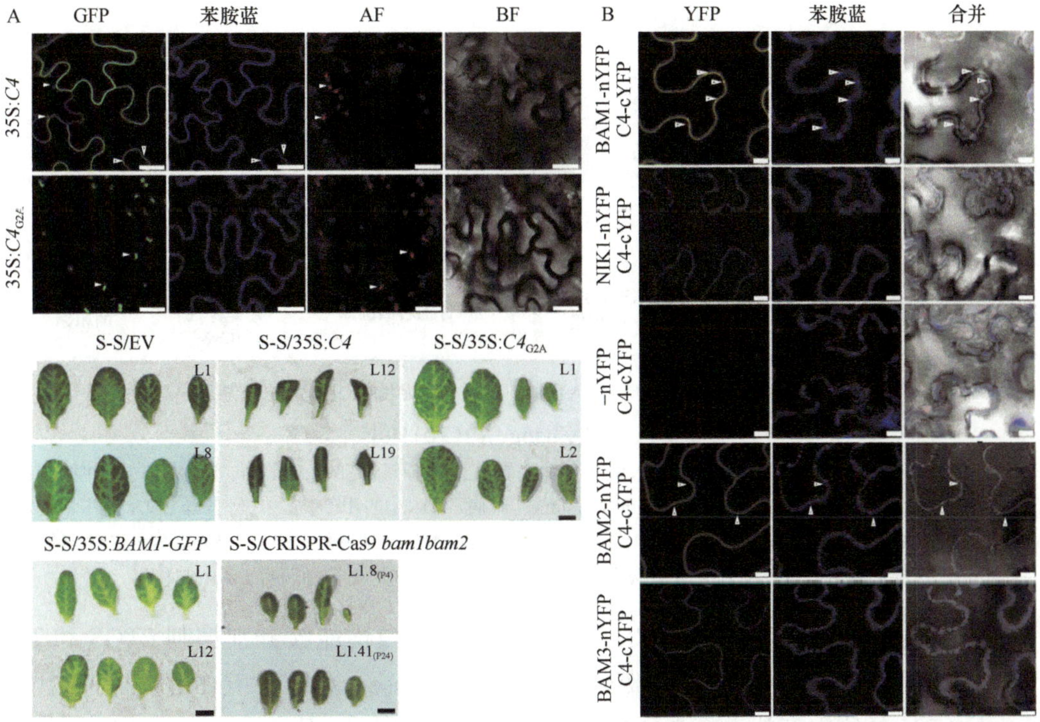

图 4-26　TYLCV C4 与 BAM1/2 互作抑制细胞间沉默信号扩散［修改自 Rosas-Diaz 等（2018）］

A. TYLCV C4 及其突变体的亚细胞定位，野生型 C4 定位于植物细胞质膜（plasma membrane，PM）、胞间连丝（plasmodesmata，PD）和叶绿体，C4 的豆蔻酰化位点突变 G2A 改变其在 PM/PD 上的定位；B. TYLCV C4 与 BAM1/2/3 的双分子荧光互补实验（bi-molecular fluoresence complementation assay，BiFC），TYLCV C4-cYFP 均能与 BAM1/2-nYFP 强烈互作，而与同源关系较远的 BAM3-nYFP 微弱互作，C4-cYFP 分别与 NIK1-nYFP 和 nYFP 的互作是实验负对照。C. 在 *SUC:SUL*（S-S）的沉默报告系统（Himber et al.，2003）中，拟南芥内源基因 *SUL*（*SULFUR*）的反向重复片段在韧皮部伴胞细胞中特异性表达，能够产生 21nt 和 24nt siRNA 从而有效沉默 *SUL* 并导致沉默细胞或组织的褪绿萎黄表型；21nt siRNA 能够通过细胞间移动在维管束附近 10～15 个细胞中引起沉默的扩散。因此该转基因植物可以作为一个监测 siRNA 或沉默信号细胞间移动和扩散的报告系统。C4 在该系统中过表达（S-S/35S:*C4*）后叶片维管束附近的褪绿萎黄区域相对于对照植株（S-S/EV）中的显著减小，即抑制了沉默信号的扩散，而 C4G2A 的突变（S-S/35S:$C4_{G2A}$）恢复了表型；BAM1 的过表达（S-S/35S:*C4*）则使得褪绿萎黄区域扩大，相反，*bam1bam2* 双突变则与 S-S/35S:*C4* 中类似，褪绿萎黄区域显著减小

（三）与调节甲基循环相关蛋白互作的 DNA 病毒沉默抑制子

植物体内存在各种甲基化反应，诸如 DNA 甲基化、组蛋白甲基化和 sRNA 的 3′ 端甲基化，其甲基供体都是 *S*-腺苷甲硫氨酸（*S*-adenosylmethionine，SAM），通过甲硫氨酸（methionine，Met）、*S*-腺苷甲硫氨酸、*S*-腺苷高半胱氨酸（*S*-adenosyl-homocysteine，SAH）和高半胱氨酸（homocysteine，HCY）的甲基循环反应进行循环利用（图 4-27）。近些年来的研究发现通过对甲基循环的整体抑制是 DNA 病毒阻遏 RdDM 等 RNA 沉默途径的重要策略之一，双生病毒编码的抑制子靶向甲基循环的多个步骤，直接或间接地阻遏甲基供体的产生和甲基化反应的进行（图 4-27）。

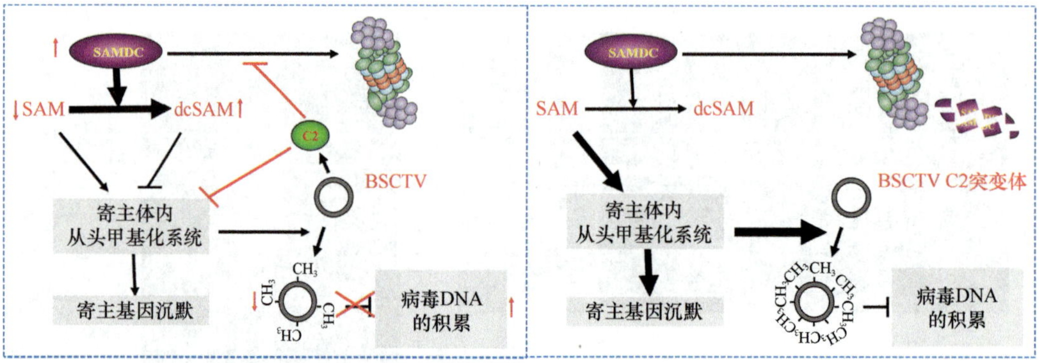

图 4-27 BSCTV C2 通过调控 SAMDC1 蛋白降解抑制植物转录基因沉默过程
[修改自 Zhang 等（2011）]

左图为 BSCTV 沉默抑制子 C2 与 SAMDC1 相结合并抑制其蛋白降解，促进 SAM 向 dcSAM 转化并抑制寄主植物体内甲基化系统（host *de novo* methylation system）对病毒 DNA 的甲基化，提高病毒 DNA 的积累；右图为 BSCTV C2 突变的情况下，由于 SAMDC1 能被泛素/26S 蛋白酶体快速降解，抑制了 SAM 向 dcSAM 的转化，寄主植物体内甲基化系统对病毒 DNA 进行甲基化修饰进而抑制病毒 DNA 的积累

TGMV 编码的 AL2 蛋白和 BCTV 编码的 L2 蛋白均能够分别抑制 PTGS 和 TGS 的沉默抑制子，它们均能与腺苷激酶（adenosine kinase，ADK）互作并发挥抑制子功能，而 ADK 是体内有效生产 SAM 的重要甲基转移酶辅助因子（Wang et al.，2005）。RNAi 敲低 ADK 抑制 ADK 的活性，过表达 TGMV AL2 和 BCTV L2 都能抑制寄主植物和病毒自身基因组的转录基因沉默；缺失 L2 的 BCTV 基因组甲基化程度增加，所侵染的植物中病毒积累量显著降低（Raja et al.，2008；Buchmann et al.，2009）。类似地，甜菜严重曲顶病毒（*Beet severe curly top virus*，BSCTV）编码的沉默抑制子 C2 蛋白也能够同时抑制 PTGS 和 TGS 反应，并影响病毒侵染的植物病症严重程度、感染率、病毒积累量及病毒基因组 DNA 的甲基化状态（Zhang et al.，2011）。研究发现 BSCTV C2 能与植物 *S*-腺苷甲硫氨酸脱羧酶（*S*-adenosylmethionine decarboxylase 1，SAMDC1）互作，抑制 26S 蛋白酶体介导的 SAMDC1 蛋白降解（Zhang et al.，2011）。SAMDC1 能够催化 SAM 脱羧变成脱羧 *S*-腺苷甲硫氨酸（decarboxylated *S*-adenosylmethionine，dcSAM），dcSAM 能够与 SAM 竞争性结合甲基转移酶并抑制其甲基化活性（Heby et al.，1988）。SAMDC1 的增加能促进 dcSAM 的积累并抑制 DNA 甲基化和对病毒基因组的转录基因沉默（Zhang et al.，2011）（图 4-27）。这也是首次发现了植物病毒通过调节植物蛋白泛素化降解来抑制寄主植物甲基化介导的基因沉默防卫反应的机制。此后，另一项研究也发现撒丁岛番茄黄化曲叶病毒（*Tomato yellow leaf curl Sardinia virus*，TYLCSV）编码的 C2 同源蛋白也可以结合 COP9 复合体的 CSN5 亚基，干扰 SCF^{SLY1} 复合物中 CUL1 的去节基化修饰（derubylation）进而影响 SCF 对底物的泛素化降解（Lozano-Duran et al.，2011）。由此可见，DNA 病毒特异性地调控蛋白泛素化/类泛素化降解过程来抵抗寄主植物的防卫反应，是病毒与寄主植物在长期协同进化过程中形成的一种博弈机制。

此后，研究陆续发现双生病毒还编码其他能够影响甲基化循环的沉默抑制子。TYLCCNV βC1 也是能够同时抑制 PTGS 和 TGS 的沉默抑制子。编码 βC1 的卫星 DNA TYLCCNB 与 TYLCCNV 共同侵染时可以降低 TYLCCNV 基因组的甲基化水平；与 L2 突变的 BCTV $^{L2-}$ 共同侵染时，也能够互补其病症表型并恢复 TGS 效应，降低 BCTV 基因组的甲基化水平（Yang ct al.，2011）（图 4-28）。互作蛋白筛选和验证发现 βC1 能与 *S*-腺苷高半胱氨酸水解酶（*S*-adenosylhomocysteine hydrolase，SAHH）互作，其中 SAHH 可以催化 *S*-腺苷高半胱氨酸（SAH）水解产生腺苷和高半胱氨酸（HCY），SAH 也是转甲基反应中 SAM 的竞争性抑制剂。βC1 能结合并抑制 SAHH 活性，导致 SAH 的积累进而干扰了寄主植物甲基化介导的抗病毒防卫反应（Yang et al.，2011）（图 4-28）。免疫共沉淀结合质谱分析及互作验证发现 CLCuMuV 编码的沉默抑制子 C4 能与本氏烟草中 *S*-腺苷甲硫氨酸合成酶 2（*S*-adenosylmethionine synthetase 2，SAMS2）互作，SAMS2 的沉默可以抑制 SAM 的产生进而抑制 PTGS 和 TGS 过程。体外试验发现 C4 能够抑制 SAMS2 的活性，同时干扰了病毒基因组的甲基化和 PTGS 调控（Ismayil et al.，2018）（图 4-28）。

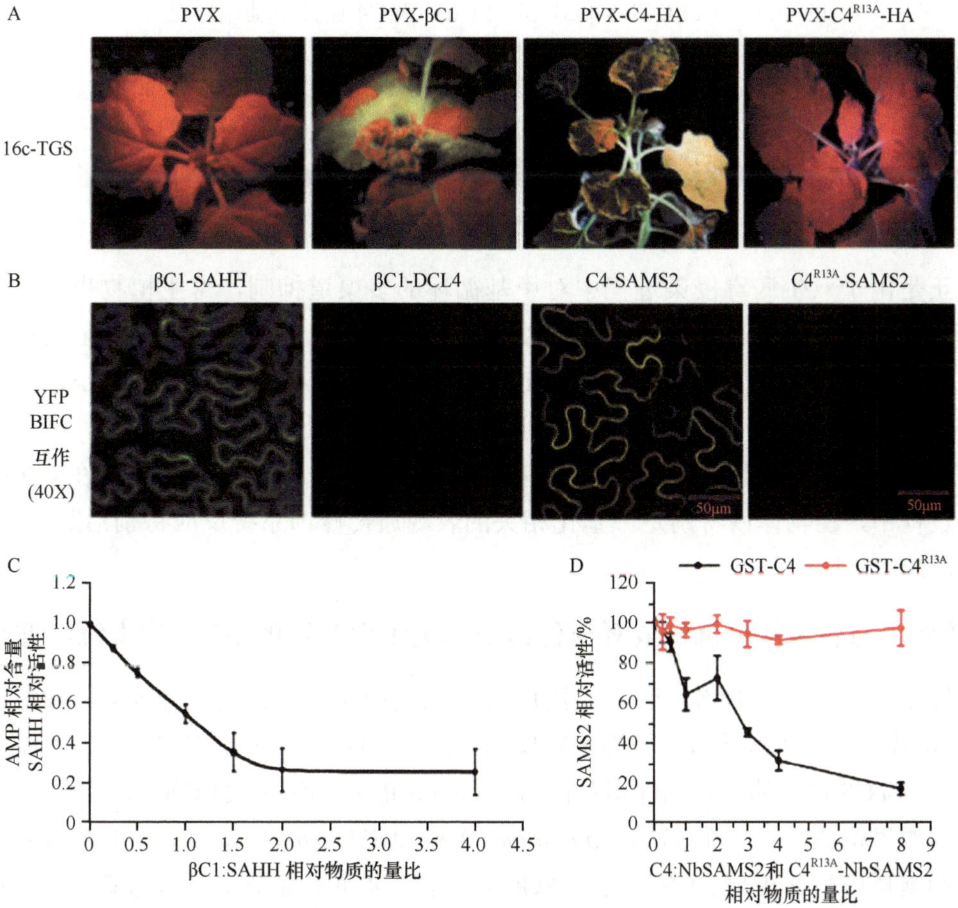

E

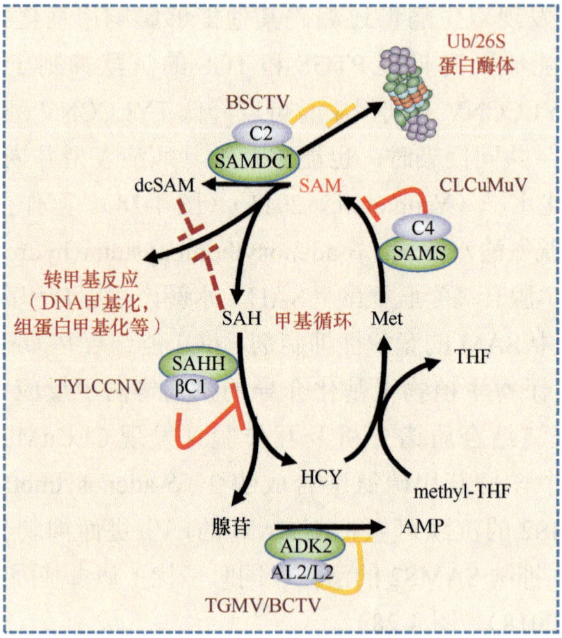

图 4-28 TYLCCNV βC1 和 CLCuMuV C4 调控甲基循环过程
［修改自 Yang 等（2011），Ismayil 等（2018）］

A. 在烟草 TGS 报告系统 16c-TGS 中通过 PVX 表达 βC1、C4 和 $C4^{R13A}$ 发现 TYLCCNV βC1 和 CLCuMuV C4 可以抑制 TGS 反应，从而在紫外灯照射下检测到 16c-TGS 有 GFP 荧光；B. BIFC 检测验证 βC1 和 SAHH、C4 和 SAMS2 存在互作，而 βC1 和 DCL4、$C4^{R13A}$ 和 SAMS2 作为负对照；C. SAHH 的活性检测显示 βC1 能够在体外抑制 SAHH 的活性；D. SAMS2 的活性检测显示 C4 也能在体外抑制 SAMS2 的活性，而 $C4^{R13A}$ 则不能；E. 双生病毒编码沉默抑制子通过蛋白质-蛋白质相互作用调控甲基循环及转甲基反应的工作模型

正是由于双生病毒侵染过程中对甲基循环的多渠道抑制，寄主植物也因此通过甲基循环途径做出进一步反制措施，以降低双生病毒这类抑制抗病毒防卫反应的影响。TYLCCNV 及其 β 卫星 DNA（TYLCCNB）共同侵染本氏烟草的 iTRAQ 蛋白质组分析显示，SAM 甲基循环是最显著上调的一个生化反应过程。经验证，其中至少 3 个参与该过程的基因转录及编码蛋白都显著上调表达，这也从侧面说明在双生病毒侵染过程中，植物体内特别是甲基化相关的表观遗传修饰系统反应特别活跃（Zhong et al.，2017）。

（四）与转录基因沉默表观遗传修饰相关蛋白互作的 DNA 病毒沉默抑制子

转录基因沉默（TGS）过程的抗病毒防卫反应主要是通过对 DNA 病毒基因组 DNA 和微型染色体组蛋白的修饰来实现的。因此，DNA 病毒也编码了一系列沉默抑制子，与 TGS 途径的主要元件相互作用并影响 RdDM 和组蛋白修饰的活性。

新德里番茄曲叶病毒（*Tomato leaf curl New Delhi virus*，ToLCNDV）AC4 蛋白能够在细胞核内与 RdDM 的关键元件 AGO4 互作，进而干扰寄主对病毒基因组的甲基化（Vinutha et al.，2018）。CLCuMuV 编码的 V2 也能与 AGO4 的 PAZ 结构域相互作用。值得注意的是，此前关于 2b 的研究显示 CMV SD-2b 的第 62～94 位氨基酸对于

SD-2b 与 AGO1 的互作是必不可少的（Duan et al.，2012），通过 CLCuMuV V2 蛋白与 SD-2b$_{62\sim94}$ 的序列比对发现其中含有一个保守 SEL 基序，将 V2 该基序中的第 76 位 L 突变为 S 将会破坏 V2 与 AGO4 的相互作用以及 V2 的转录基因沉默抑制子功能，进而严重影响病毒的侵染（Wang et al.，2019）。类似地，不久之后另一研究同样发现 TYLCV V2 蛋白除了如前所述能与 RDR6 相互作用（Glick ct al.，2008）(Γukunaga and Doudna，2009)（图 4-29），也可以与烟草和番茄的 AGO4 相互作用；V2 通过与 AGO4 在细胞核内的卡哈尔体（Cajal body）互作并抑制 AGO4 介导的病毒基因组甲基化修饰，并且其互作及 V2 的抑制作用依赖于 V2 在卡哈尔体的定位（Wang et al.，2020）（图 4-29）。利用 TYLCV 和 TYLCV-V2null 分别侵染 3×FLAG-NbAGO4-1 转基因材料，sRNA 杂交和 AGO4-sRNA 复合物免疫沉淀显示不同毒株侵染下的植物中

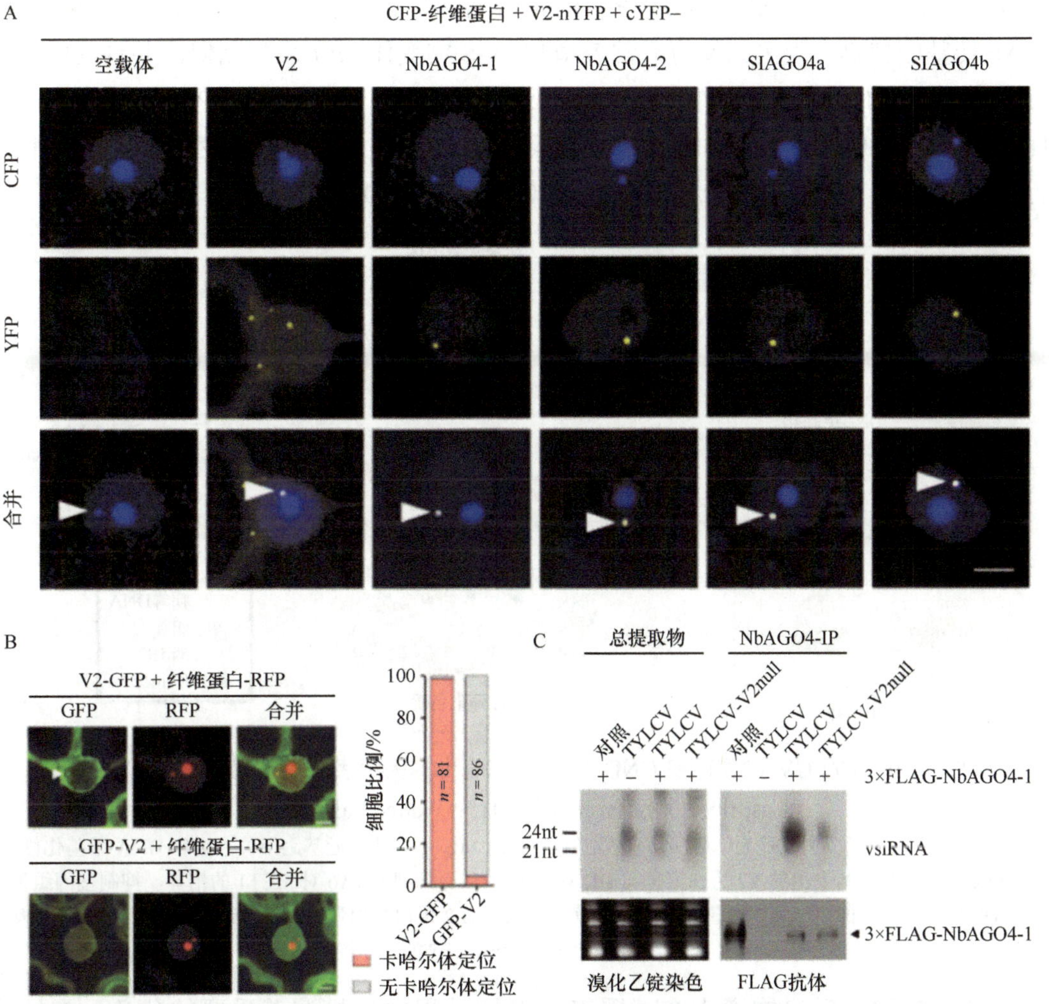

图 4-29 TYLCV V2 与 AGO4 互作并抑制转录基因沉默［修改自 Wang 等（2020）］

A. BiFC 实验验证 TYLCV V2 能分别与烟草和番茄的 AGO4 在卡哈尔体互作；B. 绝大部分 V2-GFP 蛋白定位于卡哈尔体中，而 GFP-V2 蛋白则没有卡哈尔体定位；C. 3×FLAG-AGO4-1 总 RNA 和蛋白质-RNA 复合物 IP 样品的 sRNA 凝胶印迹实验：相对于 TYLCV 侵染材料，在 TYLCV-V2null 突变体侵染时，总 RNA 中的 vsiRNA 没有显著变化，AGO4 结合的 vsiRNA 非但没有增加，还有一定程度减少

TYLCV vsiRNA 的积累以及 AGO4 结合 vsiRNA 的含量并未受到影响，这表明 V2 并不影响 vsiRNA 的产生和对 AGO4 的装载；进一步针对 NbAGO4-1 的染色质免疫沉淀（chromatin immunoprecipitation，ChIP）和 RNA 结合蛋白免疫沉淀（RNA binding protein immunoprecipitation，RIP）实验发现，V2 主要抑制了 AGO4 对病毒 RNA 和基因组 DNA 的结合（Wang et al.，2020）（图 4-29）。

除了与 AGO4 蛋白互作，TYLCV V2 蛋白还能与烟草组蛋白去乙酰化酶 6（histone deacetylase 6，HDA6）互作，干扰 HDA6 对 CG 甲基转移酶 MET1 的招募，造成病毒基因组 DNA 甲基化的降低，增加了 TYLCV 的致病性（Wang et al.，2018）（图 4-30）。菜豆金色花叶病毒属（*Begomovirus*）病毒 TGMV 和 CaLCuV 编码的 AL2 由于具有转录激活活性，又称为 TrAP，能与寄主植物组蛋白 H3K9me2 甲基转移酶［SU(VARA)3-9 homolog 4/kryptonite，SUVH4/KYP］的催化结构域进行互作并抑制其体外活性，TrAP 转基因植物表现出的发育异常表型与 TGS 突变体 *lhp1* 表型相似，并且其中一些受 KYP 抑制的基因表达上调（Castillo-Gonzalez et al.，2015）。TrAP 能够在体内降低 H3K9me2 和 CHH 甲基化修饰，TrAP 缺陷的 CaLCuV 侵染 *kyp* 突变体仍能够顺利进行系统性扩散（Castillo-Gonzalez et al.，2015）（图 4-30）。

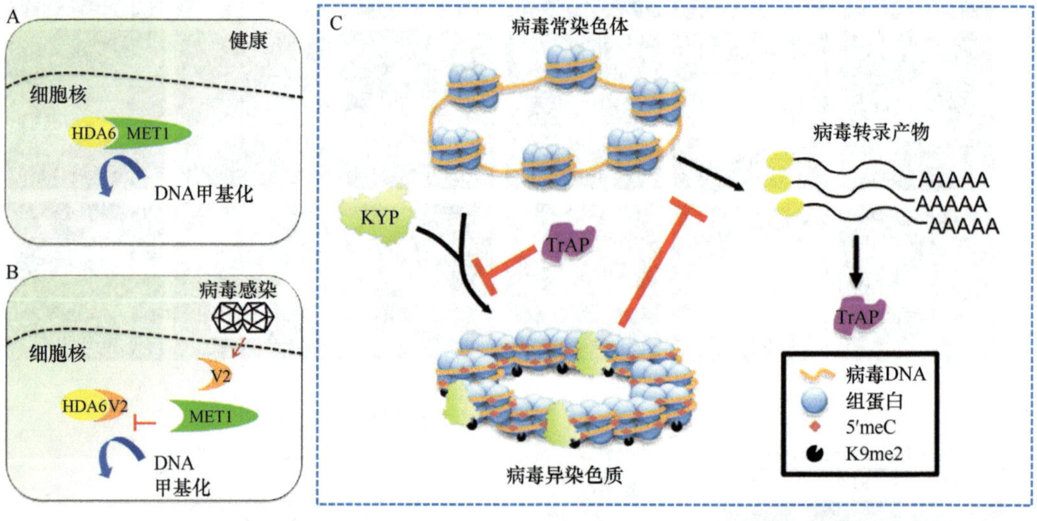

图 4-30　TYLCV V2 和 ToLCNDV C4 调控病毒基因组表观遗传修饰的工作模型（Castillo-Gonzalez et al.，2015；Wang et al.，2018）

A. 正常情况下，组蛋白去乙酰化酶 HDA6 招募甲基转移酶 MET1 对其附近基因组位点进行 DNA 甲基化修饰；B. TYLCV 侵染时，其表达的 V2 蛋白可以与 HDA6 互作，从而抑制 HDA6 对 MET1 的招募，抑制基因组位点上的 DNA 甲基化修饰；C. 菜豆金色花叶病毒属病毒 TrAP/AL2 蛋白与组蛋白 H3K9me2 甲基转移酶 KYP 互作并调控组蛋白和 DNA 甲基化修饰的工作模式图

组蛋白翻译后修饰通常在基因表达调控过程中也扮演着重要的角色。在植物中，泛素结合酶 2（ubiquitin-conjugating enzyme 2，UBC2）和组蛋白单泛素化酶 1（histone monoubiquitination 1，HUB1）能够单泛素化组蛋白 2B（histone 2B，H2B）；单泛素化的 H2B（H2B-ub）是转录活跃的染色质标记，并且可以作为诸如 H3K4me3

和 H3K79me3 等转录激活表观修饰的前体（Lee et al.，2007）。辣椒曲叶病毒（*Chilli leaf curl virus*，ChiLCV）侵染 7 天时，整体 H2B-ub 有所增加，但接种后 14～21 天均呈下降趋势，而 H3K4me3 则没有显著差异。在接种病毒 0～21 天内，检测 ChiLCV 基因组上的 H2B-ub 和 H3K4me3 修饰发现，在病毒启动子和基因区内的 H2B-ub 与 H3K4me3 修饰都是呈现逐步增加的趋势（Kushwaha et al.，2017）。在利用 VIGS 沉默 *NbUBC2* 和 *NbHUB1* 的烟草中都会减轻 ChiLCV 对植物的侵染性，ChiLCV 病毒启动子活性、组蛋白翻译后修饰和 Pol Ⅱ在启动子区的占有率也都显著降低（Kushwaha et al.，2017）。初步的研究发现 ChiLCV 编码的 Rep 蛋白能够分别与 NbUBC2 和 NbHUB1 相互作用。与 NbHUB1 类似，核定位的 Rep 蛋白在与 NbUBC2 共表达时，能够将原本核质均有定位的 NbUBC2 重定位于细胞核中，然而 Rep 蛋白并没有被 NbUBC2 和 NbHUB1 泛素化或改变亚细胞定位（Kushwaha et al.，2017）。因此，Rep 很可能是通过互作将 NbUBC2 重定位至细胞核内与 NbHUB1 组成单泛素化复合物，并进一步招募该复合物结合到病毒启动子上，促进病毒早期基因转录表达。这其中具体的互作调控机制还有待进一步的探索。

（五）调节寄主植物内源基因转录表达的 DNA 病毒沉默抑制子

除了与 RNAi 通路 RNA 或者蛋白质元件进行互作，一些 DNA 病毒沉默抑制子还可以通过调节寄主植物或病毒自身基因的转录水平来抑制抗病毒基因沉默反应。菜豆金色花叶病毒属病毒编码的 AC2/AL2 具有转录激活结构域，因此可能不仅激活病毒自身基因，还会激活寄主植物基因。其中，绿豆黄化花叶病毒（*Mungbean yellow mosaic virus*，MYMV）和 ACMV 编码的 AC2 能够结合并调节内源沉默抑制子的启动子，包括 *WEL1*（*Werner exonuclease-like 1*）基因（Trinks et al.，2005）。同样是双环结构的 CaLCuV B 环编码的 BV1［又称为核穿梭蛋白（nuclear shuttle protein，NSP）］能够诱导 *asymmetric leaves 2*（*AS2*）的表达，激活 DCP2 的去帽子活性进而加速 mRNA 的降解，抑制 vsiRNA 的积累（Ye et al.，2015）。TGMV AL2 除了能和内源沉默抑制子类钙调蛋白（regulator of gene silencing-calmodulin-like protein，rgsCaM）直接互作，也能诱导其表达，进而促进 rgsCaM 与 SGS3 的互作，介导依赖自噬途径的 SGS3 蛋白降解（Chung and Sunter，2014）。印度绿豆黄化花叶病毒（MYMIV）编码的 AC5 蛋白则能够在烟草中抑制正义单链 RNA 诱导的基因沉默和转录基因沉默，其中主要是通过抑制 CHH 类甲基转移酶 *DRM2* 的表达来实现对 TGS 的抑制（Li et al.，2015）。类似地，菜豆金色花叶病毒属诸多病毒侵染烟草都能引起 DNA 甲基化酶 *MET1* 和 *CMT3* 表达下调并进一步抑制 DNA 甲基化介导的 TGS，其中这种表达下调在 TYLCSV 中是依赖 Rep 蛋白的，AC4 能够增强 Rep 的这种抑制功能（Rodriguez-Negrete et al.，2013）。

除此之外，单环结构曲顶病毒属的 BSCTV 编码的 C2 虽然不具有转录激活活性，但由于病毒侵染过程中 C2 抑制了 DNA 甲基化介导的转录基因沉默，改变了寄主植物中水杨酸防御途径重要调节因子 *ACD6* 和参与诸多胁迫反应过程的 *GSTF14* 启动子区的甲基化状态，导致 *ACD6* 和 *GSTF14* 的表达上调（Yang et al.，2013）。近来的一项关于 BSCTV 的研究中（Chen et al.，2020），在转化了包含 C2/C3 共转录启动子 DNA 片段的拟南芥植株中，意外发现其中一株诱导了印记基因 *VIM5*（*variant in methylation 5*）的表达。印记基因一般只在胚乳中特异表达，不在营养组织的叶片中表达。*VIM5* 在叶片的表达激活了 C2/C3 启动子。深入研究发现，在 BSCTV 侵染拟南芥的早期，诱导了 *VIM5* 在叶片中异常表达，*vim5* 突变体中病毒基因组 C2/C3 启动子对称型 CG 和 CHG 胞嘧啶甲基化水平相比野生型显著上升；生化实验揭示 *VIM5* 编码一种 E3 泛素连接酶，能介导拟南芥 DNA 甲基化酶 MET1 和 CMT3 蛋白通过 26S 蛋白酶体降解，解除 C2/C3 启动子对称型 CG 和 CHG 胞嘧啶甲基化，促使 VSR 基因 *C2* 和复制增强子 *C3* 在 BSCTV 侵染早期得以转录。在 BSCTV 侵染 *vim5* 突变体中，*C2* 和 *C3* 转录、病毒复制以及症状形成都发生延迟；而 BSCTV 侵染 *met1* 和 *cmt3* 突变体则恢复了病毒复制和症状延迟等现象。这个研究结果首次揭露了双生病毒通过诱导寄主植物胚乳印记基因在叶片的异常表达，进而泛素化降解 DNA 甲基化酶，特异性地降低病毒早期基因启动子甲基化水平，促使早期基因转录（图 4-31）。

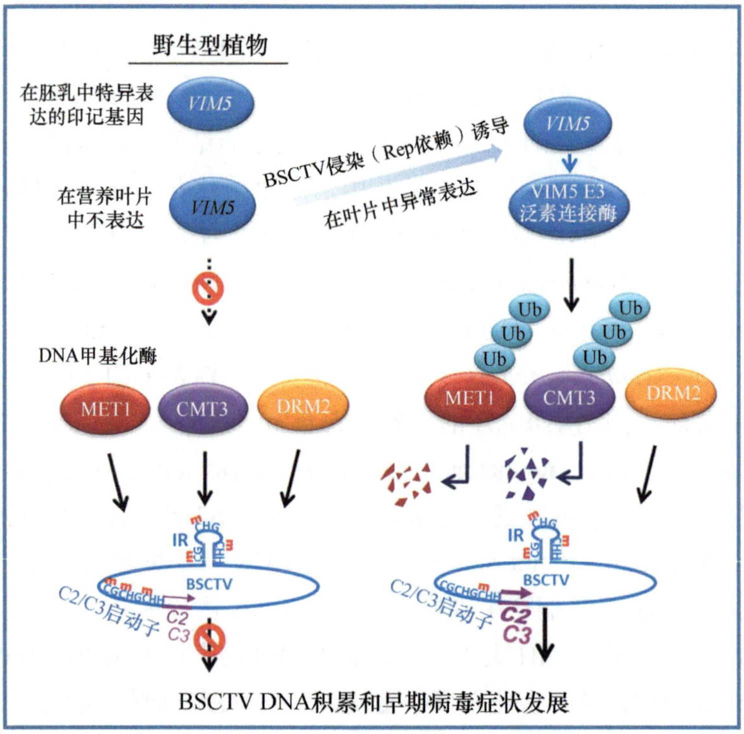

图 4-31　BSCTV 诱导 *VIM5* 的异位表达和作用示意图［修改自 Chen 等（2020）］

在野生型拟南芥植株中，*VIM5* 只在胚乳中特异表达（称为印记基因），在叶片中正常表达的 DNA 甲基化酶 MET1、CMT3 和 DRM2 蛋白分别介导 CG、CHG 和 CHH 甲基化；BSCTV 诱导 *VIM5* 在叶片中异位表达，VIM5 是 E3 泛素连接酶，介导拟南芥 DNA 甲基化酶 MET1 和 CMT3 蛋白通过 26S 蛋白酶体降解，解除 C2/C3 启动子对称型 CG 和 CHG 胞嘧啶甲基化，促使 *VSR* 基因 *C2* 和复制增强子 *C3* 在 BSCTV 侵染早期得以转录，促进病毒繁殖

BSCTV 的侵染同样能够诱导番茄中 *VIM5* 的同源基因 *ORTHRUS2* 表达，这种病毒劫持寄主植物印迹基因影响 TGS 途径进而调节病毒自身基因表达是病毒早期侵染阶段的一种保守策略（Chen et al.，2020）。

迄今为止，DNA 病毒编码的沉默抑制子对寄主植物沉默防御系统的抑制主要集中在以下几个环节（图 4-32）：①通过与剪切复合物互作或结合长链 dsRNA 等方式抑制 vsiRNA 的产生；②通过结合双链或单链 vsiRNA 抑制装载进入 AGO；③通过与 AGO 互作抑制 RISC 对病毒 RNA 的剪切；④通过直接或间接的方式抑制 RDR6-SGS3 的活性进而影响 dsRNA 的扩增，抑制转录后基因沉默（PTGS）信号的放大；⑤通过促进病毒异常 RNA 的降解减少 dsRNA 的产生；⑥通过调节甲基循环的动态平衡影响甲基基团的供应，抑制甲基化反应；⑦通过直接或间接的方式抑制 DNA 甲基化酶的活性，进而解除 DNA 甲基化对病毒基因组的转录基因沉默（TGS）；⑧通过与组蛋白修饰酶的互作调控组蛋白的修饰，解除组蛋白修饰对病毒基因组的转录基因沉默；⑨通过抑制 vsiRNA 的细胞间运输进而抑制沉默信号的系统性扩散。

三、植物内源抑制子

在植物与病毒互作的长期进化过程中，除了病毒编码的一系列沉默抑制子，植物中也发现一些内源沉默抑制子，能够调节自身的 RNA 沉默并影响外源病毒的侵染过程。首个内源沉默抑制子钙调蛋白（rgsCaM）是通过病毒沉默抑制子 HC-Pro 互作蛋白的筛选获得的（Anandalakshmi et al.，2000）。rgsCaM 在烟草中的表达可以抑制 PVX 诱导的基因沉默及正义转基因诱导的转录后基因沉默（sense transgene-induced post-transcriptional gene silencing，S-PTGS）。诸多双生病毒，如 TGMV、BCTV-A［原称菠菜曲顶病毒（*Spinach curly top virus*，SCTV）］和 CaLCuV 侵染都能触发烟草 *NbrgsCaM* 的上调表达（Chung and Sunter，2014）。烟草 *NbrgsCaM* 还受到 TYLCCNV β 卫星 DNA（TYLCCNB）编码的 βC1 蛋白的诱导，NbrgsCaM 一方面能与 NbSGS3 相互作用，并促进 NbSGS3 的自噬途径蛋白降解，另一方面还可以负调控 *RDR6* 的转录表达，进而抑制 RDR6 介导的 PTGS 过程（Li et al.，2017）。*NbrgsCaM* 的过表达转基因植物与 βC1 转基因植物类似，具有叶片卷曲的发育异常表型（Li et al.，2017）。烟草和番茄 rgsCaM 与 βC1 均能抑制正义转基因和双生病毒诱导的基因沉默，但对反向互补重复序列（inverted repeat）诱导的基因沉默没有抑制作用，rgsCaM 是 βC1 保持沉默抑制子功能所必需的（Li et al.，2017）（图 4-33）。由于 rgsCaM 在负调控基因沉默过程中的重要作用，除了上述的 βC1 蛋白，目前已知其他一些 VSR 也以 rgsCaM 为靶标从而协助抑制沉默作用。与 βC1 类似，TGMV AL2 既与 rgsCaM 互作，又诱导其转录表达（Chung and Sunter，2014）。番茄斑萎病毒（*Tomato spotted wilt virus*，TSWV）编码的沉默抑制子 NS 也能与 rgsCaM 进行互作（Zhai et al.，2021）（图 4-33）。

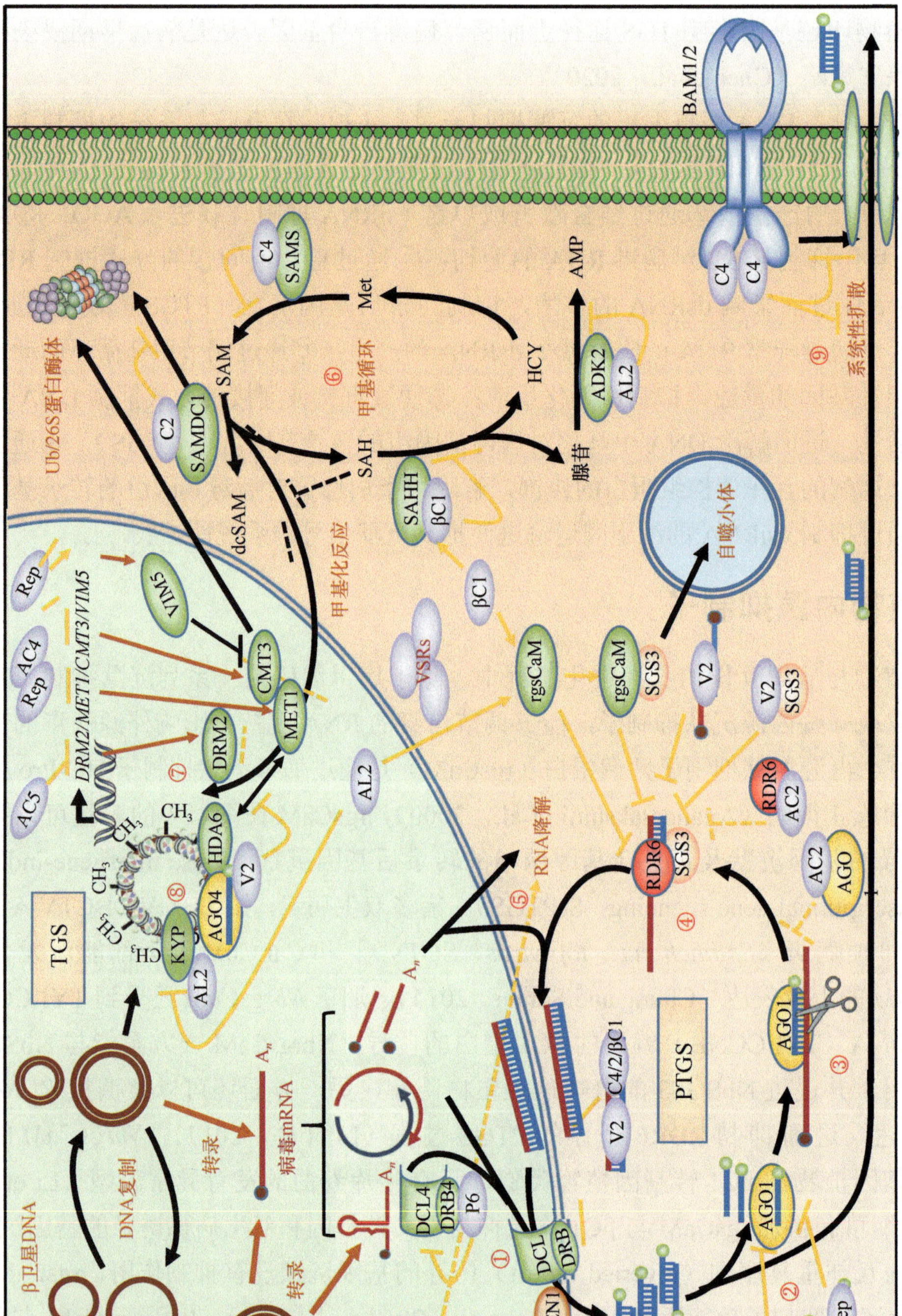

图 4-32 DNA 病毒沉默抑制子的沉默抑制调控模型

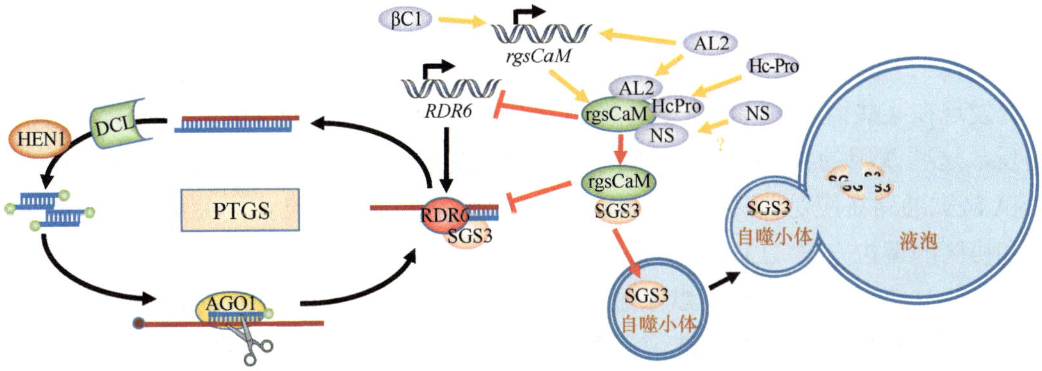

图 4-33　植物内源沉默抑制子 rgsCaM 的调控机制

5′ 端不含帽子或 3′ 端不含 poly(A) 尾巴的 mRNA，通常会成为体内 RNA 依赖的 RNA 聚合酶（RNA-dependent RNA polymerase，RdRP）的潜在底物，被转变为 dsRNA 并进一步激发 RNA 沉默过程。拟南芥核酸外切酶 XRN4（exoribonuclease 4）能够降解不含帽子结构的 mRNA，因此也被认为是一类重要的内源沉默抑制子（Gazzani et al.，2004）。*xrn4* 突变能够促进 RdRP 依赖的基因沉默，也能导致一些异常的、无帽子结构的 RNA 的积累，如 miRNA 指导的 RISC 剪切 RNA 产物（Gazzani et al.，2004；Souret et al.，2004）。与细胞质定位的 XRN4 类似，核定位的核酸外切酶 XRN2 和 XRN3 也是内源沉默抑制子，但不相同的是，它们主要抑制核内异常转基因 RNA 的降解；此外，XRN2 和 XRN3 还在核内负责降解 pri-miRNA 加工过程的副产物环状结构 RNA（Gy et al.，2007）。FRY1（FIERY1）能够将植物硫同化代谢的毒性副产物 3′-磷酸腺苷-5′-磷酸（3′-phosphoadenosine-5′-phosphate，PAP）转变成腺苷-5′-单磷酸（5′-AMP）和磷酸，而 PAP 能够抑制 XRN2/3/4 的核酸酶活性。因此，FRY1 也能够正调控 XRN 的核酸酶活性，充当内源沉默抑制子（Gy et al.，2007）。从 *ago1-27* 和 *ago1-33* EMS 突变体库进行抑制子筛选中获得 *FRY1* 的突变体，发现 *fry1* 的突变能够恢复原来被沉默的转基因 mRNA 和 siRNA 的积累，pri-miRNA 加工的副产物环状结构 RNA 和 miRNA-RISC 剪切产物在 *fry1* 中都发生积累（Gy et al.，2007）。此外，*xrn4* 和 *fry1* 的突变体在 RNA 病毒 CMV 侵染时都表现出相较于野生型更强的抗性，表明 XRN4 和 FRY1 能够抑制细胞质内病毒诱导的 PTGS（Gy et al.，2007）。高效的 mRNA 降解（mRNA decay）需要去腺苷化，脱帽反应和核酸外切酶切割。对于有帽子结构的异常 RNA 降解，在 XRN 进行 5′ → 3′ 方向切割之前通常需要脱帽复合物进行 mRNA 的脱帽反应。这其中涉及 DCP1（DECAPPING 1）、DCP2（DECAPPING 2）和 VCS 的参与，这些蛋白形成复合物从而在植物细胞质加工小体（P-body）中对 mRNA 进行降解。研究在一个筛选增强转基因沉默（*increased transgene silencing*，*its*）的拟南芥突变体正向筛选过程中获得 *its1* 突变体，图位克隆和互补实验发现这正是 *DCP2* 的突变体（Thran et al.，2012）。*DCP2* 的突变造成未脱帽 mRNA 的积累减少和异常加帽 mRNA 的积累，有力地促进了依赖 RDR6 的正义转基因诱导的转录后基因沉默（S-PTGS）过程，*rdr6* 的突变能够解除 *its1* 突变体的转基因沉默（Thran et al.，2012），因此 DCP2 也被认为是一类内源沉默抑制子。然而，研究发现在某些情况下，过表达这些 5′ → 3′ 方向 RNA 降解的基因无法抑制 S-PTGS。相反，这些基因的 RNAi 反而抑制了 S-PTGS 及 siRNA 的产生。因此，RNA 降解与 RNA 沉默通路在应对并降解外源 RNA 时并非完全是竞争性拮抗的关系，可能存在层级和协同的调控方式（Li and Wang，2018）。

基于 PVX 介导的 *PDS* 沉默系统进行增强沉默表型（*enhanced silencing phenotype*，*esp*）的突变体正向遗传筛选，获得一系列 *esp* 突变体。这些 *ESP* 基因主要编码的都是一些 RNA 加工相关元件，其中有剪切多聚腺苷酸化特异性因子（cleavage polyadenylation specificity factor，CPSF）和剪切刺激因子（cleavage stimulation factor，CstF）复合物的诸多组分，包括 ESP1/AtCstF64、ESP4/symplekin/PTA1、ESP5/CPSF100，以及酵母剪切相关辅助因子之一 DEAH 类 RNA 解旋酶 PRP2 的同源蛋白 ESP3（Herr et al.，2006）。在这些突变体中，依赖 RDR6 的转录后基因沉默效应增强，这些 *ESP* 基因也是一类内源 PTGS 的抑制子（Herr et al.，2006）。这表明 mRNA 3′ 端的正确加工能够避免进入 RNA 沉默通路，3′ 加工异常的 mRNA 会被 RDR6 转化为 dsRNA 从而激发 RNA 沉默。

在 RNA 沉默途径中，植物内源 RDR 负责产生不同 sRNA 合成过程中的 dsRNA 中间体。RDR6 是植物正义转基因诱导的转录后基因沉默（S-PTGS）所必需的，在抗病毒沉默信号的扩增中扮演着重要的角色。普通烟草 NtRDR1 也参与植物抗病毒防卫反应（Yang et al.，2004）。但有意思的是，本氏烟草中 *NbRDR1* 基因有一个 72 碱基的插入导致功能缺失，过表达高度同源基因 *NtRDR1* 的本氏烟草反而表现出对 PPV、CMV 等病毒更为敏感，表现出与 RDR6i 相同的对病毒敏感表型（Ying et al.，2010）（图 4-34A）。研究发现，NtRDR1 蛋白在本氏烟草中过表达不改变植物的 miRNA 和 siRNA 积累水平（图 4-34B），但抑制依赖 RDR6 产生的次级 vsiRNA 的活性（Ying et al.，2010）（图 4-34C）。这表明不同植物利用不同的 RDR 的作用抵抗不同的病毒，本氏烟草中 RDR1 的功能缺失，极大地提高了 RDR6 的抗病毒作用（Ying et al.，2010）。然而，值得注意的是，NtRDR1 过表达和 RDR6i 转基因植物对不同 RNA 病毒的侵染性有所差异，并非都表现出敏感表型，表明不同 RNA 病毒侵染过程中寄主植物的沉默防御机制存在差异（Ying et al.，2010）。

除此之外，烟草瞬时表达的沉默分析显示拟南芥 RLI2（RNase L inhibitor）也是一个内源沉默抑制子，RLI2 能够抑制局部叶片诱导的基因沉默，显著降低 siRNA 的积累，但更具体的抑制机制还未有报道（Sarmiento et al.，2006）。RNA 沉默是大多数真核生物基因表达的一种重要调控方式，在不同生长发育阶段，不同的环境和病原微生物条件下，sRNA 介导的 RNA 干扰、DNA 甲基化、组蛋白修饰等转录后或转录水平的调节，加上病原微生物和寄主自身的沉默抑制子的负调控，这些生物学过程和调控及其意义要比我们目前所了解的复杂得多，相信随着更深入的研究，其理论体系将得以补充和完善。

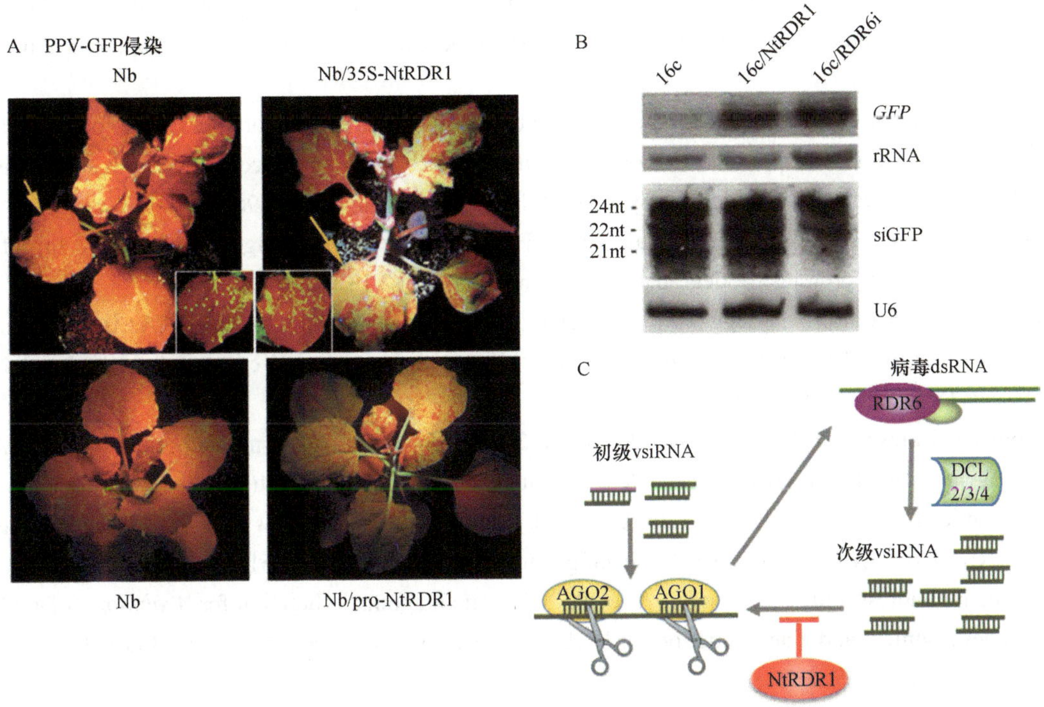

图 4-34 NtRDR1 抑制 RDR6 介导的次级 siRNA 的活性［修改自 Ying 等（2010)］

A. 在本氏烟草 Nb 中过表达普通烟草 *NtRDR1*（不论是用 35S 还是用内源 *RDR1* 的启动子，即 35S-NtRDR1 和 pro-NtRDR1）表现出和 *RDR6i* 一样，系统叶积累更高水平的 PPV-GFP 病毒（在紫外光下，植物叶片呈现红色荧光；绿色荧光为 GFP 标记的病毒信号；中间插入小图显示开始局部侵染叶片相同的病毒量）。B. 表达 *GFP* 的本氏烟草 16c 中产生 *GFP* siRNA（siGFP）引起 *GFP* 沉默；在 16c 中过表达 NtRDR1（16c/NtRDR1）产生正常 siGFP，但不能引起 *GFP* 沉默；在 16c 中沉默 RDR6（16c/RDR6i）不产生 21nt siGFP，也不能引起 *GFP* 沉默。C. NtRDR1 抑制依赖 RDR6 的 21nt siGFP 介导的 *GFP* 沉默效应示意图

参 考 文 献

Adkar-Purushothama CR, Brosseau C, Giguere T, et al. 2015. Small RNA derived from the virulence modulating region of the potato spindle tuber viroid silences callose synthase genes of tomato plants. The Plant Cell, 27(8): 2178-2194.

Akbergenov R, Si-Ammour A, Blevins T, et al. 2006. Molecular characterization of geminivirus-derived small RNAs in different plant species. Nucleic Acids Research, 34(2): 462-471.

Amin I, Hussain K, Akbergenov R, et al. 2011. Suppressors of RNA silencing encoded by the components of the cotton leaf curl begomovirus-betasatellite complex. Molecular Plant-Microbe Interactions, 24(8): 973-983.

Anandalakshmi R, Marathe R, Ge X, et al. 2000. A calmodulin-related protein that suppresses post-transcriptional gene silencing in plants. Science, 290(5489): 142-144.

Anandalakshmi R, Pruss GJ, Ge X, et al. 1998. A viral suppressor of gene silencing in plants. Proc Natl Acad Sci USA, 95(22): 13079-13084.

Aregger M, Borah BK, Seguin J, et al. 2012. Primary and secondary siRNAs in geminivirus-induced gene silencing. PLOS Pathogens, 8(9): e1002941.

Azevedo J, Garcia D, Pontier D, et al. 2010. Argonaute quenching and global changes in Dicer homeostasis caused by a pathogen-encoded GW repeat protein. Genes & Development, 24(9): 904-915.

Bao D, Ganbaatar O, Cui X, et al. 2018. Down-regulation of genes coding for core RNAi components and disease resistance proteins via corresponding microRNAs might be correlated with successful *Soybean mosaic virus* infection in soybean. Molecular Plant Pathology, 19(4): 948-960.

Baumberger N, Tsai CH, Lie M, et al. 2007. The *Polerovirus* silencing suppressor P0 targets ARGONAUTE proteins for degradation. Current Biology, 17(18): 1609-1614.

Blevins T, Rajeswaran R, Aregger M, et al. 2011. Massive production of small RNAs from a non-coding region of *Cauliflower mosaic virus* in plant defense and viral counter-defense. Nucleic Acids Research, 39(12): 5003-5014.

Blevins T, Rajeswaran R, Shivaprasad PV, et al. 2006. Four plant Dicers mediate viral small RNA biogenesis and DNA virus induced silencing. Nucleic Acids Research, 34(21): 6233-6246.

Bortolamiol D, Pazhouhandeh M, Marrocco K, et al. 2007. The *Polerovirus* F box protein P0 targets ARGONAUTE1 to suppress RNA silencing. Current Biology, 17(18): 1615-1621.

Bouche N, Lauressergues D, Gasciolli V, et al. 2006. An antagonistic function for *Arabidopsis* DCL2 in development and a new function for DCL4 in generating viral siRNAs. EMBO Journal, 25(14): 3347-3356.

Brodersen P, Sakvarelidze-Achard L, Bruun-Rasmussen M, et al. 2008. Widespread translational inhibition by plant miRNAs and siRNAs. Science, 320(5880): 1185-1190.

Buchmann RC, Asad S, Wolf JN, et al. 2009. *Geminivirus* AL2 and L2 proteins suppress transcriptional gene silencing and cause genome-wide reductions in cytosine methylation. Journal of Virology, 83(10): 5005-5013.

Carbonell A, Fahlgren N, Garcia-Ruiz H, et al. 2012. Functional analysis of three *Arabidopsis* ARGONAUTES using slicer-defective mutants. The Plant Cell, 24(9): 3613-3629.

Carluccio AV, Prigigallo MI, Rosas-Diaz T, et al. 2018. S-acylation mediates *Mungbean yellow mosaic virus* AC4 localization to the plasma membrane and in turns gene silencing suppression. PLOS Pathogens, 14(8): e1007207.

Castillo-Gonzalez C, Liu X, Huang C, et al. 2015. Geminivirus-encoded TrAP suppressor inhibits the histone methyltransferase SUVH4/KYP to counter host defense. eLife, 4: e06671.

Chattopadhyay M, Stupina VA, Gao F, et al. 2015. Requirement for host RNA-silencing components and the virus-silencing suppressor when second-site mutations compensate for structural defects in the 3′ untranslated region. Journal of Virology, 89(22): 11603-11618.

Chellappan P, Masona MV, Vanitharani R, et al. 2004a. Broad spectrum resistance to ssDNA viruses associated with transgene-induced gene silencing in cassava. Plant Molecular Biology, 56(4): 601-611.

Chellappan P, Vanitharani R, Fauquet CM. 2005. MicroRNA-binding viral protein interferes with *Arabidopsis* development. Proc Natl Acad Sci USA, 102(29): 10381-10386.

Chellappan P, Vanitharani R, Pita J, et al. 2004b. Short interfering RNA accumulation correlates with host recovery in DNA virus-infected hosts, and gene silencing targets specific viral sequences.

Journal of Virology, 78(14): 7465-7477.

Chen HY, Yang J, Lin C, et al. 2008. Structural basis for RNA-silencing suppression by *Tomato aspermy virus* protein 2b. EMBO Reports, 9(8): 754-760.

Chen ZQ, Zhao JH, Chen Q, et al. 2020. DNA geminivirus infection induces an imprinted E3 ligase gene to epigenetically activate viral gene transcription. The Plant Cell, 32(10): tpc.00249.2020.

Chiu MH, Chen IH, Baulcombe DC, et al. 2010. The silencing suppressor P25 of *Potato virus X* interacts with Argonaute1 and mediates its degradation through the proteasome pathway. Molecular Plant Pathology, 11(5): 641-649.

Chung HY, Sunter G. 2014. Interaction between the transcription factor AtTIFY4B and begomovirus AL2 protein impacts pathogenicity. Plant Molecular Biology, 86(1-2): 185-200.

Csorba T, Bovi A, Dalmay T, et al. 2007. The p122 subunit of *Tobacco mosaic virus* replicase is a potent silencing suppressor and compromises both small interfering RNA- and microRNA-mediated pathways. Journal of Virology, 81(21): 11768-11780.

Csorba T, Lozsa R, Hutvagner G, et al. 2010. *Polerovirus* protein P0 prevents the assembly of small RNA-containing RISC complexes and leads to degradation of ARGONAUTE1. Plant Journal, 62(3): 463-472.

Csorba T, Pantaleo V, Burgyan J. 2009. RNA silencing: an antiviral mechanism. Advances in Virus Research, 75: 35-71.

Cuellar WJ, Kreuze JF, Rajamaki ML, et al. 2009. Elimination of antiviral defense by viral RNase Ⅲ. Proc Natl Acad Sci USA, 106(25): 10354-10358.

Cui C, Wang JJ, Zhao JH, et al. 2020. A *Brassica* miRNA regulates plant growth and immunity through distinct modes of action. Molecular Plant, 13(2): 231-245.

Cullen BR. 2006. Viruses and microRNAs. Nat Genet, 38(Suppl): S25-S30.

Dalmay T, Hamilton A, Rudd S, et al. 2000. An RNA-dependent RNA polymerase gene in *Arabidopsis* is required for post-transcriptional gene silencing mediated by a transgene but not by a virus. Cell, 101(5): 543-553.

Dalmay T, Horsefield R, Braunstein TH, et al. 2001. SDE3 encodes an RNA helicase required for post-transcriptional gene silencing in *Arabidopsis*. EMBO Journal, 20(8): 2069-2078.

Deleris A, Gallego-Bartolome J, Bao J, et al. 2006. Hierarchical action and inhibition of plant Dicer-like proteins in antiviral defense. Science, 313(5783): 68-71.

Derrien B, Baumberger N, Schepetilnikov M, et al. 2012. Degradation of the antiviral component ARGONAUTE1 by the autophagy pathway. Proc Natl Acad Sci USA, 109(39): 15942-15946.

Derrien B, Clavel M, Baumberger N, et al. 2018. A suppressor screen for AGO1 degradation by the viral F-box P0 protein uncovers a role for AGO DUF1785 in sRNA Duplex Unwinding. The Plant Cell, 30(6): 1353-1374.

Diao P, Zhang Q, Sun H, et al. 2019. miR403a and SA are involved in NbAGO2 mediated antiviral defenses against TMV infection in *Nicotiana benthamiana*. Genes (Basel), 10(7): 526.

Diaz-Pendon JA, Ding SW. 2008. Direct and indirect roles of viral suppressors of RNA silencing in pathogenesis. Annual Review of Phytopathology, 46(1): 303-326.

Ding SW, Li WX, Symons RH. 1995. A novel naturally occurring hybrid gene encoded by a plant RNA virus facilitates long distance virus movement. EMBO Journal, 14(23): 5762-5772.

Donaire L, Barajas D, Martínez-García B, et al. 2008. Structural and genetic requirements for the biogenesis of *Tobacco rattle virus*-derived small interfering RNAs. Journal of Virology, 82(11): 5167-5177.

Donaire L, Wang Y, Gonzalez-Ibeas D, et al. 2009. Deep-sequencing of plant viral small RNAs reveals effective and widespread targeting of viral genomes. Virology, 392(2): 203-214.

Du QS, Duan CG, Zhang ZH, et al. 2007. DCL4 targets *Cucumber mosaic virus* satellite RNA at novel secondary structures. Journal of Virology, 81(17): 9142-9151.

Duan CG, Fang YY, Zhou BJ, et al. 2012. Suppression of *Arabidopsis* ARGONAUTE1-mediated slicing, transgene-induced RNA silencing, and DNA methylation by distinct domains of the *Cucumber mosaic virus* 2b protein. The Plant Cell, 24(1): 259-274.

Dunoyer P, Schott G, Himber C, et al. 2010. Small RNA duplexes function as mobile silencing signals between plant cells. Science, 328(5980): 912-916.

Dzianott A, Sztuba-Solinska J, Bujarski JJ. 2012. Mutations in the antiviral RNAi defense pathway modify *Brome mosaic virus* RNA recombinant profiles. Molecular Plant-Microbe Interactions, 25(1): 97-106.

Endres MW, Gregory BD, Gao Z, et al. 2010. Two plant viral suppressors of silencing require the ethylene-inducible host transcription factor RAV2 to block RNA silencing. PLOS Pathogens, 6(1): e1000729.

Fang YY, Zhao JH, Liu SW, et al. 2016. CMV2b-AGO interaction is required for the suppression of RDR-dependent antiviral silencing in *Arabidopsis*. Frontiers in Microbiology, 7: 1329.

Fukunaga R, Doudna JA. 2009. dsRNA with 5′ overhangs contributes to endogenous and antiviral RNA silencing pathways in plants. EMBO Journal, 28(5): 545-555.

Fusaro AF, Correa RL, Nakasugi K, et al. 2012. The *Enamovirus* P0 protein is a silencing suppressor which inhibits local and systemic RNA silencing through AGO1 degradation. Virology, 426(2): 178-187.

Garcia-Ruiz H, Carbonell A, Hoyer JS, et al. 2015. Roles and programming of *Arabidopsis* ARGONAUTE proteins during *Turnip mosaic virus* infection. PLOS Pathogens, 11(3): e1004755.

Garcia-Ruiz H, Takeda A, Chapman EJ, et al. 2010. *Arabidopsis* RNA-dependent RNA polymerases and Dicer-like proteins in antiviral defense and small interfering RNA biogenesis during *Turnip mosaic virus* infection. The Plant Cell, 22(2): 481-496.

Garcia D, Garcia S, Pontier D, et al. 2012. Ago hook and RNA helicase motifs underpin dual roles for SDE3 in antiviral defense and silencing of nonconserved intergenic regions. Molecular Cell, 48(1): 109-120.

Gazzani S, Lawrenson T, Woodward C, et al. 2004. A link between mRNA turnover and RNA interference in *Arabidopsis*. Science, 306(5698): 1046-1048.

Giner A, Lakatos L, Garcia-Chapa M, et al. 2010. Viral protein inhibits RISC activity by argonaute binding through conserved WG/GW motifs. PLOS Pathogens, 6(7): e1000996.

Glick E, Zrachya A, Levy Y, et al. 2008. Interaction with host SGS3 is required for suppression of RNA silencing by *Tomato yellow leaf curl virus* V2 protein. Proc Natl Acad Sci USA, 105(1): 157-161.

Goto K, Kobori T, Kosaka Y, et al. 2007. Characterization of silencing suppressor 2b of *Cucumber mosaic virus* based on examination of its small RNA-binding abilities. Plant & Cell Physiology, 48(7): 1050-1060.

Guo HS, Ding SW. 2002. A viral protein inhibits the long range signaling activity of the gene silencing signal. EMBO Journal, 21(3): 398-407.

Guo HY, Song XG, Xie CM, et al. 2013. *Rice yellow stunt rhabdovirus* protein 6 suppresses systemic RNA silencing by blocking RDR6-mediated secondary siRNA synthesis. Molecular Plant-Microbe Interactions, 26(8): 927-936.

Gupta A, Gartner JJ, Sethupathy P, et al. 2006. Anti-apoptotic function of a microRNA encoded by the HSV-1 latency-associated transcript. Nature, 442(7098): 82-85.

Gy I, Gasciolli V, Lauressergues D, et al. 2007. *Arabidopsis* FIERY1, XRN2, and XRN3 are endogenous RNA silencing suppressors. The Plant Cell, 19(11): 3451-3461.

Haas G, Azevedo J, Moissiard G, et al. 2008. Nuclear import of CaMV P6 is required for infection and suppression of the RNA silencing factor DRB4. EMBO Journal, 27(15): 2102-2112.

Hamera S, Song X, Su L, et al. 2012. *Cucumber mosaic virus* suppressor 2b binds to AGO4-related small RNAs and impairs AGO4 activities. Plant Journal, 69(1): 104-115.

Harvey JJ, Lewsey MG, Patel K, et al. 2011. An antiviral defense role of AGO2 in plants. PLOS ONE, 6(1): e14639.

Havelda Z, Dalmay T, Burgyan J. 1997. Secondary structure-dependent evolution of *Cymbidium ringspot virus* defective interfering RNA. Journal of General Virology, 78(Pt 6): 1227-1234.

He XF, Fang YY, Feng L, et al. 2008. Characterization of conserved and novel microRNAs and their targets, including a TuMV-induced TIR-NBS-LRR class *R* gene-derived novel miRNA in *Brassica*. FEBS Letters, 582(16): 2445-2452.

Heby O, Persson L, Smith SS. 1988. Polyamines, DNA methylation and cell differentiation. Advances in Experimental Medicine and Biology, 250: 291-299.

Hendelman A, Kravchik M, Stav R, et al. 2013. The developmental outcomes of P0-mediated ARGONAUTE destabilization in tomato. Planta, 237(1): 363-377.

Herr AJ, Molnar A, Jones A, et al. 2006. Defective RNA processing enhances RNA silencing and influences flowering of *Arabidopsis*. Proc Natl Acad Sci USA, 103(41): 14994-15001.

Himber C, Dunoyer P, Moissiard G, et al. 2003. Transitivity-dependent and -independent cell-to-cell movement of RNA silencing. EMBO Journal, 22(17): 4523-4533.

Ho T, Pallett D, Rusholme R, et al. 2006. A simplified method for cloning of short interfering RNAs from *Brassica juncea* infected with *Turnip mosaic potyvirus* and *Turnip crinkle carmovirus*. Journal of Virological Methods, 136(1-2): 217-223.

Ho TX, Rusholme R, Dalmay T, et al. 2008. Cloning of short interfering RNAs from virus-infected plants. Methods Mol Biol, 451: 229-241.

Hou WN, Duan CG, Fang RX, et al. 2011. Satellite RNA reduces expression of the 2b suppressor protein resulting in the attenuation of symptoms caused by *Cucumber mosaic virus* infection. Molecular Plant Pathology, 12(6): 595-605.

Huang C, Xie Y, Zhou X. 2009. Efficient virus-induced gene silencing in plants using a modified geminivirus DNA1 component. Plant Biotechnology Journal, 7(3): 254-265.

Iki T, Clery A, Bologna NG, et al. 2018. Structural flexibility enables alternative maturation, ARGONAUTE sorting and activities of miR168, a global gene silencing regulator in plants. Molecular Plant, 11(8): 1008-1023.

Iki T, Tschopp MA, Voinnet O. 2017. Biochemical and genetic functional dissection of the P38 viral suppressor of RNA silencing. RNA, 23(5): 639-654.

Ismayil A, Haxim Y, Wang Y, et al. 2018. *Cotton leaf curl Multan virus* C4 protein suppresses both transcriptional and post-transcriptional gene silencing by interacting with SAM synthetase. PLOS Pathogens, 14(8): e1007282.

Jakubiec A, Yang SW, Chua NH. 2012. *Arabidopsis* DRB4 protein in antiviral defense against *Turnip yellow mosaic virus* infection. Plant Journal, 69(1): 14-25.

Jaubert M, Bhattacharjee S, Mello AF, et al. 2011. ARGONAUTE2 mediates RNA-silencing antiviral defenses against *Potato virus X* in *Arabidopsis*. Plant Physiology, 156(3): 1556-1564.

Jin H, Zhu JK. 2010. A viral suppressor protein inhibits host RNA silencing by hooking up with Argonautes. Genes & Development, 24(9): 853-856.

Kalinina NO, Rakitina DV, Solovyev AG, et al. 2002. RNA helicase activity of the plant virus movement proteins encoded by the first gene of the triple gene block. Virology, 296(2): 321-329.

Kasschau KD, Carrington JC. 1998. A counterdefensive strategy of plant viruses: suppression of post-transcriptional gene silencing. Cell, 95(4): 461-470.

Kjemtrup S, Sampson KS, Peele CG, et al. 1998. Gene silencing from plant DNA carried by a *Geminivirus*. Plant Journal, 14(1): 91-100.

Kumar V, Mishra SK, Rahman J, et al. 2015. *Mungbean yellow mosaic Indian virus* encoded AC2 protein suppresses RNA silencing by inhibiting *Arabidopsis* RDR6 and AGO1 activities. Virology, 486: 158-172.

Kushwaha NK, Mansi, Chakraborty S. 2017. The replication initiator protein of a *Geminivirus* interacts with host monoubiquitination machinery and stimulates transcription of the viral genome. PLOS Pathogens, 13(8): e1006587.

Lakatos L, Csorba T, Pantaleo V, et al. 2006. Small RNA binding is a common strategy to suppress RNA silencing by several viral suppressors. EMBO Journal, 25(12): 2768-2780.

Lakatos L, Szittya G, Silhavy D, et al. 2004. Molecular mechanism of RNA silencing suppression mediated by p19 protein of tombusviruses. EMBO Journal, 23(4): 876-884.

Landry P, Perreault JP. 2005. Identification of a peach latent mosaic viroid hairpin able to act as a Dicer-like substrate. Journal of Virology, 79(10): 6540-6543.

Lee JS, Shukla A, Schneider J, et al. 2007. Histone crosstalk between H2B monoubiquitination and H3 methylation mediated by COMPASS. Cell, 131(6): 1084-1096.

Li F, Huang C, Li Z, et al. 2014. Suppression of RNA silencing by a plant DNA virus satellite requires a host calmodulin-like protein to repress RDR6 expression. PLOS Pathogens, 10(2): e1003921.

Li F, Pignatta D, Bendix C, et al. 2012. MicroRNA regulation of plant innate immune receptors. Proc Natl Acad Sci USA, 109(5): 1790-1795.

Li F, Wang A. 2018. RNA decay is an antiviral defense in plants that is counteracted by viral RNA silencing suppressors. PLOS Pathogens, 14(8): e1007228.

Li F, Wang A. 2019. RNA-targeted antiviral immunity: more than just RNA silencing. Trends in Microbiology, 27(9): 792-805.

Li F, Xu X, Huang C, et al. 2015. The AC5 protein encoded by *Mungbean yellow mosaic India virus* is a pathogenicity determinant that suppresses RNA silencing-based antiviral defenses. New Phytologist, 208(2): 555-569.

Li F, Zhao N, Li Z, et al. 2017. A calmodulin-like protein suppresses RNA silencing and promotes

Geminivirus infection by degrading SGS3 via the autophagy pathway in *Nicotiana benthamiana*. PLOS Pathogens, 13(2): e1006213.

Li S, Liu L, Zhuang X, et al. 2013. MicroRNAs inhibit the translation of target mRNAs on the endoplasmic reticulum in *Arabidopsis*. Cell, 153(3): 562-574.

Li WX, Ding SW. 2001. Viral suppressors of RNA silencing. Current Opinion in Biotechnology, 12(2): 150-154.

Li Y, Sun Q, Zhao T, et al. 2019. Interaction between *Brassica yellows virus* silencing suppressor P0 and plant SKP1 facilitates stability of P0 *in vivo* against degradation by proteasome and autophagy pathways. New Phytologist, 222(3): 1458-1473.

Liu Y, Schiff M, Dinesh-Kumar SP. 2002a. Virus-induced gene silencing in tomato. Plant Journal, 31(6): 777-786.

Liu Y, Schiff M, Marathe R, et al. 2002b. Tobacco Rar1, EDS1 and NPR1/NIM1 like genes are required for N-mediated resistance to *Tobacco mosaic virus*. Plant Journal, 30(4): 415-429.

Lozano-Duran R, Rosas-Diaz T, Gusmaroli G, et al. 2011. Geminiviruses subvert ubiquitination by altering CSN-mediated derubylation of SCF E3 ligase complexes and inhibit jasmonate signaling in *Arabidopsis thaliana*. The Plant Cell, 23(3): 1014-1032.

Lozsa R, Csorba T, Lakatos L, et al. 2008. Inhibition of 3′ modification of small RNAs in virus-infected plants require spatial and temporal co-expression of small RNAs and viral silencing-suppressor proteins. Nucleic Acids Research, 36(12): 4099-4107.

Lucioli A, Noris E, Brunetti A, et al. 2003. *Tomato yellow leaf curl Sardinia virus* Rep-derived resistance to homologous and heterologous geminiviruses occurs by different mechanisms and is overcome if virus-mediated transgene silencing is activated. Journal of Virology, 77(12): 6785-6798.

Luna AP, Rodriguez-Negrete EA, Morilla G, et al. 2017. V2 from a *Curtovirus* is a suppressor of post-transcriptional gene silencing. Journal of General Virology, 98(10): 2607-2614.

Luna AP, Romero-Rodriguez B, Rosas-Diaz T, et al. 2020. Characterization of *Curtovirus* V2 protein, a functional homolog of *Begomovirus* V2. Frontiers in Plant Science, 11: 835.

Lucy AP, Guo HS, Li WX, et al. 2000. Suppression of post-transcriptional gene silencing by a plant viral protein localized in the nucleus. The EMBO Journal, 19(7): 1672-1680.

Ma X, Nicole MC, Meteignier LV, et al. 2015. Different roles for RNA silencing and RNA processing components in virus recovery and virus-induced gene silencing in plants. Journal of Experimental Botany, 66(3): 919-932.

Mallory AC, Vaucheret H. 2009. ARGONAUTE 1 homeostasis invokes the coordinate action of the microRNA and siRNA pathways. EMBO Reports, 10(5): 521-526.

Mayers CN, Palukaitis P, Carr JP. 2000. Subcellular distribution analysis of the *Cucumber mosaic virus* 2b protein. Journal of General Virology, 81(Pt 1): 219-226.

Mayo MA, Torrance L, Cowan G, et al. 1996. Conservation of coat protein sequence among isolates of *Potato mop-top virus* from Scotland and Peru. Archives of Virology, 141(6): 1115-1121.

Merai Z, Kerenyi Z, Kertesz S, et al. 2006. Double-stranded RNA binding may be a general plant RNA viral strategy to suppress RNA silencing. Journal of Virology, 80(12): 5747-5756.

Mi S, Cai T, Hu Y, et al. 2008. Sorting of small RNAs into *Arabidopsis* argonaute complexes is directed by the 5′ terminal nucleotide. Cell, 133(1): 116-127.

Michaeli S, Clavel M, Lechner E, et al. 2019. The viral F-box protein P0 induces an ER-derived autophagy degradation pathway for the clearance of membrane-bound AGO1. Proc Natl Acad Sci USA, 116(45): 22872-22883.

Minoia S, Carbonell A, Di Serio F, et al. 2014. Specific argonautes selectively bind small RNAs derived from potato spindle tuber viroid and attenuate viroid accumulation *in vivo*. Journal of Virology, 88(20): 11933-11945.

Miozzi L, Gambino G, Burgyan J, et al. 2013. Genome-wide identification of viral and host transcripts targeted by viral siRNAs in *Vitis vinifera*. Molecular Plant Pathology, 14(1): 30-43.

Mlotshwa S, Pruss GJ, Vance V. 2008. Small RNAs in viral infection and host defense. Trends in Plant Science, 13(7): 375-382.

Moffett P. 2009. Mechanisms of recognition in dominant *R* gene mediated resistance. Advances in Virus Research, 75: 1-33.

Moissiard G, Parizotto EA, Himber C, et al. 2007. Transitivity in *Arabidopsis* can be primed, requires the redundant action of the antiviral Dicer-like 4 and Dicer-like 2, and is compromised by viral-encoded suppressor proteins. RNA, 13(8): 1268-1278.

Molnar A, Csorba T, Lakatos L, et al. 2005. Plant virus-derived small interfering RNAs originate predominantly from highly structured single-stranded viral RNAs. Journal of Virology, 79(12): 7812-7818.

Morel JB, Godon C, Mourrain P, et al. 2002. Fertile hypomorphic *ARGONAUTE* (*ago1*) mutants impaired in post-transcriptional gene silencing and virus resistance. The Plant Cell, 14(3): 629-639.

Morozov SY, Solovyev AG. 2003. Triple gene block: modular design of a multifunctional machine for plant virus movement. Journal of General Virology, 84(Pt 6): 1351-1366.

Morozov SY, Solovyev AG, Kalinina NO, et al. 1999. Evidence for two nonoverlapping functional domains in the *Potato virus X* 25K movement protein. Virology, 260(1): 55-63.

Mourrain P, Beclin C, Elmayan T, et al. 2000. *Arabidopsis* SGS2 and SGS3 genes are required for post-transcriptional gene silencing and natural virus resistance. Cell, 101(5): 533-542.

Muangsan N, Beclin C, Vaucheret H, et al. 2004. *Geminivirus* VIGS of endogenous genes requires SGS2/SDE1 and SGS3 and defines a new branch in the genetic pathway for silencing in plants. Plant Journal, 38(6): 1004-1014.

Naqvi AR, Haq QM, Mukherjee SK. 2010. MicroRNA profiling of *Tomato leaf curl New Delhi virus* (ToLCNDV) infected tomato leaves indicates that deregulation of mir159/319 and mir172 might be linked with leaf curl disease. Virology Journal, 7(1): 281.

Navarro B, Gisel A, Rodio ME, et al. 2012. Small RNAs containing the pathogenic determinant of a chloroplast-replicating viroid guide the degradation of a host mRNA as predicted by RNA silencing. Plant Journal, 70(6): 991-1003.

Navarro B, Pantaleo V, Gisel A, et al. 2009. Deep sequencing of viroid-derived small RNAs from grapevine provides new insights on the role of RNA silencing in plant-viroid interaction. PLOS ONE, 4(11): e7686.

Pantaleo V, Saldarelli P, Miozzi L, et al. 2010. Deep sequencing analysis of viral short RNAs from an infected Pinot Noir grapevine. Virology, 408(1): 49-56.

Pazhouhandeh M, Dieterle M, Marrocco K, et al. 2006. F-box-like domain in the *Polerovirus* protein P0 is required for silencing suppressor function. Proc Natl Acad Sci USA, 103(6): 1994-1999.

Peele C, Jordan CV, Muangsan N, et al. 2001. Silencing of a meristematic gene using geminivirus-derived vectors. Plant Journal, 27(4): 357-366.

Perez-Canamas M, Hernandez C. 2015. Key importance of small RNA binding for the activity of a glycine-tryptophan (GW) motif-containing viral suppressor of RNA silencing. Journal of Biological Chemistry, 290(5): 3106-3120.

Pertermann R, Tamilarasan S, Gursinsky T, et al. 2018. A viral suppressor modulates the plant immune response early in infection by regulating microRNA activity. mBio, 9(2): e00419-18.

Plisson C, Uzest M, Drucker M, et al. 2005. Structure of the mature P3-virus particle complex of *Cauliflower mosaic virus* revealed by cryo-electron microscopy. Journal of Molecular Biology, 346(1): 267-277.

Pumplin N, Voinnet O. 2013. RNA silencing suppression by plant pathogens: defence, counter-defence and counter-counter-defence. Nature Reviews Microbiology, 11(11): 745-760.

Qi X, Bao FS, Xie Z. 2009. Small RNA deep sequencing reveals role for *Arabidopsis thaliana* RNA-dependent RNA polymerases in viral siRNA biogenesis. PLOS ONE, 4(3): e4971.

Qu F. 2010. Antiviral role of plant-encoded RNA-dependent RNA polymerases revisited with deep sequencing of small interfering RNAs of virus origin. Molecular Plant-Microbe Interactions, 23(10): 1248-1252.

Qu F, Ye X, Morris TJ. 2008. *Arabidopsis* DRB4, AGO1, AGO7, and RDR6 participate in a DCL4-initiated antiviral RNA silencing pathway negatively regulated by DCL1. Proc Natl Acad Sci USA, 105(38): 14732-14737.

Raja P, Sanville BC, Buchmann RC, et al. 2008. Viral genome methylation as an epigenetic defense against geminiviruses. Journal of Virology, 82(18): 8997-9007.

Raja P, Wolf JN, Bisaro DM. 2010. RNA silencing directed against geminiviruses: post-transcriptional and epigenetic components. Biochimica et Biophysica Acta, 1799(3-4): 337-351.

Rodríguez-Negrete E, Lozano-Durán R, Piedra-Aguilera A, et al. 2013. *Geminivirus* Rep protein interferes with the plant DNA methylation machinery and suppresses transcriptional gene silencing. New Phytologist, 199(2): 464-475.

Rodríguez-Negrete EA, Carrillo-Tripp J, Rivera-Bustamante RF. 2009. RNA silencing against *Geminivirus*: complementary action of post-transcriptional gene silencing and transcriptional gene silencing in host recovery. Journal of Virology, 83(3): 1332-1340.

Rosas-Diaz T, Zhang D, Fan P, et al. 2018. A virus-targeted plant receptor-like kinase promotes cell-to-cell spread of RNAi. Proc Natl Acad Sci USA, 115(6): 1388-1393.

Saeed M, Briddon RW, Dalakouras A, et al. 2015. Functional analysis of *Cotton leaf curl Kokhran virus*/Cotton leaf curl Multan betasatellite RNA silencing suppressors. Biology, 4(4): 697-714.

Sarmiento C, Nigul L, Kazantseva J, et al. 2006. AtRLI2 is an endogenous suppressor of RNA silencing. Plant Molecular Biology, 61(1-2): 153-163.

Schuck J, Gursinsky T, Pantaleo V, et al. 2013. AGO/RISC-mediated antiviral RNA silencing in a plant *in vitro* system. Nucleic Acids Research, 41(9): 5090-5103.

Schwach F, Vaistij FE, Jones L, et al. 2005. An RNA-dependent RNA polymerase prevents meristem invasion by *Potato virus X* and is required for the activity but not the production of a systemic silencing signal. Plant Physiology, 138(4): 1842-1852.

Seemanpillai M, Dry I, Randles J, et al. 2003. Transcriptional silencing of geminiviral promoter-driven transgenes following homologous virus infection. Molecular Plant-Microbe Interactions,

16(5): 429-438.

Shimura H, Pantaleo V, Ishihara T, et al. 2011. A viral satellite RNA induces yellow symptoms on tobacco by targeting a gene involved in chlorophyll biosynthesis using the RNA silencing machinery. PLOS Pathogens, 7(5): e1002021.

Silhavy D, Molnar A, Lucioli A, et al. 2002. A viral protein suppresses RNA silencing and binds silencing-generated, 21- to 25-nucleotide double-stranded RNAs. EMBO Journal, 21(12): 3070-3080.

Smith NA, Eamens AL, Wang MB. 2011. Viral small interfering RNAs target host genes to mediate disease symptoms in plants. PLOS Pathogens, 7(5): e1002022.

Souret FF, Kastenmayer JP, Green PJ. 2004. AtXRN4 degrades mRNA in *Arabidopsis* and its substrates include selected miRNA targets. Molecular Cell, 15(2): 173-183.

Sunitha S, Shanmugapriya G, Balamani V, et al. 2013. *Mungbean yellow mosaic virus* (MYMV) AC4 suppresses post-transcriptional gene silencing and an AC4 hairpin RNA gene reduces MYMV DNA accumulation in transgenic tobacco. Virus Genes, 46(3): 496-504.

Szittya G, Burgyan J. 2013. RNA interference-mediated intrinsic antiviral immunity in plants. Current Topics in Microbiology and Immunology, 371: 153-181.

Szittya G, Moxon S, Pantaleo V, et al. 2010. Structural and functional analysis of viral siRNAs. PLOS Pathogens, 6(4): e1000838.

Takeda A, Iwasaki S, Watanabe T, et al. 2008. The mechanism selecting the guide strand from small RNA duplexes is different among argonaute proteins. Plant & Cell Physiology, 49(4): 493-500.

Teixeira RM, Ferreira MA, Raimundo GAS, et al. 2021. Geminiviral triggers and suppressors of plant antiviral immunity. Microorganisms, 9(4): 775.

Thran M, Link K, Sonnewald U. 2012. The *Arabidopsis* DCP2 gene is required for proper mRNA turnover and prevents transgene silencing in *Arabidopsis*. Plant Journal, 72(3): 368-377.

Trinks D, Rajeswaran R, Shivaprasad PV, et al. 2005. Suppression of RNA silencing by a geminivirus nuclear protein, AC2, correlates with transactivation of host genes. Journal of Virology, 79(4): 2517-2527.

Turnage MA, Muangsan N, Peele CG, et al. 2002. Geminivirus-based vectors for gene silencing in *Arabidopsis*. Plant Journal, 30(1): 107-114.

Vanitharani R, Chellappan P, Fauquet CM. 2005. Geminiviruses and RNA silencing. Trends in Plant Science, 10(3): 144-151.

Vanitharani R, Chellappan P, Pita JS, et al. 2004. Differential roles of AC2 and AC4 of cassava geminiviruses in mediating synergism and suppression of post-transcriptional gene silencing. Journal of Virology, 78(17): 9487-9498.

Vargason JM, Szittya G, Burgyan J, et al. 2003. Size selective recognition of siRNA by an RNA silencing suppressor. Cell, 115(7): 799-811.

Vinutha T, Kumar G, Garg V, et al. 2018. Tomato geminivirus encoded RNAi suppressor protein, AC4 interacts with host AGO4 and precludes viral DNA methylation. Gene, 678: 184-195.

Vogler H, Akbergenov R, Shivaprasad PV, et al. 2007. Modification of small RNAs associated with suppression of RNA silencing by *Tobamovirus* replicase protein. Journal of Virology, 81(19): 10379-10388.

Voinnet O. 2005. Induction and suppression of RNA silencing: insights from viral infections. Nature Reviews Genetics, 6(3): 206-220.

Wang B, Yang X, Wang Y, et al. 2018. *Tomato yellow leaf curl virus* V2 interacts with host histone deacetylase 6 to suppress methylation-mediated transcriptional gene silencing in plants. Journal of Virology, 92(18): e00036-18.

Wang H, Buckley KJ, Yang X, et al. 2005. Adenosine kinase inhibition and suppression of RNA silencing by geminivirus AL2 and L2 proteins. Journal of Virology, 79(12): 7410-7418.

Wang H, Jiao X, Kong X, et al. 2016a. A signaling cascade from miR444 to RDR1 in rice antiviral RNA silencing pathway. Plant Physiology, 170(4): 2365-2377.

Wang J, Tang Y, Yang Y, et al. 2016b. *Cotton leaf curl Multan virus*-derived viral small RNAs can target cotton genes to promote viral infection. Frontiers in Plant Science, 7: 1162.

Wang L, Ding Y, He L, et al. 2020. A virus-encoded protein suppresses methylation of the viral genome through its interaction with AGO4 in the Cajal body. eLife, 9: e55542.

Wang XB, Jovel J, Udomporn P, et al. 2011. The 21-nucleotide, but not 22-nucleotide, viral secondary small interfering RNAs direct potent antiviral defense by two cooperative argonautes in *Arabidopsis thaliana*. The Plant Cell, 23(4): 1625-1638.

Wang XB, Wu Q, Ito T, et al. 2010. RNAi-mediated viral immunity requires amplification of virus-derived siRNAs in *Arabidopsis thaliana*. Proc Natl Acad Sci USA, 107(1): 484-489.

Wang Y, Dang M, Hou H, et al. 2014. Identification of an RNA silencing suppressor encoded by a *Mastrevirus*. Journal of General Virology, 95(Pt 9): 2082-2088.

Wang Y, Wu Y, Gong Q, et al. 2019. Geminiviral V2 protein suppresses transcriptional gene silencing through interaction with AGO4. Journal of Virology, 93(6): e01675-18.

Wu J, Yang R, Yang Z, et al. 2017. ROS accumulation and antiviral defence control by microRNA528 in rice. Nature Plants, 3: 16203.

Wu J, Yang Z, Wang Y, et al. 2015. Viral-inducible Argonaute18 confers broad-spectrum virus resistance in rice by sequestering a host microRNA. eLife, 4: e05733.

Xie Z, Allen E, Fahlgren N, et al. 2005. Expression of *Arabidopsis* MIRNA genes. Plant Physiology, 138(4): 2145-2154.

Xie Z, Fan B, Chen C, et al. 2001. An important role of an inducible RNA-dependent RNA polymerase in plant antiviral defense. Proc Natl Acad Sci USA, 98(11): 6516-6521.

Xiong R, Wu J, Zhou Y, et al. 2009. Characterization and subcellular localization of an RNA silencing suppressor encoded by *Rice stripe tenuivirus*. Virology, 387(1): 29-40.

Yang LP, Fang YY, An CP, et al. 2013. C2-mediated decrease in DNA methylation, accumulation of siRNAs, and increase in expression for genes involved in defense pathways in plants infected with *Beet severe curly top virus*. Plant Journal, 73(6): 910-917.

Yang SJ, Carter SA, Cole AB, et al. 2004. A natural variant of a host RNA-dependent RNA polymerase is associated with increased susceptibility to viruses by *Nicotiana benthamiana*. Proc Natl Acad Sci USA, 101(16): 6297-6302.

Yang X, Xie Y, Raja P, et al. 2011. Suppression of methylation-mediated transcriptional gene silencing by betaC1-SAHH protein interaction during geminivirus-betasatellite infection. PLOS Pathogens, 7(10): e1002329.

Yang Y, Liu T, Shen D, et al. 2019. *Tomato yellow leaf curl virus* intergenic siRNAs target a host long noncoding RNA to modulate disease symptoms. PLOS Pathogens, 15(1): e1007534.

Ye J, Yang J, Sun Y, et al. 2015. Geminivirus activates ASYMMETRIC LEAVES 2 to accelerate cytoplasmic DCP2-mediated mRNA turnover and weakens RNA silencing in *Arabidopsis*. PLOS Pathogens, 11(10): e1005196.

Ye K, Malinina L, Patel DJ. 2003. Recognition of small interfering RNA by a viral suppressor of RNA silencing. Nature, 426(6968): 874-878.

Ye K, Patel DJ. 2005. RNA silencing suppressor p21 of *Beet yellows virus* forms an RNA binding octameric ring structure. Structure, 13(9): 1375-1384.

Ying XB, Dong L, Zhu H, et al. 2010. RNA-dependent RNA polymerase Ⅰ from *Nicotiana tabacum* suppresses RNA silencing and enhances viral infection in *Nicotiana benthamiana*. The Plant Cell, 22(4): 1358-1372.

Yu B, Chapman EJ, Yang Z, et al. 2006. Transgenically expressed viral RNA silencing suppressors interfere with microRNA methylation in *Arabidopsis*. FEBS Letters, 580(13): 3117-3120.

Yu D, Fan B, MacFarlane SA, et al. 2003. Analysis of the involvement of an inducible *Arabidopsis* RNA-dependent RNA polymerase in antiviral defense. Molecular Plant-Microbe Interactions, 16(3): 206-216.

Zahid K, Zhao JH, Smith NA, et al. 2015. *Nicotiana* small RNA sequences support a host genome origin of *Cucumber mosaic virus* satellite RNA. PLOS Genetics, 11(1): e1004906.

Zerbini FM, Briddon RW, Idris A, et al. 2017. ICTV virus taxonomy profile: *Geminiviridae*. Journal of General Virology, 98(2): 131-133.

Zhai JX, Jeong DH, De Paoli E, et al. 2011. MicroRNAs as master regulators of the plant *NB-LRR* defense gene family via the production of phased, *trans*-acting siRNAs. Genes & Development, 25(23): 2540-2553.

Zhai Y, Gnanasekaran P, Pappu HR. 2021. Identification and characterization of plant-interacting targets of *Tomato spotted wilt virus* silencing suppressor. Pathogens, 10(1): 27.

Zhang C, Ding Z, Wu K, et al. 2016a. Suppression of jasmonic acid-mediated defense by viral-inducible microRNA319 facilitates virus infection in rice. Molecular Plant, 9(9): 1302-1314.

Zhang X, Yuan YR, Pei Y, et al. 2006. *Cucumber mosaic virus*-encoded 2b suppressor inhibits *Arabidopsis* Argonaute1 cleavage activity to counter plant defense. Genes & Development, 20(23): 3255-3268.

Zhang X, Zhang X, Singh J, et al. 2012. Temperature-dependent survival of *Turnip crinkle virus*-infected *Arabidopsis* plants relies on an RNA silencing-based defense that requires DCL2, AGO2, and HEN1. Journal of Virology, 86(12): 6847-6854.

Zhang Z, Liu X, Guo X, et al. 2016b. *Arabidopsis* AGO3 predominantly recruits 24-nt small RNAs to regulate epigenetic silencing. Nature Plants, 2(5): 16049.

Zhang Z, Chen H, Huang X, et al. 2011. BSCTV C2 attenuates the degradation of SAMDC1 to suppress DNA methylation-mediated gene silencing in *Arabidopsis*. The Plant Cell, 23(1): 273-288.

Zhao JH, Fang YY, Duan CG, et al. 2016a. Genome-wide identification of endogenous RNA-directed DNA methylation loci associated with abundant 21-nucleotide siRNAs in *Arabidopsis*. Scientific Reports, 6: 36247.

Zhao JH, Hua CL, Fang YY, et al. 2016b. The dual edge of RNA silencing suppressors in the virus-host interactions. Current Opinion in Virology, 17: 39-44.

Zhao JH, Liu XL, Fang YY, et al. 2018. CMV2b-dependent regulation of host defense pathways in the context of viral infection. Viruses, 10(11): 618.

Zhong X, Wang ZQ, Xiao R, et al. 2017. iTRAQ analysis of the tobacco leaf proteome reveals that RNA-directed DNA methylation (RdDM) has important roles in defense against geminivirus-betasatellite infection. Journal of Proteomics, 152: 88-101.

Zhou ZS, Dell'Orco M, Saldarelli P, et al. 2006. Identification of an RNA-silencing suppressor in the genome of *Grapevine virus A*. Journal of General Virology, 87(Pt 8): 2387-2395.

Zhu H, Duan CG, Hou WN, et al. 2011a. Satellite RNA-derived small interfering RNA satsiR-12 targeting the 3′ untranslated region of *Cucumber mosaic virus* triggers viral RNAs for degradation. Journal of Virology, 85(24): 13384-13397.

Zhu H, Hu F, Wang R, et al. 2011b. *Arabidopsis* Argonaute 10 specifically sequesters miR166/165 to regulate shoot apical meristem development. Cell, 145(2): 242-256.

Zrachya A, Glick E, Levy Y, et al. 2007. Suppressor of RNA silencing encoded by *Tomato yellow leaf curl virus*-Israel. Virology, 358(1): 159-165.

第五章

RNA 沉默响应病原菌侵染

段成国[1]，张钟徽[2]

[1] 中国科学院分子植物科学卓越创新中心；[2] 华南师范大学生命科学学院

植物进化出多种防卫方式来保护它们自身免受病原菌的侵染，其中包括基于物理屏障的非寄主抗性、病原体相关分子模式触发的免疫［pathogen associated molecular pattern (PAMP)-triggered immunity，PTI］、效应子触发的免疫（effector-triggered immunity，ETI）等（Jones and Dangl，2006）。首先，第一道屏障主要通过蜡质皮层、加厚细胞壁或者剥夺病原菌生长必需因子等物理方式提供非寄主抗性。成功突破首道屏障后的病原菌接下来会遇到 PTI 防御：寄主植物利用位于细胞膜表面的模式识别受体（pattern-recognition receptor，PPR）迅速识别病原菌保守的 PAMP 分子；PAMP 的识别触发一系列基础抗性级联反应，其中包括丝裂原激活蛋白激酶（mitogen-activated protein kinase，MAPK）级联反应的激活、活性氧（reactive oxygen species，ROS）和一氧化氮（NO）的产生、细胞壁加固、抗菌化合物［如植保素（phytoalexin)］的合成、水杨酸（salycilic acid，SA）合成和信号等。有时，强烈的基础抗性可以阻止病原菌侵染，导致非寄主抗性。然而，许多病原菌可以通过释放效应子（effector)［又称无毒蛋白（avirulence protein，Avr)］进入植物体内克服 PTI。相应的，植物也进化出细胞内受体蛋白 NLR［nucleotide-binding site (NBS) and leucine-rich repeat (LRR) domain receptor，核苷酸结合位点-亮氨酸富集重复结构域受体］，利用这些抗性蛋白直接或间接地识别特定的病原菌效应蛋白。专一化的抗性蛋白-无毒蛋白识别能够触发 ETI 信号，ETI 通常以一种被称为过敏性坏死反应（hypersensitive response，HR）的程序性细胞死亡（programmed cell death，PCD）而告终，同时伴随着强烈的 SA 介导的系统性抗性反应。研究报道，拟南芥 ETI 免疫反应也依赖 PTI 通路中的多种元件，揭示了 PRR 与 NLR 协同激活植物免疫的机制（Yuan et al.，2021a，2021b）。越来越多的证据表明，植物内源 sRNA 介导的 RNA 沉默，除了在病毒侵染过程中参与调控作用，还广泛参与了植物对病原菌的防卫反应，分别通过 PTGS 和 TGS 两个方面参与对植物防卫反应的精细调控。本章重点介绍植物如何通过 PTGS 和 TGS 两个方面响应诸如细菌、真菌和卵菌等病原菌的侵染。

第一节 转录后基因沉默响应病原菌侵染

一、植物 miRNA 途径响应病原菌侵染

植物基因组中编码了大量 *MIRNA* 基因，有相当多的 miRNA 会响应生物胁迫和非生物胁迫，其中特定 miRNA 的诱导上调或抑制下调有助于植物抵御细菌、真菌、卵菌等各种病原菌的侵染（Navarro et al.，2006；Katiyar-Agarwal and Jin，2010）。

（一）植物 miRNA 途径调控细菌侵染

在拟南芥中，miR393 是第一个被鉴定出参与抗病原菌防卫反应的 miRNA（Navarro et al.，2006）。miR393 能够被细菌鞭毛来源的 PAMP 分子 flg22（flagellin 22）诱导表达，miR393 能够通过靶向生长素受体 F-box 家族蛋白 TIR1（transport inhibitor response 1）、AFB2（auxin signaling F-box protein 2）和 AFB3，负调控生长素信号，而 AFB1 的抑制则不依赖于 miR393 的剪切（Navarro et al.，2006）（图 5-1）。在 *tir1-1* 中过表达 miR393 无法介导剪切的 Myc-AFB1 对丁香假单胞菌（*Pseudomonas syringae* pv. *tomato* DC3000，Pst DC3000）更敏感，表现出更强的病症，而过表达

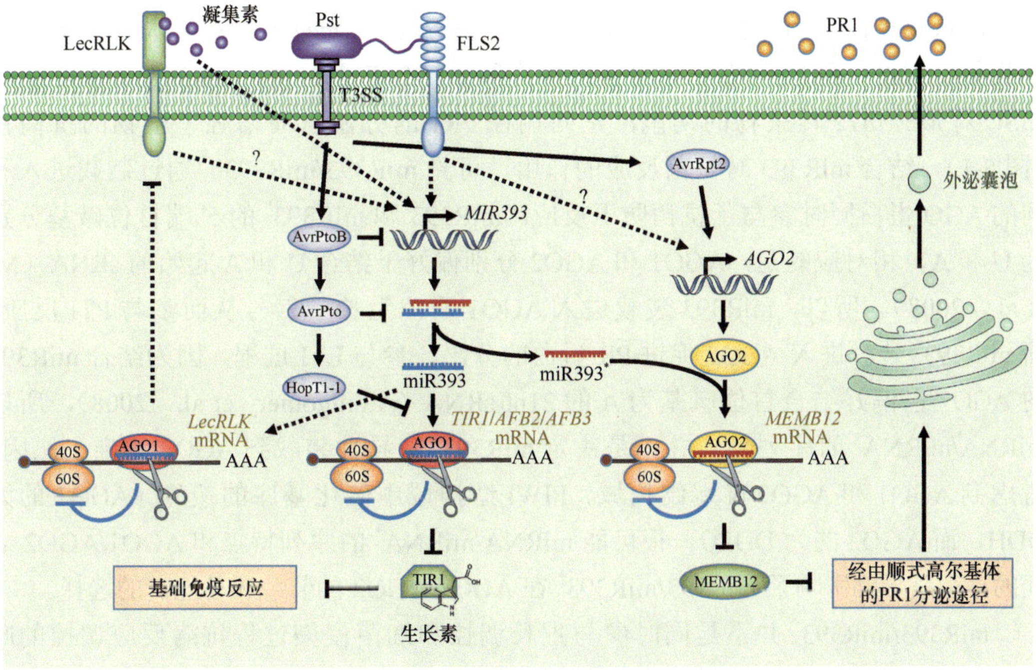

图 5-1 拟南芥 miR393/miR393* 响应细菌侵染的沉默调控机制

［修改自 Pumplin 和 Voinnet（2013）］

miR393 被丁香假单胞菌鞭毛来源的 PAMP 分子 flg22 诱导表达，miR393-AGO1 靶向生长素受体 F-box 家族蛋白基因 *TIR1*、*AFB2* 和 *AFB3*。含有效应蛋白 AvrRpt2 的丁香假单胞菌（Pst）侵染能够特异性地强烈诱导 AGO2 和 miR393* 表达上调，装载形成 AGO2-miR393* RISC，靶向沉默 *MEMB12* mRNA，正向调控 PR1 的分泌从而增强了植物的抗菌性

miR393 则会抑制细菌侵染（Navarro et al.，2006）。Ⅲ型分泌系统（type Ⅲ secretion system，T3SS）缺陷型菌株 Pst DC3000 *hrcC*⁻ 侵染上调了包括 miR393 在内的多个植物 miRNA（Fahlgren et al.，2007）。其中，上调的 miR160 和 miR167 主要靶向生长素响应因子（auxin-response factor，ARF）家族成员（Rhoades et al.，2002）。过表达 miR167 能够显著提高对丁香假单胞菌的抗性，这很可能是通过降低生长素信号响应、维持气孔处于相对关闭的状态来实现的（Caruana et al.，2020）。因此，植物在响应细菌侵染过程中，能够抑制生长素信号通路的多个元件。此外，miR393 还可能响应一类 PAMP 分子、革兰氏阴性细菌细胞壁外壁的主要成分凝集素（lectin）并负调控拟南芥中对应的凝集素类受体激酶（lectin receptor-like kinase，LecRLK）（Djami-Tchatchou and Dubery，2015，2019）（图 5-1）。

值得注意的是，丁香假单胞菌，尤其是含有效应蛋白 AvrRpt2 的丁香假单胞菌，侵染能够特异性地强烈诱导 *AGO2* 表达上调，miR393* 也大量上调，并装载于 AGO2 蛋白中（Zhang et al.，2011）。生化分析显示 miR393* 能够靶向剪切一个高尔基体定位的 SNARE（soluble *N*-ethylmaleimide sensitive factor attachment protein receptor）基因 *MEMB12*，丁香假单胞菌侵染抑制 *MEMB12* 的表达依赖 miR393*（Zhang et al.，2011）。遗传和生化分析显示 *MEMB12* 的功能缺失促进病程相关蛋白 1（pathogenesis-related protein 1，PR1）的分泌，miR393b* 的过表达与 *memb12* 突变体的抗菌性表型相似。因此，细菌侵染后诱导 miR393* 和 *AGO2* 表达上调，miR393*-AGO2 指导 RISC 对 *MEMB12* 转录物的切割，正向调控 PR1 的分泌从而增强了植物的抗菌性（图 5-1）。结合 miR393 对抗菌反应的作用，可见 miR393/miR393b* 通过装载进入不同的 AGO 蛋白同时参与了抗菌防卫反应。miR393 和 miR393* 的 5′ 端首位碱基分别为 U 和 A，相对应的是，AGO1 和 AGO2 分别偏好于结合 U 和 A 起始的 sRNA（Mi et al.，2008）。所以，miR393 装载进入 AGO1 调控生长素信号从而参与 PTI 反应，而 miR393* 装载进入 AGO2 促进 PR 蛋白的分泌、参与 ETI 过程。因为结合 miR390 的 AGO7 也偏好结合首位碱基为 A 的 21nt sRNA（Montgomery et al.，2008），所以 miRNA/miRNA* 的序列特点并不是决定 miR393* 特异性装载到 AGO2 的唯一原因。考虑到 AGO1 和 AGO2 N 端结构域、PIWI 结构域中催化基序的差异（AGO1 的为 DDH，而 AGO2 的为 DDD），很可能 miRNA/miRNA* 的序列特点和 AGO1/AGO2 之间的序列差异都影响了 miR393/miR393* 在 AGO1/AGO2 的装载和功能链的选择。

miR393/miR393* 并不是同时参与生长调控和细菌侵染过程抗病反应调控的唯一一对 miRNA/miRNA*，另一个案例是 miR825/miR825*。蜡样芽孢杆菌（*Bacillus cereus* AR156）是一类能够促进植物生长的根际细菌，能够诱导系统抗性（induced systemic resistance，ISR）。通过分别对蜡样芽孢杆菌 AR156 预处理或不预处理的拟南芥进行 Pst DC3000 侵染，取样进行 sRNA 测序分析发现，在侵染植物中，miR825/miR825* 在 AR156 预处理的样品中相对于没有预处理的样品表达受到抑制。通过 miR825/825* 的靶向基因分析和验证得知，miR825 能够靶向 2 个泛素连接酶

AT5G55970（RING/U box 超家族蛋白）和 AT5G44940（F-box/RNI-like 超家族蛋白）的编码基因，而 miR825* 则能够靶向多个 toll-interleukin-like receptor (TIR)-nucleotide binding site (NBS) and leucine-rich repeat (LRR) type resistance (R) gene（TIR-NBS-LRR）抗性基因（Niu et al.，2016a）。利用短串联靶标模拟（short tandem target mimic，STTM）构建吸附目标 miRNA 的技术，获得 STTM825/825* 敲低转基因，增强对 Pst DC3000 的抗病性；过表达 miR825/miR825* 转基因植物则增加对 Pst DC3000 的敏感性（Niu et al.，2016a）。这些结果表明蜡样芽孢杆菌的预侵染能够通过抑制 miR825/miR825* 提前激活抗病相关基因的表达，诱导植物产生系统性抗菌能力。此外，丁香假单胞菌侵染时会诱导上调 miR825，其预测靶向基因编码 Remorin 蛋白、锌指 Homeobox 家族蛋白和 frataxin 相关蛋白，表明 miRNA 通路在 PTI 反应过程中调控的广泛性（Rhoades et al.，2002）。

丁香假单胞菌侵染过程中还与植物 miRNA 生物合成途径主要元件存在相互作用，如携带无毒蛋白的丁香假单胞菌 Pst（*avrRpt2*）的侵染能够强烈诱导 miR863-3p 表达；且 miR863-3p 能够靶向 2 种不同类型的靶基因转录物。其中，在 *avrRpt2* 侵染早期，尚处在相对较低水平的 miR863-3p 能够靶向抗病反应中的 2 个负调控因子 *ARLPK1*（*atypical receptor-like kinases*）和 *ARLPK2*，从而促进抗病毒防卫反应（Niu et al.，2016b）。随着侵染晚期 miR863-3p 表达水平的提高，miR863-3p 又能通过靶向并降解 miRNA 生物合成重要元件 SE 的转录物，进而抑制 miRNA 的生物合成（Niu et al.，2016b）。SE 是植物免疫的正调控因子，相比野生型，在 *se* 突变体中抗病途径下游基因 *PR1* 的表达较低。因此，miR863-3p 在 *avrRpt2* 侵染晚期对 miRNA 生物合成进行负反馈调节从而控制抗病反应的强度，体现了抗病反应的动态调节。

植物对病原菌的识别还可以起始于活性氧（ROS）增加（Katiyar-Agarwal and Jin，2010）。高浓度 Cu^{2+} 或者 Fe^{3+} 导致的氧化胁迫能够抑制 miR398 的表达，促进其靶标 Cu/Zn 超氧化物歧化酶（Cu/Zn superoxide dismutase 1/2，CSD1 或 CSD2）的基因表达。miR398 可以受到 Pst（*avrRpm1*）和 Pst（*avrRpt2*）侵染表达下调，而不受 Pst DC3000 的影响（Jagadeeswaran et al.，2009）。其中 *CSD1*，而不是 *CSD2* 的转录水平在 Pst（*avrRpm1*）侵染过程中表现出强烈上调，*CSD2* 在多种胁迫过程中的不同表现显示其存在依赖于和不依赖于 miR398 的多种不同调控机制（Jagadeeswaran et al.，2009）。

具有结瘤能力的根瘤农杆菌（*Agrobacterium tumefaciens*）菌株能够诱导 miR393，而缺乏结瘤能力的菌株则不能（Pruss et al.，2008）。miR393 和 miR167 表达水平在根瘤农杆菌诱导的瘤中显著下调，去抑制的生长素信号通路能够促进结瘤生长。miRNA 通路缺陷突变体的根和茎，如 *dcl1* 和 *hen1*，往往对根瘤农杆菌侵染不敏感（Pruss et al.，2008）。这些结果表明 miR393 和 miR167 通过调节生长素响应影响农杆菌结瘤过程。

大豆等豆科植物通过与根瘤菌（rhizobial bacteria）的共生关系形成具有固氮作用

的特殊结构根瘤（root nodule）。通过对豆科根瘤菌接种和对照接种的豆科根部组织进行高通量测序显示，在共生过程的不同阶段中，sRNA，尤其是 miRNA 表现出阶段特异性的动态变化（Subramanian et al.，2008；Lelandais-Briere et al.，2009；Wang et al.，2009）。大豆慢生根瘤菌（*Bradyrhizobium japonicum*）侵染的大豆根部样品中鉴定到了 55 个家族 miRNA，其中 35 个是新的 miRNA 家族（Subramanian et al.，2008）。针对响应根瘤菌侵染的 miRNA 表达分析发现：miR168 和 miR172 在接种第 3 小时显著上调，第 12 小时后下调回到本底水平；接种第 3 小时后，miR159 和 miR393 显著上调，而 miR160 和 miR169 则显著下调（Subramanian et al.，2008）。整体而言，该侵染过程改变了 miR160、miR393、miR164 和 miR168 的积累量，这些 miRNA 相对应的靶基因 *ARF*s（*ARF10/16/17*）、*TIR1*、*NAC1* 和 *AGO1* 表达量也发生变化。这些结果强烈支持了生长素稳态和生长素信号在结瘤过程中的重要作用。一系列大豆和蒺藜苜蓿结瘤中表达的新 miRNA 家族成员预示这些 miRNA 在结瘤和固氮过程中扮演着关键角色（Subramanian et al.，2008；Lelandais-Briere et al.，2009；Wang et al.，2009）。这些 miRNA 在豆科–根际微生物互作中的生物学功能有待继续深入研究。蒺藜苜蓿根瘤中 miR169-*MtHAP2-1* 的调节模块是关于植物 miRNA 在根瘤中调控功能研究相对比较清楚的一个例子（Lelandais-Briere et al.，2009）。MtHAP2-1 是一个在蒺藜苜蓿根瘤发育过程中强烈上调的 HAP2 类转录因子，主要限制在根瘤分生区较高水平的表达，调控根瘤细胞的分化。*MtHAP2-1* 的 RNAi 转基因植物中由于苜蓿中华根瘤菌（*Sinorhizobium meliloti*）在根瘤中的生长受到阻遏，呈现出根瘤成熟延迟的表型。miR169 能够将 *MtHAP2-1* 限制在根瘤分生区内表达，并调控其在不同时期的表达水平，过表达不受 miR169 剪切的 *MtHAP2-1* 突变基因的转基因植物根部生长受到抑制。这一 miR169-*MtHAP2-1* 调节模块确定了 sRNA 在植物–病原细菌共生互作中的重要角色。豆科植物百脉根（*Lotus japonicus*）受到百脉根根瘤菌侵染后一系列 miRNA 受到诱导，其中 miR172 在根部强烈积累，这依赖于结瘤因子和根瘤菌的侵染，提示 miR172 可能通过调节其靶基因 *AP2* 家族转录因子在根际细菌共生过程中发挥作用（Holt et al.，2015）。

（二）植物 miRNA 途径调控真菌侵染

RNA 沉默同样是植物防御病原真菌的一种有效策略。继首次报道 RNA 沉默机制在抗细菌防卫反应过程中的作用不久，就有研究发现 RNA 沉默途径的一些突变体，包括 *sgs2*、*sgs3*、*ago7*、*dcl4*、*nrpd1a* 和 *rdr2*，对大丽轮枝菌侵染表现出敏感表型（Ellendorff et al.，2009）。在此之后，陆续在火炬松（Lu et al.，2007）、小麦（Xin et al.，2010；Gupta et al.，2012）、杨树（Zhao et al.，2012）、二穗短柄草（Lucas et al.，2014）、番茄（Ouyang et al.，2014）、拟南芥（Jin et al.，2018）、大麦（Hunt et al.，2019）、水稻（Li et al.，2019）和棉花（Hu et al.，2020）等一系列物种中，通过高通量测序系统分析结合生化分析验证发现许多 miRNA 能够响应真菌侵染，靶向寄主植物自身基因以参与真菌侵染的防御过程，表明 RNA 沉默在植物防御真菌侵染中也发挥重要的作用。在真菌栎柱锈菌（*Cronartium quercuum*）侵染的火炬松中，10 个 miRNA 家族的 miRNA 在患有梭形锈病（fusiform rust disease）的虫瘿茎（galled stem）中受到显著抑制，而这些 miRNA 对应的靶基因转录水平均有所提高（Lu et al.，2007）。值得注意的是，在虫瘿上部的茎中，虽然这些 miRNA 均保持不变，但它们对应的靶基因表达仍然显著提高（Lu et al.，2007），这表明发生在虫瘿中的真菌侵染可能使虫瘿上部的茎产生免疫，并抑制了真菌继续向上侵染。在葡萄座腔菌（*Botryosphaeria dothidea*）侵染的杨树茎皮中则检测到 12 个 miRNA 表达上调，而同时未见 miRNA 表达下调。在植物-真菌互作中，植物 miRNA 的靶向对象类型多样，包括 RNA 沉默重要元件、转录因子、ROS 通路基因等，分别参与了 PTI 和 ETI 的免疫防御过程。

水稻中稻瘟病菌（*Magnaporthe oryzae*）侵染时 *OsDCL1* 表达降低，*OsDCL1* 沉默突变体表现出对稻瘟病菌侵染的抗性增强。在与侵染菌丝接触的细胞中可发现过氧化氢积累和细胞死亡，揭示 *OsDCL1* 的沉默能够激活防御相关基因的组成型表达，激活细胞内防卫反应（Zhang et al.，2015）。在拟南芥中，尖孢镰刀菌（*Fusarium oxysporum*）侵染及真菌诱导子能够诱导 miR168 和 miR823 表达。miR168 和 miR823 分别靶向介导 PTGS 的重要元件 AGO1 和介导 TGS 的甲基转移酶 CMT3 编码基因（Baldrich et al.，2014）。敲低 miR773 的 MIM773 转基因能够上调其靶基因 *MET2*（*METHYLTRANSFERASE 2*）的表达，提高对腐生型真菌和半活体营养型真菌的抗性（Salvador-Guirao et al.，2018）。这些结果暗示 PTGS 和 TGS 都可能参与了尖孢镰刀菌侵染过程的调控。真菌可以通过负调控 PTGS 和 TGS 对应的重要元件 DCL1、AGO1 和 CMT2/3，以抑制 RNA 沉默防御而利于自身的侵染。与前述类似，葡萄座腔菌侵染湖北海棠（*Malus hupehensis*）和水杨酸处理也可以诱导 miR168a 表达上调，但比较意外的是，侵染时 *MhAGO1* 的表达也会上调（Yu et al.，2017）。过表达 miR168a 会延缓叶片病症的发展，而过表达 *MhAGO1* 则表型相反（Yu et al.，2017），显示葡萄球座菌侵染湖北海棠的具体沉默调控机制可能比较复杂。

除了 RNA 沉默通路元件，转录因子也是真菌侵染过程中植物 miRNA 靶向基因的重要类型。禾柄锈菌（*Puccinia graminis*）侵染小麦（*Triticum aestivum*）后，多个植物内源 miRNA 在侵染早期表达强烈上调，随着时间推移表达量逐渐降低（Gupta et al.，2012），从而动态调控其靶基因，如植物花青苷（参与木质素合成）基因、ARF、MYB 和 NAC1 等转录因子的编码基因（图 5-2）。当禾柄锈菌的侵染引起小麦 tae-miR164 积累下调时，其靶向的转录因子基因 *TaNAC21/22* 的表达上调（Feng et al.，2014）；*TaNAC21/22* 敲低植物表现出锈病抗性提高，表明 *TaNAC21/22* 是小麦锈病抗性的负调控因子（Feng et al.，2014）。布氏白粉菌（*Blumeria graminis* f. sp. *tritici*，Bgt）侵染小麦也会引起一系列 miRNA 的表达变化，其中 miR156 在侵染后表达下调，其可能的靶基因 *Ta33711* 编码 SPL（squamosa promoter binding protein-like）家族转录因子，其中一些成员正调控植物防卫反应（Xin et al.，2010）。稻瘟病菌株系 Guy11 侵染水稻还能够诱导 miR319 表达上调，进而抑制其靶基因 *OsTCP21*（*teosinte branched/Cycloidea/proliferating cell factor 21*）的表达（Zhang et al.，2018a）；遗传表型检测发现 OsTCP21 是水稻防御稻瘟病菌反应的正调控因子。Guy11 侵染或 *OsTCP21* 过表达能够特异性地抑制水杨酸合成途径关键基因 *LOX2*（*LIPOXYGENASE 2*）和 *LOX5* 的表达（Zhang et al.，2018a）。稻瘟病菌很可能是通过劫持 SA 合成途径 *OsLOX2/5* 以改变寄主免疫并且促进其致病过程。过表达 *MIR858* 的拟南芥对腐生类真菌癣囊腔菌（*Plectosphaerella cucumerina*）和半活体营养型真菌希金斯刺盘孢（*Colletotrichum higginsianum*）的侵染易感，而 *MIM858* 敲除转基因植物则抗性增加（Camargo-Ramirez et al.，2018）。miR858 通过特异性地下调类黄酮合成相关的 MYB 家族转录因子，从而负调控抗真菌反应（Camargo-Ramirez et al.，2018）。此外，感染了大丽轮枝菌的拟南芥中 miR160、miR164、miR166、miR167、miR390 和 miR156h 表达上调，其相应靶基因转录因子 *ARF10*、*NAC1*、*PHV* 和 *ARF6* 表达都下调（Jin et al.，2018）。

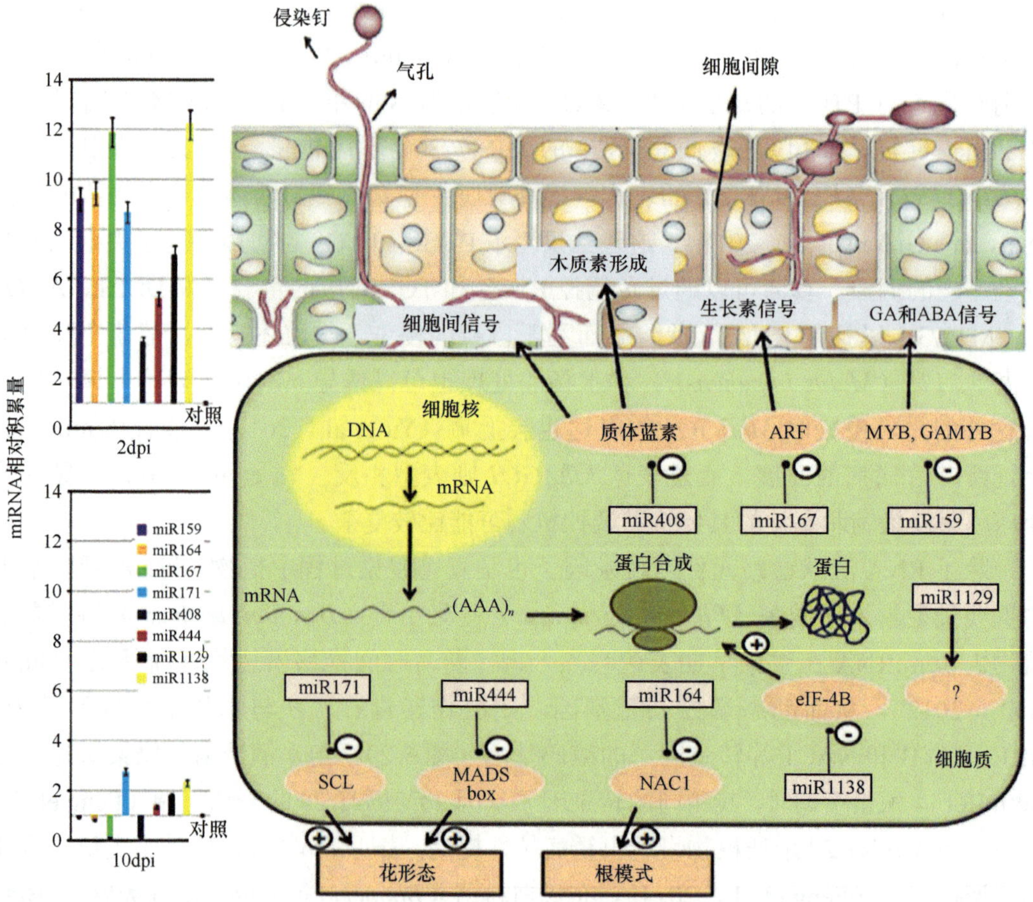

图 5-2 禾柄锈菌侵染小麦上调相应 miRNA 及其靶基因示意图［修改自 Gupta 等（2012）］

左图：多个植物内源 miRNA 的积累在禾柄锈菌侵染早期强烈上调，随后下调；

右图：这些 miRNA 分别靶向参与不同途径的基因

研究显示：大麦白粉病抗性基因 *Mla1* 能够抑制 hvu-miR398 表达，进而促进叶绿体 Cu/Zn 超氧化物歧化酶基因（*HvSOD1*）的表达上调，改变体内 ROS 含量，介导大麦对白粉病菌的抗性（Xu et al.，2014）。而 *Mla1* 基因是大麦 hvu-miR9863 的靶标，hvu-miR9863 负调控 Mla1 介导的抗性和 ROS 引起的细胞死亡，起到平衡调控抗病的作用（Liu et al.，2014）。灰葡萄孢（*Botrytis cinerea*）侵染番茄能够抑制 sly-miR1916 表达，进而通过负调控 *STR-2*、*UGT* 和 *MYB12* 的表达调控 α-番茄碱和花青素的合成，以及 ROS 的含量（Chen et al.，2019）。因此，植物通过 miRNA 调控相应靶基因，调节体内 ROS 含量，抵御真菌侵染的同时避免过多的自身细胞死亡也是重要防御策略之一。

此外，棉花 ghr-miR5272a 能够靶向 *GhMKK6* 的 3′ 非翻译区，过表达 ghr-miR5272a 能够降低 *GhMKK6* 及其下游疾病抗性基因的表达，增加对尖孢镰刀菌的侵染（Wang et al.，2017）。而棉花 ghr-miR477 能够直接结合并剪切 *GhCBP60A* 转录物，沉默 ghr-miR477 能降低植物对大丽轮枝菌的抗性，而敲低 *GhCBP60A* 能提高水杨酸水平进而增强抗菌性。这些结果也表明植物还可以通过 miRNA 调控 MARK 磷酸化级联反应和水杨酸合成通路，参与植物 PTI 反应过程以应对真菌侵染。

（三）植物 miRNA 途径调控卵菌侵染

卵菌（oomycetes）在系统进化上有别于真菌，形成一个独立的群体，包括 60 多种疫霉、多个活体营养型霜霉和 100 多种腐霉，其中许多是植物病原菌，导致的病害给许多农作物和花卉植物造成毁灭性危害。一系列研究显示植物 miRNA 途径也参与了卵菌侵染的调控。对致病疫霉（*Phytophthora infestans*）和对照侵染的番茄样品进行 sRNA 的高通量测序显示共有差异表达的 70 个 miRNA，包括 miR159a、miR164a、miR476b、miR6027 和 miR5300 等。进一步验证发现，这些 miRNA 及其靶基因的表达都存在负相关关系，暗示这些 miRNA 及其靶基因表达可能在致病疫霉侵染过程中发挥重要作用（Luan et al.，2015）。进一步研究表明，sly-miR1918 能够负调控一类编码 RING 型蛋白的基因表达（Luan et al.，2016）。与灰葡萄孢类似，致病疫霉侵染番茄同样也能够抑制 sly-miR1916 表达，进而负调控 *STR-2*、*UGT* 和 *MYB12* 的表达（Chen et al.，2019）。另外，致病疫霉侵染番茄还可以诱导 sly-miR482/2118 表达的增加以进一步抑制其靶基因 NBS-LRR 类抗性基因的表达（de Vries et al.，2018）。Sly-miR482a 还可以抑制非编码 RNA Sly-lncRNA15492 的表达。

二、植物 phasiRNA 途径响应病原菌侵染

植物中各种跨膜模式识别受体（PPR）通过识别病原菌释放的 PAMP 分子进而触发 PTI 反应。病原菌分泌效应子（effector）或无毒蛋白（avirulence protein，Avr）来抑制 PTI 反应。植物也进化出胞内受体蛋白 NLR（抗病蛋白），识别病原菌效应子或无毒蛋白而触发 ETI 反应。这些抗病蛋白往往包含一个核苷酸识别位点（nucleotide-binding site，NBS）结构域和亮氨酸富集重复（leucine-rich repeat，LRR）结构域。大部分植物基因组都编码了数百个抗病蛋白，蒺藜苜蓿（*Medicago truncatula*）中超过700个（Young et al.，2011），水稻中超过500个（Zhou et al.，2004），拟南芥中约150个（Meyers et al.，2003）；番木瓜（*Carica papaya*）、黄瓜（*Cucumis sativus*）中相对比较低，分别为55个（Ming et al.，2008）、62个（Yang et al.，2013）。值得注意的是，苜蓿大约80%基因组序列中包含约540个*NBS-LRR*基因，其中大约14%被预测为假基因（Young et al.，2011），而在马铃薯（*Solanum tuberosum*）基因组中包含约400个*NBS-LRR*基因，其中多达41%被预测为假基因（Xu et al.，2011；Lozano et al.，2012）。这些假基因可能是植物–病原菌不断进化中的“武器竞赛”中的战场废弃武器，也可能是非编码的phasiRNA产生的重要来源。

NBS-LRR蛋白的保守结构域中有许多高度保守的基序，其中编码这些基序的核苷酸序列往往是一些miRNA的重要靶标，并且这些miRNA能够引导切割靶标RNA触发phasiRNA的生物合成。首个miRNA靶向*NBS-LRR*基因的报道是油菜一条特有的22nt miRNA，即bra-miR1885（He et al.，2008）。此后，一系列miRNA被鉴定或预测靶向相关抗病基因。在苜蓿中，3个22nt的miRNA（miR1507、miR2109和miR2118a/b/c）家族靶向的一些*NBS-LRR*基因序列编码的是一些高度保守的蛋白基序，如TIR-1、P-loop和Kinase-2（Zhai et al.，2011）。这3个不同miRNA家族并没有表现出针对*NBS-LRR*基因家族中特定亚家族或者亚支的专一性，表明这些miRNA中的任意一种均可以靶向*NBS-LRR*基因家族中的多种不同成员。加上茄科植物靶向*NBS-LRR*的miRNA，目前至少有6个miRNA家族能够靶向*NBS-LRR*。这些miRNA与它们靶向*NBS-LRR*基因家族的互作表现出高度的冗余性。特别的是，多种不同的miRNA甚至都能靶向编码特定保守蛋白基序的核酸序列。其中一个最极端的例子就是，*NBS-LRR*编码P-loop基序的核酸序列被包含了miR472、miR482、miR2089、miR2118和miR5300在内的miRNA超家族靶向（Shivaprasad et al.，2012；Fei et al.，2015；Xia et al.，2015）。在上述这些miRNA中，某些miRNA编号上的差异只是由于简单的历史原因。例如，miR472和miR482虽然名称不一样，但在序列上接近一致。然而，这一超家族中其他大多数miRNA家族之间在序列上还是存在很大差异，并不符合一个miRNA家族的定义（Meyers et al.，2008；Fei et al.，2013）。该miRNA超家族包含在茄科中较占优势的miR482家族和在豆科中较占优势的miR2118家族，因此又称为miR482/miR2118超家族（Zhai et al.，2011；Shivaprasad et al.，2012）。类似地，两个并不相关的miRNA，即miR2109和miR6019均靶向编码TIR-1基序的不同核酸序列，这两个序列之间也并不重叠。由于miRNA引导切割产生的*NBS-LRR*来源的phasiRNA既能顺式作用于自身转录物，又能反式作用于相关的靶标RNA，因此为数不多的miRNA就能通过次级phasiRNA的产生极大地放大它们的抑制作用（Zhai et al.，2011）。苜蓿中已鉴定出超过114个能够产生phasiRNA的*NBS-LRR*基因，其中超过60%的*NBS-LRR*在22nt miRNA的引导下产生大量21nt phasiRNA，miRNA

和 phasiRNA 这两类 sRNA 在苜蓿中协同调控了绝大多数 *NBS-LRR* 基因的下调表达（Zhai et al.，2011）。22nt bra-miR1885 也被发现靶向一个仅含有 TIR 结构域的 *BraTIR1* 基因并产生 phasiRNA（Cui et al.，2020）。

miR482/miR2118 超家族及其靶基因 *NBS-LRR* 在种子植物中都是保守的（Xia et al.，2015），很可能在植物免疫中扮演着重要的角色（Fei et al.，2013，2016）。拟南芥的相关研究显示 RDR6 和 miR472 是植物 PTI 反应和 ETI 反应的负调控因子（Boccara et al.，2014）。*rdr6* 功能缺失突变体和 *miR472* 敲低突变体 *miR472*^{m} 中 PTI 反应组成型增强，同时对能表达效应蛋白 AvrPphB 的丁香假单胞菌 Pto DC3000 的基础抗性增强，在 miR472 过表达植物中则相反（Boccara et al.，2014）。miR472 和 RDR6 能够在转录水平负调控一系列 *CC-NBS-LRR*，其中包括能够识别效应蛋白 AvrPphB 的 *CC-NBS-LRR* 抗病蛋白 RPS5 编码基因，同时也有大量依赖于 miR472 和 RDR6 产生的 phasiRNA 来源于这些 *CC-NBS-LRR* 区域（Boccara et al.，2014）（图 5-3）。由此推测，在正常条件下，*MIR472* 和 *RDR6* 均组成型表达并通过 phasiRNA 在转录后水平负调控包括 RPS5 在内的一系列 *CC-NBS-LRR* 的表达；在病原菌侵染过程中，PAMP 分子 flg22 能够下调 *MIR472* 的表达，抑制其对 *RPS5* 等抗病基因的降解，促进抗病蛋白的表达，增强植物 ETI 反应（Boccara et al.，2014）。因此，miR472-RDR6-phasiRNA 调控模块也建立了 ETI 和 PTI 组分之间的桥梁（图 5-3）。在植物与病原菌相互斗争的长期进化过程中，持续产生了一系列 miRNA 靶向抗病基因转录物进而触发产生 phasiRNA，显示了这种功能的重要性。

豆科（Fabaceae）植物中的 miR1510 是一类进化上比较年轻的 miRNA。在菜豆族（Phaseoleae）植物中，miR1510 的前体经过 DCL1 剪切产生的本来是 21nt 的 miR1510/miR1510*。然而，由于这种 miR1510/miR1510* 在 miR1510 的 3′ 端存在错配而抑制了 HEN1 的甲基化活性，造成只有部分 miR1510 的 3′ 端存在 2′-*O*-甲基化保护，而未被甲基化的 miR1510 被 HESO1 单尿苷化生成 22nt 的 miRNA，进而触发切割抗病基因 *NBS-LRR* 转录物产生 phasiRNA（Fei et al.，2018）（图 5-4）。进化分析显示：miR1510 在 4200 万～4100 万年前出现，由保守的前体结构剪切并修饰，最终产生一个 22nt 单尿苷化的成熟形式，而在绿豆中的一个 miR1510 变体则是直接加工产生 22nt 的成熟形式（Fei et al.，2018）。这表明植物可以利用加工后修饰产生充足的 22nt miRNA 以便更有效地调节靶标 mRNA 丰度，比较分析表明这是一个年轻植物 miRNA 前体加工选择性优化的一个良好范例。

在大麦和小麦中鉴定到 22nt 的 miR9863，它也能够靶向一个 *CC-NBS-LRR* 基因 *MLA*，并触发产生 21nt phasiRNA，这个 phasiRNA 进一步正反馈抑制 *MLA* 类基因的表达（Liu et al.，2014）。对感染了黄色镰刀菌（*Fusarium culmorum*）的二穗短柄草进行高通量测序和分析，发现 miR2506、miR2507a/b 可能靶向剪切 *NBS-LRR* 类基因 *1g34430*（Lucas et al.，2014）。植物 *NBS-LRR* 基因通常能够在植物 ETI 反应中诱导程序性细胞死亡（programmed cell death，PCD）（Cui et al.，2015）。在没有病原菌侵

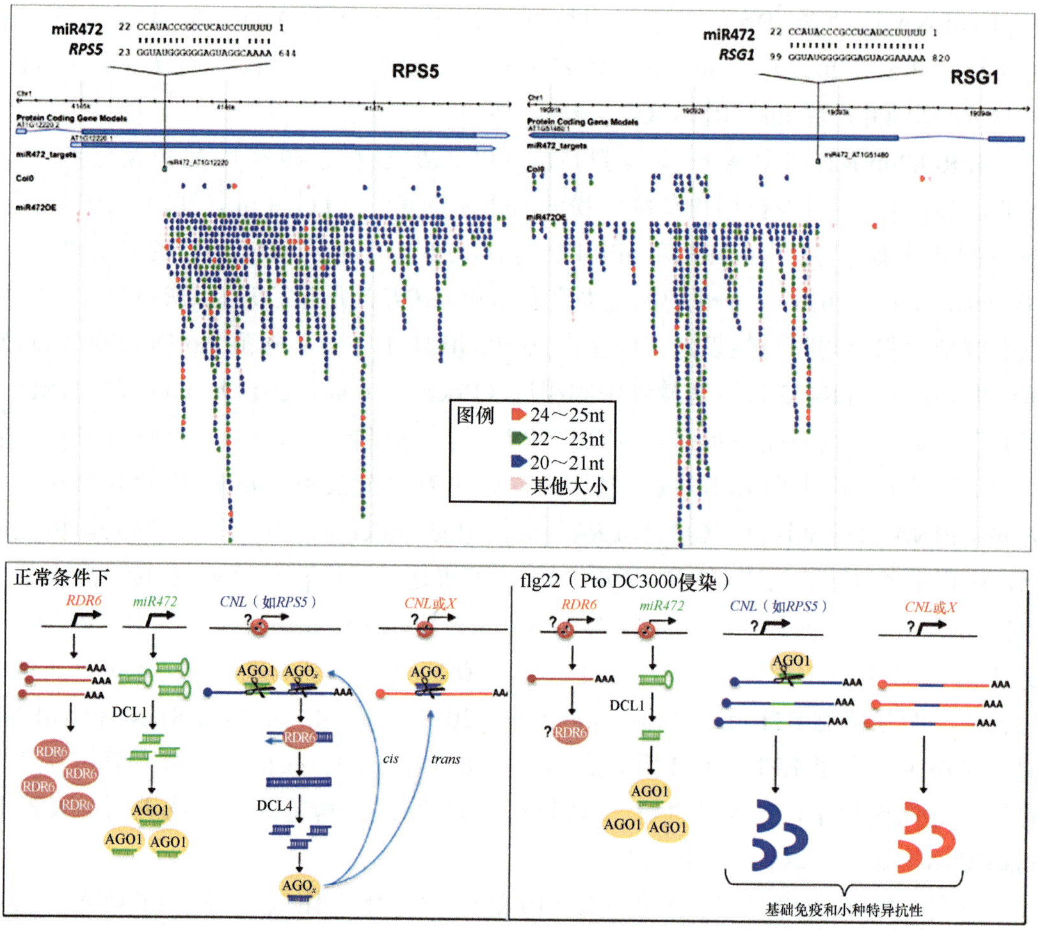

图 5-3 miR472-RDR6-phasiRNA 调控模块建立了 ETI 和 PTI 组分之间的桥梁
[修改自 Boccara 等（2014）]

上图：miR472 在转录水平负调控 *CC-NBS-LRR*（*CNL*）类基因（包括抗病蛋白 RPS5 编码基因），产生大量依赖于 miR472 和 RDR6、来源于这些 *CC-NBS-LRR* 区域的 phasiRNA。下图：在正常条件下，*MIR472* 和 *RDR6* 均组成型表达，在转录后水平负调控 *CNL* 的表达；在病原菌侵染过程中，PAMP 分子（flg22）下调 *MIR472* 的表达，抑制其对 *RPS5* 等抗病基因的降解，促进抗病蛋白的表达，增强植物 ETI 反应

染的情况下，通常会触发 miRNA 和 *NBS-LRR* 来源的 phasiRNA，将 *NBS-LRR* 转录物和蛋白控制在低水平以最小化不必要的 PCD 效应。在病原菌侵染的状态下，miR482/miR2118 和相应的 phasiRNA 表达水平往往会降低并释放 *NBS-LRR* 基因的表达，进而增强 ETI 反应（Fei et al.，2016）。对感染了尖孢镰刀菌的番茄感病品种和抗病品种进行比较分析，发现抗病品种中属于 miR482/miR2118 超家族的 sl-miR482f 和 sl-miR5300 的表达受到显著抑制，而且其候选靶基因就属于 *NBS-LRR* 类基因（Ouyang et al.，2014）。在大丽轮枝菌侵染的马铃薯中 miR482e 的表达下调，而其靶基因 *NBS-LRR* 的表达随之上调（Yang et al.，2015）。

植物 PTI 过程中的 *PPR* 基因家族是植物中最大和最多样的基因家族之一。拟南芥中的研究显示，*PPR* 基因家族来源的 phasiRNA 也参与到生物胁迫抗性的调控过程

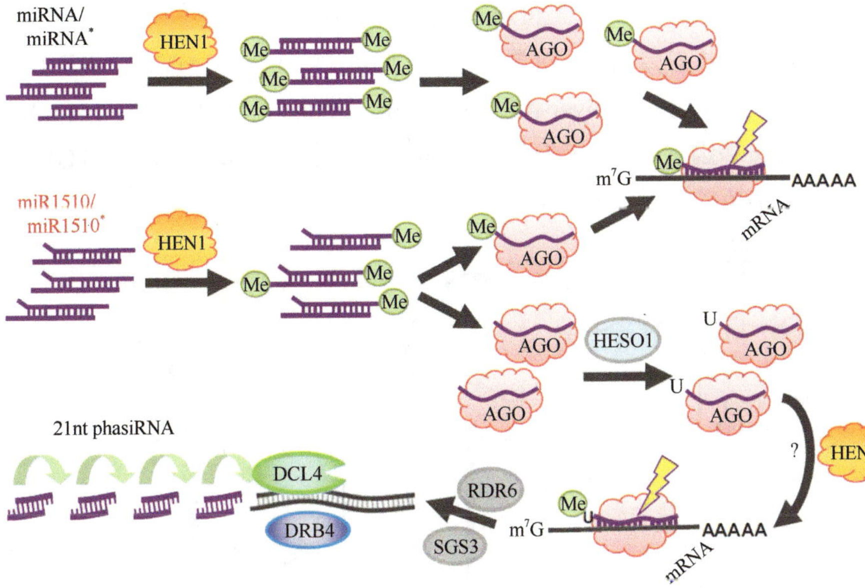

图 5-4　大豆 22nt miR1510 变体的生物合成与作用模型（Fei et al.，2018）

与常规典型的 miRNA/miRNA* 双链相比，miR1510/miR1510* 含有一个末端错配，抑制了 HEN1 对 miR1510 链上的活性，但不影响对 miR1510* 链的修饰。一般，甲基化的 miRNA 会装载到 AGO 中从而指导下游 RNA 沉默。未甲基化的 miR1510 装载进入 AGO，在 HESO1 的作用下在 3′ 端单尿苷化加一个 U。AGO 结合的单尿苷化 miR1510 可能被 HEN1 进一步甲基化。22nt miR1510 靶向目标 RNA 转录物，进而在 RDR6、SGS3 和 DCL4 的参与下触发产生 phasiRNA

中（Cai et al.，2018；Hou et al.，2019）。灰葡萄孢侵染拟南芥时，*TAS1c* 和 *TAS2* 来源的 tasiRNA 能够通过外泌体小泡从植物跨界进入病原菌（将在第七章阐述），诱导真菌内的基因沉默（Cai et al.，2018）。tasiRNA 过表达能够增强植物对该真菌的抗性；反之，taisRNA 敲低表现出对该真菌的易感性（Cai et al.，2018）。*PPR* 基因来源的 phasiRNA 在卵菌中也发挥着类似的抗病作用。miR161 通过触发 *PPR* 基因来源的 phasiRNA 以增强植物对辣椒疫霉（*Phytophthora capsici*）的抗性（Hou et al.，2019）。然而，目前仅发现一部分 *PPR* 基因能够产生 phasiRNA，产生这种 phasiRNA 的决定因素还有待探讨。此外，*PPR* 来源的 phasiRNA 靶向病原菌的基因也有待进一步深入研究。

总而言之，植物 miRNA 和 phasiRNA 通常协同工作，通过调节以抗病基因为代表的内源免疫系统或输出到病原菌中沉默病原菌基因来抵抗病原菌侵染。

三、植物 nat-siRNA 途径响应病原菌侵染

nat-siRNAATGB2 是首个鉴定出来参与植物免疫的内源 nat-siRNA（Katiyar-Agarwal et al.，2006）。编码 Rab2-like GTP 结合蛋白的 *ATGB2* 与 *PPRL*［pentatricopeptide repeat protein (PPR)-like］基因在染色体上形成一个 NAT（natural antisense transcript，天然反义转录物）基因对（图 5-5），丁香假单胞菌（Pst）侵染时能够诱导 *ATGB2* 表

达，继而特异性地强烈诱导产生 22nt nat-siRNAATGB2。该 nat-siRNA 能够抑制 *PPRL* 表达。在这一过程中需要 RNA 沉默途径重要元件 DCL1、HYL1、RDR6、SGS3、HEN1 和 NRPD1a 的参与（Katiyar-Agarwal et al.，2006）。同时，这种 nat-siRNA 的诱导也需要寄主抗病基因 *RPS2* 和 *NDR1* 的共同参与。因此，nat-siRNAATGB2 是 RPS2 特异性介导抗性途径的一种负调控因子。

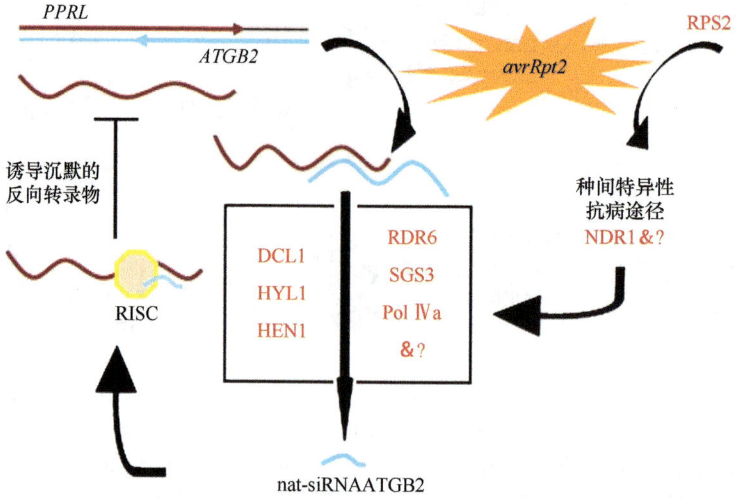

图 5-5　nat-siRNA 途径响应病原菌侵染［修改自 Katiyar-Agarwal 等（2006）］
丁香假单胞菌 Pst（*avrRpt2*）诱导 *ATGB2* 表达，*ATGB2* 与 PPR-like 基因 *PPRL* 形成一个 NAT 基因对，诱导产生 22nt nat-siRNAATGB2，负调控 *PPRL* 表达

Katiyar-Agarwal 等（2007）后续在拟南芥中鉴定到一类新类型的 siRNA。这类 siRNA 长度为 30～40nt，具有其他已知内源 siRNA 的特点，因此将其命名为 lsiRNA（long siRNA），依次为 AtlsiRNA-1～AtlsiRNA-6。其中，AtlsiRNA-1/4/5/6 均来源于已注释基因对形成的 NAT 区域，AtlsiRNA-2 和 AtlsiRNA-3 虽然分别来自已注释基因的外显子和内含子区，但并不排除已注释基因的互补链上含有长链非编码 RNA（lncRNA）与之形成 NAT 区域的可能性。这些 lsiRNA 普遍都受假单胞菌侵染或者假单胞菌 PAMP 分子 flg22 处理的诱导。其中，AtlsiRNA-1 特异性地受 Pst（*avrRpt2*）侵染诱导，产生于 *AT2G31880/AT2G31890* 的重叠区间，*AT2G31880* 正义链一侧。*AT2G31880* 编码一个亮氨酸富集重复类受体蛋白激酶，而 *AT2G31890* 则编码一个含有 RAP 结合域的 RNA 结合蛋白 AtRAP。AtlsiRNA-1 能够通过触发 *AtRAP* 转录物的降解从而增强植物抗病性（Katiyar-Agarwal et al.，2007）。AtlsiRNA-1 的生物合成与 nat-siRNAATGB2 相似，但并不完全一致。AtlsiRNA-1 需要 DCL4、AGO7 和 NRPD1b，而不是 RDR6 和 SGS3 的参与。

超过 30% 的拟南芥基因组区域都可以从正义链和反义链产生转录物（Wang et al.，2005），上述这些例子很可能只是 nat-siRNA 参与许多病原菌 ETI 反应和 PTI 反应过程的“冰山一角”。尖孢镰刀菌侵染拟南芥诱导多个基因及其 NAT 位点的 lncRNA，敲低其中一些基因从而提高拟南芥的感病性（Zhu et al.，2014）。木薯细菌性萎蔫病菌（*Xanthomonas axonopodis* pv. *manihotis*，Xam）侵染木薯材料中的高通量测序结果显示 15 个潜在 NAT 位点产生的 siRNA 在细菌侵染前后存在表达差异（Quintero et al.，2013）。这些结果都表明 nat-siRNA 参与病原菌侵染调控可能存在普遍性。

第二节　转录基因沉默响应病原菌侵染

以上描述的在植物-病原菌（包括细菌、真菌和卵菌等）互作中，植物利用两种基本的防御机制抵抗病原菌侵染，即病原体相关分子模式（PAMP）触发的免疫（PTI）反应、效应子触发的免疫（ETI）反应。在 ETI 免疫机制中，植物编码的抗性蛋白通过识别由病原菌分泌到细胞内的效应子，诱发植物体内的免疫响应，使植物产生抗性，也就是"基因对基因"假说。当植物没有抗性基因，或者病原菌没有毒性基因时，都不能使植物产生抗性。对于病原菌，其侵染植物的方式多种多样，不同病原与寄主互作的方式不尽相同。长期以来，人们对表观遗传机制在植物-病原菌互作中的作用了解得并不清楚。最近的研究表明，表观遗传机制作为一种动态可逆的调节机制在植物-病原菌互作调控中发挥着独特的作用，参与了免疫基因和致病基因表达的转录与转录后调控。DNA 甲基化作为一种保守的表观遗传机制也发挥着关键作用，这其中就包括由 24nt siRNA 介导的转录基因沉默。DNA 甲基化对病原菌响应的调控主要体现在对植物防御相关基因表达的调控层面（图 5-6）。早在 2007 年，在 RdDM 途径的研究刚刚兴起之时，人们就发现 AGO4，这一 RdDM 途径的主要组分之一，参与了拟南芥抵抗丁香假单胞菌（*Pseudomonas syringae*）的调控（Agorio and Vera，2007）。人们发现 *ago4* 突变体对丁香假单胞菌的侵染更加敏感（Agorio and Vera，2007）。AGO4 的表达在受到细菌侵染和 PAMP 分子 flg22 处理后明显下调，导致某些免疫响应基因上的 DNA 甲基化水平降低（Yu et al.，2013）。但奇怪的是，RdDM 其他组分的突变体，如 RNA 依赖的 RNA 聚合酶 RDR2、核酸酶 DCL3、DNA 甲基化酶 DRM1 和 DRM2 等，对丁香假单胞菌侵染的敏感性与野生型没有表现出明显不同，显示这些组分或者在调控抗性上有冗余性亦或 AGO4 介导的抗性与 RdDM 途径无关。从总体上来说，DNA 甲基化在植物响应病原菌侵染中的作用随物种与病原菌的不同而有很大差异。例如，拟南芥和水稻中某些 DNA 甲基化突变体（*met1*、*drm1drm2cmt3*）表现出抗性增强，免疫相关基因的表达量也升高（Akimoto et al.，2007；Dowen et al.，2012；Espinas et al.，2016）。而在其他研究中发现，拟南芥 *ddm1*、*nrpe1*、*drd1* 和 *cmt3* 突变体对营寄生病原菌 *Hyaloperonospora arabidopsidis* 的侵染敏感性与野生型相比明显降低（López Sánchez et al.，2016），但是对营腐生真菌——黄瓜萎蔫病菌（*Plectosphaerella cucumerina*）更敏感。利用 DNA 去甲基化酶 ROS1 突变体进行的研究发现，其响应营寄生和营腐生病原菌的表型与甲基化突变体相反（López Sánchez et al.，2016），表明 DNA 甲基化可能负调控植物对营寄生病原菌的抗性，提高植物对营腐生病原菌的抗性。与这种假说一致，RdDM 突变体，如 *nrpe1*、*rdr2*、*drd1*、*ago4* 及 *drm1drm2* 对营腐生真菌——灰葡萄孢（*Botrytis cinerea*）更加敏感（López et al.，2011）。研究发现，在 *nrpe1* 和 *nrpd2* 突变体中，茉莉酸抗性途径响应基因 *PDR1.2a* 表达量降低，暗示 RdDM 机制可能促进了茉莉酸抗性途径相关基因的表达，从而正调控植物对营腐生病原菌的抗性。

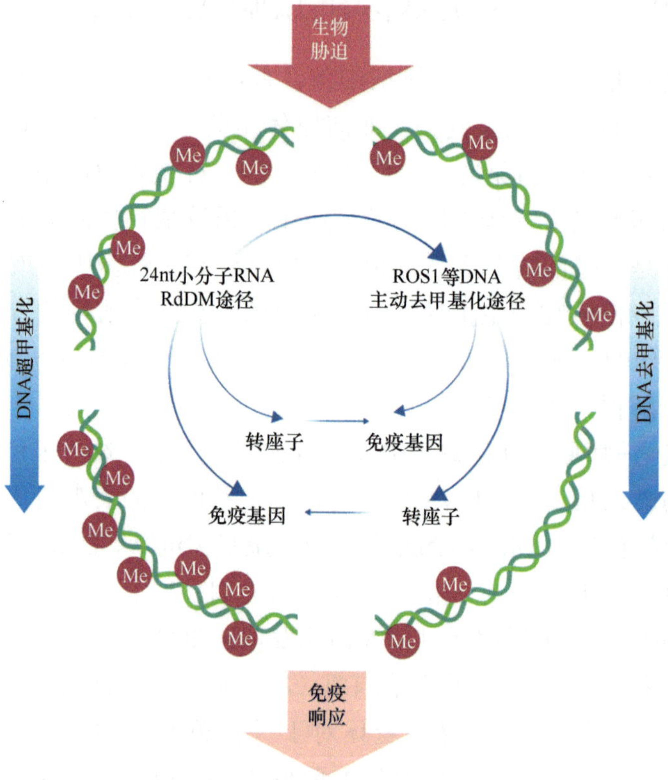

图 5-6　DNA 甲基化对植物生物胁迫的调控模式示意图［修改自 Tirnaz 和 Batley（2019）］
在病原侵染过程中，24nt 小分子 RNA 介导的 DNA 甲基化（RdDM）途径导致的 DNA 超甲基化以及由 ROS1 等 DNA 去甲基化酶介导的 DNA 去甲基化通过调控免疫基因的表达及转座子的活性从而调节植物的免疫响应。转座子的活性也会影响免疫基因的表达。另外，DNA 去甲基化酶基因 *ROS1* 自身的表达受到 RdDM 的正调控

转座子是 DNA 甲基化的一个主要靶标，转座子的高度甲基化可以抑制活跃转座的发生，维持基因组的稳定性。而免疫基因附近的 DNA 甲基化主要是由转座子的插入引起的。根据转座子插入免疫基因的位置，DNA 甲基化对免疫基因的表达具有不同的效应。类似的响应机制也存在于植物对镰刀菌侵染的免疫响应中（Le et al.，2014）。

一、启动子区 DNA 甲基化与免疫基因表达

在多数情况下，启动子区 DNA 高甲基化会抑制下游基因，包括免疫基因的表达（图 5-7）。例如，在 *met1nrpd2* 突变体中，许多抗性基因（包括 *RMG1* 等）的表达在未侵染的状态下被激活（Yu et al.，2013）。在 *RMG1* 的启动子区域就存在两个

重复序列，作为 RdDM 介导的 DNA 甲基化的靶标。其中远端重复序列在未侵染状态下 DNA 高度甲基化，而近端序列低甲基化，但在 DNA 去甲基化酶 *ros1* 突变体中，DNA 甲基化会传递到近端重复序列，导致 flg22 介导的 *RMG1* 激活被严重抑制。因此，在此类位点，RdDM 介导的 DNA 甲基化和 ROS1 介导的 DNA 去甲基化共同调控下游免疫基因的表达，RdDM 途径降低 *RMG1* 的本底表达以减轻能量损耗，而 ROS1 去甲基化途径促进 *RMG1* 在病原菌侵染下的诱导。

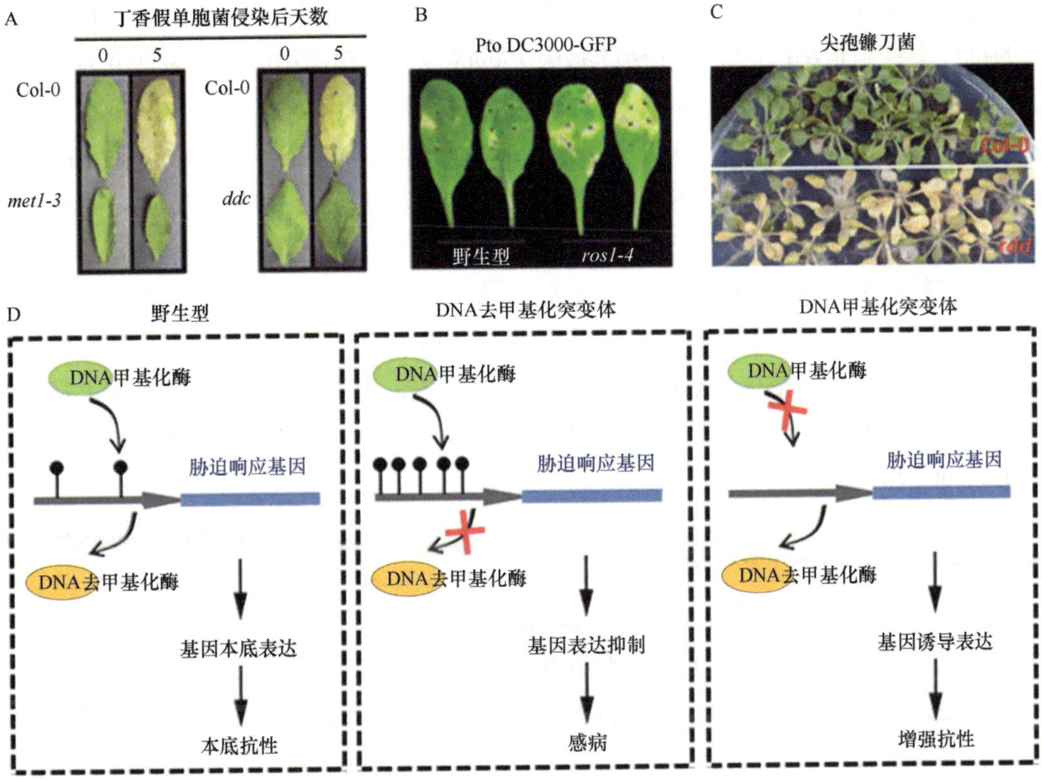

图 5-7 启动子区 DNA 甲基化对植物免疫基因的调控示意图［修改自 Dowen 等（2012），Yu 等（2013），Le 等（2014）］

A～C. 不同 DNA 甲基化和去甲基化突变体响应病原细菌（A 和 B）、真菌（C）侵染的感病表型；D. 启动子区 DNA 甲基化调节免疫基因表达的分子模式

需要指出的是，并不是所有类似于 *RMG1* 启动子结构的免疫响应基因都能够在 RdDM 突变体中检测到转录激活。例如，拟南芥免疫相关转录因子基因 *WRKY22* 启动子区也存在 RdDM 介导的 DNA 甲基化，但是在 RdDM 途径缺失突变体中 *WRKY22* 的表达并没有被激活（Ito et al.，2011；Yu et al.，2013）。有趣的是，在 flg22 诱导后，*WRKY22* 的表达在 RdDM 突变体中被持续激活，而且 *ros1* 突变不影响 *WRKY22* 的诱导表达（López et al.，2011），说明 *WRKY22* 的转录激活不需要 ROS1 的参与，但需要其他转录激活因子或者表观因子的参与。

在启动子区 DNA 甲基化介导的免疫基因表达调控中，不仅不同免疫基因之间存在差异，即使同源等位基因，在不同物种和同一物种不同组织中也有区别，这也是表观等位基因的一个具体表现。例如，在植物抗性蛋白中，多数含有 NBD 和 LRR 结构域，因此又称为 NLR 蛋白。*NLR* 基因在基因组上通常成簇出现，在染色质水平富含如 DNA 甲基化和组蛋白修饰等表观遗传标记，当然也包括很多非编码 RNA 的靶点，如 miRNA 介导的转录后基因沉默。在 *NLR* 基因的转录调控中，一个很经典的例子就是水稻稻瘟病菌广谱抗性位点 *Pigm*。*Pigm* 位点包含多个 *NLR* 基因，如抗性基因 *PigmR* 和敏感基因 *PigmS*（Deng et al.，2017）。*PigmR* 的组成型表达虽然能够赋予水稻对稻瘟病菌的广谱抗性，但是根据生长与抗性之间的补偿（trade-off）机制，过高的抗性会抑制水稻的产量。而敏感基因 *PigmS* 在花粉和稻穗中活跃表达并且能够与抗性基因 *PigmR* 形成异源二聚体，抑制 *PigmR* 介导的抗性，从而减少产量损失。在该调控机制中，*PigmS* 基因启动子区存在串联的微型转座因子（miniature transposable element，mTE），富含 24nt siRNA，因此 *PigmS* 的表达受到 RdDM 介导的转录基因沉默抑制。有趣的是，由于启动子区域 DNA 高度甲基化，*PigmS* 在叶片中不表达，但是在花粉中启动子区域 DNA 甲基化水平很低，*PigmS* 活跃表达。因此，启动子区 mTE 的甲基化状态以组织特异的形式调节 PigmS 和 PigmR 的互作，平衡生长与抗病。另外，水稻白叶枯抗性基因 *Xa21G* 的表达活性也和启动子区域的 DNA 甲基化水平密切相关，低甲基化水平下抗性基因表达水平高，抗性增强，反之亦然（Akimoto et al.，2007）。

有趣的是，启动子区的 DNA 甲基化水平并不总是与基因的表达活性呈现负相关性。例如，水稻稻瘟病菌抗性基因 *Pib* 启动子区在侵染情况下呈现 DNA 高甲基化状态，同时基因表达维持很高水平，而 DNA 甲基化水平的降低反而会减少 *Pib* 的表达（Li et al.，2011）。在种属特异的稻瘟病菌抗性基因 *Pit* 等位基因中也发现了类似的现象。与丧失抗性功能的品种相比，抗性品种 *Pit* 位点不仅含有蛋白氨基酸变异，而且在转录水平呈现极大差异。这是因为在抗性 *Pit* 等位基因上游启动子区存在一个长末端重复（long terminal repeat，LTR）型反转录转座子——Renovator，该反转录转座子 5′-LTR 高度甲基化，而 3′-LTR 呈低甲基化状态。研究发现 Renovator 的转录活性与下游 *Pit* 基因的表达呈正相关，即反转录转座子 Renovator 能够转录激活抗性基因的表达（Hayashi and Yoshida，2009）。这可能是因为 LTR 型反转录转座子在 5′-LTR 和 3′-LTR 都可能存在自身的启动子序列，而 3′-LTR 启动子也能驱动下游基因的表达。总之，启动子区 DNA 甲基化状态往往会调控下游基因包括免疫基因的表达。

二、基因内 DNA 甲基化与免疫基因表达

在真核生物基因组，包括免疫基因中，存在许多表观遗传修饰，如具有异染色质性质的 DNA 甲基化、组蛋白 H3K9me2 修饰等，这些修饰可能分布在外显子区，也可能在内含子中，通常与转座子或重复序列的插入有关（Zhang et al.，2020）。与人们通常认为的这些修饰的抑制效应不同，这些修饰通常分布在相对活跃表达的基因中，如真菌抗性基因 *RPP7*、*RPP4* 等。对于包含 DNA 甲基化这一类表观遗传修饰调

控基因表达的机制，长期以来研究得并不清楚。研究发现，内含子中的 DNA 甲基化（包括 RdDM 途径介导的 DNA 甲基化）等异染色质组分可以促进基因在远端进行多聚腺苷酸化，从而在转录后水平促进全长转录物的产生（图 5-8）。例如，在真菌抗性基因 *RPP7* 中，存在一个很大的内含子，里面反向插入一个反转录转座子 COPIA-R7。该反转录转座子上富集 DNA 甲基化和 H3K9me2。研究发现，一个三组分表观遗传复合体 ASI1-AIPP1-EDM2（AAE 复合体）能够结合到该异染色质区域，抑制 RNA 加工机器在近端内含子中添加 poly(A)，从而促进全长 *RPP7* 转录物的产生（Duan et al.,

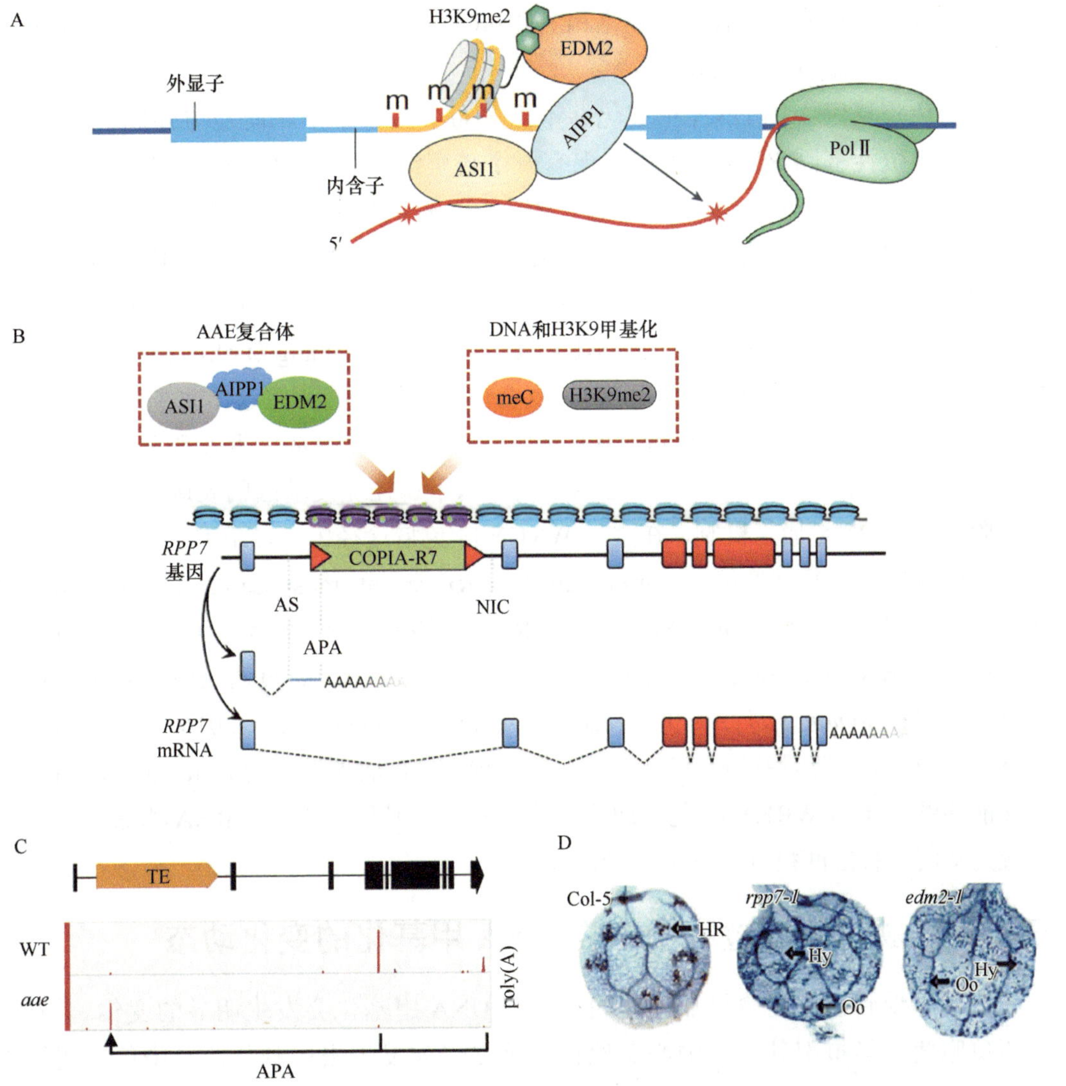

图 5-8　内含子中 DNA 甲基化调节抗病基因的正确加工及免疫响应

［修改自 Eulgem 等（2007），McDowell 和 Meyers（2013），Zhang 等（2018b）］

A. AAE 复合体介导的选择性多聚腺苷酸化工作模型；B. AAE 复合体和内含子中异染色质修饰（DNA 与 H3K9 组蛋白甲基化）相互作用调节真菌抗性基因 *RPP7* 选择性多聚腺苷酸化的工作模型；C. poly(A) 高通量测序显示在 AAE 复合体的突变体中，*RPP7* 抗性基因末端 poly(A) 信号几乎消失，而内含子中的近端 poly(A) 信号显著增强，发生明显的选择性多聚腺苷酸化现象；D. *rrp7* 和 *edm2* 突变体对病原菌的敏感性增强，HR 代表过敏性坏死反应，Hy 代表菌丝，Oo 代表孢子

2017；Zhang et al.，2021）。在 AAE 复合体的缺失突变体中，主要在内含子中添加 poly(A)，因此产生的是一个没有功能的短转录物，而长转录物几乎检测不到。在该复合体中，ASI1（也称 IBM2）是一个含有 BAH 结构域和 RRM 结构域的染色质和 RNA 结合蛋白（Saze et al.，2013；Wang et al.，2013）。EDM2 含有 PHD 结构域，能够识别 H3K9me2 和其他组蛋白修饰（Tsuchiya and Eulgem，2013；Lei et al.，2014），定位到内含子异染色质区域，而含有 RRM 结构域的 AIPP1 作为一个“桥梁”将 ASI1 和 EDM2 偶联到一个复合体中。进一步的研究发现，AAE 复合体在基因组水平倾向于结合基因内富含 DNA 甲基化和 H3K9me2 的区域，尤其是那些和转座组分有重叠的基因（Zhang et al.，2021）。

有些免疫基因中的 DNA 甲基化并不是分布于内含子中，而是与外显子有重叠。例如，真菌抗性基因 *RPP4*，人们发现有一个转座组分与 *RPP4* 外显子有重叠，通过检查基因表达发现，AAE 复合体控制了 *RPP4* 的选择性拼接，在 AAE 缺失突变体中，转座子下游的外显子被拼接掉，没有出现在成熟转录物中。而且在 H3K9me2 突变体 *suvh4/5/6* 和 DNA 甲基化突变体 *ddm1* 中出现与 *aae* 突变体类似的拼接缺陷，而在这些表观遗传突变体中 EDM2 在这些基因上的占位消失（Zhang et al.，2021），说明这些基因上的异染色质修饰可以招募 AAE 复合体，不仅能够调控选择性多聚腺苷酸化，也可以调控选择性拼接（图 5-8）。这些发现表明，DNA 甲基化等表观遗传修饰可以在转录（启动子区）和转录后（基因内）两个水平调控免疫基因的表达。

除了上述 RNA 加工机制，在水稻 WRKY45 免疫途径中，转录因子 *WRKY45-1* 基因上的微型反向重复转座因子（miniature inverted-repeat transposable element，MITE）区域能够产生一种 24nt siRNA，即 TE-siR815，该小分子 RNA 能够通过 RdDM 机制靶向抑制 WRKY45 免疫途径中的一个关键基因 *ST1*，从而负调控植物对水稻白叶枯病菌（*Xanthomonas oryzae* pv. *oryzae*）的抗性（Zhang et al.，2016）。有趣的是，*WRKY45-1* 的等位基因 *WRKY45-2* 上不存在这种 MITE 插入导致的 24nt siRNA 的积累，因此能够顺利激活 WRKY45 免疫通路。这暗示等位基因上 24nt siRNA 积累的差异可能成为不同品种之间抗性差异的一个重要源泉。

三、生物胁迫响应过程中植物 DNA 甲基化的变化动态

植物感受到病原菌侵染后，基因组水平 DNA 甲基化会发生明显的变化。例如，在假单胞菌侵染拟南芥后，中心着丝粒的重复序列发生去甲基化，异染色质变得松散（Pavet et al.，2006）。单碱基甲基化测序结果表明，拟南芥在受到假单胞菌侵染后，DNA 甲基化差异主要发生在 CG 和 RdDM 介导的 CHH 位点（Dowen et al.，2012）。特别是在蛋白质编码基因上，CHH 甲基化差异非常明显。与病原菌侵染类似，来自病原菌的 PAMP，如细菌鞭毛肽段 flg22，也能诱导 DNA 甲基化在免疫基因上的动态改变。许多免疫基因的激活伴随着 CHH 甲基化的下调（Yu et al.，2013）。另外，除

了 TE 和启动子区 DNA 甲基化的改变，免疫基因编码区 DNA 甲基化在病原菌侵染过程中也会发生动态调整。有证据显示，编码区 DNA 去甲基化与转录物丰度呈正相关。很明显，这一类基因应该不是由 AAE 复合体控制的免疫基因，而可能是转录物拼接的结果。在玉米中的研究发现，转录物拼接受体位点 CHG 甲基化能够抑制高效的拼接事件（Regulski et al.，2013），这种诱导的异常拼接转录物的积累可能在免疫响应调节中发挥作用（Halter and Navarro，2015）。而内含子中 DNA 甲基化等异染色质修饰的改变会影响 AAE 复合体的招募，从而改变免疫基因如 *RPP7* 和 *RPP4* 的 RNA 加工模式，调节免疫响应。对于这些异常加工的 RNA 转录物是否具有新的生物学功能，值得在未来进行更深入的研究。

四、生物胁迫响应过程中 RdDM 因子的动态变化

在生物胁迫响应过程中，RdDM 因子等 TGS 组分自身的表达也会被诱导或抑制，发生动态改变。例如，在拟南芥冠瘿瘤发生过程中，DNA 甲基化相关因子 MET1、DRM2、CMT3、AGO4 编码基因的转录物水平明显增加（Gohlke et al.，2013）。与之相反，在 flg22 处理的拟南芥中，RdDM 组分如 AGO4、Pol Ⅳ、Pol Ⅴ 亚基及 CG 甲基转移酶 MET1 编码基因的表达呈现下调趋势，而且与很多受 RdDM 调控的免疫基因的上调相对应（Yu et al.，2013）。这些发现表明，病原菌侵染能够通过直接或间接诱导 RdDM 等 DNA 甲基化途径因子的表达影响植物的免疫响应。

五、DNA 甲基化与植物防御的远距离调控

目前已经明确 DNA 甲基化在植物响应生物胁迫中的短期效应，即通过改变 DNA 甲基化状态在短期内调节免疫基因的表达。但是，对于 DNA 甲基化在植物响应中长期生物胁迫中的效应还需要进一步研究。研究发现，当用叶片作为材料监测病原菌侵染后 DNA 甲基化变化时，在拟南芥中只有微弱的 DNA 甲基化变化。但是在植物叶脉维管组织附近，flg22 处理能够显著激活某些转座子的表达，DNA 甲基化和 RdDM 相关因子的表达则显著下调，并激活受 RdDM 抑制的免疫基因在叶脉中的表达。另外，转座因子（TE）的激活也促进了 21nt siRNA 的产生，这些 sRNA 可以在邻近细胞中移动，从而诱导转录后基因沉默。这种非细胞自主调控机制促进了叶脉组织邻近细胞免疫层的形成，从而限制病原从木质部到叶肉细胞的传播，反之亦然。

在生殖细胞中，研究发现，雄配子体伴侣细胞以及花粉营养细胞中 TE 发生去甲基化并被激活，而 TE 的激活诱导可移动 sRNA 的产生，并在精细胞中沉默 TE（Slotkin et al.，2009；Calarco et al.，2012；Ibarra et al.，2012；Jullien et al.，2012；Martinez et al.，2016）。与之相似，在胚乳中，与胚相比，也呈现大规模的 DNA 低甲基化，MET1 和 RdDM 因子维持低表达状态，并伴随 TE 的解抑制和印记基因的表达（Jullien et al.，2012；Belmonte et al.，2013）。胚乳 TE 的解抑制又促进了 sRNA 的产生并在胚

中重新沉默 TE（Zemach et al.，2010）。因此，在这些配子体伴侣细胞和胚乳中，启动子含有 TE 的免疫基因被激活以保护这些组织不被病原菌侵染。在胚发生过程中，受精后会发生 DNA 甲基化在 TE 和印记基因上的重建。该现象与由母本胚乳和种皮产生的或者父本遗传的 24nt sRNA 有很大关系（Mosher et al.，2009；Calarco et al.，2012；Jullien et al.，2012）。另外，DNA 主动去甲基化途径在胚中被激活，指导新生 TE 和印记基因的去甲基化。因此，对印记基因来说，许多免疫响应基因在胚发生过程中会有一套 DNA 甲基化依赖的相互制衡的精确调节机制，该机制不仅可以保护生殖系统免受病原侵染，而且可以阻止病原的垂直传播。这一点在植物疾病流行学和微生物生态学中，对制衡病原的生存与扩散具有重要意义。

六、DNA 甲基化介导的预免疫现象与跨代遗传

系统获得抗性（systemic acquired resistance，SAR）是一种可诱导的广谱抗性，赋予植物在非侵染组织中获得预免疫的能力（图 5-9）。例如，拟南芥经假单胞菌 Pto DC3000（*AvrRpt2*）侵染或 SAR 诱导剂 BABA 处理后，其子代比未处理植株的子代具有更高的抗性（Slaughter et al.，2012）。在这些子代中，SA 依赖的相关抗性基因出现了显著的预诱导（Luna et al.，2012）。研究发现，这种跨一代、两代的预抗性诱导与 DNA 甲基化等表观遗传修饰的状态有关。在 CHG 甲基化突变体 *kyp* 和 CHH 甲基化突变体中，这种跨代 SAR 预免疫效应消失（Luna et al.，2012；Luna and Ton，2012）。由于这些表观因子的突变会影响初始侵染组织中的免疫响应，可以利用在配子体中特异失活这些表观遗传因子来研究子代中的预免疫效应。有两种假说用来解释预免疫现象：第一种假说是 siRNA 介导的长距离非细胞自主沉默效应。该假说认为，生物胁迫诱导来源于 TE 转座激活产生的 sRNA，侵染组织中的 sRNA 可以经韧皮部导管转运到配子体细胞中，并传递到下一代，修饰免疫基因并影响其表达。支撑这一假说的证据之一是研究发现拟南芥 24nt siRNA 能够从茎移动到根中并在受体细胞中介导 DNA 甲基化（Molnar et al.，2010；Melnyk et al.，2011；Lewsey et al.，2016）。第二种假说认为持续性的 SAR 信号导致转录基因沉默在远端组织细胞中被解除，从而导致产生 TE 来源的可移动 sRNA 并激活免疫相关的 RdDM 靶基因。支持该假说最好的证据是在雌配子体细胞核中发生的活跃 DNA 去甲基化以及在受精之后渐进的 DNA 重甲基化过程（Calarco et al.，2012；Jullien et al.，2012）。关于生物胁迫诱导的跨代遗传预免疫的详细机制还有待进一步的研究。

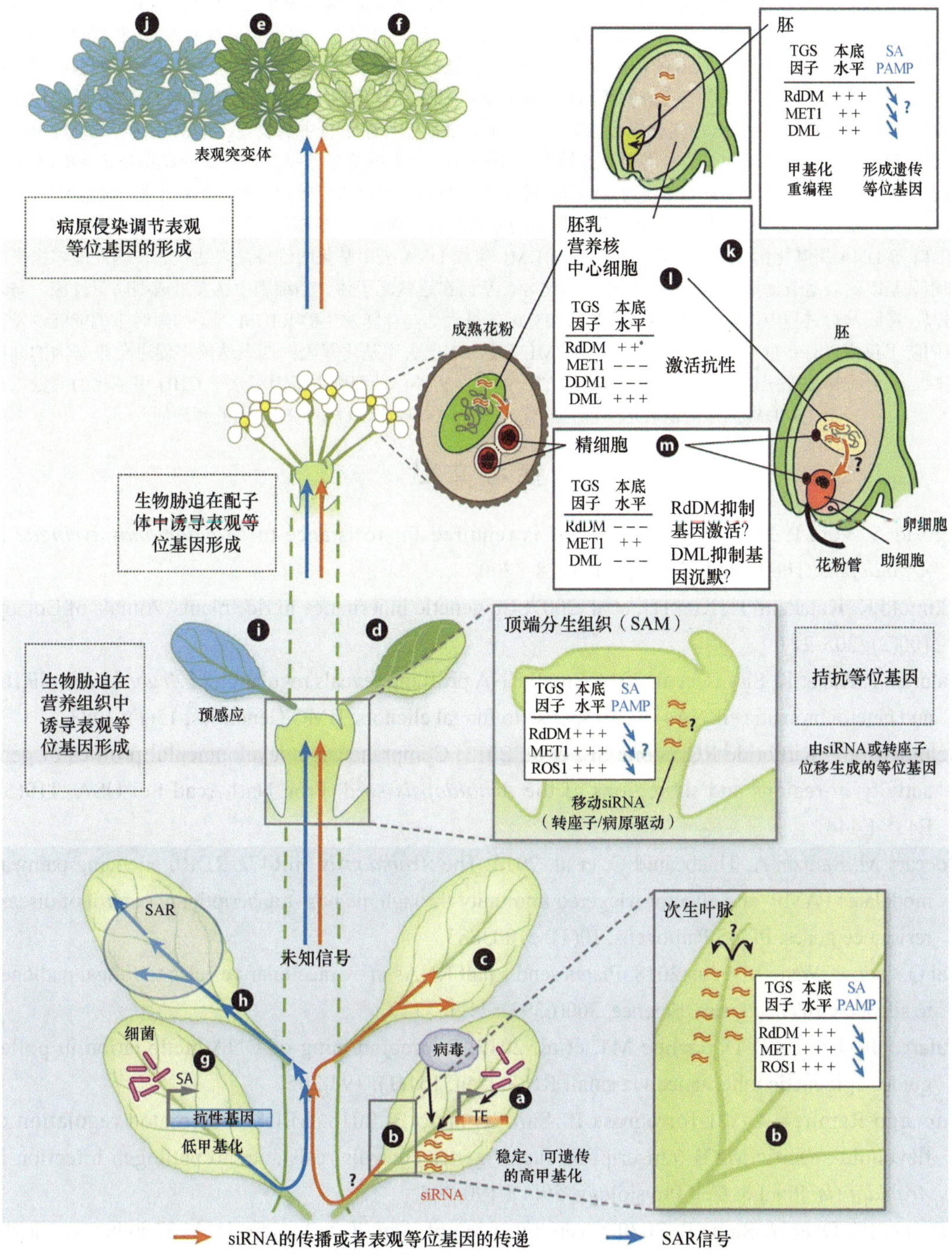

图 5-9 生物胁迫在配子形成和胚乳发生过程中诱导跨代免疫感应与表观遗传重编程理论模型

［修改自 Deleris 等（2016）］

a. siRNA 的加工受生物胁迫诱导，导致叶片中转座组分的差异表达，部分通过下调 TGS 效应子的表达实现。TE 的转录激活触发 RDR6 依赖的 TE 来源的 siRNA 的生物合成。siRNA 也可以由外源病原或寄生生物的入侵产生。b 和 c. siRNA 产生后会以一种非细胞自主的方式在原生细胞（b）或通过长距离运输在远端组织（c）中诱导 RNA 沉默；d. 在顶端分生组织体细胞中形成表观等位基因。e 和 f. siRNA 通过 RdDM 途径介导的 DNA 甲基化经过生殖和跨代遗传实现扩增，最终形成稳定遗传的含有表观等位基因的植株。另外，胁迫诱导的转座子的跳跃也能够产生类似的表观等位现象。g. 由转座子控制的植物防御基因在病原菌或水杨酸（SA）诱导情况下其转录基因沉默被去除，从而激活基因表达。h 和 i. 在远端组织中，感受到持续的系统获得抗性（SAR）信号后，免疫基因能够解除 TGS 的抑制效应，这种机制能够造成顶端分生组织、新生叶和生殖细胞中可遗传的表观遗传变化，从而导致免疫响应的预感应（priming）现象。j. 这种未知信号能够抑制 DNA 甲基化模式的重建，在胚胎形成中 DNA 去甲基化途径激活。一方面，在胚胎发生过程中的表观重编程有利于表观等位基因的跨代稳定遗传；另一方面，信号的持续能够促进 TGS 因子抑制状态的维持，这种效应比由特定 siRNA 介导的表观等位效应引起的多变效应更均匀。k～m. 除了生物胁迫诱导的跨代效应，生殖细胞中的组成型表观遗传重编程也可能对疾病抗性起作用，用于防止病原的垂直传播。例如，在花粉营养核和中心细胞中，DDM1 和 MET1 等 DNA 甲基化因子处于低表达状态，而 DML 家族 DNA 去甲基化酶维持高表达状态，因此能够提高防御相关基因的表达或促进其在病原菌侵染下的诱导，从而在这些配子体伴侣细胞中诱发组成型防卫反应。与之相似，在胚发育过程中，胚乳细胞中 DML 家族基因的高表达与伴随发生的 RdDM 因子的短时下调能够诱发初级的防卫反应以保护胚。同时，在精细胞中 DML 家族 DNA 去甲基化基因的低表达能够促进免疫基因的高度沉默，从而维持雄配子体在组成型防卫反应中的一致性。另外，精细胞中基因组水平 CHH 甲基化的降低以及 RdDM 因子的低表达可能也确保了植物防御响应过程中免疫基因的预激活

参考文献

Agorio A, Vera P. 2007. ARGONAUTE4 is required for resistance to *Pseudomonas syringae* in *Arabidopsis*. The Plant Cell, 19(11): 3778-3790.

Akimoto K, Katakami H, Kim HJ, et al. 2007. Epigenetic inheritance in rice plants. Annals of Botany, 100(2): 205-217.

Baldrich P, Kakar K, Sire C, et al. 2014. Small RNA profiling reveals regulation of *Arabidopsis* miR168 and heterochromatic siRNA415 in response to fungal elicitors. BMC Genomics, 15(1): 1083.

Belmonte MF, Kirkbride RC, Stone SL, et al. 2013. Comprehensive developmental profiles of gene activity in regions and subregions of the *Arabidopsis* seed. Proc Natl Acad Sci USA, 110(5): E435-E444.

Boccara M, Sarazin A, Thiebeauld O, et al. 2014. The *Arabidopsis* miR472-RDR6 silencing pathway modulates PAMP- and effector-triggered immunity through the post-transcriptional control of disease resistance genes. PLOS Pathogens, 10(1): e1003883.

Cai Q, Qiao L, Wang M, et al. 2018. Plants send small RNAs in extracellular vesicles to fungal pathogen to silence virulence genes. Science, 360(6393): 1126-1129.

Calarco JP, Borges F, Donoghue MT, et al. 2012. Reprogramming of DNA methylation in pollen guides epigenetic inheritance via small RNA. Cell, 151(1): 194-205.

Camargo-Ramirez R, Val-Torregrosa B, San Segundo B. 2018. MiR858-mediated regulation of flavonoid-specific MYB transcription factor genes controls resistance to pathogen infection in *Arabidopsis*. Plant & Cell Physiology, 59(1): 190-204.

Caruana JC, Dhar N, Raina R. 2020. Overexpression of *Arabidopsis* microRNA167 induces salicylic acid-dependent defense against *Pseudomonas syringae* through the regulation of its targets ARF6 and ARF8. Plant Direct, 4(9): e00270.

Chen L, Meng J, He XL, et al. 2019. *Solanum lycopersicum* microRNA1916 targets multiple target genes and negatively regulates the immune response in tomato. Plant, Cell & Environment, 42(4): 1393-1407.

Cui C, Wang JJ, Zhao JH, et al. 2020. A *Brassica* miRNA regulates plant growth and immunity through distinct modes of action. Molecular Plant, 13(2): 231-245.

Cui H, Tsuda K, Parker JE. 2015. Effector-triggered immunity: from pathogen perception to robust defense. Annu Rev Plant Biol, 66(1): 487-511.

de Vries S, Kukuk A, von Dahlen JK, et al. 2018. Expression profiling across wild and cultivated tomatoes supports the relevance of early miR482/2118 suppression for *Phytophthora* resistance. Proc R Soc B, 285(1873): 20172560.

Deleris A, Halter T, Navarro L. 2016. DNA methylation and demethylation in plant immunity. Annual Review of Phytopathology, 54(1): 579-603.

Deng Y, Zhai K, Xie Z, et al. 2017. Epigenetic regulation of antagonistic receptors confers rice blast resistance with yield balance. Science, 355(6328): 962-965.

Djami-Tchatchou AT, Dubery IA. 2015. Lipopolysaccharide perception leads to dynamic alterations in the microtranscriptome of *Arabidopsis thaliana* cells and leaf tissues. BMC Plant Biology, 15(1): 79.

Djami-Tchatchou AT, Dubery IA. 2019. miR393 regulation of lectin receptor-like kinases associated with LPS perception in *Arabidopsis thaliana*. Biochem Biophys Res Commun, 513(1): 88-92.

Dowen RH, Pelizzola M, Schmitz RJ, et al. 2012. Widespread dynamic DNA methylation in response to biotic stress. Proc Natl Acad Sci USA, 109(32): E2183-E2191.

Duan CG, Wang X, Zhang L, et al. 2017. A protein complex regulates RNA processing of intronic heterochromatin-containing genes in *Arabidopsis*. Proc Natl Acad Sci USA, 114(35): E7377-E7384.

Ellendorff U, Fradin EF, de Jonge R, et al. 2009. RNA silencing is required for *Arabidopsis* defence against *Verticillium* wilt disease. Journal of Experimental Botany, 60(2): 591-602.

Espinas NA, Saze H, Saijo Y. 2016. Epigenetic control of defense signaling and priming in plants. Frontiers in Plant Science, 7: 1201.

Eulgem T, Tsuchiya T, Wang XJ, et al. 2007. EDM2 is required for RPP7-dependent disease resistance in *Arabidopsis* and affects RPP7 transcript levels. Plant Journal, 49(5): 829-839.

Fahlgren N, Howell MD, Kasschau KD, et al. 2007. High-throughput sequencing of *Arabidopsis* microRNAs: evidence for frequent birth and death of MIRNA genes. PLOS ONE, 2(2): e219.

Fei QL, Li PC, Teng C, et al. 2015. Secondary siRNAs from *Medicago NB-LRRs* modulated via miRNA-target interactions and their abundances. Plant Journal, 83(3): 451-465.

Fei QL, Xia R, Meyers BC. 2013. Phased, secondary, small interfering RNAs in posttranscriptional regulatory networks. The Plant Cell, 25(7): 2400-2415.

Fei QL, Yu Y, Liu L, et al. 2018. Biogenesis of a 22-nt microRNA in Phaseoleae species by precursor-programmed uridylation. Proc Natl Acad Sci USA, 115(31): 8037-8042.

Fei QL, Zhang Y, Xia R, et al. 2016. Small RNAs add zing to the zig-zag-zig model of plant defenses. Molecular Plant-Microbe Interactions, 29(3): 165-169.

Feng H, Duan X, Zhang Q, et al. 2014. The target gene of tae-miR164, a novel NAC transcription factor from the NAM subfamily, negatively regulates resistance of wheat to stripe rust. Molecular Plant Pathology, 15(3): 284-296.

Gohlke J, Scholz CJ, Kneitz S, et al. 2013. DNA methylation mediated control of gene expression is critical for development of crown gall tumors. PLOS Genetics, 9(2): e1003267.

Gupta OP, Permar V, Koundal V, et al. 2012. MicroRNA regulated defense responses in *Triticum aestivum* L. during *Puccinia graminis* f. sp. *tritici* infection. Molecular Biology Reports, 39(2): 817-824.

Halter T, Navarro L. 2015. Multilayer and interconnected post-transcriptional and co-transcriptional control of plant NLRs. Curr Opin Plant Biol, 26: 127-134.

Hayashi K, Yoshida H. 2009. Refunctionalization of the ancient rice blast disease resistance gene Pit by the recruitment of a retrotransposon as a promoter. Plant Journal, 57(3): 413-425.

He XF, Fang YY, Feng L, et al. 2008. Characterization of conserved and novel microRNAs and their targets, including a TuMV-induced TIR-NBS-LRR class *R* gene-derived novel miRNA in *Brassica*. FEBS Letters, 582(16): 2445-2452.

Holt DB, Gupta V, Meyer D, et al. 2015. microRNA 172 (miR172) signals epidermal infection and is expressed in cells primed for bacterial invasion in *Lotus japonicus* roots and nodules. New Phytologist, 208(1): 241-256.

Hou Y, Zhai Y, Feng L, et al. 2019. A phytophthora effector suppresses *trans*-kingdom RNAi to promote disease susceptibility. Cell Host & Microbe, 25(1): 153-165, e155.

Hu G, Hao M, Wang L, et al. 2020. The cotton miR477-CBP60A module participates in plant defense against *Verticillium dahliae*. Molecular Plant-Microbe Interactions, 33(4): 624-636.

Hunt M, Banerjee S, Surana P, et al. 2019. Small RNA discovery in the interaction between barley and the powdery mildew pathogen. BMC Genomics, 20(1): 610.

Ibarra CA, Feng X, Schoft VK, et al. 2012. Active DNA demethylation in plant companion cells reinforces transposon methylation in gametes. Science, 337(6100): 1360-1364.

Ito H, Gaubert H, Bucher E, et al. 2011. An siRNA pathway prevents transgenerational retrotransposition in plants subjected to stress. Nature, 472(7341): 115-119.

Jagadeeswaran G, Saini A, Sunkar R. 2009. Biotic and abiotic stress down-regulate miR398 expression in *Arabidopsis*. Planta, 229(4): 1009-1014.

Jin Y, Zhao P, Fang YY, et al. 2018. Genome-wide profiling of sRNAs in the *Verticillium dahliae*-infected *Arabidopsis* roots. Mycology, 9(3): 155-165.

Jones JD, Dangl JL. 2006. The plant immune system. Nature, 444(7117): 323-329.

Jullien PE, Susaki D, Yelagandula R, et al. 2012. DNA methylation dynamics during sexual reproduction in *Arabidopsis thaliana*. Current Biology, 22(19): 1825-1830.

Katiyar-Agarwal S, Gao S, Vivian-Smith A, et al. 2007. A novel class of bacteria-induced small RNAs in *Arabidopsis*. Genes & Development, 21(23): 3123-3134.

Katiyar-Agarwal S, Jin H. 2010. Role of small RNAs in host-microbe interactions. Annual Review of Phytopathology, 48: 225-246.

Katiyar-Agarwal S, Morgan R, Dahlbeck D, et al. 2006. A pathogen-inducible endogenous siRNA in plant immunity. Proc Natl Acad Sci USA, 103(47): 18002-18007.

Le TN, Schumann U, Smith NA, et al. 2014. DNA demethylases target promoter transposable elements to positively regulate stress responsive genes in *Arabidopsis*. Genome Biology, 15(9): 458.

Lei M, La H, Lu K, et al. 2014. *Arabidopsis* EDM2 promotes IBM1 distal polyadenylation and regulates genome DNA methylation patterns. Proc Natl Acad Sci USA, 111(1): 527-532.

Lelandais-Briere C, Naya L, Sallet E, et al. 2009. Genome-wide *Medicago truncatula* small RNA analysis revealed novel microRNAs and isoforms differentially regulated in roots and nodules. The Plant Cell, 21(9): 2780-2796.

Lewsey MG, Hardcastle TJ, Melnyk CW, et al. 2016. Mobile small RNAs regulate genome-wide DNA methylation. Proc Natl Acad Sci USA, 113(6): E801-E810.

Li W, Jia Y, Liu F, et al. 2019. Integration analysis of small RNA and degradome sequencing reveals microRNAs responsive to *Dickeya zeae* in resistant rice. International Journal of Molecular

Sciences, 20(1): 222.

Li Y, Xia Q, Kou H, et al. 2011. Induced Pib expression and resistance to *Magnaporthe grisea* are compromised by cytosine demethylation at critical promoter regions in rice. Journal of Integrative Plant Biology, 53(10): 814-823.

Liu J, Cheng X, Liu D, et al. 2014. The miR9863 family regulates distinct Mla alleles in barley to attenuate NLR receptor-triggered disease resistance and cell-death signaling. PLOS Genetics, 10(12): e1004755.

López A, Ramírez V, García-Andrade J, et al. 2011. The RNA silencing enzyme RNA polymerase V is required for plant immunity. PLOS Genetics, 7(12): e1002434.

López Sánchez A, Stassen JH, Furci L, et al. 2016. The role of DNA (de) methylation in immune responsiveness of *Arabidopsis*. Plant Journal, 88(3): 361-374.

Lozano R, Ponce O, Ramirez M, et al. 2012. Genome-wide identification and mapping of NBS-encoding resistance genes in *Solanum tuberosum* group phureja. PLOS ONE, 7(4): e34775.

Lu S, Sun YH, Amerson H, et al. 2007. MicroRNAs in loblolly pine (*Pinus taeda* L.) and their association with fusiform rust gall development. Plant Journal, 51(6): 1077-1098.

Luan Y, Cui J, Wang W, et al. 2016. MiR1918 enhances tomato sensitivity to *Phytophthora infestans* infection. Scientific Reports, 6: 35858.

Luan Y, Cui J, Zhai J, et al. 2015. High-throughput sequencing reveals differential expression of miRNAs in tomato inoculated with *Phytophthora infestans*. Planta, 241(6): 1405-1416.

Lucas SJ, Bastas K, Budak H. 2014. Exploring the interaction between small RNAs and *R* genes during *Brachypodium* response to *Fusarium culmorum* infection. Gene, 536(2): 254-264.

Luna E, Bruce TJ, Roberts MR, et al. 2012. Next-generation systemic acquired resistance. Plant Physiology, 158(2): 844-853.

Luna E, Ton J. 2012. The epigenetic machinery controlling transgenerational systemic acquired resistance. Plant Signaling & Behavior, 7(6): 615-618.

Martinez G, Panda K, Kohler C, et al. 2016. Silencing in sperm cells is directed by RNA movement from the surrounding nurse cell. Nature Plants, 2: 16030.

McDowell JM, Meyers BC. 2013. A transposable element is domesticated for service in the plant immune system. Proc Natl Acad Sci USA, 110(37): 14821-14822.

Melnyk CW, Molnar A, Bassett A, et al. 2011. Mobile 24 nt small RNAs direct transcriptional gene silencing in the root meristems of *Arabidopsis thaliana*. Current Biology, 21(19): 1678-1683.

Meyers BC, Axtell MJ, Bartel B, et al. 2008. Criteria for annotation of plant microRNAs. The Plant Cell, 20(12): 3186-3190.

Meyers BC, Kaushik S, Nandety RS. 2005. Evolving disease resistance genes. Curr Opin Plant Biol, 8(2): 129-134.

Meyers BC, Kozik A, Griego A, et al. 2003. Genome-wide analysis of NBS-LRR-encoding genes in *Arabidopsis*. The Plant Cell, 15(4): 809-834.

Mi S, Cai T, Hu Y, et al. 2008. Sorting of small RNAs into *Arabidopsis* argonaute complexes is directed by the 5′ terminal nucleotide. Cell, 133(1): 116-127.

Ming R, Hou S, Feng Y, et al. 2008. The draft genome of the transgenic tropical fruit tree papaya (*Carica papaya* Linnaeus). Nature, 452(7190): 991-996.

Molnar A, Melnyk CW, Bassett A, et al. 2010. Small silencing RNAs in plants are mobile and direct epigenetic modification in recipient cells. Science, 328(5980): 872-875.

Montgomery TA, Howell MD, Cuperus JT, et al. 2008. Specificity of ARGONAUTE7-miR390 interaction and dual functionality in TAS3 *trans*-acting siRNA formation. Cell, 133(1): 128-141.

Mosher RA, Melnyk CW, Kelly KA, et al. 2009. Uniparental expression of Pol Ⅳ-dependent siRNAs in developing endosperm of *Arabidopsis*. Nature, 460(7252): 283-286.

Navarro L, Dunoyer P, Jay F, et al. 2006. A plant miRNA contributes to antibacterial resistance by repressing auxin signaling. Science, 312(5772): 436-439.

Niu DD, Lii YE, Chellappan P, et al. 2016b. miRNA863-3p sequentially targets negative immune regulator ARLPKs and positive regulator SERRATE upon bacterial infection. Nature Communications, 7: 11324.

Niu DD, Xia J, Jiang CH, et al. 2016a. *Bacillus cereus* AR156 primes induced systemic resistance by suppressing miR825/825* and activating defense-related genes in *Arabidopsis*. Journal of Integrative Plant Biology, 58(4): 426-439.

Ouyang S, Park G, Atamian HS, et al. 2014. MicroRNAs suppress NB domain genes in tomato that confer resistance to *Fusarium oxysporum*. PLOS Pathogens, 10(10): e1004464.

Pavet V, Quintero C, Cecchini NM, et al. 2006. *Arabidopsis* displays centromeric DNA hypomethylation and cytological alterations of heterochromatin upon attack by *Pseudomonas syringae*. Molecular Plant-Microbe Interactions, 19(6): 577-587.

Pumplin N, Voinnet O. 2013. RNA silencing suppression by plant pathogens: defence, counter-defence and counter-counter-defence. Nature Reviews Microbiology, 11(11): 745-760.

Pruss GJ, Nester EW, Vance V. 2008. Infiltration with *Agrobacterium tumefaciens* induces host defense and development-dependent responses in the infiltrated zone. Molecular Plant-Microbe Interactions, 21(12): 1528-1538.

Quintero A, Pérez-Quintero AL, López C. 2013. Identification of ta-siRNAs and *cis*-nat-siRNAs in cassava and their roles in response to cassava bacterial blight. Genomics, Proteomics & Bioinformatics, 11(3): 172-181.

Regulski M, Lu Z, Kendall J, et al. 2013. The maize methylome influences mRNA splice sites and reveals widespread paramutation-like switches guided by small RNA. Genome Research, 23(10): 1651-1662.

Rhoades MW, Reinhart BJ, Lim LP, et al. 2002. Prediction of plant microRNA targets. Cell, 110(4): 513-520.

Salvador-Guirao R, Baldrich P, Weigel D, et al. 2018. The microRNA miR773 is involved in the *Arabidopsis* immune response to fungal pathogens. Molecular Plant-Microbe Interactions, 31(2): 249-259.

Saze H, Kitayama J, Takashima K, et al. 2013. Mechanism for full-length RNA processing of *Arabidopsis* genes containing intragenic heterochromatin. Nature Communications, 4: 2301.

Shivaprasad PV, Chen HM, Patel K, et al. 2012. A microRNA superfamily regulates nucleotide binding site-leucine-rich repeats and other mRNAs. The Plant Cell, 24(3): 859-874.

Slaughter A, Daniel X, Flors V, et al. 2012. Descendants of primed *Arabidopsis* plants exhibit resistance to biotic stress. Plant Physiology, 158(2): 835-843.

Slotkin RK, Vaughn M, Borges F, et al. 2009. Epigenetic reprogramming and small RNA silencing of transposable elements in pollen. Cell, 136(3): 461-472.

Subramanian S, Fu Y, Sunkar R, et al. 2008. Novel and nodulation-regulated microRNAs in soybean roots. BMC Genomics, 9(1): 160.

Tirnaz S, Batley J. 2019. DNA methylation: toward crop disease resistance improvement. Trends in Plant Science, 24(12): 1137-1150.

Tsuchiya T, Eulgem T. 2013. Mutations in EDM2 selectively affect silencing states of transposons and induce plant developmental plasticity. Scientific Reports, 3: 1701.

Wang C, He X, Wang X, et al. 2017. ghr-miR5272a-mediated regulation of *GhMKK6* gene transcription contributes to the immune response in cotton. Journal of Experimental Botany, 68(21-22): 5895-5906.

Wang X, Duan CG, Tang K, et al. 2013. RNA-binding protein regulates plant DNA methylation by controlling mRNA processing at the intronic heterochromatin-containing gene IBM1. Proc Natl Acad Sci USA, 110(38): 15467-15472.

Wang XJ, Gaasterland T, Chua NH. 2005. Genome-wide prediction and identification of *cis*-natural antisense transcripts in *Arabidopsis thaliana*. Genome Biology, 6(4): R30.

Wang Y, Li P, Cao X, et al. 2009. Identification and expression analysis of miRNAs from nitrogen-fixing soybean nodules. Biochem Biophys Res Commun, 378(4): 799-803.

Xia R, Xu J, Arikit S, et al. 2015. Extensive families of miRNAs and PHAS loci in norway spruce demonstrate the origins of complex phasiRNA networks in seed plants. Molecular Biology and Evolution, 32(11): 2905-2918.

Xin M, Wang Y, Yao Y, et al. 2010. Diverse set of microRNAs are responsive to powdery mildew infection and heat stress in wheat (*Triticum aestivum* L.). BMC Plant Biology, 10(1): 123.

Xu W, Meng Y, Wise RP. 2014. Mla- and Rom1-mediated control of microRNA398 and chloroplast copper/zinc superoxide dismutase regulates cell death in response to the barley powdery mildew fungus. New Phytologist, 201(4): 1396-1412.

Xu X, Pan S, Cheng S, et al. 2011. Genome sequence and analysis of the tuber crop potato. Nature, 475(7355): 189-195.

Yang L, Mu XY, Liu C, et al. 2015. Overexpression of potato miR482e enhanced plant sensitivity to *Verticillium dahliae* infection. Journal of Integrative Plant Biology, 57(12): 1078-1088.

Yang LM, Li DW, Li YH, et al. 2013. A 1,681-locus consensus genetic map of cultivated cucumber including 67 NB-LRR resistance gene homolog and ten gene loci. BMC Plant Biology, 13(1): 53.

Young ND, Debelle F, Oldroyd GE, et al. 2011. The *Medicago* genome provides insight into the evolution of rhizobial symbioses. Nature, 480(7378): 520-524.

Yu A, Lepere G, Jay F, et al. 2013. Dynamics and biological relevance of DNA demethylation in *Arabidopsis* antibacterial defense. Proc Natl Acad Sci USA, 110(6): 2389-2394.

Yu X, Hou Y, Chen W, et al. 2017. Malus hupehensis miR168 targets to ARGONAUTE1 and contributes to the resistance against *Botryosphaeria dothidea* infection by altering defense responses. Plant & Cell Physiology, 58(9): 1541-1557.

Zemach A, Kim MY, Silva P, et al. 2010. Local DNA hypomethylation activates genes in rice endosperm. Proc Natl Acad Sci USA, 107(43): 18729-18734.

Zhai JX, Jeong DH, De Paoli E, et al. 2011. MicroRNAs as master regulators of the plant *NB-LRR* defense gene family via the production of phased, *trans*-acting siRNAs. Genes & Development, 25(23): 2540-2553.

Zhang D, Liu M, Tang M, et al. 2015. Repression of microRNA biogenesis by silencing of OsDCL1 activates the basal resistance to *Magnaporthe oryzae* in rice. Plant Science, 237: 24-32.

Zhang H, Lang Z, Zhu JK. 2018a. Dynamics and function of DNA methylation in plants. Nat Rev Mol Cell Bio, 19(8): 489-506.

Zhang H, Tao Z, Hong H, et al. 2016. Transposon-derived small RNA is responsible for modified function of WRKY45 locus. Nature Plants, 2(3): 16016.

Zhang J, Zhang YZ, Jiang J, et al. 2020. The crosstalk between epigenetic mechanisms and alternative RNA processing regulation. Frontiers in Genetics, 11: 998.

Zhang X, Bao Y, Shan D, et al. 2018b. *Magnaporthe oryzae* induces the expression of a microRNA to suppress the immune response in rice. Plant Physiology, 177(1): 352-368.

Zhang X, Zhao H, Gao S, et al. 2011. *Arabidopsis* argonaute 2 regulates innate immunity via miRNA393*-mediated silencing of a Golgi-localized SNARE gene, *MEMB12*. Molecular Cell, 42(3): 356-366.

Zhang YZ, Lin J, Ren Z, et al. 2021. Genome-wide distribution and functions of the AAE complex in epigenetic regulation in *Arabidopsis*. Journal of Integrative Plant Biology, 63(4): 707-722.

Zhao JP, Jiang XL, Zhang BY, et al. 2012. Involvement of microRNA-mediated gene expression regulation in the pathological development of stem canker disease in *Populus trichocarpa*. PLOS ONE, 7(9): e44968.

Zhou T, Wang Y, Chen JQ, et al. 2004. Genome-wide identification of NBS genes in *japonica* rice reveals significant expansion of divergent non-TIR NBS-LRR genes. Molecular Genetics and Genomics, 271(4): 402-415.

Zhu QH, Stephen S, Taylor J, et al. 2014. Long noncoding RNAs responsive to *Fusarium oxysporum* infection in *Arabidopsis thaliana*. New Phytologist, 201(2): 574-584.

第六章
RNA 沉默在植物与其他生物互作中的功能

金　芸

中国科学院微生物研究所

植物的 RNA 沉默途径不仅在植物与病毒、植物与病原菌互作中扮演着重要的角色，在与线虫、昆虫及其他寄生生物等的互作中也都发挥了特异性功能。目前的研究表明，植物 RNA 沉默途径中的蛋白组分及内源 sRNA 在应答各种生物胁迫时既可能是正调控，也可能是负调控，其特异功能正在逐步被揭示出来。

第一节　RNA 沉默在植物与线虫互作中的功能

线虫是一种蛔虫，大部分的线虫是独立生活的，只有一小部分的线虫属包含能寄生在植物或动物中的种类（van Megen et al.，2009）。迄今为止发现的植物寄生线虫超过 4100 种，它们与寄主广泛地互作，在世界范围内对粮食安全造成威胁。由植物线虫造成的损失每年估计高达 800 亿美元，由于线虫很小，属于土传病害，而且病症不特异，很容易被种植者忽略，因此损失比预估的可能更高（Jones et al.，2013）。

孢囊线虫（*Globodera* spp. 和 *Heterodera* spp.）和根结线虫（*Meloidogyne* spp.）是经济上最重要的两种线虫，它们能在许多不同的作物根部定居寄生，并在寄主的根部诱导产生特化的供养细胞。孢囊线虫诱导产生的供养细胞称为合胞体（syncytium），根结线虫诱导产生的称为巨型细胞（giant cell，GC），它们都是寄主植物的根细胞经过大量的生理学和形态学的改变而成为伸长的、多核的及代谢活跃的供养点（Hussey，1989）（图 6-1）。供养细胞是寄生线虫整个生命阶段唯一的营养来源。

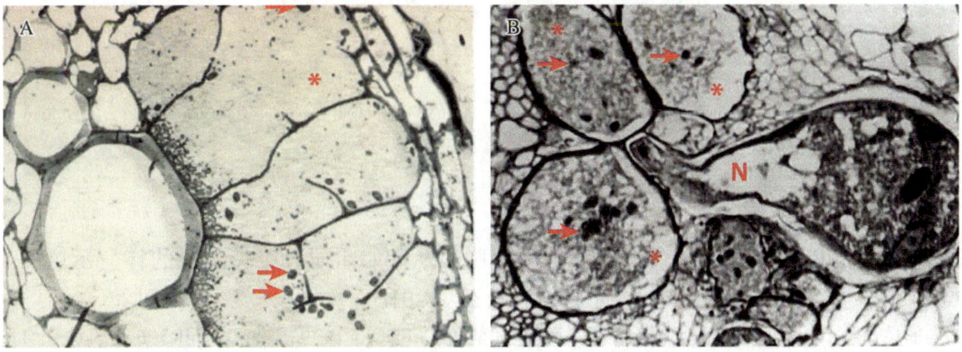

图 6-1　线虫取食部位的横切图（Rosso et al.，2009）

A. 星号指示孢囊线虫诱导产生的合胞体；B. 星号指示根结线虫（N）诱导产生的巨细胞。箭头指示细胞核研究表明寄主的 sRNA 和 RNA 沉默途径在调节植物免疫系统对抗病原菌包括寄生线虫入侵时发挥着关键的作用（Katiyar-Agarwal and Jin，2010；Hewezi and Baum，2013）。拟南芥的 *dcl* 和 *rdr* 突变体显示出对甜菜孢囊线虫（*Heterodera schachtii*）的感病性降低，这是 sRNA 调控寄主基因表达以应答线虫侵染的第一个证据（Hewezi et al.，2008）。19 个已知的 miRNA 家族成员及一些新的 sRNA 被鉴定出可能参与拟南芥响应甜菜孢囊线虫侵染的过程，包括 miR156、miR159、miR166、miR171、miR172、miR390、miR396、miR398 等。研究发现，在侵染的早期阶段，大量的 miRNA 在侵染后的根中显著下调（Hewezi et al.，2008）。这些响应线虫的 miRNA 的靶标大多为转录因子基因，如 miR396 靶向的生长调控因子 *GRF*（*growth-regulating factor*）、miR171 靶向的类稻草人转录因子 *SCL*（*scarecrow-like transcription factor*）、miR159 靶向的 *MYB*，miR166 靶向的 *HD-ZIP*、miR172 靶向的 *AP2*、miR319 靶向的 *TCP* 及 miR159 靶向的 *SPL* 等（Hewezi et al.，2008，2012；Li et al.，2012），暗示了响应线虫侵染的 miRNA 在调控转录信号组分表达及转录级联反应中发挥着重要的作用。

随后研究发现，miR396 和靶基因在形成和维持合胞体的阶段显示出相反的表达模式（图 6-2）。miR396 在合胞体的起始形成阶段被强烈地下调，伴随着在此阶段 *GRF1* 和 *GRF3* 的 mRNA 积累的升高。在合胞体形成以后，miR396 在合胞体中的表达提升到很高的水平，从而在转录后水平沉默了 *GRF1* 和 *GRF3* 的表达，这表明 miR396 和 *GRF1*/*GRF3* 的表达变化决定了合胞体的诱导形成阶段及维持阶段（图 6-2）。通过过表达 miR396 或者能逃避 miR396 抑制的 *GRF1*/*GRF3*，都能抑制 GRF 活性，并最终导致合胞体变小，对孢囊线虫的抗性增强。因此，miR396-GRF1/3 模块是甜菜孢囊线虫侵染拟南芥时合胞体发育的主调节子（Hewezi et al.，2012）。除

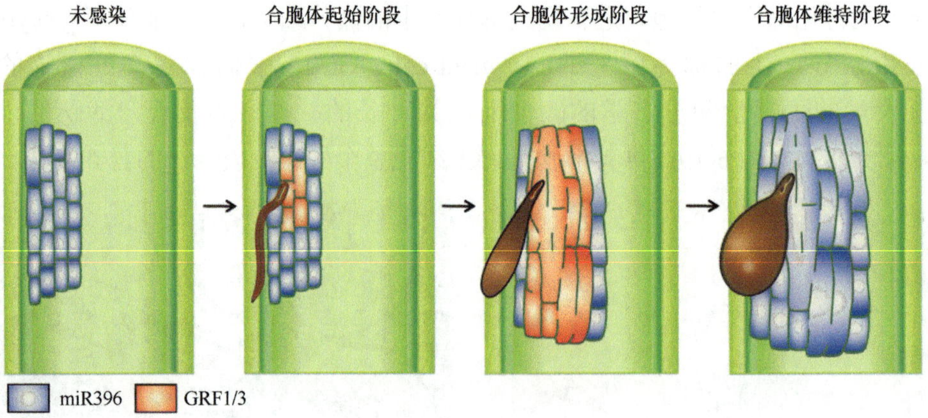

图 6-2 miR396-GRF1/3 调节模块控制合胞体从起始阶段到维持阶段的转变示意图（Hewezi et al.，2012）

在未感染的情况下，miR396 在维管根组织中高表达（蓝色），当孢囊线虫侵染时，miR396 的表达在合胞体起始阶段大幅下调，相应地提高了靶基因 *GRF1* 和 *GRF3* 的表达（红色），达到一个特定的临界值，从而使得这些转录因子能调节基因表达重编程事件，在成熟的根细胞中分化出特定的合胞体细胞类型。合胞体形成后，miR396 的表达重新升高，下调的 *GRF1* 和 *GRF3* 基因有效地中止了合胞体形成，转而进入维持阶段

此以外，miR858 和靶标转录因子 *MYB83* 基因也被证明共同参与了拟南芥与甜菜孢囊线虫的互作，过表达 miR858 干扰了甜菜孢囊线虫在拟南芥中的寄生，导致感病能力的下降，而 miR585 的积累量减少增强植物的感病性。类似地，MYB83 的表达增强有利于线虫的侵染而 *myb83* 突变体植物感病性降低。研究还发现 miR858 介导的MYB83的沉默受反馈回路调节（Piya ct al.，2017）。

同样，在大豆孢囊线虫（soybean cyst nematode，SCN；*Heterodera glycines*）侵染抗性及感性大豆的过程中，大量已知、新的 miRNA 和 phasiRNA 及它们的合成网络被鉴定出来（Li et al.，2012；Xu et al.，2014；Tian et al.，2017）。通过对这些 miRNA 特征的比较分析后发现，其中 101 条 miRNA 响应大豆孢囊线虫侵染，同属于 40 个 miRNA 家族（Li et al.，2012）。两个遗传上相近的大豆品系（ZP03-5373 和 ZP03-5413）对 SCN 小种 4 的侵染分别表现为抗性和感性，通过对这两种品系的 sRNA 测序鉴定出靶向大豆孢囊线虫的 sRNA，其中 6 条 miRNA 能引导靶基因在大豆根部产生次级 sRNA，这些次级 sRNA 的靶基因也被预测出来并检测到，另外有 34 条 miRNA 的表达在这两种大豆品系中表现出显著的差异（Xu et al.，2014）。另有研究同样在抗/感大豆孢囊线虫的品种中比较分析了 miRNA 在大豆孢囊线虫侵染过程中所扮演的重要角色，这也为进一步揭示这些 miRNA 在响应大豆孢囊线虫侵染中的功能提供了整体的研究基础（Tian et al.，2017）。与拟南芥响应甜菜孢囊线虫一样，在大豆中也证明了 miR396-GRF 的稳态平衡对大豆孢囊线虫侵染是必需的。9 个 *MIR396* 和 23 个 *GRF* 基因形成的网络对于大豆根部的正常发育是很重要的，在根尖分生组织中 *GRF* 特异的功能受 miR396 调节。在合胞体形成阶段，所有的 *MIR396* 基因都下调，相应地，11 个不同的 *GRF* 基因都上调。在转向合胞体维持阶段后，*MIR396* 的表达上调而 *GRF* 基因的表达因受 miR396 调节而下调。进一步对 miR396-*GRF6/8-13/15-17/19* 的调控网络进行过表达和干扰实验发现，这种改变并不能影响进入维管组织起始合胞体的线虫成虫的数量，但是却特异地抑制了线虫有效发育成雌虫。因此，miR396-*GRF6/8-13/15-17/19* 调控网络对于大豆孢囊线虫的有效侵染是必需的（Noon et al.，2019）。

植物 miRNA 除了参与植物与孢囊线虫的互作，在植物与根结线虫（root-knot nematode，RKN）的互作中也被报道发挥了重要的作用。在爪哇根结线虫（*Meloidogyne javanica*）侵染拟南芥的过程中，miR390 及来源于 *TAS3* 的 ta-siRNA，以及它们的靶标生长素响应因子发挥了重要的作用。通过对未被侵染的拟南芥和被根结线虫侵染 3 天后的拟南芥材料进行 sRNA 测序，结果显示 sRNA 的表达差异显著，在根瘿（gall）中，主要对应于 miRNA 的 21nt sRNA 下调表达，而来源于 ra-siRNA（repeat-associated siRNA，或写作 rasiRNA）的 24nt sRNA 上调表达。对其中一条在侵染早期的巨型细胞（GC）和根瘿中上调表达的 miRNA——miR390 的表达模式和功能进行了进一步的研究，结果显示其启动子在 GC 和根瘿维管组织中活跃，调控了 *TAS3* 来源的 ta-siRNA 的形成。*TAS3* 可能通过控制生长素响应因子参与了根瘿的发育，这也是保守的 ta-siRNA 在植物-线虫互作过程中发挥功能的首次报道（Cabrera et al.，2016）。miR172/TOE1/FT 调控模块也被报道在爪哇根结线虫侵染拟南芥时在取食部位发挥着重要的作用。miR172 在转录后水平靶向一组调控抑制基因 AP2 及 AP2 类的转录因子，如 TOE1（target of early activation tagged 1）。在拟南芥中，AP2 类的转录因子作为开花抑制子而发挥作用，负调控 FT 的表达（Zhang et al.，2015），TOE1 还被发现在生物互作中发挥作用（Yan et al.，2013）。早期的研究发现在甜菜孢囊线虫诱导的供养细胞的建立和发育中，抑制拟南芥 AP2 类转录因子家族中的一个亚类非常重要（Ali et al.，2013），并且爪哇根结线虫在拟南芥中诱导产生的根结线虫 GC 的转录组中，*TOE1* 的表达下调（Barcala et al.，2010）。因此，研究进一步揭示了 miR172/TOE1/FT 调控模块在 GC 和根瘿发育过程中的作用（Diaz-Manzano et al.，2018）（图 6-3）。

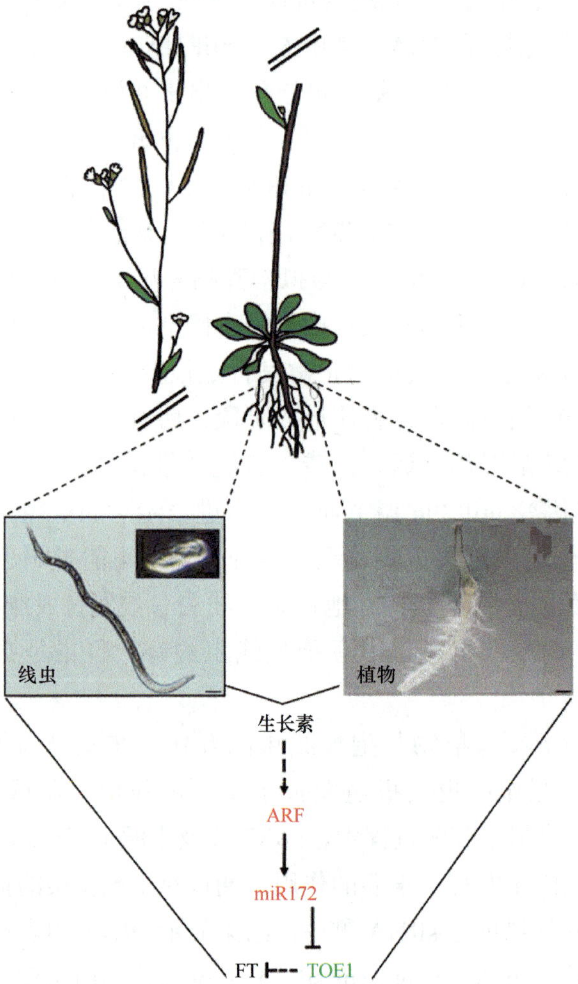

图 6-3　miR172/TOE1/FT 调节模块在植物与线虫互作过程中的功能模式图
（Diaz-Manzano et al.，2018）

拟南芥与甜菜孢囊线虫互作导致激素（如生长素）信号通路改变。生长素是 miR172d 和 miR172c 积累的正向信号，其通过生长素响应因子（ARF）的激活诱导 miR172c 的启动子，而 miR172 既介导 TOE1 的沉默又影响 FT 的转录在番茄对南方根结线虫（*Meloidogyne incognita*）的抗性中，miR319-TCP4（teosinte branched/Cycloidea/proliferating cell factor 4）模块也显示其作为响应器及茉莉酸介导的系统抵御信号的调节子发挥着重要的作用。通过测序比较野生型和茉莉酸突变体（*spr2*）受 RKN 侵染后的 sRNA 发现，263 个已知的 miRNA 和 441 个新的 miRNA 在两个样品中显著受调控。利用定量 PCR 鉴定 miRNA 和靶基因在 RKN 侵染后的表达模式，找到一个在 RKN 侵染后叶、茎及根中均呈现显著负相关的调控模块，即 miR319 和靶标 TCP4，说明 miR319/TCP4 参与了系统防卫反应。反向遗传学实验阐明了 miR319/TCP4 影响了茉莉酸合成基因和叶中内源茉莉酸水平，进而介导对 RKN 的抗性。这些结果说明 miR319 作为一个系统性信号响应分子和调节子，通过茉莉酸信号通路调控了对 RKN 的系统防卫反应（Zhao et al.，2015）（图 6-4）。

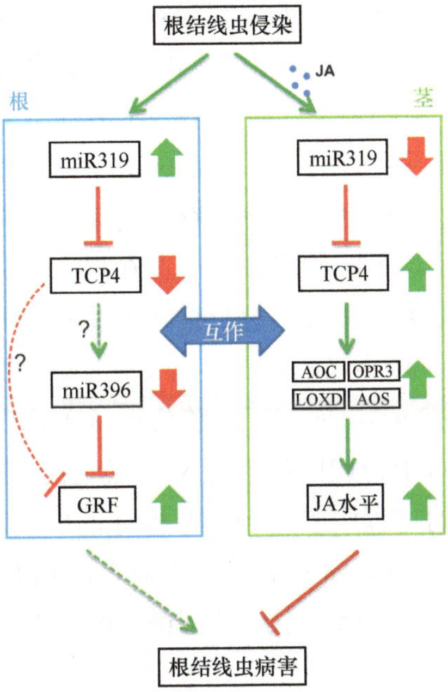

图 6-4　miR319/TCP 介导的根结线虫抗性模式图（Zhao et al.，2015）

miR319/TCP 调控模块通过两条通路影响了番茄对根结线虫的抗性：一条是 TCP 调控的植物茎中茉莉酸（JA）合成，另一条是 miR396/GRF 模块调控植物根细胞分化

诸多研究表明：miRNA 是孢囊线虫和根结线虫侵染过程中的重要调控因子（Hewezi and Baum，2015）。对供养点进行细胞特异的基因表达分析揭示出与线虫和寄主植物互作相关的转录调控和基因调控网络。总体来说，寄主内源的 sRNA 和 RNA 沉默途径在调节基因表达及根细胞变成特异的供养细胞时的重编程过程中发挥着关键的作用（Hewezi and Baum，2015）。

第二节　RNA 沉默在植物与昆虫互作中的功能

植食性昆虫取食会对植物组织造成很明显的创伤损害，许多实验证据表明 sRNA

在植物响应韧皮部取食的昆虫压力胁迫中作为重要的调节子发挥功能。例如，野生烟草（*Nicotiana attenuata*）sRNA 调控寄主响应烟草天蛾（*Manduca sexta*）的抗性信号。首先烟草 *rdr1* 突变体对植食性害虫的感病性增强，说明其防卫反应是由 sRNA 直接控制的。通过测序分析野生型和沉默 *RDR1* 基因的 *rdr1* 突变体在昆虫特异激发前后的 sRNA 积累量、分析野生烟草 sRNA 与已知的介导抗性反应的激素信号［茉莉酸（JA）、茉莉酸-异亮氨酸（JA-Ile）和乙烯］相关的靶基因，并检测在植物中激发的动态的激素合成基因转录物和激素水平，结果显示：*rdr1* 突变体中茉莉酸和乙烯合成基因的表达改变，并且茉莉酸的积累降低而乙烯的水平受激发升高，添加茉莉酸能完全恢复 *rdr1* 突变体对昆虫的抗性。*rdr1* 突变体植物表现出与野生型植物相同的光合速率、生长和繁殖，说明 *rdr1* 中初级代谢并未受影响。因此，*rdr1* 突变体对植食性昆虫的敏感性是由植物激素信号的改变导致的，并且 sRNA 在害虫攻击后大规模的转录变化中发挥了关键作用。基于害虫攻击后激发的 sRNA 的多样性以及鳞翅目幼虫（lepidopteran larvae）中肠消化吸收的 sRNA 能够沉默转录物的发现，植物中的 sRNA 可能在直接的防卫反应中起作用（Pandey et al.，2008）。植物受到起始攻击后诱导防卫反应并进一步增强抗性是一种普遍存在的现象。茉莉酸和相关的植物代谢物的合成、转移及感知介导了这种防御级联信号。在拟南芥和番茄受植食性昆虫攻击后的研究发现，诱导的抗性与茉莉酸依赖的跨代防卫反应相关，这种抗性表型在拟南芥中能维持两代。拟南芥茉莉酸感知缺陷突变体 *coi1* 或者拟南芥 sRNA 合成途径缺陷突变体 *dcl2dcl3dcl4* 和 *nrpd2anrpd2b* 都不能跨代继承茉莉酸依赖的对植食性昆虫取食的抗性反应，说明 sRNA 对于跨代的抗性反应是必需的（Rasmann et al.，2012）。在烟草响应植食性昆虫取食的过程中鉴定到一些保守的以及新的 miRNA 家族，大量的 phasiRNA 和 tasiRNA 产生位点。这些响应昆虫取食的 miRNA 和 phasiRNA 的靶基因很多是与植物防御相关的，说明烟草中这种可诱导的防卫反应也是受 sRNA 途径调控的（Tang et al.，2012）。

蚜虫是传播病毒的媒介，*Vat*（virus aphid transmission）基因属于 *NBS-LRR* 抗性基因家族，表达 *Vat* 基因的是抗性品种 Vat^+，反之则是感病品种 Vat^-。研究发现蚜虫分别为害抗性和易感甜瓜后，miRNA 的表达模式随侵染阶段不同而改变，且大部分保守的 miRNA 家族的调控在蚜虫侵染早期就已经在抗感品种中分化（Sattar et al.，2012）。这些 sRNA 在抗性基因介导对蚜虫的抗性中的功能及其与植物激素信号通路的关系还未被完全揭示，抗性甜瓜中总的 miRNA 表达水平增强，而易感品种中则是下降的。进一步分析 miRNA 及其特异的靶标，鉴定到 70 对差异表达的 miRNA 与靶基因，其中 11 对与植物激素调控相关，包含 6 个潜在的调控与生长素互作的 miRNA。这些 miRNA 及靶基因能通过抑制生长素信号通路来提高植物对蚜虫的抗性，揭示了 miRNA 在 Vat 介导的蚜虫抗性中潜在的调控功能（Sattar et al.，2016）。拟南芥对桃蚜（*Myzus persicae*）的抗性也受 miRNA 的调控，在拟南芥 miRNA 途径的突变体中，桃蚜的繁殖大幅下降。不能产生 miRNA 的拟南芥在被桃蚜侵染后，*PAD3* （phytoalexin deficient 3）的表达和植保素的产量会受到诱导，蚜虫取食含有植保素的人工餐后其产生后代的数目下降，说明 miRNA 介导的对次生代谢防卫反应途径的调控与抗半翅目害虫相关（Kettles et al.，2013）。拟南芥 miRNA 还被报道响应了甘蓝蚜（*Brevicoryne brassicae*）的进攻（Barah et al.，2013）。拟南芥作为模式植物，在我们理解 sRNA 在对抗半翅目昆虫的基础免疫中的功能时有着非常重要的地位。同时，在其他非模式植物中的研究也揭示了 sRNA 在寄主植物抗性中的作用（Sattar and Thompson，2016）。对蚜虫取食的菊花（*Chrysanthemun morifolium*）miRNA 表达谱的研究发现，一些差异富集的 miRNA，尤其是 miR159a、miR160a 及 miR393a，可能与植物响应蚜虫取食相关（Xia et al.，2015）。

sRNA 在植物抵抗寄生虫的过程中也发挥着重要作用。例如，拟南芥能够通过 miR156-*SPL9* 通路抵抗棉铃虫。茉莉酸是植物昆虫防御的关键调节子，茉莉酸应答在拟南芥中逐渐衰退，研究发现这种衰退是被 miR156 靶向的 *SPL9*（*squamosa promoter binding protein like 9*）调控的，SPL9 能与 JAZ3（JA ZIM-domain protein）蛋白互作，随着 SPL9 水平的逐步升高，JAZ3 积累而茉莉酸应答减弱。幼年植物中高水平的 miR156 会抑制 *SPL9* 转录因子的表达，*SPL9* 的低表达会激活茉莉酸信号通路，提升植物对寄生虫的抗性（图 6-5）。然而，随着植物的生长，茉莉酸应答衰退，但伴随着芥子油苷的积累，年老的植物仍然对棉铃虫（*Helicoverpa armigera*）和小菜蛾（*Plutella xylostella*）具有一定的抗性（Mao et al.，2017）。总而言之，植物的 RNAi 途径和内源 sRNA 在植物抵抗寄生虫和响应韧皮部取食的昆虫过程中发挥重要功能。

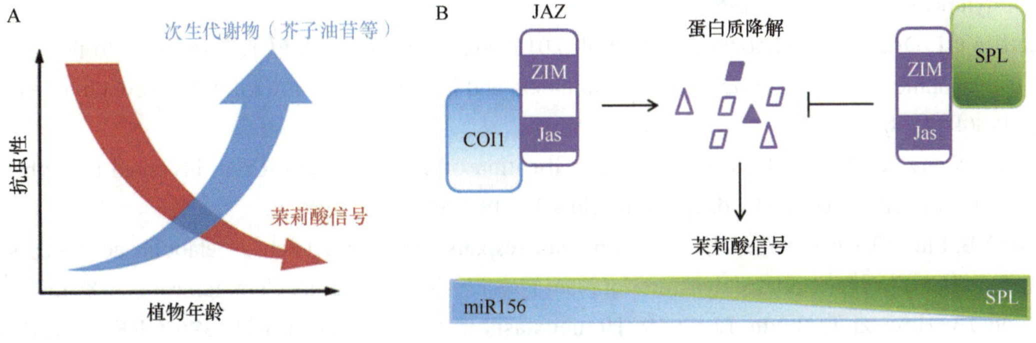

图 6-5　miR156/SPL 介导的年龄依赖的植物对昆虫的抗性（Mao et al.，2017）

A. 在植物生长过程中，茉莉酸调控的防御在幼年期非常活跃，随着年龄增加而下降，同时防御相关的化合物持续积累，用以提供在植物生长过程中对昆虫抗性的需求；B. miR156 调控 SPL9 蛋白以稳定 JAZ，SPL 蛋白在年老植物中的积累促进了 JAZ 的积累，反过来减弱了茉莉酸响应

参考文献

Ali MA, Abbas A, Kreil DP, et al. 2013. Overexpression of the transcription factor RAP2.6 leads to enhanced callose deposition in syncytia and enhanced resistance against the beet cyst nematode *Heterodera schachtii* in *Arabidopsis* roots. BMC Plant Biology, 13: 47.

Barah P, Winge P, Kusnierczyk A, et al. 2013. Molecular signatures in *Arabidopsis thaliana* in response to insect attack and bacterial infection. PLOS ONE, 8(3): e58987.

Barcala M, García A, Cabrera J, et al. 2010. Early transcriptomic events in microdissected *Arabidopsis* nematode-induced giant cells. Plant Journal, 61(4): 698-712.

Cabrera J, Barcala M, García A, et al. 2016. Differentially expressed small RNAs in *Arabidopsis* galls formed by *Meloidogyne javanica*: a functional role for miR390 and its TAS3-derived tasiRNAs. New Phytologist, 209(4): 1625-1640.

Diaz-Manzano FE, Cabrera J, Ripoll JJ, et al. 2018. A role for the gene regulatory module microRNA172/TARGET OF EARLY ACTIVATION TAGGED 1/FLOWERING LOCUS T (miRNA172/TOE1/FT) in the feeding sites induced by *Meloidogyne javanica* in *Arabidopsis thaliana*. New Phytologist, 217(2): 813-827.

Hewezi T, Baum TJ. 2013. Manipulation of plant cells by cyst and root-knot nematode effectors. Molecular Plant-Microbe Interactions, 26(1): 9-16.

Hewezi T, Baum TJ. 2015. Gene silencing in nematode feeding sites. Adv Bot Res, 73: 221-239.

Hewezi T, Howe P, Maier TR, et al. 2008. *Arabidopsis* small RNAs and their targets during cyst nematode parasitism. Molecular Plant-Microbe Interactions, 21(12): 1622-1634.

Hewezi T, Maier TR, Nettleton D, et al. 2012. The *Arabidopsis* microRNA396-GRF1/GRF3 regulatory module acts as a developmental regulator in the reprogramming of root cells during cyst nematode infection. Plant Physiology, 159(1): 321-335.

Hussey RS. 1989. Disease-inducing secretions of plant-parasitic nematodes. Annual Review of Phytopathology, 27(1): 123-141.

Jones JT, Haegeman A, Danchin EGJ, et al. 2013. Top 10 plant-parasitic nematodes in molecular plant pathology. Molecular Plant Pathology, 14(9): 946-961.

Katiyar-Agarwal S, Jin H. 2010. Role of small RNAs in host-microbe interactions. Annual Review of Phytopathology, 48: 225-246.

Kettles GJ, Drurey C, Schoonbeek HJ, et al. 2013. Resistance of *Arabidopsis thaliana* to the green peach aphid, *Myzus persicae*, involves camalexin and is regulated by microRNAs. New Phytologist, 198(4): 1178-1190.

Li XY, Wang X, Zhang SP, et al. 2012. Identification of soybean microRNAs involved in soybean cyst nematode infection by deep sequencing. PLOS ONE, 7(6): e39650.

Mao YB, Liu YQ, Chen DY, et al. 2017. Jasmonate response decay and defense metabolite accumulation contributes to age-regulated dynamics of plant insect resistance. Nature Communications, 8: 13925.

Noon JB, Hewezi T, Baum TJ. 2019. Homeostasis in the soybean miRNA396-GRF network is essential for productive soybean cyst nematode infections. Journal of Experimental Botany, 70(5): 1653-1668.

Pandey SP, Shahi P, Gase K, et al. 2008. Herbivory-induced changes in the small-RNA transcriptome and phytohormone signaling in *Nicotiana attenuata*. Proc Natl Acad Sci USA, 105(12): 4559-4564.

Piya S, Kihm C, Rice JH, et al. 2017. Cooperative regulatory functions of miR858 and MYB83 during cyst nematode parasitism. Plant Physiology, 174(3): 1897-1912.

Rasmann S, De Vos M, Casteel CL, et al. 2012. Herbivory in the previous generation primes plants for enhanced insect resistance. Plant Physiology, 158(2): 854-863.

Rosso MN, Jones JT, Abad P. 2009. RNAi and functional genomics in plant parasitic nematodes. Annual Review of Phytopathology, 47: 207-232.

Sattar S, Addo-Quaye C, Thompson GA. 2016. miRNA-mediated auxin signalling repression during

Vat-mediated aphid resistance in *Cucumis melo*. Plant, Cell & Environment, 39(6): 1216-1227.

Sattar S, Song Y, Anstead JA, et al. 2012. *Cucumis melo* microRNA expression profile during aphid herbivory in a resistant and susceptible interaction. Molecular Plant-Microbe Interactions, 25(6): 839-848.

Sattar S, Thompson GA. 2016. Small RNA regulators of plant-hemipteran interactions: micromanagers with versatile roles. Frontiers in Plant Science, 7: 1241.

Tang S, Wang Y, Li ZF, et al. 2012. Identification of wounding and topping responsive small RNAs in tobacco (*Nicotiana tabacum*). BMC Plant Biology, 12(1): 28.

Tian B, Wang SC, Todd TC, et al. 2017. Genome-wide identification of soybean microRNA responsive to soybean cyst nematodes infection by deep sequencing. BMC Genomics, 18(1): 572.

van Megen H, van den Elsen S, Holterman M, et al. 2009. A phylogenetic tree of nematodes based on about 1200 full-length small subunit ribosomal DNA sequences. Nematology, 11(6): 927-950.

Xia XL, Shao YF, Jiang JF, et al. 2015. MicroRNA expression profile during aphid feeding in *Chrysanthemum* (*Chrysanthemum morifolium*). PLOS ONE, 10(12): e0143720.

Xu MY, Li YH, Zhang QX, et al. 2014. Novel miRNA and phasiRNA biogenesis networks in soybean roots from two sister lines that are resistant and susceptible to SCN race 4. PLOS ONE, 9(10): e110051.

Yan Z, Hossain MS, Wang J, et al. 2013. miR172 regulates soybean nodulation. Molecular Plant-Microbe Interactions, 26(12): 1371-1377.

Zhang B, Wang L, Zeng L, et al. 2015. *Arabidopsis* TOE proteins convey a photoperiodic signal to antagonize CONSTANS and regulate flowering time. Genes & Development, 29(9): 975-987.

Zhao WC, Li ZL, Fan JW, et al. 2015. Identification of jasmonic acid-associated microRNAs and characterization of the regulatory roles of the miR319/TCP4 module under root-knot nematode stress in tomato. Journal of Experimental Botany, 66(15): 4653-4667.

第七章

跨界 RNA 沉默

金　芸，张　涛

中国科学院微生物研究所

植物 RNA 沉默途径已经被证明在植物响应各种生物胁迫中发挥着关键的作用，近年的研究发现了跨界 RNA 沉默效应的存在，即 sRNA 在互作的物种间“交流”，从寄主植物到入侵的病原菌或寄生的植物中发挥作用，或者从病原菌或寄生的植物到寄主植物中发挥作用。

根据目前的研究成果，跨界的 sRNA 进入受体细胞后潜在的作用方式有以下几种：①在没有持续供给的情况下，跨界传递来的 sRNA 会在受体细胞的增殖过程中被稀释；②一些病原菌来源的跨界 sRNA 作为效应子进入寄主细胞中，引起寄主细胞的 RNAi，并产生次级 sRNA，反式作用于其他靶基因；③跨界传递来的 sRNA 可能会被受体识别，进一步被受体细胞编码的沉默抑制子蛋白所降解；④跨界传递来的信使 RNA（mRNA）或者长链非编码 RNA（lncRNA）可能会激活受体细胞中的 RNAi 系统而产生 sRNA，进而沉默靶基因；⑤跨界传递来的 sRNA，能增强受体生物对环境的适应性，因此可能通过水平基因转移（horizontal gene transfer，HGT）整合进受体的基因组（Zhao et al.，2021）（图 7-1）。

对这些跨界 sRNA 作用的了解，有助于我们进一步利用这种跨界 RNA 沉默效应，以发展对抗病毒、害虫、病原菌等的新型抗病策略。靶向病原必需基因的 dsRNA 或 sRNA 被昆虫或病原菌吸收以后，可以导致致病性的下降、生长发育的抑制甚至致死。不像一些化学农药作用于蛋白质的保守位点而广谱地影响多物种，RNAi 作用的核酸序列特异性，使得其可以选择物种的特异靶向，获得针对目标物种的抗性而不影响其他有益的生物。

第一节　双向跨界 RNA 沉默

一、植物来源的 sRNA 进入病原菌细胞

sRNA 除了在自身细胞中发挥作用，还能够作为信号分子跨界诱导基因沉默。在植物与病原微生物互作的过程中，植物的 sRNA 能够进入病原微生物的细胞中发挥作用。2016 年，科研人员从感染大丽轮枝菌（*Verticillium dahliae*）的棉花中分离病原菌（图 7-2），检测到大量无法匹配到大丽轮枝菌基因组的 sRNA，其中有 28 条 sRNA

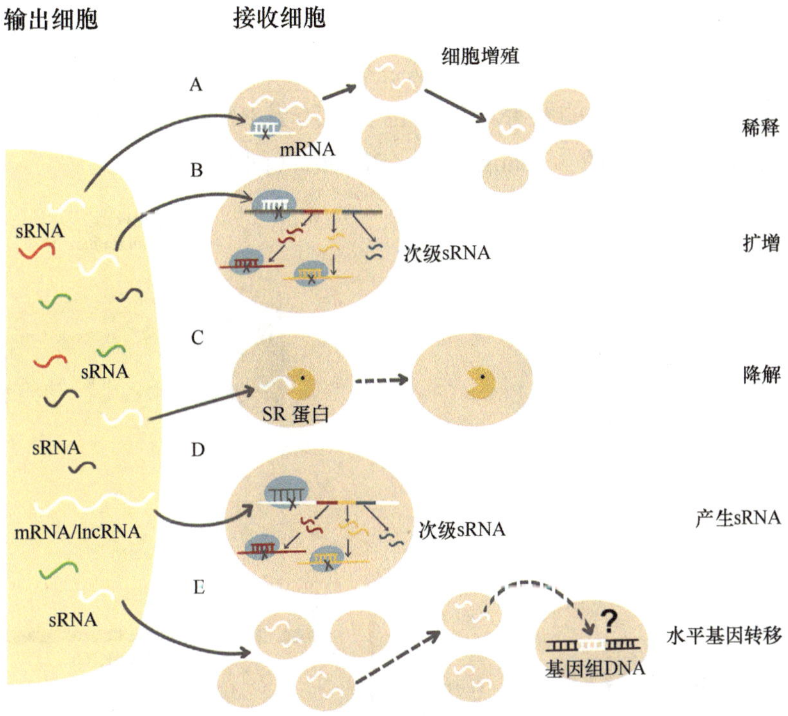

图 7-1　跨界 sRNA 在受体细胞中的潜在命运（Zhao et al.，2021）
sRNA 从供体细胞跨界传递进入受体细胞以后，可能会被稀释、扩增、降解或产生水平转移；
mRNA 或 lncRNA 也可能发生跨界传递并进一步产生 sRNA

与棉花的 miRNA 序列一致，包括 miR166、miR159 等，并进一步通过 RNA 印迹法在分离菌中检测了 4 条棉花来源的 miRNA。大丽轮枝菌是土传病原真菌，利用产生侵染结构（附着枝和侵染钉）刺穿植物根表皮层，从根皮层细胞间穿梭直接进入维管系统后开始快速繁殖并进入地上部分（Zhao et al.，2014，2016）。从感病棉花维管系统分离的病原菌中得到的 miRNA，为首次明确鉴定到的、自然界存在的“植物到真菌的跨界 miRNA”（Zhang et al.，2016a）。侵染实验显示，在感染大丽轮枝菌的棉花及拟南芥根中，miR159 和 miR166 均被诱导，表达量升高。通过信息学预测及 5′ RACE 方法鉴定到棉花 miR166 和 miR159 在真菌中的靶基因 *Clp-1* 和 *Hic-15*，与未侵染寄主的大丽轮枝菌（培养基上培养的）相比，靶基因在侵染寄主后的分离菌中的表达显著下降（图 7-2）。敲除这两个基因的大丽轮枝菌对棉花的致病性明显减弱，证明这两个靶基因是致病基因。当在大丽轮枝菌中表达了 miRNA 结合位点突变的 *Clp-1m* 和 *Hic-15m*，miRNA 无法靶向调控时，其对棉花的致病性升高。这些实验说明真菌的毒性基因会被寄主来源的 miRNA 靶向从而削弱致病性；换言之，棉花通过跨界输出 miRNA 进入真菌细胞，降解毒性基因从而获得对病原菌的抗性。为进一步验证这个发现，研究人员比较了大丽轮枝菌对野生型拟南芥和通过短串联靶标模拟（short tandem target mimic，STTM）技术降解 miR166 株系的致病性，结果显示 *Clp-1* 基因在侵染野生型拟南芥后的分离菌中表达降低，而在侵染 STTM 株系后的分离菌中并未下降，这些结果进一步证明了寄主植物中响应真菌侵染的 miRNA 能输出到真菌菌丝中，特异性地介导真菌毒性基因的沉默，从而获得植物的抗病能力。这是国际上首次证明了植物内源 miRNA 的跨界调控，也表明跨界 RNAi 是棉花与大丽轮枝菌互作过程中自然存在的抗病途径（Zhang et al.，2016a）（图 7-2）。

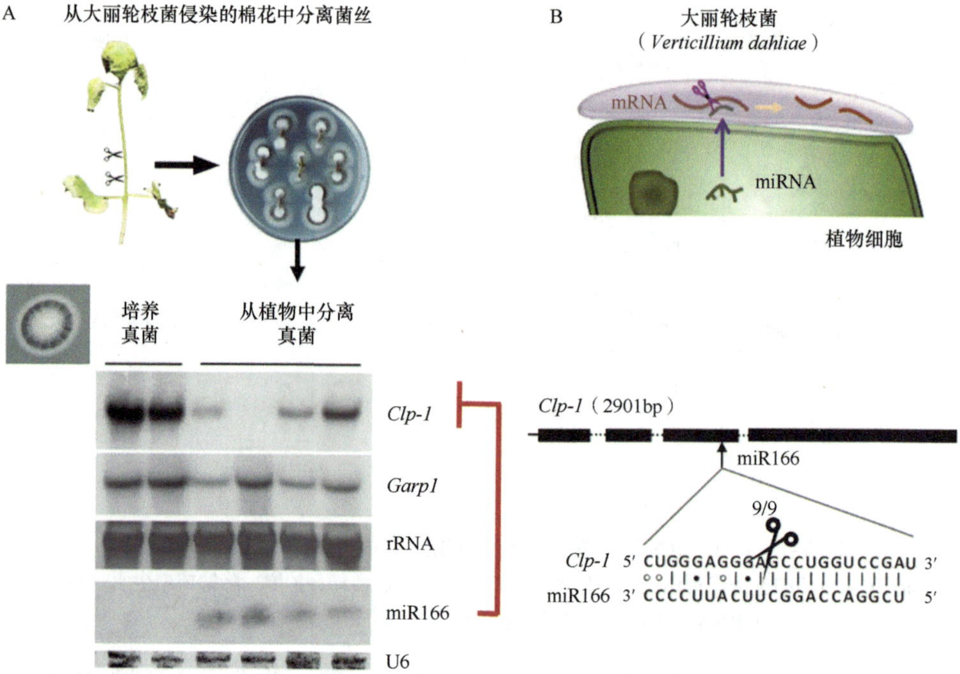

图 7-2　棉花-真菌跨界 RNAi 的鉴定和作用机制［修改自 Zhang 等（2016a），Hua 等（2018）］
A．棉花内源 miRNA 进入大丽轮枝菌细胞中靶向剪切毒性基因。从感染大丽轮枝菌的棉花中分离的菌丝中鉴定到棉花的 miR166 及其介导的对真菌靶基因 *Clp-1* 的剪切和降解。B. 植物细胞跨界传递内源 miRNA 进入真菌细胞从而介导真菌靶基因 RNAi 示意图

2018 年，Cai 等对从染病拟南芥中分离出的灰葡萄孢（*Botrytis cinerea*）原生质体进行了测序，发现其中包含许多植物来源的 miRNA、ta-siRNA 和其他种类 siRNA。进一步对这些 sRNA 的靶标进行预测后发现，它们大多能靶向灰葡萄孢中一些潜在的致病基因或分泌途径相关的基因。同时，敲除这些基因的灰葡萄孢致病力显著下降，说明在拟南芥与灰葡萄孢的互作过程中也存在跨界 RNA 沉默，这些植物来源的 sRNA 可能进入灰葡萄孢中靶向致病基因（Cai et al.，2018a）。同年，另有研究发现小麦产生的 miR1023 能够进入禾谷镰刀菌（*Fusarium graminearum*）中，沉默 α/β 水解酶基因（Jiao and Peng，2018）。此外，由寄主 miR161 诱导产生的次级 sRNA 也被证明能靶向卵菌的转录物从而提高对卵菌的抗性，这也是植物来源的 sRNA 进入卵菌中发挥作用的例证（Hou et al.，2019）。

这些发现告诉我们植物利用内源 sRNA 沉默病原微生物的基因是一种保守的抗病途径。甚至哺乳动物在食用植物产品后，胃肠道中被消化的植物细胞的 miRNA 也能够对肠道微生物的组成和状态进行调控，这一过程的具体机制还有待进一步研究（Teng et al.，2018）。

二、病原菌来源的 sRNA 进入寄主细胞

跨界 RNA 干扰是一个双向的过程。研究发现病原真菌、卵菌、细菌都能产生 sRNA，并且进入寄主植物体内发挥作用。

（一）来源于病原真菌的 sRNA 进入寄主细胞

灰葡萄孢侵染寄主植物后，在寄主植物的细胞中发现了一系列来自灰葡萄孢的小 RNA（Weiberg et al.，2013）。进一步的实验证明，这些 sRNA 会结合植物的 AGO1 蛋白，利用寄主的 RNAi 通路，引发寄主植物免疫响应相关基因的沉默（Weiberg et al.，2013）。灰葡萄孢中的 sRNA 由 DCL1 和 DCL2 产生，灰葡萄孢的 *dcl1dcl2* 双敲除突变体几乎无法产生 sRNA，致病性也大大降低，证明灰葡萄孢在与植物互作的过程中，会将 sRNA 作为一种效应子分泌到植物中，抑制植物的免疫反应，从而提升病原菌的侵染能力（Wang et al.，2016a）（图 7-3）。后续研究鉴定到一条 sRNA，即 Bc-siR37，在灰葡萄孢侵染后诱导表达，拟南芥中至少有 8 个预测的靶基因下调表达。在拟南芥中过表达 Bc-siR37 也能下调寄主中靶基因的表达，并增加寄主的感病性（Wang et al.，2017a）。

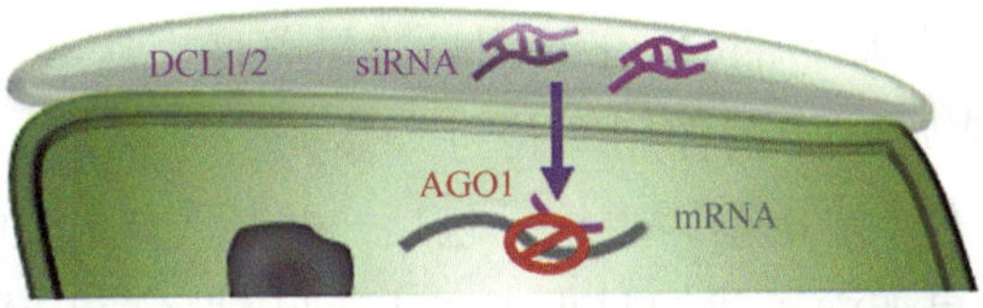

图 7-3　灰葡萄孢的 sRNA 进入植物细胞并介导靶基因沉默示意图［修改自 Hua 等（2018）］
灰葡萄孢的 sRNA 由 DCL1 和 DCL2 产生，sRNA 被分泌到植物中，结合植物的 AGO1 并介导植物免疫相关 mRNA 的积累

除了灰葡萄孢，有研究发现条锈菌编码的 micro-like RNA1 能够通过抑制小麦的 *PR2*（pathogenesis-related 2）基因而破坏寄主小麦的抗性，促进条锈菌的侵染（Wang et al.，2017b）。禾谷镰刀菌中的一个 sRNA——Fg-sRNA1，也被发现能够通过靶向并沉默小麦的一个抗性相关基因 *TaCEBiP*（chitin elicitor binding protein）来抑制小麦的防卫反应（Jian and Liang，2019）。

植物致病真菌核盘菌（*Sclerotinia sclerotiorum*）能侵染超过 600 种寄主植物，但是对其与寄主互作中的分子过程还知之甚少，尤其是侵染过程中是否有核盘菌 sRNA 的产生还缺乏证据。研究人员通过对体外培养的核盘菌及侵染拟南芥和菜豆（*Phaseolus vulgaris*）的核盘菌的 sRNA 进行测序，结果显示在侵染过程中至少有 374 条丰度较高的 sRNA 产生，大部分来自重复序列区域。通过预测它们在拟南芥中的靶基因，发现大多集中在与植物免疫相关的基因，全基因组关联分析（genome-wide association study，GWAS）显示与一些数量性状相关的抗病基因的关联性强于基因组上的其他区域。其中两个预测的靶基因 *SERK2* 和 *SNAK2* 突变后对核盘菌的感病性增强，说明核盘菌的 sRNA 可能跨界参与了植物免疫组分的沉默过程（Derbyshire et al.，2019）。

与寄主共生的丛枝菌根真菌能为寄主植物提供一些便利，如增强矿物质的摄取、提高对生物和非生物胁迫的抵抗等。但是，丛枝菌根真菌中产生 sRNA 和 RNAi 的机制还不清楚。基于丛枝菌根真菌——根内球囊霉（*Rhizophagus irregularis*）的基因组信息的分析，发现丛枝菌根真菌可能存在 RNAi 途径，其编码一个独立的 Dicer-like 基因，以及一些 AGO-like 基因和 RdRP 基因家族。利用根内球囊霉与模式植物蒺藜苜蓿（*Medicago truncatula*）的共生模型，鉴定到一类真菌 sRNA，显示出其存在 sRNA 产生途径及一些类似于 miRNA 的序列。进一步对寄主植物的降解组数据的分析发现，一些真菌 sRNA 具有潜在的苜蓿转录物靶标，包括一些特异的响应丛枝菌根真菌的、在根系中被调控的基因（Silvestri et al.，2019）。这些结果表明丛枝菌根真菌与寄主共生的过程中可能存在跨界的转录后基因沉默现象。

另外，在小麦与小麦叶枯病菌（*Zymoseptoria tritici*）互作过程中，sRNA 测序和降解组测序分析并未发现跨界 sRNA 通过剪切 mRNA 发挥作用。研究发现，在侵染进入植物体内的真菌细胞中，sRNA 的丰度低于体外培养的菌株，推测可能是由于在侵染植物过程中病原菌唯一的 Dicer 基因表达量降低。这些结果也说明小麦叶枯病菌的 sRNA 在侵染小麦过程中的作用有待进一步研究。然而，真菌侵染诱导了小麦 sRNA，特异性地调控着小麦的基因表达，包括一些免疫响应的生长素相关基因（Ma et al.，2019）。这个结果加深了我们对小麦与小麦叶枯病菌互作的了解，也拓展了我们对跨界 RNAi 调控的认识。跨界 RNAi 可能并不是存在于所有的植物与病原菌互作过程中，或者说 mRNA 剪切不是跨界 RNAi 作用的唯一方式。

（二）来源于卵菌的 sRNA 进入寄主细胞

通过多种组学分析预测发现卵菌葡萄霜霉（*Plasmopara viticola*）与寄主葡萄（*Vitis vinifera*）互作过程中，也存在双向的非编码 RNA 的作用：一方面，葡萄霜霉产生的 sRNA 能引起葡萄基因的剪切，有利于葡萄霜霉的有效侵染；另一方面，葡萄产生的 sRNA 也能靶向卵菌的 mRNA，降低侵染给植物带来的影响（Brilli et al.，2018）。

2020 年，研究人员从活体营养型卵菌 *Hyaloperonospora arabidopsidis*（Hpa）中鉴定到一些卵菌的跨界调控 sRNA，能够利用寄主植物的 AGO/RISC 靶向寄主的免疫相关基因，从而促进侵染。在 Hpa 与拟南芥互作过程中，对结合于拟南芥 AGO1 的 sRNA 进行测序发现，至少有 34 个 HpasRNA 能够进入寄主的 RNAi 系统，可能靶向并沉默寄主的基因。其中两个 sRNA（HpasRNA2 和 HpasRNA90），在拟南芥中预测的靶基因分别是 *AtWNK2*（with no lysine kinase 2）和 *AtAED3*（apoplastic, enhanced disease susceptibility1-dependent 3），在侵染过程中这两个靶基因的表达下调。一个原位沉默报告系统 Csy4/GUS 被用于验证 HpasRNA 是否在侵染时进入拟南芥细胞从而诱导植物的基因沉默（图 7-4）。实验发现拟南芥的 *atago1* 突变体对霜霉的抗性增强，表明转移到寄主中的 HpasRNA 可能通过 AtAGO1 来抑制植物中的靶基因（Dunker et al.，2020）。

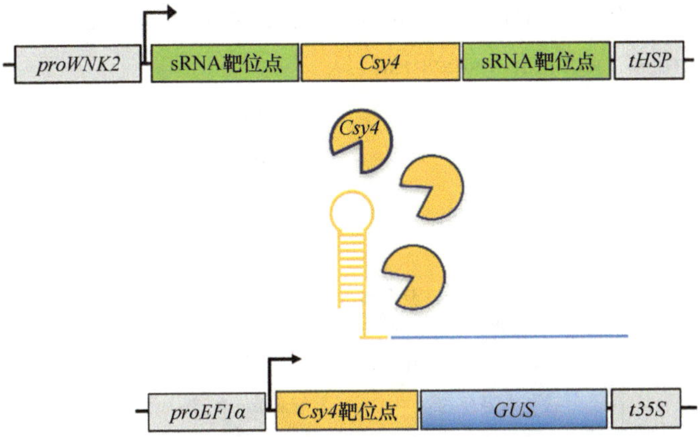

图 7-4 原位沉默报告系统示意图（Dunker et al.，2020）

此系统基于 CRISPR 内切酶 Csy4 能特异性地结合并剪切一小段 RNA 基序（Haurwitz et al.，2010），因此将此基序（Csy4 靶位点）与 GUS 报告基因融合可以指示 Csy4 的降解，从而验证 HpasRNA 是否抑制靶基因表达

（三）来源于细菌的 sRNA 进入寄主细胞

不仅自身含有 RNAi 通路相关元件的病原真菌能分泌 sRNA 进入寄主植物，某些原核的病原微生物也能参与跨界 RNAi 的过程。根瘤菌的侵染和大豆根瘤的形成需要细菌和寄主编码的信号分子的识别，研究发现共生根瘤菌自身转运 RNA（tRNA）来源的 18～24nt 的 sRNA 片段（tRF）能作为信号分子调控寄主结瘤。其中 3 个 tRF 家族被证实能进入寄主植物大豆的细胞中，与 AGO1 结合调控大豆固氮基因的表达（Ren et al.，2019）。

三、昆虫来源的 sRNA 进入寄主细胞

烟粉虱（*Bemisia tabaci*）是一种韧皮部取食的害虫，威胁着很多寄主植物包括一些重要经济农作物如番茄的生长，这类昆虫还能够作为中间载体传播具有毁灭性的植物病毒。我们知道烟粉虱可能通过唾液中的效应蛋白操纵寄主的防卫反应。除了效应蛋白，sRNA 也能从烟粉虱传递到寄主番茄的韧皮部（van Kleeff et al.，2016）。研究人员从番茄的韧皮部中鉴定到来自烟粉虱的 sRNA，通过测序和 RT-PCR 验证，3 个烟粉虱 sRNA 被证实存在于烟粉虱侵染的小叶和韧皮部样品中，也暗示了这些 sRNA 可能是可移动的，但是它们在寄主植物-昆虫互作中的功能还需要进一步探究（van Kleeff et al.，2016）。

四、寄生植物来源的 sRNA 进入寄主细胞

菟丝子（*Cuscuta* sp.）与寄主植物之间存在水平基因转移（Zhang et al.，2014；Yang et al.，2016；Vogel et al.，2018）。除了 RNA、蛋白质等大分子，sRNA 也可以从菟丝子转移到寄主植物细胞并发挥作用（Roney et al.，2007；Kim et al.，2014；Johnson and Axtell，2019）（图 7-5）。寄生植物菟丝子和寄主植物之间的物质交流也称为跨种转运（cross-species translocation）。

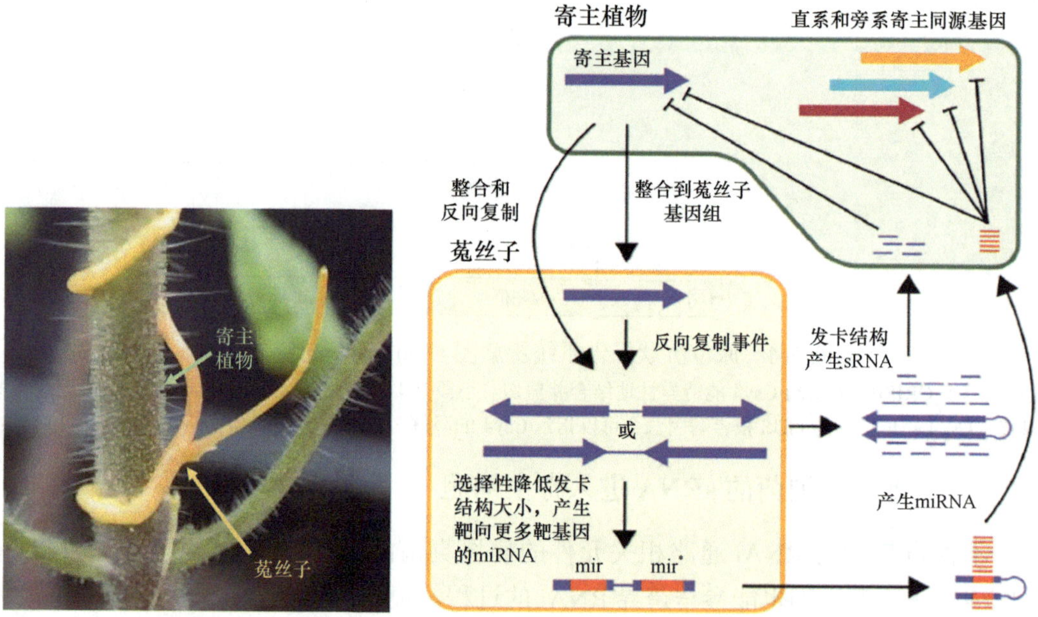

图 7-5　菟丝子跨种 miRNA 靶向寄主基因的推测模型（Kim et al.，2014；Johnson and Axtell，2019）

左图展示了菟丝子寄生于寄主植物，右图为菟丝子跨种 miRNA 的起源推测

在菟丝子与寄主植物互作的界面，菟丝子的 miRNA 被诱导，并在吸器中积累。其中一些 miRNA 进入寄主植物细胞，沉默包括抗性相关途径、维管系统功能及激素信号通路的寄主植物基因，促进菟丝子的生长，但是否能增强寄生的活力和成功率目前还没有直接证据（Shahid et al.，2018）。这些跨界的 miRNA 大多为 22nt，植物中 22nt miRNA 通常能通过产生次级 sRNA 放大 RNA 沉默效应。拟南芥的一些 mRNA 能被寄生的菟丝子的 22nt miRNA 靶向，导致 mRNA 的剪切、次级 phasiRNA 的产生及 mRNA 积累量的下降。次级 sRNA 的积累需要寄主植物的 DCL4 和 RDR6，因此也说明菟丝子 miRNA 确实在寄主植物细胞中发挥作用（Shahid et al.，2018）。

菟丝子跨种 miRNA 的发现使得人们对其起源产生了浓厚的兴趣。关于 miRNA 进化的理论，其中一种被公认的机制是通过编码蛋白基因的复制和分化从而产生新的 miRNA 基因（Allen et al.，2004）。核基因从寄主到寄生植物的水平基因转移事件在菟丝子及其他一些寄生植物上是很常见的（Zhang et al.，2013，2014；Yang et al.，

2016；Vogel et al.，2018），因此推测产生新的跨种 miRNA 家族的一种可能性就是水平转移获得的寄主基因随时间选择变成 miRNA 的产生位点（图 7-5）。来自寄主的 DNA 与寄主的 mRNA 是互补的，这就为寄生植物提供了一个对抗寄主 sRNA 的位点。随着时间的推移，有益于寄生的位点会被选择并最终成为经典的 miRNA 产生位点。通过对已有的菟丝子属的基因组测序数据的精细组装及注释，有助于验证这种假说的正确性（Johnson and Axtell，2019）。

五、sRNA 在植物与病原菌互作中跨界运输的模式

植物和病原菌之间的交流需要调控分子跨越细胞边界运输，这对于寄主植物防御和病原菌发挥毒性都是必需的。除了蛋白质的运输，上文也介绍了近年跨界 RNAi 的研究发现，即 sRNA 也可以在植物和病原菌之间传递，能在互作的物种中沉默靶基因从而调控寄主的免疫和病原菌的侵染。我们知道，蛋白质和代谢物，如来自病原菌和害虫的效应子和毒性因子（Cui et al.，2015；Stuart，2015），或者来自寄主的抗菌肽和代谢物（Lehrer and Ganz，1999；Hegedus and Marx，2013），它们或从病原菌和害虫到寄主植物，或从寄主植物到病原菌和害虫，操控着互作生物中的细胞学过程。目前的研究表明，RNA 分子尤其是具有调控功能的 sRNA，在寄主植物和病原菌之间传递并沉默互作物种中的靶基因（Knip et al.，2014）。胞外囊泡能在寄主植物和病原菌之间运输重要的调控分子，包括蛋白质、RNA 和代谢物等。而 sRNA 也被发现存在于细胞分泌的胞外囊泡中并能进入互作的物种中，在调控寄主植物-病原菌的互作过程中发挥重要的功能（Buck et al.，2014；Cai et al.，2018a）。胞外囊泡介导的 sRNA 运输是跨界 RNAi 的关键一步，进一步的研究表明植物胞外囊泡对于 sRNA 的运输和植物-病原菌之间的交流是必需的（Cai et al.，2019）。

（一）植物与病原菌互作过程中的外泌和内吞

外泌和内吞是植物发育、平衡和与环境互作过程中的基本反应。植物抵抗病原微生物以及病原微生物入侵寄主细胞的过程中都包含了通过膜进行物质双向运输的过程。例如，植物的受体和防御相关物质，以及病原微生物的激发了和效应子，在植物与病原微生物互作的界面传递和交流（Huckelhoven，2007）。在植物与微生物互作的位点，有大量不同的膜囊泡的聚集。囊泡分泌和内吞途径是植物抵御病原菌入侵的主动手段，在植物免疫系统中发挥着重要的作用。相反，入侵的病原菌也进化出各种方式，利用这些运输途径来抑制植物抗性以利于自身的增殖（Frei dit Frey and Robatzek，2009）。

寄主分泌途径分为传统途径和非传统途径。传统的分泌途径通过内质网-高尔基体分泌系统将蛋白分泌到细胞外（图 7-6）。植物中还存在不经过高尔基体的非传统途径，由 3 种特定的细胞器介导外泌途径：多囊泡体（multi-vesicular body，MVB），中央液泡（central vacuole），植物特定的主动外泌体（exocyst-positive organelle，EXPO）（图 7-6）（Cai et al.，2019）。

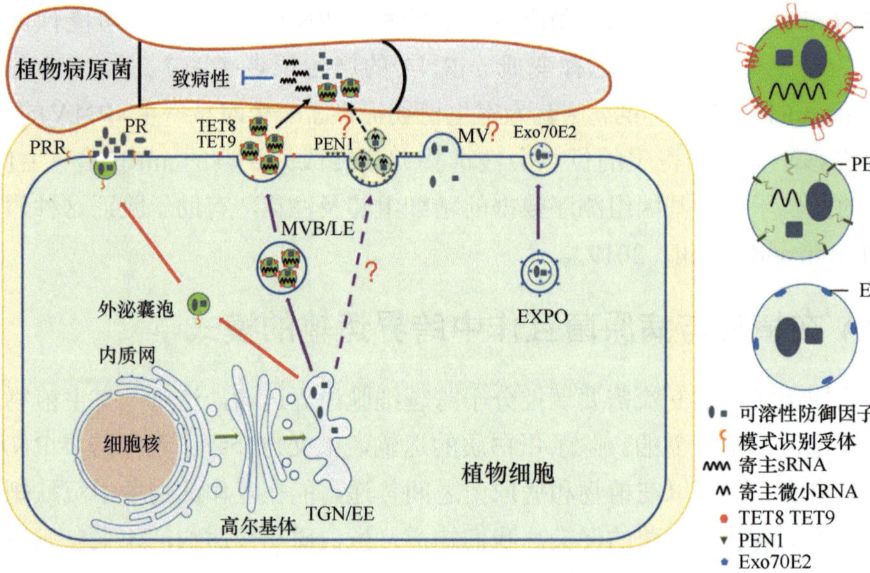

图 7-6　寄主植物与病原菌互作过程中的分泌途径示意图（Cai et al.，2019）

传统的分泌途径通常是将抗菌分子如 PR 蛋白等分泌到胞外空间以及将免疫受体蛋白 PRR 运输到质膜。在非传统的分泌途径中，一类是多囊泡体（MVB）释放 TET8/9 相关外泌体到胞外空间，外泌体中包含抗性相关蛋白及寄主来源的 sRNA，这些抗性分子进入病原菌中抑制其毒性；一类是 10～17nt 的短 sRNA 通过 PEN1 相关的囊泡分泌，但其具体的机制和功能未知；还有一类是 EXPO 产生的单层膜结合的囊泡，可能在辅助抗性分子在病原菌入侵时的再定位中发挥作用

胞吞为膜蛋白、脂质及胞外分子包括 RNA 和蛋白进入细胞提供了一种主要的路径和入口。目前的证据表明大量的细胞学过程需要胞吞，包括营养吸收、信号转导及植物与病原微生物的互作。同时，显微技术的进步及生化和遗传学方法的发展，为我们提供了很好的条件来研究植物中的胞吞机制和功能。在植物和真菌中，两种主要的内吞途径也已经被鉴定：网格蛋白介导的内吞（clathrin-mediated endocytosis，CME）和不依赖网格蛋白的内吞（clathrin-independent endocytosis，CIE）（Fan et al.，2015）。CME 是胞外材料被打包进网格蛋白包裹的来自质膜的囊泡，并被吸收进细胞的主要路径，然后进入反式高尔基体网络（*trans*-Golgi network，TGN）进行下游的物质运输过程（Fan et al.，2015）。植物的 CIE 途径有两个微膜结构域标记蛋白（Steinberg，2014；Fan et al.，2015），即 Flotillin 和 Remorin，研究发现它们参与了 CIE 途径，将物质从质膜运输到反式高尔基体网络（Fan et al.，2015）。在番茄中，Rem1.3 在致病疫霉吸器中积累，并与病原菌 RXLR（R 代表精氨酸，X 代表任意氨基酸，L 代表亮氨酸）效应子 AVRblb2 共定位，从而促进了其对致病疫霉的感病性（Bozkurt et al.，2014）。卵菌效应子的 RXLR 基序能在寄主细胞的质膜上结合磷脂酰肌醇-3-磷酸（phosphatidylinositol-3-phosphate，PI-3-P），并可能通过脂筏介导的内吞而影响效应子的吸收（Kale et al.，2010）。这些结果都说明寄主的内吞能被病原菌利用来传递它们的毒性效应子。然而，这些内吞进来的效应子如何逃避寄主的内吞体从而免于被降解，仍然还没有确定的答案。植物中内吞途径还存在多种调控过程，主要调节因子有以下

5 种：细胞骨架蛋白、泛素化、小 G 蛋白、环境因素、激素信号（Fan et al.，2015）。

秀丽隐杆线虫（*Caenorhabditis elegans*）及一些昆虫能够从环境中吸收 RNA，导致靶基因的沉默，这种现象又称为环境 RNAi（Whangbo and Hunter，2008）。环境 RNAi 近期才在病原真菌中被发现（Wang et al.，2016a；Cai et al.，2018b）。例如，灰葡萄孢和禾谷镰刀菌能有效地从环境中吸收双链 sRNA 和长的 dsRNA（Koch et al.，2016；Wang et al.，2016a）。然而，关于环境 RNA 被病原真菌吸收的机制还很不清楚。对秀丽隐杆线虫的研究揭示出环境 dsRNA 可能是通过内吞途径吸收，参与这一过程的关键组分有 SID-1、SID-2、SID-3 和 SID-5（Jose，2015）。另外，在赤拟谷盗（*Tribolium castaneum*）中抑制网格蛋白依赖的内吞途径中这 4 个关键基因，显著地破坏了赤拟谷盗细胞对 dsRNA 的吸收（Xiao et al.，2015）。内吞抑制剂巴佛洛霉素 A1（bafilomycin A1）抑制内吞体成熟所需的液泡型 H^+-ATPase，利用巴佛洛霉素 A1 阻断内吞影响了果蝇 S2 细胞对 dsRNA 的吸收，说明 dsRNA 片段是通过受体介导的内吞进入动物细胞（Ulvila et al.，2006）。外源裸露的 mRNA 也可能通过脂筏和质膜微囊介导的内吞途径被各种哺乳动物细胞广泛吸收（Lorenz et al.，2011）。这些研究都说明内吞是一种基本的细胞学过程，不仅可以从环境中捕获细胞外的脂质和蛋白，也能捕获胞外的 RNA（Murphy et al.，2005）。图 7-7 展示了目前已知的 sRNA 通过胞外囊泡分泌和吸收的途径。通过分析内吞突变体和相关的调控途径的突变体来进一步探究这些可移动的 RNA 是否依赖 CME 和 CIE 而能被植物和真菌细胞内化吸收是很有必要的（Cai et al.，2019）。

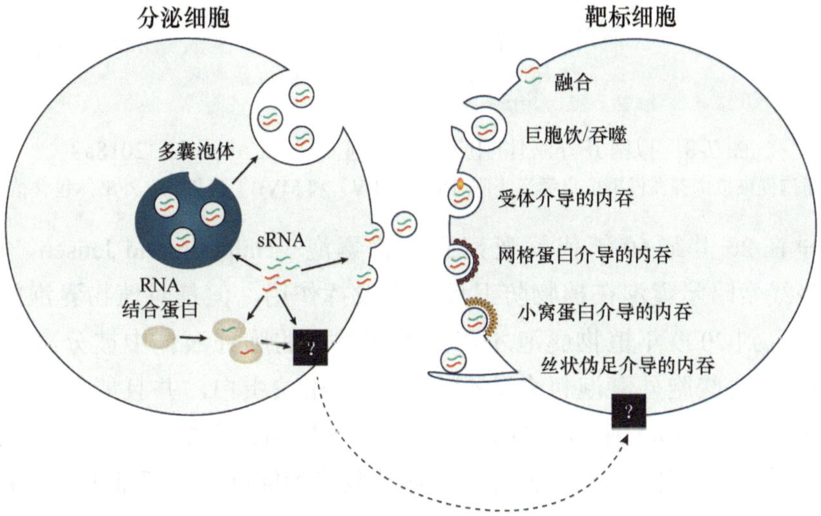

图 7-7　通过胞外囊泡释放和吸收 RNA 的机制示意图（Ressel et al.，2019）

包含 RNA 的胞外囊泡能够通过从质膜直接出芽的方式或者通过涉及多囊泡体的胞内途径释放。靶标细胞的吸收机制包括与质膜的融合、吞噬或巨胞饮、受体介导的内吞、网格蛋白介导的内吞、小窝蛋白介导的内吞以及丝状伪足介导的内吞。sRNA 分泌不依赖胞外囊泡而是由 RNA 结合蛋白介导的 sRNA 分泌及吸收途径，仍然没有被阐述清楚（黑色盒子指示）

（二）寄主植物胞外囊泡中的 sRNA

几乎所有类型的细胞都能分泌胞外囊泡，如在质膜位置从外面出芽形成的微囊泡，或者从 MVB 的管腔内囊泡形成外泌体等（van Niel et al.，2018）。胞外囊泡能作为运输工具传递有调控功能的组分（如核酸、脂质和蛋白）到其他细胞或者互作的物种中，这对于细胞与细胞之间的交流以及寄主植物与微生物的互作都是必需的（Colombo et al.，2014；van Niel et al.，2018）。受到细菌和真菌攻击后，在植物中均能观察到 MVB 的合成增多（Wang et al.，2014），以及侵染位点囊泡的聚集（An et al.，2006；Cai et al.，2018a）（图 7-8）。MVB 介导的分泌途径在响应病原微生物入侵时发挥了重要的作用，MVB 从液泡膜到质膜的重定位导致了囊泡响应病原菌的攻击而外泌（外泌体）。

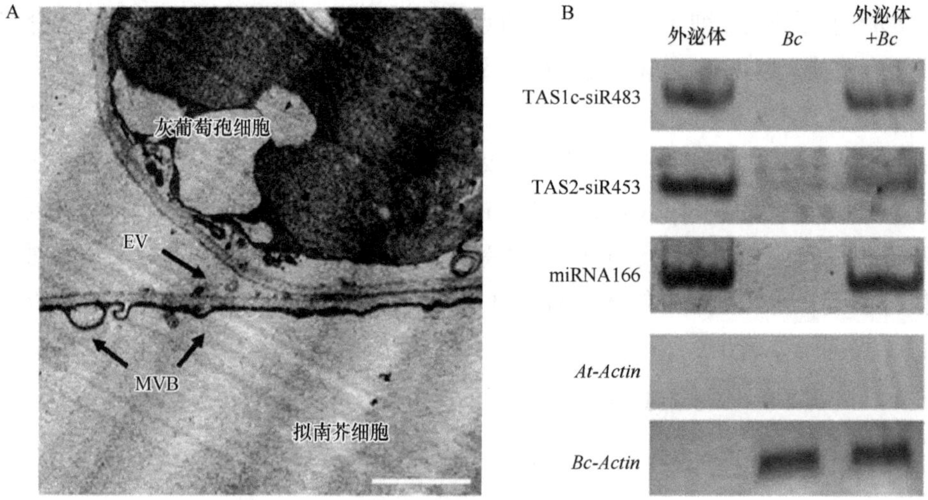

图 7-8　拟南芥外泌体响应灰葡萄孢入侵（Cai et al.，2018a）

A. 灰葡萄孢侵染拟南芥在侵染位点囊泡［胞外囊泡（EV）和 MVB］聚集；B. 外泌体包含植物 sRNA

尽管早在 20 世纪 60 年代就观察到植物囊泡（Halperin and Jensen，1967），并且已有一些线索暗示囊泡在植物防卫反应中发挥作用，但是对植物囊泡的认识还是相对较少，直到 2009 年植物囊泡才在太阳花种子的胞外液体中被分离到（Regente et al.，2009）。这些胞外囊泡包含防御和细胞壁相关蛋白，并且能在体外被核盘菌（*Sclerotinia sclerotiorum*）吸收，导致真菌生长受抑制、表型改变、细胞死亡，这是植物中囊泡介导的细胞间交流的例证，说明植物囊泡能够与真菌细胞互作并杀死真菌细胞（Mulcahy et al.，2014）。

越来越多的证据表明 sRNA 跨越细胞边界在寄主与互作生物之间移动并能诱导基因沉默（Buck et al.，2014；Cai et al.，2018a，2018b；Dunker et al.，2020）。例如，以上描述的植物内源 sRNA 能够进入真菌细胞中沉默真菌毒性基因（Zhang et al.，2016a；Cai et al.，2018a；Hou et al.，2019）。植物胞外囊泡，尤其是外泌体，在运输寄主内源 sRNA 到真菌细胞中扮演着重要的角色（Cai et al.，2018a）。在植物与病原菌“军备竞赛”的共进化过程中，植物采用了将胞外囊泡作为传递 sRNA 到真菌细胞的主要方式。拟南芥胞外囊泡包含各种各样的 sRNA，除了特异的 miRNA 和 siRNA，还有一类以前被忽略的 10～17nt 的微小 RNA，其在胞外囊泡中的丰度也很高。这类未知功能的 RNA，在基因组上的来源各异，可能对应于各种降解产物（Baldrich et al.，2019）。目前，尚不清楚这些微小 RNA 是否有功能，或者它们是否也能在植物免疫反应或跨界调控中起作用。

大部分的细胞能释放外泌体到胞外环境中，参与细胞与细胞之间的交流。外泌体包括特异的 mRNA、miRNA 及一些其他的非编码 RNA，它们能被转移到受体细胞中发挥功能。然而，控制特异的 RNA 种类进入外泌体及 sRNA 选择性地运载到胞外囊泡中的机制还不是特别清楚。对动物神经元的研究发现，异质核核糖核蛋白 A2B1（hnRNPA2B1）通过识别 miRNA 的一些序列基序，特异性地结合外泌体中的 miRNA，从而控制这些 miRNA 载入外泌体中。外泌体中 hnRNPA2B1 的类泛素蛋白修饰（SUMO）控制着其与 miRNA 的结合。hnRNPA2B1 是将 miRNA 分类载入外泌体的关键因子，为打包一些有调控作用的 RNA 进入外泌体并发挥它们在生物医学中的应用提供了潜在的工具（Villarroya-Beltri et al.，2013）（图 7-9）。研究人员鉴定到拟南芥的一些 RNA 结合蛋白，包括 AGO1、RNA 解旋酶（RH）和膜联蛋白 ANN（annexin）由外泌体状的胞外囊泡分泌。AGO1、RH11 和 RH37 选择性地结合富集在胞外囊泡的 sRNA，而不是非胞外囊泡相关的 sRNA，说明这些蛋白参与了选择性地运载 sRNA 到胞外囊泡的过程。相反，ANN1 和 ANN2 结合 sRNA 则是非特异性的。*ago1*、*rh11rh37* 和 *ann1ann2* 突变体都显示出胞外囊泡中 sRNA 分泌的减少，说

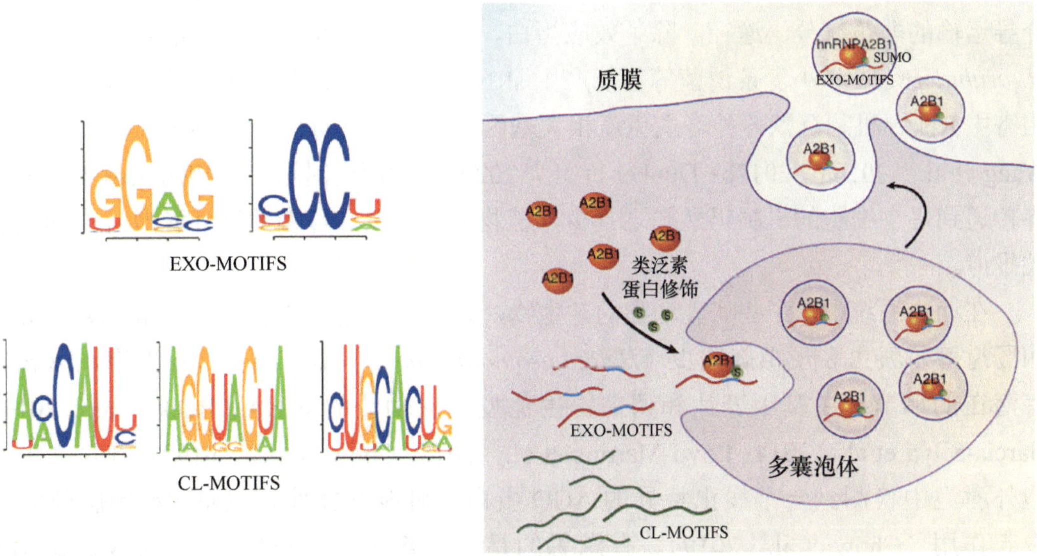

图 7-9 神经元 hnRNPA2B1 结合含 EXO-MOTIFS 的 miRNA 进入外泌体示意图
[修改自 Villarroya-Beltri 等（2013）]
左图：外泌体 miRNA 大多存在 EXO-MOTIFS，而胞质中 miRNA 多存在 CL-MOTIFS。
右图：类泛素蛋白修饰（SUMO）的 hnRNPA2B1 结合包含 EXO-MOTIFS 的 miRNA 进入外泌体

明这些 RNA 结合蛋白在 sRNA 运载和胞外囊泡的稳定性中发挥了重要的作用，而且 *rh11rh37* 和 *ann1ann2* 显示出对灰葡萄孢的感病性增强，说明 RH11、RH37、ANN1 和 ANN2 正向调控植物抵御灰葡萄孢的免疫过程（He et al.，2021）。

（三）病原真菌胞外囊泡中的 sRNA

胞外囊泡在真菌的生物学过程中同样发挥着重要的作用，它们传递和运输一些分子穿越细胞壁。病原真菌也能分泌运载 RNA 的胞外囊泡。2007 年，真菌释放胞外囊泡首次在类似酵母的病原菌——新型隐球菌（*Cryptococcus neoformans*）中被报道（Rodrigues et al.，2007）。真菌的囊泡包含复杂的大分子混合物、蛋白质、RNA、脂质和多糖。囊泡中的 RNA 主要由一些短于 250nt 的 RNA 组成，而且通常比对上基因间隔区和内含子区域或者 mRNA 的特定位置。研究鉴定到 114 个非编码 RNA，其中 6 个小的核仁 RNA、2 个小的核 RNA、2 个核糖体 RNA 和 1 个转运 RNA，以及 20 条与 miRNA 具有一致特征的序列。同时也发现一些在囊泡介导的运输和代谢途径中起作用的具有完整转录物的 mRNA。这是第一次在真菌中鉴定到囊泡中 RNA 分子的存在，说明胞外囊泡介导的 RNA 运输可能是一种真菌-寄主细胞交流的通用策略（Peres da Silva et al.，2015）。

大部分病原细菌利用Ⅲ型分泌系统传递效应蛋白到寄主细胞中。然而真核病原菌中没有发现类似的机制。在病原真菌和病原卵菌中，具有信号肽的效应蛋白大多从传统的内质网-高尔基体的途径分泌（Lo Presti and Kahmann，2017）。一些稻瘟病菌和致病疫霉分泌的细胞质效应子缺少必要的信号肽而通过传统途径分泌（Giraldo et al.，2013；Wang et al.，2017c），说明同样存在不通过高尔基体的途径或者胞外囊泡介导运输的非传统分泌途径。除了效应蛋白，病原真菌灰葡萄孢、大丽轮枝菌、卵菌 *H. arabidopsidis* 和小麦条锈菌等都能产生 sRNA 效应子，跨界传递到植物细胞中，利用寄主 RNAi 机制沉默各种寄主免疫相关基因从而增强其毒性（Weiberg et al.，2013；Wang et al.，2016a，2017b；Dunker et al.，2020）。然而，对这些植物病原菌 sRNA 跨界传递到寄主细胞的机制仍然知之甚少，植物病原真菌和卵菌的胞外囊泡目前尚无相关报道。

在动物系统中，一些哺乳动物的共生物，如寄生虫克氏锥虫（*Trypanosoma cruzi*）和肠道寄生线虫多形螺旋线虫（*Heligmosomoides polygyrus*）产生胞外囊泡，运载具有潜在的调节寄主基因表达和调控寄主免疫反应功能的 sRNA（Buck et al.，2014；Garcia-Silva et al.，2014；Lovo-Martins et al.，2018；Chow et al.，2019）。在寄生虫的胞外囊泡中检测到一个线虫特异的 AGO 蛋白，可能选择性打包 sRNA 到胞外囊泡中起作用（Chow et al.，2019）。有意思的是，尽管合轴马拉色菌（*Malassezia sympodialis*）的基因组并不编码 RNAi 的组分（如 Dicer、Ago 等），但在分离自合轴马拉色菌的胞外囊泡中却检测到 sRNA（Rayner et al.，2017）。虽然植物病原真菌和卵菌的胞外囊泡目前并没有被报道，但可以合理地猜想植物病原菌也能利用胞外囊泡作为一种传递途径来分泌和运输分子，包括 RNA，帮助攻击寄主细胞。

网格蛋白介导的内吞参与了核盘菌吸收外源 dsRNA 的过程（Wytinck et al.，2020）。除了吸收裸露的 RNA，病原真菌也能有效地吸收植物的胞外囊泡（Regente et al.，2017；Cai et al.，2018a）。在哺乳动物系统中，外泌体已经被发现能被细胞内化，通过吞噬（phagocytosis）、巨胞饮（macropinocytosis）、网格蛋白（clathrin）或小窝蛋白（caveolin）介导的内吞，或者在目标细胞的质膜上直接融合，从而传递蛋白、mRNA 和 miRNA（Mulcahy et al.，2014）。在植物或者真菌细胞中尚未发现吞噬作用和小窝蛋白，因此胞外囊泡被植物和真菌细胞吸收很可能是通过网格蛋白介导的内吞和直接融合的模式。

（四）囊泡在跨界 RNAi 领域的应用前景

外泌体是哺乳动物细胞释放出的自然存在于所有体液中的胞外囊泡。外泌体已经成为新型的药物和基因传递工具。目前，外泌体作为递送工具研究的关注点多集中在外泌体运送一些包括治疗性重组蛋白的药物到各种目标组织中。外泌体也是一种用来传递 miRNA 和 siRNA 的很有应用前景的囊泡，sRNA 通常会由于被快速降解而遭到破坏，而目前存在的传递策略在组织特异性方面效率很低（Shahabipour et al.，2017）。2017 年，研究人员发现感染 EV71 的细胞分泌出的外泌体选择性地包裹高水平的 miR-146a，能够转移并通过抑制 I 型干扰素反应从而辅助外泌 EV71 RNA 在受体细胞中的复制（Fu et al.，2017）。哺乳动物中胞外囊泡由于其在细胞与细胞交流中的重要作用及潜在的临床应用价值，吸引了很多人的兴趣。在过去的十年间，关于胞外囊泡及它们运输的 RNA 已经有了很多研究，但是关于囊泡生物学仍然还有很多问题需要回答。例如，不同的囊泡及其来源细胞在成分上的本质区别导致对物质的选择性运载；将囊泡吸收到受体细胞的机制及所运输物质的最终去向等，因此进一步揭示这些胞外囊泡的合成、运输、物质的传递及功能，对于在临床上的成功应用是必需的（O’Brien et al.，2020）（图 7-10）。

过去的几年间，我们对植物免疫和病原菌致病过程中膜运输事件的认识逐渐加深。寄主分泌途径对植物免疫的贡献是通过传递抗性蛋白和 RNA 到病原菌来阻止病原入侵而实现的，病原菌分泌途径对其毒性的贡献是传递蛋白和 RNA 效应子到寄主细胞。内吞可能不仅在胞外环境 RNA 的吸收中起作用，也能在吸收其他细胞分泌的胞外囊泡中起作用。因此，理解寄主植物–病原菌互作时的免疫过程中各种不同类型的跨膜途径所扮演的角色是非常必要的。跨界 RNAi 和 sRNA 的运输是一个“年轻”的领域，围绕寄主和互作病原菌的许多问题还未得到答案。目前，正在发展含有 RNA 的人工囊泡及纳米颗粒作为 RNA 杀菌剂和抗真菌药物。因此，更好地理解跨界交流将对作物保护和人类健康有着深远的影响（Cai et al.，2019）。

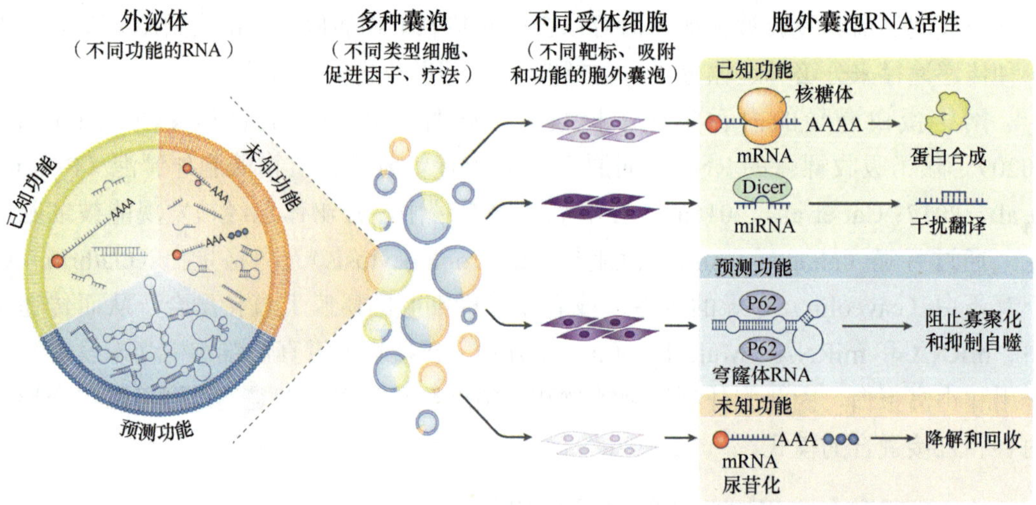

图 7-10 胞外囊泡的功能性细胞通讯示意图［修改自 O'Brien 等（2020）］

胞外囊泡是一种高度异源的群体，其装载各种不同类型、不同数量的 RNA。这些 RNA 可以分为已知功能的如一些 mRNA、miRNA 和 siRNA（绿色区域），可预测功能的如一些 tRNA、snRNA 及小核仁 RNA（snoRNA）（蓝色区域），以及未知功能的如一些碎片化的被降解的 RNA（橙色区域）。细胞类型、促进因子和疗法的不同也影响囊泡中 RNA 的种类和数量。这些 RNA 在受体细胞中的功能部分地依赖于这些细胞的特性，如识别和吸收特异囊泡的能力

第二节　病原菌编码的沉默抑制子

病原菌依靠大量的效应子来对抗寄主的免疫。越来越多的证据表明寄主的 RNA 沉默途径是病毒、细菌及卵菌效应子共同的靶标。对病毒沉默抑制子的鉴定显示 VSR 能通过不同的作用机制靶向不同的 RNA 沉默组分（参考第四章）（Pumplin and Voinnet，2013）。目前 RNA 沉默抑制子在细菌、卵菌和真菌中也都被鉴定出来。

一、细菌编码的沉默抑制子

2008 年，Navarro 等鉴定到一些丁香假单胞菌Ⅲ型分泌系统的效应子能抑制寄主的 RNA 沉默，使寄主感病性增强。细菌的Ⅲ型分泌系统是将细菌效应子传递到寄主植物细胞中所必需的。研究发现，细菌的Ⅲ型分泌系统缺陷突变体 Pto DC3000 *hrC*⁻ 能够引起植物 PTI 反应，在感染野生型 Col-0 和 La-er 叶片后不能很好地增殖，然而，在感染 miRNA 缺陷突变体 *dcl1-9* 和 *hen1-1* 时，却能增强其自身的生长增殖。表明拟南芥 miRNA 缺陷突变体能够部分地恢复Ⅲ型分泌系统缺陷的丁香假单胞菌的生长，暗示了 miRNA 作为植物基础抗性的关键组分。也据此推测，一些细菌效应子也进化出了抑制寄主植物 miRNA 途径来增强自身致病力的功能。进一步的实验表明，丁香假单胞菌（*Pseudomonas syringae*）的效应子 AvoPtoB 抑制 miRNA 基因的转录，导致 miR393 的初体低水平表达，而一些 miRNA 的初体并不受影响（图 7-11），所以 AvrPtoB 并不是一个普遍的 miRNA 途径的转录抑制子。AvrPtoB 可能抑制了植物抗性

反应中的一个特殊组分，而 miR393 基因的转录是这个抗性反应所必需的。另一个效应子 AvrPto，干扰了一些 miRNA 前体的加工，并且下调了成熟的 miR393 的表达水平。同时还发现，HopT1 能抑制 AGO 蛋白的功能。所以，正如病毒一样，细菌也进化出一系列效应子靶向 miRNA 途径的不同阶段，尤其是响应 PAMP 的 miRNA 的合成或转录激活、调控稳定性及活性等过程（Navarro et al.，2008）。

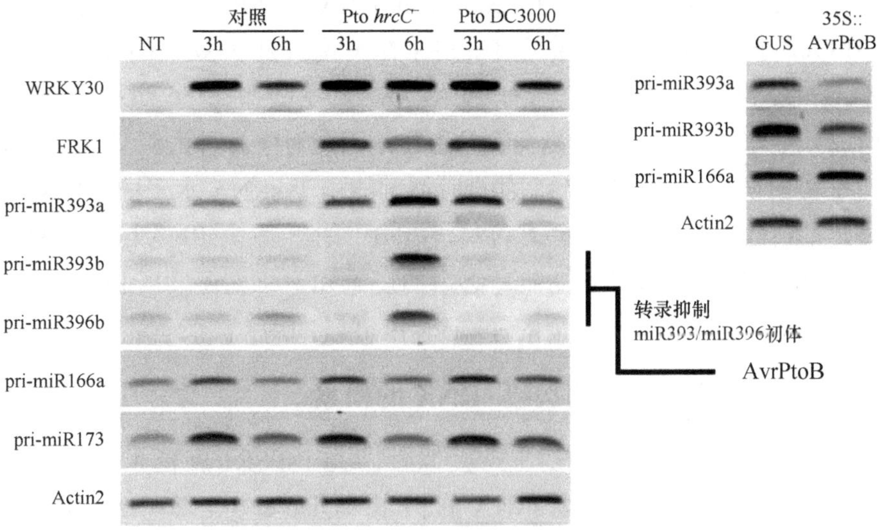

图 7-11　Pto DC3000 效应子（AvrPtoB）介导的特异 miRNA 初体转录抑制（Navarro et al.，2008）
半定量 RT-PCR 显示 miR393 和 miR396 初体的转录被 AvrPtoB 抑制，而对 PAMP 不敏感的 miR166 初体不受影响

二、卵菌编码的沉默抑制子

相对于病毒和细菌，植物与丝状真核病原菌（包括真菌和卵菌）之间具有更复杂的防御与反防御的相互作用，这一点从卵菌分泌组预测到的数百个效应蛋白就能看出，尤其是对植物具有毁灭性的病原菌——疫霉（Tyler et al.，2006；Jiang et al.，2008；Haas et al.，2009）。对疫霉效应子的研究基本聚焦在细胞质效应子，包括分泌信号肽和 N 端能被寄主靶向的结构域。RXLR（R 代表精氨酸，X 代表任意氨基酸，L 代表亮氨酸）和 CRN（crinkling and necrosis-induced protein）是两大类主要的细胞质效应子，被认为能够通过特化的侵染结构——吸器进入寄主细胞（Jiang and Tyler，2012）。大量的效应蛋白被认为直接操纵了寄主细胞内的生物学过程从而抑制其免疫反应。

从大豆疫霉（*Phytophthora sojae*）的 59 个 RXLR 效应子中筛选到两个能通过抑制植物 sRNA 的积累而抑制转基因沉默的蛋白 PsPSR1 和 PsPSR2，是首次在卵菌中鉴定到的沉默抑制子（Qiao et al.，2013）。在本氏烟草中过表达 PSR 增强了其对致病疫霉（*Phytophthora infestans*）的敏感性。表达一个病毒的沉默抑制子 P19 同样也导致烟草对致病疫霉更敏感，这说明这些效应子通过靶向寄主 RNA 沉默通路，抑制寄主 sRNA 介导的防卫反应来促进侵染。这一研究也建立了植物 sRNA 与抗疫霉侵染免疫反应之间的联系（Qiao et al.，2013）。

（一）PsPSR1 广泛地影响 sRNA 积累

在转 *PsPSR1* 基因的拟南芥中，研究发现 sRNA 的积累量大幅下降，即 PsPSR1 广泛地影响植物 sRNA 的积累，表明 PsPSR1 对 miRNA 和 siRNA 的合成均有影响（Qiao et al.，2013）。进一步的研究鉴定了 PsPSR1 在拟南芥和大豆中的互作蛋白 PINP1。PINP1 是一个保守的核蛋白，包含一个天冬氨酸-谷氨酸-丙氨酸-组氨酸盒的 RNA 解旋酶结构域，参与了 sRNA 加工复合物的组装，因此对于各种内源 sRNA 的积累都是必需的。重要的是，沉默 *PINP1* 基因的植物可能由于 sRNA 水平的下降对疫霉的侵染也是高感的（Qiao et al.，2015）。目前，PINP1 如何调节 sRNA 的加工复合物，以及 RNA 解旋酶的活性是否对其功能是必需的还未知。研究还发现 PSR1 的 WY 结构域是侵染和沉默抑制子活性所必需的（Zhang et al.，2019）。

（二）PsPSR2 特异地影响次级 sRNA 的积累

PsPSR1 和 PsPSR2 并不存在序列相似性。与 PsPSR1 广泛的抑制活性不同，PsPSR2 只在拟南芥中影响次级 sRNA 的积累（Qiao et al.，2013）。次级 sRNA 在 miRNA 靶向的转录物上产生，由于其增加了 sRNA 积累量并扩充了靶位点，因此能扩大对靶基因的沉默效应（Fei et al.，2013）。这种机制对调节大的基因家族的多个成员尤其有效。更重要的是，次级 sRNA 已经被发现在调节 *NBS-LRR* 基因上发挥了显著作用，而 *NBS-LRR* 编码典型的抗病蛋白（Zhai et al.，2011；Li et al.，2012；Manavella et al.，2012；Shivaprasad et al.，2012；Boccara et al.，2014；Fei et al.，2015；Zhao et al.，2015）。另一个能被次级 sRNA 调节的基因家族是 PPR 蛋白（Howell et al.，2007；Xia et al.，2013）。与 *NBS-LRR* 类似，*PPR* 基因也属于一个大的基因家族（在拟南芥中大约有 450 个基因，在大部分的植物中都有 400 个以上成员）。这些核编码的调节子蛋白能被靶向到线粒体和叶绿体并对这些细胞器的功能产生深远的影响（Barkan and Small，2014）。线粒体和叶绿体通过产生活性氧（ROS）和防御激素水杨酸（SA）与免疫紧密联系（Schwarzlander and Finkemeier，2013；Caplan et al.，2015）。例如，拟南芥 *PPR2* 突变体在细菌侵染之后很快提高了 ROS 的产量（Park et al.，2014）。有意思的是，*PPR2* 被 miR400 所调节，miR400 也能触发次级 sRNA 的产生（Xia et al.，2013；Park et al.，2014）。因此，次级 sRNA 能通过调节 *NBS-LRR* 和 *PPR* 基因来决定植物的抗性水平。

PsPSR2 基因沉默的大豆疫霉突变体对寄主大豆的致病性降低，说明 PsPSR2 在疫霉的毒性方面发挥了作用（Qiao et al.，2013）。同样，在大豆根部表达 *PsPSR2* 后其对大豆疫霉的侵染更敏感，并且表达了 *PsPSR2* 的转基因拟南芥也同样表现出对疫霉的高敏感性（Xiong et al.，2014）。对所有 4 种疫霉（*P. sojae*、*P. infestans*、*P.*

capsica 和 *P. ramorum*）中预测的 RXLR 蛋白的序列聚类分析显示，PsPSR2 属于一个 66 个 RXLR 效应子的亚家族。致病疫霉 *PiPSR2* 基因与 *PsPSR2* 同源，也能抑制 RNA 沉默并能促进烟草中疫霉的侵染（Xiong et al.，2014），暗示了它们可能操控了寄主植物中类似的靶标。

后续研究发现疫霉侵染拟南芥后导致一类次级 sRNA 的产生，这类 sRNA 在胞外囊泡中定位，不调控自身基因，可能通过跨界 RNAi 调控疫霉的基因，PsPSR2 能够通过与寄主植物的 DRB4 蛋白互作，特异性地抑制寄主中次级 sRNA 的合成，从而促进侵染（Hou et al.，2019）（图 7-12）。对 PSR2 的结构分析揭示出一个保守的调节子折叠结构对卵菌的毒性作用是必需的（He et al.，2019）。

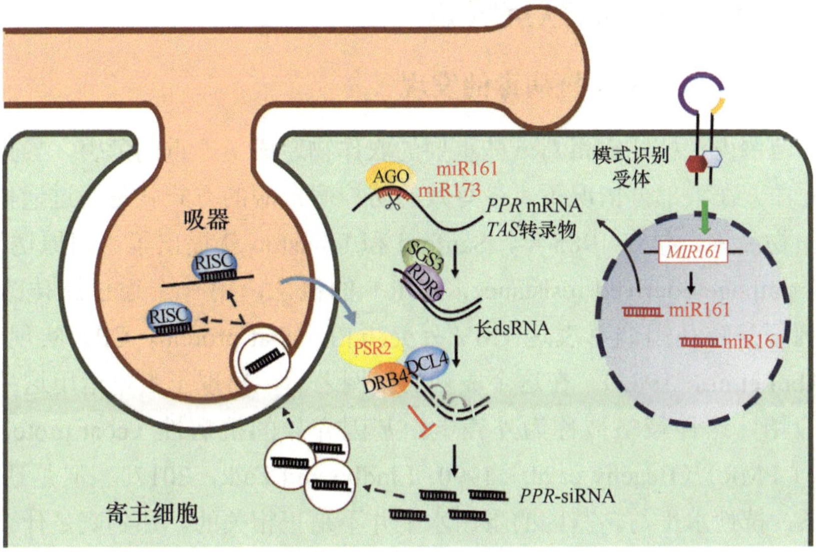

图 7-12 疫霉编码的效应子 PSR2 特异性地抑制次级 sRNA 的合成示意图（Hou et al.，2019）
真菌通过吸器向寄主植物细胞分泌 PSR2 效应蛋白，并与寄主植物的 DRB4 蛋白互作，特异性地抑制寄主由 DCL4 介导的次级 sRNA 的合成，从而促进真菌侵染

三、真菌中操纵 RNAi 的效应子

与卵菌类似，真菌也能产生大量的效应子（Lo Presti et al.，2015），植物 sRNA 在抗真菌的防卫反应中扮演了很重要的角色。因此，一些真菌效应子也拥有 RNA 沉默抑制子活性也就不足为奇了。但是直到 2019 年，才有第一个真菌沉默抑制子的报道，禾柄锈菌（*Puccinia graminis* f. sp. *tritici*，Pgt）编码的效应蛋白 PgtSR1 被鉴定出能在植物中抑制 RNA 沉默，并通过改变具有防御功能的 sRNA 的积累量来阻碍植物的防卫反应，这是丝状真菌 *P. graminis* 进化出真菌 RNA 沉默抑制子的第一个证据（Yin et al.，2019）。PgtSR1 由两个等位基因 *PgtSR1-a* 和 *PgtSR1-b* 编码，在植物中表达 *PgtSR1* 提高了植物对多种病原菌的感病性，部分地抑制了多种 R 蛋白引发的细胞坏死，表明 *PgtSR1* 能同时抑制基础抗性和效应子触发的免疫（Yin et al.，2019）。

到目前为止，真菌效应子的毒性功能及其分子机制很多还是未知的，因此鉴定更多真菌的 RNA 沉默抑制子及其寄主靶标，将进一步扩展和加深我们对真核生物致病性的理解，并为增强抗性从而抵御这些毁灭性的病害打下基础（Ye and Ma，2016）。

第三节　跨界 RNA 沉默的应用

在植物中靶向线虫、真菌、寄生植物中的毒性基因发夹结构的 RNAi 构建，所产生的 sRNA 可能进入病原细胞中引起基因沉默，这种沉默现象称为寄主诱导的基因沉默（host-induced gene silencing，HIGS）。本节将分别从抗病毒、抗虫、抗寄生生物及抗病原细菌、卵菌和真菌等方面介绍跨界 RNA 沉默在植物保护中的应用。

一、利用跨界 RNA 沉默抗病毒

（一）植物利用 RNAi 抗病毒的发现

在世界范围内，植物病毒对一些重要的农作物造成了严重的危害，导致产量下降甚至植株死亡。在大部分情况下，最有效的防控病毒病的方式就是通过遗传改造发展抗病毒的作物品种。早在 1985 年，Sanford 和 Johnston 就提出了“病原诱导的抗性”（parasite or pathogen derived resistance，PDR）的概念。第一个通过遗传改造获得病毒抗性的例子是转基因烟草表达 TMV 外壳蛋白（coat protein，CP）实现了对 TMV 的抗性（Abel et al.，1986）。在这个成功的案例之后，出现了大量运用这种策略抗各类病毒的应用，这种策略被称为外壳蛋白基因介导的抗病性（coat protein-mediated resistance，CPMR）（Beachy et al.，1990；Lindbo and Falk，2017）。但是研究发现大部分情况下，抗性水平与转基因的蛋白水平并不是正相关的。那到底是什么决定了抗性水平的高低呢？当将烟草蚀纹病毒（*Tobacco etch virus*，TEV）外壳蛋白的 mRNA 转化到烟草中，同时转化不能翻译的 TEV 外壳蛋白作为阴性对照，结果发现：引入了终止密码子而不能翻译的外壳蛋白的转基因烟草，在感染 TEV 后表现出极端的抗性或免疫。研究发现这些不能翻译的核酸被细胞质中的蛋白识别从而特异性地被降解，而入侵的 TEV 基因组 RNA 包含相同的核酸序列，也能够被识别。也就是说，使植物获得对 TEV 抗性的是转化的病毒核酸片段而不是蛋白（Lindbo and Dougherty，1992a，1992b；Lindbo et al.，1993）。随后，RNA 沉默（RNAi）被首次运用于抗李痘病毒（*Plum pox virus*，PPV）的转基因植物研究中，相关成果作为封面文章见诸报道（Guo and García，1997）（图 7-13）。

RNAi 的机制实际上也是在植物抗病毒研究过程中被逐步揭示的。大部分病毒因其本身在寄主植物细胞质中复制，其转录物在 RDR6 的作用下能够形成 dsRNA 中间体，作为 DCL 的底物被剪切成 sRNA，从而靶向病毒自身，实现寄主植物的抗性。尽管转化单链也能诱导对病毒的抗性，但是 RNAi 途径和机制被逐步阐明以后，表达 dsRNA 来获得抗病毒的优势更加明显。例如，转小麦条纹花叶病毒（*Wheat streak mosaic virus*，WSMV）的 *Nib* 基因或者外壳基因能使小麦产生抗性（Sivamani et al.，

图 7-13 RNA 沉默介导的抗病毒侵染研究［修改自 Guo 和 García（1997）］

A. 野生型植株感染了 PPV 的表型（左图）：感染 PPV 的植株下部叶片出现黄化病症，并妨碍了上部叶片的正常生长；转基因植株感染了 PPV 的表型（中图）：下部叶片出现病症，上部叶片恢复健康表型；右图：野生型植株对照。B. RNA 杂交表明：感染前转基因正常表达，感染后转基因发生 RNA 沉默，并抑制病毒的积累

2000，2002），但是这种抗性不持久，转基因第一代有很强的抗性，第二代、第三代就失去了这种抗性。然而，用发夹结构的 RNA 靶向 WSMV 的外壳蛋白基因就能更有效地诱导稳定的抗性，甚至到第五代依然有效（Cruz et al.，2014）。因此，特异性地针对病毒转录物设计正反向插入形式的转录片段或者发夹结构的 RNA，以形成 dsRNA，寄主植物利用 RNAi 高效地对病毒基因进行沉默，从而提高自身抗性（Waterhouse et al.，1998；Wang et al.，2000；Fahim et al.，2010）。拟南芥 DCL2 和 DCL4 活性的缺失会使植物失去抑制病毒复制的能力，研究发现发夹结构的 RNA 与病毒侵染类似，也能产生长距离的沉默信号，并能被病毒编码的沉默抑制子所抑制，说明植物中发夹结构的 RNA 介导的抗病毒作用是通过 RNAi 途径进行的（Fusaro et al.，2006）。使用全长的马铃薯纺锤块茎类病毒（*Potato spindle tuber viroid*，PSTVd）的 RNA 构建发夹 RNA 来转化植物，发现转基因植物有类似于类病毒侵染的症状；后来，利用部分或截短的 PSTVd 构建发夹 RNA 甚至使用 26～49nt 的 PSTVd 片段转化烟草，却能够获得对 PSTVd 的抗性（Adkar-Purushothama et al.，2015）。

后续研究发现，针对病毒的多个基因设计发夹结构的 RNA 可以提高抗病毒的效率。例如，发夹 RNA 靶向多个病毒基因以抗水稻黑条矮缩病毒（*Rice black-streaked dwarf virus*，RBSDV）（Wang et al.，2016b）。在番茄中表达 3 个菜豆金色花叶病毒的基因片段提高了对藿香黄脉管马来病毒（*Ageratum yellow vein Malaysia virus*，AYVMV）的抗性（Mahmoudieh et al.，2019）。

基于 RNAi 的转基因抗性还可以同时针对多种病毒，首次成功的例子是获得同时抵抗两种马铃薯 Y 病毒［小西葫芦黄花叶病毒（*Zucchini yellow mosaic virus*，ZYMV）和西瓜花叶病毒（*Watermelon mosaic virus*，WMV）］和黄瓜花叶病毒（*Cucumber mosaic virus*，CMV）的西葫芦（*Cucurbita pepo*）（Fuchs et al.，1998）。另一个成功的例子是转基因改造的抗番木瓜环斑病毒（*Papaya ring spot virus*，PRSV）的番木瓜（*Carica papaya*）（Gonsalves，2006）。在热带和亚热带地区，PRSV 严重影响番木瓜的产量。在美国和中国台湾，已经证明转化病毒外壳蛋白的番木瓜对序列同源的番木瓜环斑病毒小种表现出抗性，但是在海南的 PRSV 小种因发生了遗传变异使得它们能克服外壳蛋白介导的转基因抗性。因此，研究者设计了一种复杂的 RNAi 策略靶向 PRSV 外壳蛋白的保守结构域，从而发展出了一种广谱的针对海南 PRSV 小种的转基因抗性（Jia et al.，2017）。

（二）植物利用 RNAi 抗病毒的技术发展

除了表达发夹结构的 RNA，改造 miRNA 前体产生的人工 miRNA（artificial miRNA，amiRNA）也在抗病毒应用中取得成功。首个利用 amiRNA 进行抗病毒的研究是利用 miR159 的前体表达靶向芜菁黄化花叶病毒（*Turnip yellow mosaic virus*，TYMV）和 TuMV RNA 沉默抑制子（VSR）P69 和 HC-Pro 的 amiRNA（Niu et al.，2006）。随后，amiRNA 被用于靶向 CMV VSR 2b 的研究（Qu et al.，2007）。CMV 是包含 3 个基因组和 2 个亚基因组的 RNA 病毒，而且 3′-UTR 是保守的类三叶草 T-RNA 结构区域（图 7-14）。研究发现，不同 amiRNA 靶向 3′-UTR 片段的不同位点并不一定获得相同的抗性，靶向潜在的 RISC 的强结合位点（highly accessible）和多个聚合位点的转基因拟南芥和烟草都能更有效地增强对病毒的抗性（Duan et al.，2008）（图 7-14）。同样，改造一个多顺反子 amiRNA 前体——水稻 miR395，使其表达 5 个 amiRNA 并转化小麦，获得了对小麦条纹花叶病毒的抗性（Fahim et al.，2012）。同样的，多顺反子 amiRNA 技术也被应用于大麦抗双生病毒小麦矮缩病毒（*Wheat dwarf virus*，WDV），并且这种抗性在低温下依然有效（Kis et al.，2016）。

除了转基因，外源施加的方法也被广泛应用于抗病毒，以及抗病原菌和害虫的研究（Duan et al.，2012；Dubrovina and Kiselev，2019）。早在 2001 年，外源施加病毒来源的 dsRNA 片段到叶片细胞，增强了对病毒的抗性，且在 3 种病毒属，即烟草花叶病毒属（*Tobamovirus*）、马铃薯 Y 病毒属（*Potyvirus*）、苜蓿花叶病毒属（*Alfamovirus*）中均取得成功（Tenllado and Diaz-Ruiz，2001）。随后有许多类似的研究进一步证实了外源施加 dsRNA 方式的可行性，如外源施加 dsRNA 靶向 TMV p126 和 CP 基因，增强了烟草对 TMV 的抗性（Konakalla et al.，2016）。外源施加 dsRNA 靶向小西葫芦黄花叶病毒（ZYMV）基因组，其沉默信号可以移动到系统叶片从而提高葫芦对 ZYMV 的抗性（Kaldis et al.，2018）。外源施加 dsRNA 抑制蚜虫传播的植物病毒（Worrall et al.，2019）。这种局部施加病原特异的 dsRNA，对抗病毒侵染可能比转基因 RNAi 更吸引人。但是，裸露的 dsRNA 喷施在实际应用中不稳定，有研究发展了一种非毒性的、可降解的层状双氢氧化物（layered double hydroxide，LDH）黏土纳米片。装载上

LDH 以后，dsRNA 不会被冲洗掉，释放更持久，30 天以后还能在喷施的叶片上检测到 dsRNA。这种利用纳米技术传递 RNAi 最早应用于人类疾病的治疗上，改造后可应用于植物保护，作为持续性的、易操作的局部喷施法（Mitter et al.，2017）。

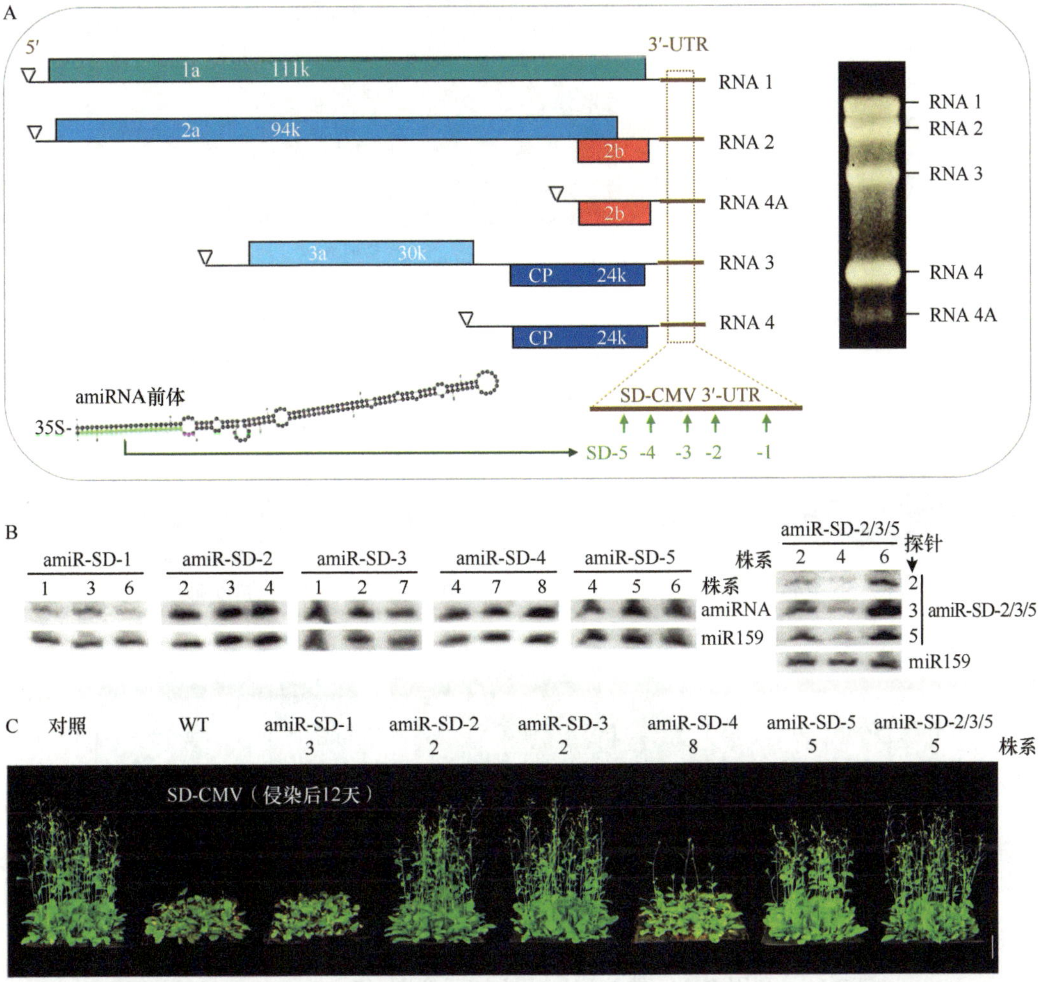

图 7-14　表达 amiRNA 转基因植物的抗病性［修改自 Duan 等（2008）］

A. CMV 基因组和亚基因组 RNA，以及利用 miRNA 前体表达靶向 SD（分离自山东的病毒株系）-CMV 3′-UTR 不同位点的 amiRNA 示意图；B. 转基因拟南芥表达 amiRNA 检测，amiR-SD-2/3/5 为 3 个 aimRNA 多聚体；C. amiRNA 转基因拟南芥感染 SD-CMV 12 天后的表型。amiR-SD-1 和野生型（WT）一样没有抗性，amiR-SD-4 抗性较差，其他株系均表现出较强的抗性

目前，RNAi 作为动植物抵抗病毒的一种先天适应性免疫抗性，已经被证明在植物抗各类病毒中都是有效的（Pooggin and Hohn，2003；Lindbo and Falk，2017；Rosa et al.，2018）。无论是通过 dsRNA 和 amiRNA 进行转基因的制备还是通过外源施加的方法（图 7-15），必将被广泛地拓展到植物抗病毒甚至抗病原菌和虫害的应用中（Ding，2010；Duan et al.，2012；Guo et al.，2019a）。

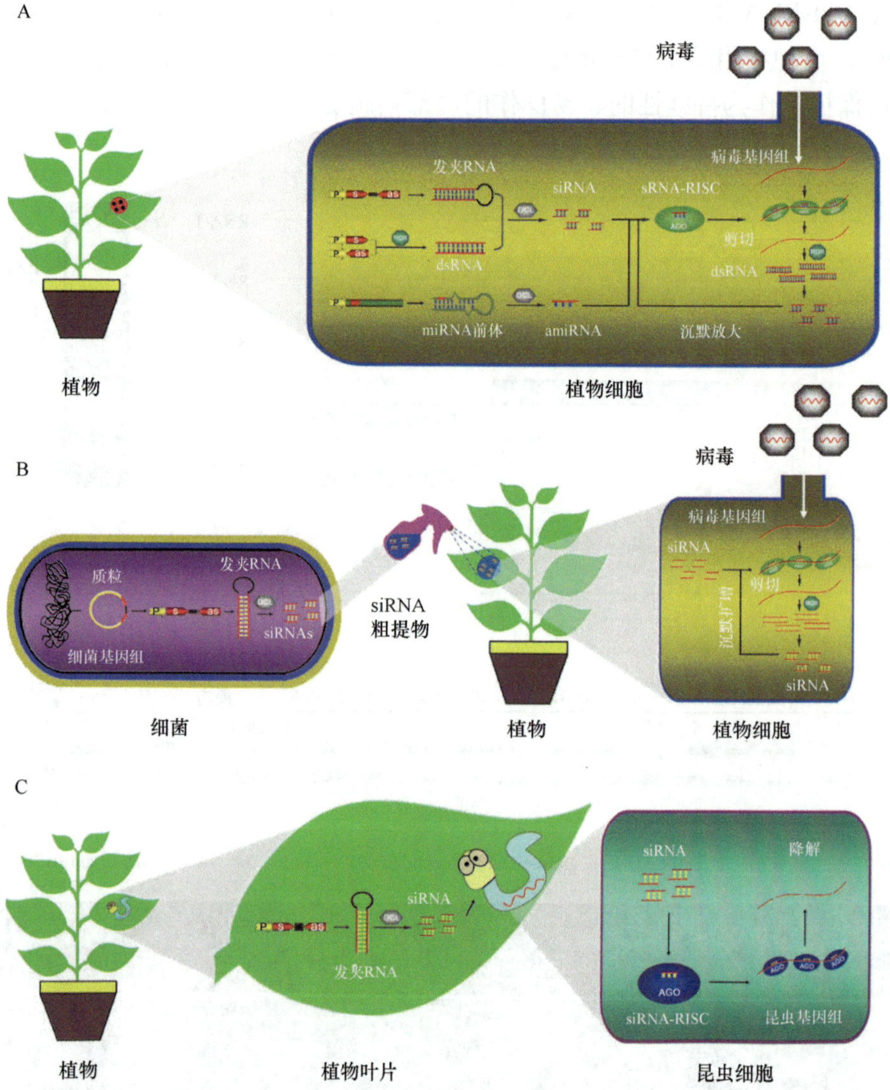

图 7-15 利用 RNAi 的抗病应用方法示意图（Duan et al.，2012）

A. 在寄主植物中表达病毒 sRNA 能诱导产生抗病毒沉默；B. 喷施细菌中加工产生的 siRNA 也能产生对病毒的抗性；C. 靶向昆虫基因的 RNAi 构建的转基因植物能对取食的昆虫产生抗性

二、RNA 沉默应用于抗虫

（一）RNA 沉默在抗根结线虫和孢囊线虫中的应用

植物的寄生线虫在世界范围内造成很严重的损害及作物产量的损失。目前的控制策略主要是使用杀虫剂，但是大量使用杀虫剂不但造成害虫的耐药性也对环境造成污染，其他措施包括作物轮作以及抗性品种的利用，都受到资源的很大限制。RNAi 策略被证明在对植物寄生线虫的防治上也是有效的（Lilley et al.，2007；Tan et al.，2013）。

线虫等可以通过注射或者喂食咀嚼 dsRNA 或者 sRNA 实现基因沉默（Fire et al.，

1998；Timmons and Fire，1998）。RNAi 已经被证明能够介导对线虫生长发育、生存或寄生所必需的基因的抑制。因此，RNAi 技术对于鉴定线虫的基因功能起着重要的作用，是线虫功能基因组学研究的强大工具，也有利于寻找抗虫策略的靶标（Rosso et al.，2009）。

根结线虫对寄主植物的寄生依赖于一些寄生的效应子基因，可以通过体外和体内 RNAi 的方法对根结线虫的效应子基因进行沉默以抑制其寄生作用。体外喂食寄生基因 *16D10* 的 dsRNA 能够减少线虫的侵染，在拟南芥中表达 16D10 的 dsRNA 同样也能提高拟南芥对 4 种主要根结线虫的抗性（Huang et al.，2006；Yang et al.，2013；Dinh et al.，2014）（图 7-16）。因此，通过基因工程改造寄主植物，表达寄生生物基因的 dsRNA 从而沉默寄生基因，破坏寄生过程达到作物的抗虫效果，这代表着一种更可行、更灵活的新型持久抗根结线虫的方法（Huang et al.，2006）。

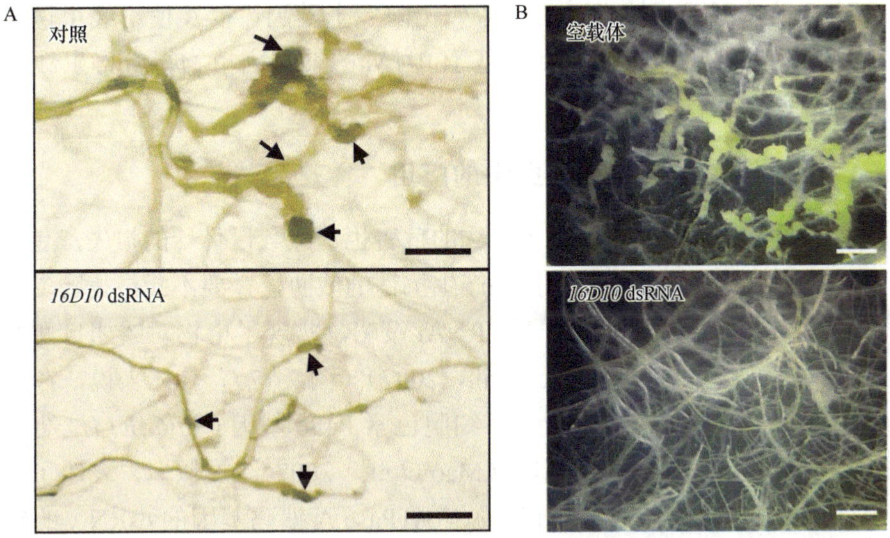

图 7-16　RNAi 介导的拟南芥抗根结线虫（Huang et al.，2006）

A. 野生型拟南芥被根结线虫二龄幼虫侵染后出现许多大的虫瘿（上图），而被 *16D10* dsRNA 处理后的线虫侵染后只有少数、小的虫瘿出现（下图）；箭头所指为根结线虫侵染位点。B. 空载体转化的对照拟南芥被线虫侵染后出现大量的虫瘿（上图），而转化 *16D10* dsRNA 的转基因拟南芥被侵染后几乎没有虫瘿出现（下图）

同样地，在转基因烟草中表达 dsRNA 靶向南方根结线虫（*Meloidogyne incognita*）的一个剪接因子和一个整合酶基因，下调其表达从而显著降低了寄生的成功率（Yadav et al.，2006）。在烟草中表达 MjTis11 的 dsRNA 也能下调爪哇根结线虫（*Meloidogyne javanica*）的转录因子 *MjTis11*（Fairbairn et al.，2007），但是对线虫的生长发育没有明显的影响。由于在秀丽隐杆线虫（*Caenorhabditis elegans*）中发现的 *MjTis11* 同源序列胚胎致死表型并不保守，在爪哇根结线虫中不存在 *MjTis11* 基因；也可能是 *MjTis11* 的下调并不足以影响其生物学功能。之后，一项研究表明通过植物传递的 dsRNA 下调南方根结线虫的蛋白酶，能够抑制线虫的生长发育、繁殖及后代的毒力（Antonino-de-Souza et al.，2013）。据研究报道，利用跨界 RNAi 沉默 *Mi-msp-1* 基因也可以增强茄子对南方根结线虫的抗性（Chaudhary et al.，2019）。

类似地，研究表明跨界 RNAi 也可以应用于植物寄生的孢囊线虫。例如，大豆传递 dsRNA 靶向大豆孢囊线虫（*Heterodera glycines*）主要精子蛋白 MSP（major sperm protein），对转基因大豆的表达分析显示 MSP 的 dsRNA 被加工成了 siRNA，线虫的生殖潜能显著降低（Steeves et al.，2006）。靶向大豆孢囊线虫编码果糖-1,6-二磷酸醛缩酶（fructose-1,6-diphosphate aldolase）基因 *HgALD* 的转基因大豆，其根中成熟的线虫雌性数量降低了 50% 以上，也表明了 HgALD 在大豆孢囊线虫代谢中的关键作用（Youssef et al.，2013）。

总体来说，体外合成的 dsRNA 或者通过寄主植物传递的 dsRNA 都能够靶向线虫的基因，成功实现对植物寄生线虫的基因沉默，产生致死或者高度损伤的效应，从而保护寄主植物（Bakhetia et al.，2005）。基因组数据库的完备保证了靶标的效应和靶标序列的特异性沉默。技术上的改造如靶向多个基因，以及使用线虫诱导、组织特异的启动子，都能进一步增强利用基于 RNAi 的转基因植物抵抗寄生线虫的侵染（Banerjee et al.，2017）。

（二）RNA 沉默在抗其他害虫中的应用

除了寄生线虫，其他害虫对寄主植物的危害也造成数以亿计的损失，包括作物减产、杀虫剂的使用，以及面临对杀虫剂产生抗性的威胁，需要不断寻找防治害虫的替代策略。2007 年，应用 dsRNA 诱导的 RNAi 策略，实现了植物对鳞翅目和鞘翅目害虫的抗性（Baum et al.，2007；Mao et al.，2007）（图 7-17）。具体来说，在植物中表达靶向棉铃虫（*Helicoverpa armigera*）细胞色素 P450 基因 *CYP6AE14*，幼虫取食后生长受阻，中肠中该基因的表达下降（Mao et al.，2007）。类似地，表达了靶向玉米根萤叶甲（*Diabrotica virgifera virgifera*）V-ATPase A 编码基因的 dsRNA 的转基因玉米，显著地降低了玉米根萤叶甲的取食（Baum et al.，2007）。

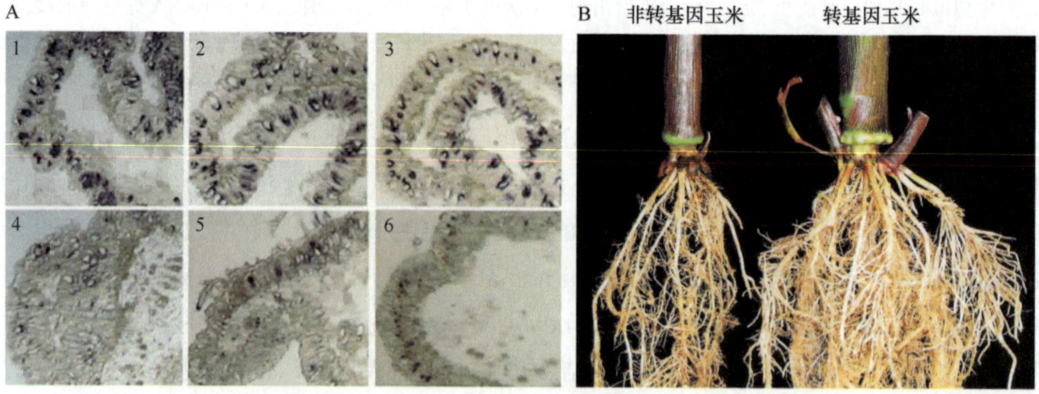

图 7-17　RNAi 介导的抗鳞翅目/鞘翅目害虫（Baum et al.，2007；Mao et al.，2007）

A. 免疫组织检测三龄幼虫的中肠显示：相比喂养表达 *dsGFP* 的对照植物（1～3），喂养表达 *dsCYP6AE14* 的植物（4～6）的幼虫取食后中肠中 *CYP6AE14* 基因的表达下降，幼虫生长受阻；B. 表达 dsRNA（靶向 V-ATPase A 基因）的转基因植株（右）比对照植株（左）健康根的数量更多，即表现出对玉米根萤叶甲的抗性

RNAi 机制在其他各种经济上重要的半翅目害虫，包括豌豆蚜、大豆蚜、粉虱、褐飞虱及小褐飞虱中也被证实，为我们利用 RNAi 介导的抗虫策略提供了理论基础（Jaubert-Possamai et al.，2010；Ortiz-Rivas et al.，2012；Bansal and Michel，2013；Xu et al.，2013；Wang et al.，2016c；Zhou et al.，2016a）。dsRNA 进入昆虫的方式和靶基因在组织中的表达模式都是非常重要的条件（Scott et al.，2013）。将 dsRNA 导入半翅目昆虫的方法通常有以下几种：①显微注射法，直接将 dsRNA 或 sRNA 注射到昆虫体内，已经成功地在一些鳞翅目、鞘翅目、双翅目及半翅目昆虫中得到验证（Yu et al.，2013），这种方法主要用于昆虫基因功能的研究。然而，这种方法会对昆虫产生伤口，使昆虫的致死率升高（Liu et al.，2010；Li et al.，2013）。②人工喂食法，昆虫通过取食植物或人工喂食而摄入 dsRNA，对比显微注射法，通过食物摄取 dsRNA 属于低创型，不会造成伤口而提高昆虫的致死率，在应用于小型昆虫方面是很重要的方法（Scott et al.，2013）。人工喂食法很难定量昆虫实际摄取的 dsRNA 的剂量以达到沉默的效果。因此，不同于显微注射，喂食通常需要高剂量。在未知系统性 RNAi 机制时，口服摄取方式的成功只限于肠道特异的靶基因。喂食添加靶向水孔蛋白（aquaporin）dsRNA 人工餐食的豌豆蚜，豌豆蚜水孔蛋白的转录物积累量下降了 50%（Shakesby et al.，2009）。③植物传递法，通过昆虫取食转基因植物而实现。④直接局部喷施或浸泡法，将 dsRNA 溶液直接喷施或者浸泡昆虫。植物表达 dsRNA 和体外喷施 dsRNA 的方法已经被广泛应用于寄主植物抗虫的研究（Cagliari et al.，2019；Liu et al.，2020）。

以桃蚜（*Myzus persicae*）肠道特异的 *Rak1* 和唾液腺特异的 *Coo2* 基因为靶标，蚜虫在取食了瞬时表达 dsRak1 和 dsCoo2 的烟草后或稳定的转基因拟南芥后，*Rak1* 基因和 *Coo2* 基因的转录物表达下调，同时蚜虫的繁殖力也下降，说明在寄主植物体内表达 dsRNA，无论是瞬时还是稳定整合进基因组，都能特异地靶向昆虫基因（Pitino et al.，2011）。人工 miRNA 也成功应用于植物抗桃蚜（Guo et al.，2014）。有研究指出，由于植物内源 RNAi 通路会将外源 dsRNA 加工成 sRNA，dsRNA 靶向昆虫必需基因在应用于植物保护时，会被植物内源 RNAi 通路所限制。研究发现长的 dsRNA 能够稳定地在缺乏 RNAi 机制的叶绿体中产生从而避免了这种限制。质体转化 dsRNA 靶向马铃薯甲虫 *β-actin* 基因的马铃薯，提高了对这种害虫的抗性（Zhang et al.，2015）。

2017 年，第一个市场化的表达 dsRNA 抗虫的转基因生物（genetically modified organisms，GMO）品种上市，孟山都公司（Monsanto）和陶氏化学公司（DOW）的 SmartStax Pro 玉米表达一个靶向玉米根萤叶甲基因 *Snf7* 的 dsRNA，特异性杀死玉米根虫和玉米根萤叶甲，减少高玉米根虫密度下的根损伤（Head et al.，2017）。由于转基因植物费时费力，成本较高，因此喷施法和浸泡法传递 dsRNA 也逐渐用于抗虫的研究。在水稻或玉米的根部浸泡含有靶向昆虫必需基因的 dsRNA 后，稻飞虱或亚洲玉米螟取食后，其死亡率大幅升高，说明作物根可以有效吸收 dsRNA，并在昆虫中引起 RNAi（Li et al.，2015）。同样的，叶部喷施法也成功应用于马铃薯抗科罗拉多马铃薯甲虫，在温室条件下至少可以持续 28 天（San Miguel and Scott，2016）。在番茄中外源施加 dsRNA 能快速地从处理的叶片到系统叶片，被蚜虫、粉虱及螨虫所吸收。除了粉虱，在植物、蚜虫和螨虫中都能检测到 dsRNA 诱导产生的 sRNA（Gogoi et al.，2017）。在青豆中通过叶片喷施、根部浸泡及枝干注射 dsRNA 的方法也成功实现了对半翅目昆虫中靶基因的下调（Ghosh et al.，2018）。

三、利用跨界 RNA 沉默对寄生生物进行防治

列当科（Orobanchaceae）寄生植物能通过吸器从寄主植物中获得水分、营养、大分子以及寡核苷酸，在世界范围内能对农业造成毁灭性的危害，对列当科植物的防控非常具有挑战性，主要是由于其与寄主植物具有高度同步的生活周期。尽管寄主的遗传抗性通常能提供对病原菌的基础免疫，但是几乎没有针对根系寄生生物的抗性基因被发现，也没有发现抗性基因被整合进作物中。

寄生植物与寄主植物能够交换包括 sRNA 在内的 RNA，并且研究已经证明这些 RNA 是有功能的（Kim and Westwood，2015）。在寄生植物变色直果草（*Triphysaria versicolor*）中表达 *GUS* 报告基因，而在寄主植物中表达发夹结构的 *GUS* 从而产生 sRNA，能成功地沉默寄生植物中的 *GUS* 基因（Tomilov et al.，2008）。利用直果草属寄生植物变色直果草的细胞质乙酰辅酶 A 羧化酶（acetyl-CoA carboxylase，ACCase）序列，构建靶向 *ACCase* 的发夹结构 RNA 并转化进蒺藜苜蓿（*Medicago truncatula*）根中，转基因蒺藜苜蓿根中的变色直果草生存能力下降到 80%。RT-PCR 检测显示 *ACCase* 的转录物在变色直果草寄生的转基因蒺藜苜蓿根中显著下降，而且在转基因蒺藜苜蓿和寄生其中的变色直果草中利用 RNA 印迹法鉴定到一条 21nt 来源于 *ACCase* 基因的特异 sRNA。这些结果表明 *ACCase* 是一个利用跨界基因沉默防治寄生植物的有效靶标（Bandaranayake and Yoder，2013）。

分枝列当（*Orobanche aegyptiaca*）也能寄生很多作物，如番茄，导致作物产量和质量的下降。大量的甘露醇在寄生植物中累积，甘露糖 6-磷酸还原酶（mannose 6-phosphate reductase，M6PR）是甘露醇合成的关键酶，因此 *M6PR* 基因是潜在的控制寄生植物的靶基因。在番茄中表达正反向插入 277nt 的 *M6PR* 基因片段，产生 *M6PR* 的 sRNA，定量 RT-PCR 分析显示 *M6PR* 的 mRNA 表达下降 60%～80%，同时甘露醇的水平也下降，在寄主植物上产生的死寄生植物结节也显著增加（Aly et al.，2009）（图 7-18）。

旋花科植物家族的菟丝子属（*Cuscuta*），世界上有 200 多种，从自养祖先进化而来，特化成寄生于寄主植物并从中获取水分、营养和代谢物的物种。它们对乔木、灌木及栽培作物如番茄、蔓越莓、苜蓿等都是有害的（Costea and Tardif，2006）。菟丝子全寄生于其寄主植物上，尽管有一些种类能合成叶绿素，但是多数都丧失了大量的质体基因组而成为非光合作用的物种（Braukmann et al.，2013）。有研究运用跨界 RNA 沉默靶向五角菟丝子（*Cuscuta pentagona*）的茎发育中关键的寄生转录因

子 SHOOT MERISTEMLESS-like 基因，能导致吸器的畸形，并降低了寄生的活力（Alakonya et al.，2012）。

图 7-18 RNAi 介导的番茄抗寄生生物分枝列当（Aly et al.，2009）
左图和右下图：产生大量寄生植物结节的番茄根；
右上图：表达靶向分枝列当 *M6PR* 基因 dsRNA 的番茄根产生死的寄生植物结节

这种寄主诱导的跨界 RNAi 的方法对控制寄生野草是一种潜在的突破性技术，至少能够在寄主植物吸收 sRNA 信号的品种中应用此法（Yoder et al.，2009；Runo et al.，2011）。

四、利用跨界 RNA 沉默对病原菌进行防治

（一）跨界 RNA 沉默应用于抗细菌

由土壤细菌根癌农杆菌（*Agrobacterium tumefaciens*）导致的冠瘿病，在世界范围内给多年生作物造成了严重的经济损失。根癌农杆菌是少有的已知拥有水平基因转移系统：其拥有一套致癌基因，可以整合进植物基因组，从头合成生长素和细胞分裂素来产生肿瘤。致癌基因 *iaaM* 和 *ipt*，在根癌农杆菌菌株中有大约 90% 的 DNA 序列一致性，对于肿瘤的形成是必需的。有研究在拟南芥和番茄中表达两个自身互补的 RNA 以起始 RNAi 来沉默 *iaaM* 和 *ipt* 基因，实现了对冠瘿病的高度抗性（Escobar et al.，2001）。

尽管 RNAi 在细菌中不存在，但细菌存在类似基于 RNA 的调控机制，如大约 100nt 的顺式和反式反义转录物能抑制翻译并导致转录物的衰减降解（Good and Stach，2011）。顺式编码的反义 RNA 与靶标 mRNA 能高度互补结合，反式编码的

反义 RNA 与靶标 mRNA 的互补结合却非常有限，需要分子伴侣 Hfq 来促进与靶标 mRNA 的结合。迄今为止，在植物中利用外源施加合成的反义 RNA 来对抗病原细菌还未被证实（Dalakouras et al.，2020）。

（二）跨界 RNA 沉默应用于抗卵菌

莴苣霜霉（*Bremia lactucae*）是一种活体营养型卵菌，在世界范围内引起莴苣严重的霜霉病，跨界 RNAi 靶向 *HAM34*（highly abundant message 34）基因或 *CES1*（cellulose synthase 1）基因的莴苣，能抑制这些基因的表达，从而提高莴苣对莴苣霜霉的抗性（Govindarajulu et al.，2015）。在马铃薯（*Solanum tuberosum*）中表达发夹结构 RNA 所产生的 sRNA，能沉默半活体营养型卵菌致病疫霉（*Phytophthora infestans*）的靶基因，提高对该卵菌的抗性（Jahan et al.，2015）。但是，在寄主中表达 dsRNA 并不足以起始对寄生疫霉（*Phytophthora parasitica*）基因的沉默（Zhang et al.，2011），说明寄主植物和病原卵菌的互作特异性、病原效应子对寄主 RNAi 途径的干预或 RNAi 不适用于病原菌等原因都可能限制了该策略的抗病应用。

（三）跨界 RNA 沉默应用于抗病原真菌

1. 白粉菌

正如本章开始所简述的，跨界 RNAi 除了存在于植物-病毒、植物-线虫等的互作过程中，也存在于多种植物和病原微生物互作的过程中。因此，跨界 RNAi 在抗病毒和抗虫害中的成功应用也使得科学家开始探索利用这一过程来防治植物真菌病害。但真菌的侵染过程及侵染结构复杂多变，使得在真菌中的应用难度剧增（Bailey，2014）。直到 2010 年，Nowara 等用携带靶向真菌葡糖基转移酶 *GTF* 基因的病毒侵染大麦，利用病毒诱导的基因沉默（virus-induced gene silencing，VIGS）增强了大麦对白粉病的抗性，理论上证明了寄主诱导的基因沉默（host-induced gene silencing，HIGS）对专性寄生真菌起作用（图 7-19），并开启了基因沉默技术在真菌病害中应用的大门，为防治病原真菌提供了新策略（Nunes and Dean，2012）。

2. 小麦条锈菌

小麦条锈病是一种由条锈菌引发的危害严重且分布范围广的真菌病害。2011 年，同样利用大麦条纹花叶病毒（*Barley stripe mosaic virus*，BSMV）系统携带小麦条锈菌（*Puccinia striiformis* f. sp. *tritici*）的基因片段，在寄主小麦细胞中利用 VIGS 方法诱导锈菌吸器中表达水平较高的靶基因下调，意味着 HIGS 对获得高抗条锈病的小麦有着巨大的应用潜力（Yin et al.，2011）；2013 年，运用农杆菌介导的瞬时表达系统将含有发夹结构的感染小麦叶锈菌（*Puccinia triticina*）基因 *PtMAPK1*、*PtCYC1* 和 *PtCNB* 转入小麦叶片中，产生特异靶向锈菌基因的 siRNA，观察发现真菌的生物量及孢子产生减少，并且小麦叶片病症减轻，在感病小麦中的锈菌靶基因的表达下调

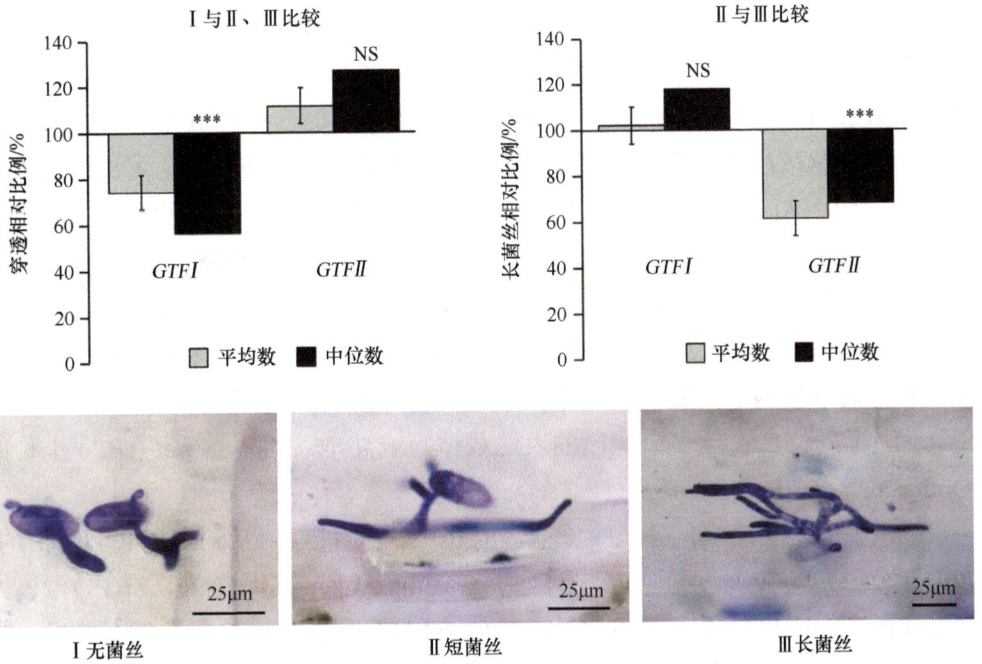

图 7-19 在大麦与白粉病菌互作过程中，利用 VIGS 技术沉默白粉病菌 *GTFⅠ* 和 *GTFⅡ* 基因能够抑制白粉病菌的发育（Nowara et al.，2010）

上图：与对照相比，沉默 *GTFⅠ* 和 *GTFⅡ* 基因不同作用方式白粉病菌所占相对比例；经中位数秩和检验，NS 表示无显著差异（$P>0.0001$），*** 表示差异显著（$P<0.0001$）。下图：大麦与白粉病菌互作的 3 种类型

（Panwar et al.，2013a）。同年发现利用病毒介导的 RNAi 系统传递叶锈菌基因片段至小麦中，也能提高小麦对锈病的抗性（Panwar et al.，2013b）。从禾柄锈菌（*Puccinia graminis* f. sp. *tritici*，Pgt）中鉴定到大约 1200 个在吸器丰富表达的基因，通过构建 VIGS 载体测试它们是否能干扰锈菌发育，以此确定跨界 RNA 沉默的靶基因，并对靶标进行了验证（Yin et al.，2015）。利用转基因小麦表达 dsRNA 靶向 *PsFUZ7*，证明 PsFUZ7 是重要的致病因子，能调控条锈菌的生长发育和侵染能力，且跨界 RNAi 成功实现了小麦抗条锈菌的稳定性（Zhu et al.，2017）。用大麦条纹花叶病毒介导的小麦跨界 RNAi，靶向蛋白激酶的一个催化亚基基因 *PsCPK1*，也成功实现了对条锈菌的抗性（Qi et al.，2018）。

3. 镰刀菌

2013 年，利用 HIGS 在抵抗镰刀菌引起的枯萎病中取得成功。在拟南芥和大麦中表达细胞色素 P450 羊毛甾醇 C14α-脱甲基酶基因 *CYP51* 的 RNAi 结构，增强了寄主对镰刀菌属的抗性（Koch et al.，2013）；2014 年和 2015 年，研究者分别在香蕉、拟南芥和小麦中表达靶向镰刀菌基因的 RNAi 构建，也有效地增强了对枯萎病的抗性（Ghag et al.，2014；Cheng et al.，2015；Hu et al.，2015）；禾谷镰刀菌引起的赤霉病（*Fusarium* head blight，FHB）对小麦造成毁灭性的病害。尤其在中国，枯萎病的大流行在一些易感区域频繁发生，不仅造成粮食产量的下降，其产生的毒素污染还引起食品安全风险的提升。脱氧雪腐镰刀菌烯醇（deoxynivalenol，DON）是在谷物中鉴定到的最常见的也是经济上最重要的镰刀菌毒素，也是禾谷镰刀菌侵染中关键的毒性因子（Chen et al.，2019）。利用跨界 RNAi 在小麦中同时转化靶向 FHB 和 DON 的 3 个编码基因 *FgSGE1*、*FgSTE12* 和 *FgPP1*，结果显示转基因小麦表达了嵌合的 *FgSGE1-STE12-PP1* RNAi 片段，增强了对 FHB 的抗性，在真菌侵染过程中抑制了 DON 的合成（Wang et al.，2020b）。尽管 Ghag 在 2014 年成功将 HIGS 应用于香蕉保护，但它只是使本来感病的香蕉品种 Rasthali 获得对 Foc Race1 小种的抗性，而目前的栽培种 Cavendish 对 Foc TR24 小种是高感的（Dale et al.，2017）。因此，研究者选择将在 Foc TR24 的分生孢子萌发中起着关键作用的基因作为靶标（Deng et al.，2015），针对每个基因不同位点设计多个片段的表达载体，成功地获得了抗 Foc TR24 小种的香蕉（Dou et al.，2020）。

近些年的研究证明，外源喷施裸露的 dsRNA 也能够对病原真菌起到防治的作用，这种方法称为喷雾诱导的基因沉默（spray-induced gene silencing，SIGS）。该方法与改造植物基因组相比更为简便和灵活，但 dsRNA 及其抗病稳定性仍有待进一步的验证。通过喷施 791nt 的长双链 CYP3-dsRNA，靶向禾谷镰刀菌麦角固醇合成所需的 3 个细胞色素 P450 羊毛甾醇 C14α-脱甲基酶基因，在喷施部位和非喷施部位都能抑制真菌生长。出乎意料地，CYP3-dsRNA 能通过植物的维管系统传递到远端组织非喷施部位，并能在 FgDCL-1 的作用下合成 siRNA 并被真菌所吸收（Koch et al.，2016），这也为跨界 RNAi 更广泛的应用提供了支持。

4. 灰葡萄孢

2016 年，在拟南芥和番茄中利用 HIGS 沉默灰葡萄孢的 *DCL* 基因，抑制了灰葡萄孢的生长和致病性（Wang et al.，2016a）。HIGS 技术还能够通过序列设计，同时靶向多种病原微生物。在拟南芥中转入能够同时产生靶向灰葡萄孢和大丽轮枝菌 *DCL* 的 sRNA，提升植物对这两种病原真菌的抵抗能力（Wang et al.，2016a）。叶面喷施 dsRNA 在欧洲油菜（*Brassica napus*）中也被证明是有效的，能够减少被核盘菌（*Sclerotinia sclerotiorum*）或灰葡萄孢侵染后的病症（McLoughlin et al.，2018）。雷帕霉素（rapamycin，TOR）基因作为一个关键的调节子，通过整合营养、能量和生长因子控制着真核生物的细胞生长和增殖。研究发现灰葡萄孢中 TOR 信号也调节着生长和致病性。因此，以 *BcTOR* 为靶标，在番茄和马铃薯中表达 dsRNA 从而产生足量的 sRNA 靶向 *BcTOR*，显著地降低了灰霉病的发病率（Xiong et al.，2019）。

5. 大丽轮枝菌

HIGS 在抗植物病原真菌中进行概念性验证以后，在模式植物和一些作物的抗病方面也被证实是有效的，但对这种寄主植物产生的 sRNA 是否进入病原菌中起作用及其作用机制都还没有明确的阐述。直到 2016 年，植物与大丽轮枝菌的互作研究才提供了明确的分子实验证据，首次证明了植物-真菌跨界 RNAi 的自然存在（Zhang et al.，2016a）。也就是说，植物 sRNA 能跨界进入病原真菌的细胞内，并利用了真菌的 RNA 沉默系统发挥靶基因的沉默作用。而且该理论的基础研究也被应用于棉花抗黄萎病的种质创新（Zhang et al.，2016b）。

棉花黄萎病是一种土传真菌病害（Xia et al.，1998；Klosterman et al.，2009），是由轮枝菌属真菌引起的，广泛分布于世界各地。棉花黄萎病是棉花的主要维管束病害，称为棉花的癌症（Johnson et al.，1980）。我国棉花年产量 600 万～800 万 t，约占世界总产量的 30%，居全球首位。作为中国最大的优质棉生产基地，据统计新疆棉花种植面积 2019 年达 250 多万公顷，但受黄萎病危害严重，黄萎病发病面积超过调查面积的 50%。因此，棉花黄萎病已经成为当前制约我国棉花生产的突出问题，对棉花生产构成极大的威胁。在我国，大丽轮枝菌（*Verticillium dahliae*）是棉花黄萎病的主要致病菌。大丽轮枝菌主要以孢子、菌丝和微菌核等形式存在于土壤或植物病残体中（Gutierrez et al.，1983），但是在逆境的生长条件下，休眠结构微菌核是其主要存在方式。休眠结构可抵抗土壤中包括化学的、物理的各种不利环境条件，存活达 15 年之久，而在合适的环境或者有寄主根的分泌物刺激的条件下便开始萌发进入新一轮的生命周期（Wilhelm，1955）。微菌核萌发形成菌丝，部分菌丝形成侵染结构（附着枝和侵染钉）刺穿植物根表皮层，从根皮层细胞间穿梭直接进入木质部维管束后迅速繁殖生长（图 7-20），产生大量菌丝和孢子，孢子会随着寄主植物的蒸腾作用向顶运动，不断侵入寄主的茎及叶片，最终侵染植物的整个地上部分（Pegg and Brady，2002；Zhao

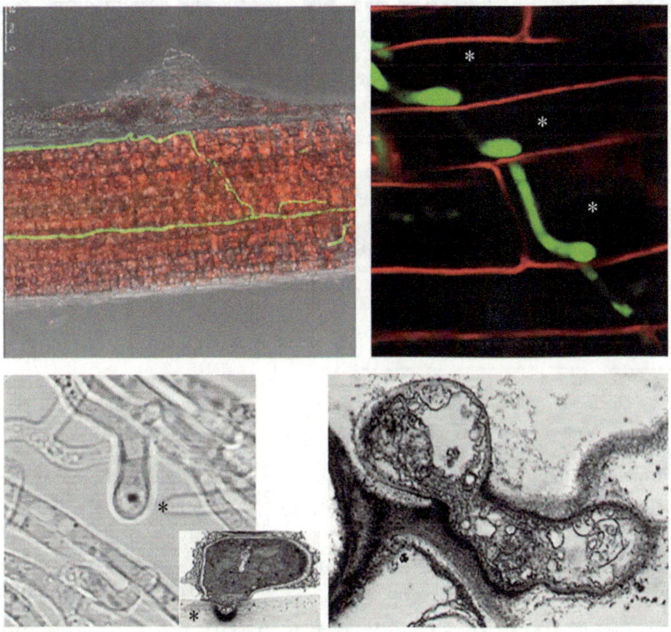

图 7-20　大丽轮枝菌侵染结构（Zhao et al.，2014，2016）

上图：激光共聚焦显微镜观察绿色荧光标记的大丽轮枝菌侵染植物根部，星号标记大丽轮枝菌穿刺根表皮形成的附着枝；下图：激光共聚焦显微镜（左）和透射电镜（右）观察大丽轮枝菌侵染结构，星号标记附着枝底部形成侵染钉

et al.，2014，2016），导致感病植株产生萎蔫、褪绿、黄化、组织坏死、生长迟缓和导管褐化等黄萎病的发病症状（Fradin and Thomma，2006）。

2016 年，在理论上证明了棉花–大丽轮枝菌跨界 RNAi（Zhang et al.，2016a）存在的同时，利用 HIGS 抵抗棉花黄萎病也取得了成功（Zhang et al.，2016b）。在基础理论和实践应用两方面取得了重要的进展，为作物利用跨界 RNAi 抵抗土传真菌病害提供了一个强有力的例证（Zhang et al.，2016b）。以大丽轮枝菌的疏水蛋白基因 *VdH1*（*Hydrophobin 1*）为靶标，构建靶向 *VdH1* 基因的 RNAi 载体（VdH1i），得到了能够稳定表达来源于 VdH1i 的 siRNA 的转基因棉花。抗病检测显示，相比野生型，转基因棉花无论在实验室条件下还是大田病圃中都表现出高效的黄萎病抗性（图 7-21）。从大丽轮枝菌侵染后的 VdH1i 转基因棉花分离得到的菌丝中检测到 *VdH1* 基因的降解、VdH1-siRNA 的积累，进一步证明寄主植物能够传输 siRNA 到真菌细胞中并且诱导目标基因的沉默（图 7-21）。这也是国际上首次从分子水平证明了寄主来源的 sRNA 跨

图 7-21　跨界 RNAi 在抗棉花黄萎病上的应用（Zhang et al.，2016b）

A. 能够稳定表达来源于 VdH1i 的 siRNA（siVdH1）的 35S-VdH1i 棉花株系表现出对大丽轮枝菌 V592 高抗病性；B. 从 V592 侵染的野生型棉花中分离到的菌丝（Vda^{Cotton}）中均能检测到 *VdH1* 基因的积累，而从 V592 侵染的 35S-VdH1i 棉花中分离到的菌丝（$Vda^{35S\text{-}VdH1i}$）中，多数检测到 *VdH1* 基因的降解、siVdH1 的积累

界诱导病原基因沉默在作物中的抗病应用（Zhang et al.，2016b）。

随后，在靶向其他轮枝菌致病基因的 RNAi 构建也在棉花中被证实可以提高对黄萎病的抗性，如 *VdRGS1* 基因（Xu et al.，2018）、*VdILV1* 和 *VdILV6* 基因（Wei et al.，2020）。同时，在番茄和拟南芥中针对轮枝菌的不同靶标设计 RNAi，也成功实现了对黄萎病的防控（Song and Thomma，2018）。

6. 其他真菌

苇状羊茅（*Festuca arundinacea*）是一种很重要的草坪草，立枯丝核菌（*Rhizoctonia solani*）能引起苇状羊茅很严重的褐斑病，转基因苇状羊茅能够利用跨界 RNAi 实现对褐斑病的控制（Zhou et al.，2016b）。玉米受黄曲霉的污染导致产量下降，并且严重威胁食品安全，转基因玉米靶向黄曲霉毒素合成途径中的一个转录因子 *alfR* 基因或 *aflC* 基因。在黄曲霉侵染转基因玉米后，几乎检测不到黄曲霉毒素的产生（Masanga et al.，2015；Thakare et al.，2017）。寄主介导的胶孢炭疽菌（*Colletotrichum gloeosporioides*）*COM1* 基因的沉默使得病原菌附着孢的分化不能完成，有效地阻止了红辣椒和番茄炭疽病的侵染（Mahto et al.，2020）。稻瘟病菌（*Magnaporthe oryzae*）导致的水稻稻瘟病是全球水稻生产的主要威胁。以 *MoAP1* 为靶标，利用体外输送人工 siRNA 的方法成功地抑制了稻瘟病菌的生长，降低了致病性。同时，利用 HIGS 的方法在转基因表达发夹结构的 *MoAP1* 的水稻中也发现，其增强了对 11 个稻瘟病菌小种的抗性，观察发现在侵染后的转基因水稻中，附着孢和菌丝的生长严重受限。因此，这些结果表明无论是体外的人工 sRNA 还是体内的 HIGS 都是有效保护水稻的方法，对于增强水稻抗稻瘟病菌很有价值，可用来防治稻瘟病（Guo et al.，2019b）。

针对化学农药难以控制的真菌病害，基因沉默技术的应用是对传统应用抗性基因策略的一个有效补充，尤其对于没有抗性资源的物种，HIGS 更显示出其得天独厚的优势。但也在一些真菌中发现跨界 RNAi 效果不佳或无效。在对小麦叶枯病菌（*Zymoseptoria tritici*）的研究中，虽然真菌 sRNA 和寄主 mRNA 测序分析发现，有一些真菌 sRNA 可能在寄主中存在潜在靶标，但是分子实验并没有证实这些靶向调控的存在。突变小麦叶枯病菌中 RNAi 途径的组分，如 *DCL* 和 *AGO*，其致病性并没有改变。利用体外或者植物体内表达 dsRNA 靶向真菌生长或致病所需基因，也被证明是无效的，而且发现小麦叶枯病菌不能吸收 dsRNA，表明跨界 RNAi 不能用于防控小麦叶枯病菌。这些结果也告诉我们并不是所有的病原真菌都能利用这种跨界 RNAi 的手段实现防控（Kettles et al.，2019）。有些病原真菌与寄主植物之间的跨界 RNAi 缺乏并不奇怪，因为许多真菌丧失了典型的 RNA 沉默机制。有研究分析了 54 个真菌基因组，其中 13 个都丧失了所有的 RNA 沉默基因，如 *DCL*、*AGO* 及 *RDR* 家族，玉米黑粉菌（*Ustilago maydis*）就是其中之一。可以推测 RNAi 机制的缺失可能是真菌与寄主植物在“军备竞赛”中共同进化的一个结果，无论如何，这些发现都表明跨界 RNAi 及 HIGS 在抵御特定的植物病原菌中可能是无效的（Hudzik et al.，2020）。

尽管有一些应用无效的例子，但是大量的成功案例也让研究者相信跨界 RNAi 策略在抗病中的巨大应用潜力。

（四）跨界 RNAi 在作物病害中的技术发展和应用前景展望

近年来，跨界 RNAi 技术应用于抗病毒、昆虫及病原菌的例子越来越多，尤其是在一些难以防治的病原真菌中取得成功，显示了这项技术在植物保护领域巨大的潜能。随着功能基因组学、生物信息学和细胞生物学的发展，人们对很多之前不了解的病原菌侵染过程有了深入的认识，随着更多的致病基因及其功能被发掘，有更多的基因可以用作 RNAi 潜在的靶点。越来越多天然的寄主诱导基因沉默的发现，为改良抗病品种提供了新的机遇（Hou and Ma，2020）。

由于转基因的限制，更多的利用 RNAi 技术抗病虫害开始转向外源施加的方式（Dalakouras et al.，2020），但也有研究发现高压喷施 dsRNA 的方法并不能诱导 RNAi（Uslu et al.，2020）。应用 SIGS 的一个最大障碍就是裸露的 RNA 会被快速降解，发展增加喷施 RNA 稳定性的策略是关键的一步。在生物医学中，纳米粒子和脂质体已经被发展来保护血液中的 siRNA（Tatiparti et al.，2017）。在农业中，一种策略就是将 dsRNA 固定到纳米粒子上，如层状双氢氧化物黏土纳米片，能够方便地检测叶片上的 dsRNA，最长可以维持到最初施加后的 30 天（Mitter et al.，2017）。壳聚糖，又称为脱乙酰壳多糖（chitosan），是一种可生物降解的无毒性聚合物，从高度丰富的聚合物几丁质脱乙酰而来（Dass and Choong，2008）。壳聚糖是一种最常见的生产纳米颗粒从而保护及传递 dsRNA 和 siRNA 到目标细胞的物质（Lichtenberg et al.，2020）。dsRNA 磷酸骨架上的负电荷和壳聚糖氨基酸基团上的正电荷相互吸引，因而 dsRNA 和壳聚糖可以通过静电结合（Zhang et al.，2010）。壳聚糖依赖的方法在大量的昆虫品种中被证明增强了稳定性和吸收效率（Zhang et al.，2010；Kumar et al.，2016；Gurusamy et al.，2020；Wang et al.，2020b）。另一种潜在的保护递送系统的方法就是使用人工的外泌体（EV）或者模拟植物 EV 的脂质体，当用向日葵的 EV 处理时，真菌孢子丧失了生存能力，表明植物 EV 里面的成分含有抗真菌的活性（Regente et al.，2017）。未来将进一步探究人工 EV 是否能有效地传递 RNA 到病原真菌中。质膜是吸收的第一道屏障，dsRNA 带的负电荷使得它不能通过被动运输的方式穿过同样带负电荷的质膜。细胞穿膜肽（cell penetrating peptide，CPP）是一类能够穿过细胞膜的多肽，能够促进消化道上皮细胞的吸收，并提供免受核酸酶降解的保护。因此，细胞穿膜肽可以作为 siRNA、蛋白及一些小分子的载体（Milletti，2012）。例如，阳离子富含精氨酸的 Tat 多肽已经成功地将质粒 DNA 和激素内化进昆虫细胞中（Chen et al.，2012；Zhou et al.，2015）。低成本而能大量产生 RNA 的新技术的建立将助力 SIGS 发展为一种新型植物保护策略（Huang et al.，2019）。

随着微生物组学的发展，越来越多的证据表明跨界 RNA 和 DNA 促进了寄主和与其关联的微生物对环境的适应（Zhao and Guo，2019）。植物根系微生物组和脊椎动物的消化道在营养吸收方面具有相似的初级生理功能（Hacquard et al.，2015）。据研究报道，根系细菌通过影响真菌和卵菌群落的结构和多样性而对于维持植物健康是必需的（Duran et al.，2018）。还有一些研究表明，受胁迫的植物可能通过改变基因表达而有利于自身微生物组中有益微生物的生长，从而增强自身的抗性，这也被称为“请求帮助/大声求援”（crying for help）理论（Liu et al.，2019；Liu and Brettell，2019）。利用并开发这些有益微生物来增强作物抗性的理念由来已久（Wei and Jousset，2017；de Vries et al.，2020）。然而，难点在于鉴定出哪些微生物组可维持健康的生态系统，以及微生物组成员之间复杂的互作，这些都使得利用有益微生物来进行作物保护具有极大的挑战性（Wei and Jousset，2017；Liu et al.，2019；de Vries et al.，2020）。尽管如此，一些关于构建人工微生物组和寄主与微生物组间的反馈调节（Miller et al.，2018；Liu et al.，2019）、微生物组介导的植物抗病（Vannier et al.，2019）、微生物组塑造的根系分泌物、微生物组促进植物生长（Arif et al.，2020；Tkacz et al.，2020）等方面的研究进展，都证明了利用有益微生物来进行作物保护的巨大潜能。因此，寄主与其微生物群落以及微生物群落成员之间的跨界 RNA 运输在作物保护中的作用也是不容忽视的（Zhao et al.，2021）。

基于天然的跨界 RNA 和水平基因转移现象的发现，以及跨界 RNA 能被各种不同的受体细胞吸收并能保留在受体基因组中，研究人员提出了一种利用有益微生物产生 sRNA 进行作物保护的策略（Zhao et al.，2021），即 sRNA 能够在寄主关联的处于同一个生态位的微生物群落之间传递。据此推测，sRNA 能从有益微生物传递到土壤或者叶片的致病菌中，靶向致病菌中的致病基因从而降低致病性（图 7-22A）。当有

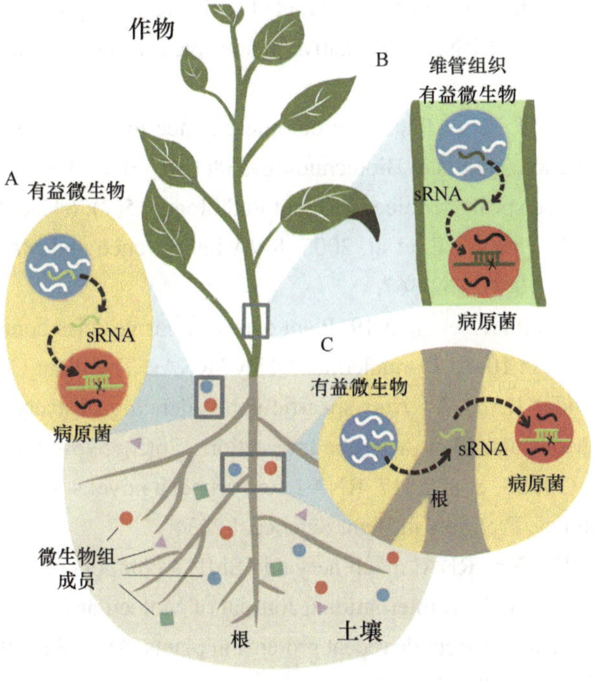

图 7-22　利用微生物群落中有益微生物相关跨界 RNA 进行作物保护策略的示意图（Zhao et al.，2021）

益微生物与病原菌在植物的同一个位点如维管系统定植时，有益微生物能直接输出sRNA进入病原菌中（图7-22B）。寄主也可能介导RNA在不同微生物群落成员之间的交换，如果那样的话，sRNA将能够从有益微生物到寄主植物，最终再到病原微生物（图7-22C）。这个策略避免了对作物进行转基因，也避开了sRNA会被降解的问题，但是进一步证实其可行性是非常必要的。

参考文献

Abel PP, Nelson RS, De B, et al. 1986. Delay of disease development in transgenic plants that express the *Tobacco mosaic virus* coat protein gene. Science, 232(4751): 738-743.

Adkar-Purushothama CR, Kasai A, Sugawara K, et al. 2015. RNAi mediated inhibition of viroid infection in transgenic plants expressing viroid-specific small RNAs derived from various functional domains. Scientific Reports, 5: 17949.

Alakonya A, Kumar R, Koenig D, et al. 2012. Interspecific RNA interference of SHOOT MERISTEMLESS-like disrupts *Cuscuta pentagona* plant parasitism. The Plant Cell, 24(7): 3153-3166.

Allen E, Xie ZX, Gustafson AM, et al. 2004. Evolution of microRNA genes by inverted duplication of target gene sequences in *Arabidopsis thaliana*. Nature Genetics, 36(12): 1282-1290.

Aly R, Cholakh H, Joel DM, et al. 2009. Gene silencing of mannose 6-phosphate reductase in the parasitic weed *Orobanche aegyptiaca* through the production of homologous dsRNA sequences in the host plant. Plant Biotechnology Journal, 7(6): 487-498.

An Q, Ehlers K, Kogel KH, et al. 2006. Multivesicular compartments proliferate in susceptible and resistant MLA12-barley leaves in response to infection by the biotrophic powdery mildew fungus. New Phytologist, 172(3): 563-576.

Antonino-de-Souza JJD, Coelho RR, Lourencxo IT, et al. 2013. Knocking-down *Meloidogyne incognita* proteases by plant-delivered dsRNA has negative pleiotropic effect on nematode vigor. PLOS ONE, 8(12): e85364.

Arif I, Batool M, Schenk PM. 2020. Plant microbiome engineering: expected benefits for improved crop growth and resilience. Trends in Biotechnology, 38(12): 1385-1396.

Bailey AM. 2014. A silenced spring? Molecular Plant Pathology, 15(7): 647-649.

Bakhetia M, Charlton WL, Urwin PE, et al. 2005. RNA interference and plant parasitic nematodes. Trends in Plant Science, 10(8): 362-367.

Baldrich P, Rutter BD, Karimi HZ, et al. 2019. Plant extracellular vesicles contain diverse small RNA species and are enriched in 10- to 17-nucleotide “Tiny” RNAs. The Plant Cell, 31(2): 315-324.

Bandaranayake PCG, Yoder JI. 2013. *Trans*-specific gene silencing of acetyl-CoA carboxylase in a root-parasitic plant. Molecular Plant-Microbe Interactions, 26(5): 575-584.

Banerjee S, Banerjee A, Gill SS, et al. 2017. RNA interference: a novel source of resistance to combat plant parasitic nematodes. Frontiers in Plant Science, 8: 834.

Bansal R, Michel AP. 2013. Core RNAi machinery and Sid1, a component for systemic RNAi, in the hemipteran insect, *Aphis glycines*. International Journal of Molecular Sciences, 14(2): 3786-3801.

Barkan A, Small I. 2014. Pentatricopeptide repeat proteins in plants. Annu Rev Plant Biol, 65: 415-442.

Baum JA, Bogaert T, Clinton W, et al. 2007. Control of coleopteran insect pests through RNA interference. Nature Biotechnology, 25(11): 1322-1326.

Beachy RN, Loeschfries S, Tumer NE. 1990. Coat protein-mediated resistance against virus-infection. Annual Review of Phytopathology, 28(1): 451-474.

Boccara M, Sarazin A, Thiebeauld O, et al. 2014. The *Arabidopsis* miR472-RDR6 silencing pathway modulates PAMP-and effector-triggered immunity through the post-transcriptional control of disease resistance genes. PLOS Pathogens, 10(1): e1003883.

Bozkurt TO, Richardson A, Dagdas YF, et al. 2014. The plant membrane-associated REMORIN1.3 accumulates in discrete perihaustorial domains and enhances susceptibility to *Phytophthora infestans*. Plant Physiology, 165(3): 1005-1018.

Braukmann T, Kuzmina M, Stefanovic S. 2013. Plastid genome evolution across the genus *Cuscuta* (Convolvulaceae): two clades within subgenus *Grammica* exhibit extensive gene loss. Journal of Experimental Botany, 64(4): 977-989.

Brilli M, Asquini E, Moser M, et al. 2018. A multi-omics study of the grapevine-downy mildew (*Plasmopara viticola*) pathosystem unveils a complex protein coding- and noncoding-based arms race during infection. Scientific Reports, 8(1): 757.

Buck AH, Coakley G, Simbari F, et al. 2014. Exosomes secreted by nematode parasites transfer small RNAs to mammalian cells and modulate innate immunity. Nature Communications, 5: 5488.

Cagliari D, Dias NP, Galdeano DM, et al. 2019. Management of pest insects and plant diseases by non-transformative RNAi. Frontiers in Plant Science, 10: 1319.

Cai Q, He B, Jin H. 2019. A safe ride in extracellular vesicles: small RNA trafficking between plant hosts and pathogens. Curr Opin Plant Biol, 52: 140-148.

Cai Q, He B, Kogel KH, et al. 2018b. Cross-kingdom RNA trafficking and environmental RNAi-nature's blueprint for modern crop protection strategies. Current Opinion in Microbiology, 46: 58-64.

Cai Q, Qiao LL, Wang M, et al. 2018a. Plants send small RNAs in extracellular vesicles to fungal pathogen to silence virulence genes. Science, 360(6393): 1126-1129.

Caplan JL, Kumar AS, Park E, et al. 2015. Chloroplast stromules function during innate immunity. Developmental Cell, 34(1): 45-57.

Chaudhary S, Dutta TK, Tyagi N, et al. 2019. Host-induced silencing of *Mi-msp-1* confers resistance to root-knot nematode *Meloidogyne incognita* in eggplant. Transgenic Res, 28(3-4): 327-340.

Chen Y, Kistler HC, Ma ZH. 2019. *Fusarium graminearum* trichothecene mycotoxins: biosynthesis, regulation, and management. Annual Review of Phytopathology, 57(1): 15-39.

Chen YJ, Liu BR, Dai YH, et al. 2012. A gene delivery system for insect cells mediated by arginine-rich cell-penetrating peptides. Gene, 493(2): 201-210.

Cheng W, Song XS, Li HP, et al. 2015. Host-induced gene silencing of an essential chitin synthase gene confers durable resistance to *Fusarium* head blight and seedling blight in wheat. Plant Biotechnology Journal, 13(9): 1335-1345.

Chow FW, Koutsovoulos G, Ovando-Vazquez C, et al. 2019. Secretion of an Argonaute protein by a parasitic nematode and the evolution of its siRNA guides. Nucleic Acids Research, 47(7): 3594-3606.

Colombo M, Raposo G, Thery C. 2014. Biogenesis, secretion, and intercellular interactions of exosomes and other extracellular vesicles. Annu Rev Cell Dev Biol, 30(1): 255-289.

Costea M, Tardif FJ. 2006. The biology of Canadian weeds. 133. *Cuscuta campestris* Yuncker, *C. gronovii* Willd. ex Schult., *C. umbrosa* Beyr. ex Hook., *C. epithymum* (L.) L. and *C. epilinum* Weihe. Can J Plant Sci, 86(1): 293-316.

Cruz LF, Rupp JLS, Trick HN, et al. 2014. Stable resistance to *Wheat streak mosaic virus* in wheat mediated by RNAi. *In Vitro* Cell Dev-Pl, 50(6): 665-672.

Cui H, Tsuda K, Parker JE. 2015. Effector-triggered immunity: from pathogen perception to robust defense. Annu Rev Plant Biol, 66(1): 487-511.

Dalakouras A, Wassenegger M, Dadami E, et al. 2020. Genetically modified organism-free RNA interference: exogenous application of RNA molecules in plants. Plant Physiology, 182(1): 38-50.

Dale J, James A, Paul JY, et al. 2017. Transgenic Cavendish bananas with resistance to *Fusarium* wilt tropical race 4. Nature Communications, 8(1): 1496.

Dass CR, Choong PFM. 2008. Gene therapy for osteosarcoma: steps towards clinical studies. J Pharm Pharmacol, 60(4): 405-413.

de Vries FT, Griffiths RI, Knight CG, et al. 2020. Harnessing rhizosphere microbiomes for drought-resilient crop production. Science, 368(6488): 270-274.

Deng GM, Yang QS, He WD, et al. 2015. Proteomic analysis of conidia germination in *Fusarium oxysporum* f. sp. *cubense* tropical race 4 reveals new targets in ergosterol biosynthesis pathway for controlling *Fusarium* wilt of banana. Applied Microbiology and Biotechnology, 99(17): 7189-7207.

Derbyshire M, Mbengue M, Barascud M, et al. 2019. Small RNAs from the plant pathogenic fungus *Sclerotinia sclerotiorum* highlight host candidate genes associated with quantitative disease resistance. Molecular Plant Pathology, 20(9): 1279-1297.

Ding SW. 2010. RNA-based antiviral immunity. Nature Reviews Immunology, 10(9): 632-644.

Dinh PTY, Brown CR, Elling AA. 2014. RNA interference of effector gene *Mc16D10L* confers resistance against *Meloidogyne chitwoodi* in *Arabidopsis* and potato. Phytopathology, 104(10): 1098-1106.

Dou T, Shao X, Hu C, et al. 2020. Host-induced gene silencing of *Foc TR4 ERG6/11* genes exhibits superior resistance to *Fusarium* wilt of banana. Plant Biotechnology Journal, 18(1): 11-13.

Duan CG, Wang CH, Fang RX, et al. 2008. Artificial microRNAs highly accessible to targets confer efficient virus resistance in plants. Journal of Virology, 82(22): 11084-11095.

Duan CG, Wang CH, Guo HS. 2012. Application of RNA silencing to plant disease resistance. Silence, 3(1): 5.

Dubrovina AS, Kiselev KV. 2019. Exogenous RNAs for gene regulation and plant resistance. International Journal of Molecular Sciences, 20(9): 2282.

Dunker F, Trutzenberg A, Rothenpieler JS, et al. 2020. Oomycete small RNAs bind to the plant RNA-induced silencing complex for virulence. eLife, 9: e56096.

Duran P, Thiergart T, Garrido-Oter R, et al. 2018. Microbial interkingdom interactions in roots promote *Arabidopsis* survival. Cell, 175(4): 973-983, e914.

Escobar MA, Civerolo EL, Summerfelt KR, et al. 2001. RNAi-mediated oncogene silencing confers resistance to crown gall tumorigenesis. Proc Natl Acad Sci USA, 98(23): 13437-13442.

Fahim M, Ayala-Navarrete L, Millar AA, et al. 2010. Hairpin RNA derived from viral *NIa* gene confers immunity to *Wheat streak mosaic virus* infection in transgenic wheat plants. Plant Biotechnology Journal, 8(7): 821-834.

Fahim M, Millar AA, Wood CC, et al. 2012. Resistance to *Wheat streak mosaic virus* generated by expression of an artificial polycistronic microRNA in wheat. Plant Biotechnology Journal, 10(2): 150-163.

Fairbairn DJ, Cavallaro AS, Bernard M, et al. 2007. Host-delivered RNAi: an effective strategy to silence genes in plant parasitic nematodes. Planta, 226(6): 1525-1533.

Fan L, Li R, Pan J, et al. 2015. Endocytosis and its regulation in plants. Trends in Plant Science, 20(6): 388-397.

Fei QL, Li PC, Teng C, et al. 2015. Secondary siRNAs from *Medicago NB-LRRs* modulated via miRNA-target interactions and their abundances. Plant Journal, 83(3): 451-465.

Fei QL, Xia R, Meyers BC. 2013. Phased, secondary, small interfering RNAs in posttranscriptional regulatory networks. The Plant Cell, 25(7): 2400-2415.

Fire A, Xu SQ, Montgomery MK, et al. 1998. Potent and specific genetic interference by double-stranded RNA in *Caenorhabditis elegans*. Nature, 391(6669): 806-811.

Fradin EF, Thomma BPHJ. 2006. Physiology and molecular aspects of *Verticillium* wilt diseases caused by *V. dahliae* and *V. albo-atrum*. Molecular Plant Pathology, 7(2): 71-86.

Frei dit Frey N, Robatzek S. 2009. Trafficking vesicles: pro or contra pathogens? Curr Opin Plant Biol, 12(4): 437-443.

Fu Y, Zhang L, Zhang F, et al. 2017. Exosome-mediated miR-146a transfer suppresses type Ⅰ interferon response and facilitates EV71 infection. PLOS Pathogens, 13(9): e1006611.

Fuchs M, Tricoli DM, Carney KJ, et al. 1998. Comparative virus resistance and fruit yield of transgenic squash with single and multiple coat protein genes. Plant Dis, 82(12): 1350-1356.

Fusaro AF, Matthew L, Smith NA, et al. 2006. RNA interference-inducing hairpin RNAs in plants act through the viral defence pathway. Embo Rep, 7(11): 1168-1175.

Garcia-Silva MR, das Neves RF, Cabrera-Cabrera F, et al. 2014. Extracellular vesicles shed by *Trypanosoma cruzi* are linked to small RNA pathways, life cycle regulation, and susceptibility to infection of mammalian cells. Parasitology Research, 113(1): 285-304.

Ghag SB, Shekhawat UKS, Ganapathi TR. 2014. Host-induced post-transcriptional hairpin RNA-mediated gene silencing of vital fungal genes confers efficient resistance against *Fusarium* wilt in banana. Plant Biotechnology Journal, 12(5): 541-553.

Ghosh SKB, Hunter WB, Park AL, et al. 2018. Double-stranded RNA oral delivery methods to induce RNA interference in phloem and plant-sap-feeding hemipteran insects. Jove-J Vis Exp, (135): 57390.

Giraldo MC, Dagdas YF, Gupta YK, et al. 2013. Two distinct secretion systems facilitate tissue invasion by the rice blast fungus *Magnaporthe oryzae*. Nature Communications, 4(3): 1996.

Gogoi A, Sarmah N, Kaldis A, et al. 2017. Plant insects and mites uptake double-stranded RNA upon its exogenous application on tomato leaves. Planta, 246(6): 1233-1241.

Gonsalves D. 2006. Transgenic papaya: development, release, impact and challenges. Plant Virus Epidemiology, 67: 317-354.

Good L, Stach JEM. 2011. Synthetic RNA silencing in bacteria-antimicrobial discovery and resistance breaking. Frontiers in Microbiology, 2: 185.

Govindarajulu M, Epstein L, Wroblewski T, et al. 2015. Host-induced gene silencing inhibits the biotrophic pathogen causing downy mildew of lettuce. Plant Biotechnology Journal, 13(7): 875-883.

Guo HS, García JA. 1997. Delayed resistance to *Plum pox potyvirus* mediated by a mutated RNA replicase gene: involvement of a gene-silencing mechanism. Molecular Plant-Microbe Interactions, 10(2): 160-170.

Guo HY, Song XG, Wang GL, et al. 2014. Plant-generated artificial small RNAs mediated aphid resistance. PLOS ONE, 9(5): e97410.

Guo XY, Li Y, Fan J, et al. 2019b. Host-induced gene silencing of *MoAP1* confers broad-spectrum resistance to *Magnaporthe oryzae*. Frontiers in Plant Science, 10: 433.

Guo Z, Li Y, Ding SW. 2019a. Small RNA-based antimicrobial immunity. Nature Reviews Immunology, 19(1): 31-44.

Gurusamy D, Mogilicherla K, Palli SR. 2020. Chitosan nanoparticles help double-stranded RNA escape from endosomes and improve RNA interference in the fall armyworm, *Spodoptera frugiperda*. Arch Insect Biochem Physiol, 104(4): e21677.

Gutierrez AP, Devay JE, Pullman GS, et al. 1983. A model of *Verticillium* wilt in relation to cotton growth and development. Phytopathology, 73(1): 89-95.

Haas BJ, Kamoun S, Zody MC, et al. 2009. Genome sequence and analysis of the Irish potato famine pathogen *Phytophthora infestans*. Nature, 461(7262): 393-398.

Hacquard S, Garrido-Oter R, Gonzalez A, et al. 2015. Microbiota and host nutrition across plant and animal kingdoms. Cell Host & Microbe, 17(5): 603-616.

Halperin W, Jensen WA. 1967. Ultrastructural changes during growth and embryogenesis in carrot cell cultures. Journal of Ultrastructure Research, 18(3): 428-443.

Haurwitz RE, Jinek M, Wiedenheft B, et al. 2010. Sequence- and structure-specific RNA processing by a CRISPR endonuclease. Science, 329(5997): 1355-1358.

He B, Cai Q, Qiao L, et al. 2021. RNA-binding proteins contribute to small RNA loading in plant extracellular vesicles. Nature Plants, 7(3): 342-352.

He JQ, Ye WW, Choi DS, et al. 2019. Structural analysis of *Phytophthora* suppressor of RNA silencing 2 (PSR2) reveals a conserved modular fold contributing to virulence. Proc Natl Acad Sci USA, 116(16): 8054-8059.

Head GP, Carroll MW, Evans SP, et al. 2017. Evaluation of SmartStax and SmartStax PRO maize against western corn rootworm and northern corn rootworm: efficacy and resistance management. Pest Management Science, 73(9): 1883-1899.

Hegedus N, Marx F. 2013. Antifungal proteins: more than antimicrobials? Fungal Biology Reviews, 26(4): 132-145.

Hou Y, Ma W. 2020. Natural host-induced gene silencing offers new opportunities to engineer disease resistance. Trends in Microbiology, 28(2): 109-117.

Hou YN, Zhai Y, Feng L, et al. 2019. A *Phytophthora* effector suppresses *trans*-kingdom RNAi to promote disease susceptibility. Cell Host & Microbe, 25(1): 153-165.

Howell MD, Fahlgren N, Chapman EJ, et al. 2007. Genome-wide analysis of the RNA-DEPENDENT RNA POLYMERASE6/DICER-LIKE4 pathway in *Arabidopsis* reveals dependency on miRNA- and tasiRNA-directed targeting. The Plant Cell, 19(3): 926-942.

Hu ZL, Parekh U, Maruta N, et al. 2015. Down-regulation of *Fusarium oxysporum* endogenous genes by host-delivered RNA interference enhances disease resistance. Frontiers in Chemistry, 3: 1.

Hua CL, Zhao JH, Guo HS. 2018. *Trans*-kingdom RNA silencing in plant-fungal pathogen interactions. Molecular Plant, 11(2): 235-244.

Huang CY, Wang H, Hu P, et al. 2019. Small RNAs: big players in plant-microbe interactions. Cell Host & Microbe, 26(2): 173-182.

Huang GZ, Allen R, Davis EL, et al. 2006. Engineering broad root-knot resistance in transgenic plants by RNAi silencing of a conserved and essential root-knot nematode parasitism gene. Proc Natl Acad Sci USA, 103(39): 14302-14306.

Huckelhoven R. 2007. Transport and secretion in plant-microbe interactions. Curr Opin Plant Biol, 10(6): 573-579.

Hudzik C, Hou YN, Ma WB, et al. 2020. Exchange of small regulatory RNAs between plants and their pests. Plant Physiology, 182(1): 51-62.

Jahan SN, Asman AKM, Corcoran P, et al. 2015. Plant-mediated gene silencing restricts growth of the potato late blight pathogen *Phytophthora infestans*. Journal of Experimental Botany, 66(9): 2785-2794.

Jaubert-Possamai S, Rispe C, Tanguy S, et al. 2010. Expansion of the miRNA pathway in the hemipteran insect *Acyrthosiphon pisum*. Molecular Biology and Evolution, 27(5): 979-987.

Jia RZ, Zhao H, Huang J, et al. 2017. Use of RNAi technology to develop a PRSV-resistant transgenic papaya. Scientific Reports, 7(1): 12636.

Jian J, Liang X. 2019. One small RNA of *Fusarium graminearum* targets and silences *CEBiP* gene in common wheat. Microorganisms, 7(10): 425.

Jiang RHY, Tripathy S, Govers F, et al. 2008. RXLR effector reservoir in two *Phytophthora* species is dominated by a single rapidly evolving superfamily with more than 700 members. Proc Natl Acad Sci USA, 105(12): 4874-4879.

Jiang RHY, Tyler BM. 2012. Mechanisms and evolution of virulence in oomycetes. Annual Review of Phytopathology, 50: 295-318.

Jiao J, Peng D. 2018. Wheat microRNA1023 suppresses invasion of *Fusarium graminearum* via targeting and silencing *FGSG_03101*. J Plant Interact, 13(1): 514-521.

Johnson NR, Axtell MJ. 2019. Small RNA warfare: exploring origins and function of *trans*-species microRNAs from the parasitic plant *Cuscuta*. Curr Opin Plant Biol, 50: 76-81.

Johnson WM, Johnson EK, Brinkerhoff LA. 1980. Symptomatology and formation of microsclerotia in weeds inoculated with *Verticillium dahliae* from cotton. Phytopathology, 70(1): 31-35.

Jose AM. 2015. Movement of regulatory RNA between animal cells. Genesis, 53(7): 395-416.

Kaldis A, Berbati M, Melita O, et al. 2018. Exogenously applied dsRNA molecules deriving from the *Zucchini yellow mosaic virus* (ZYMV) genome move systemically and protect cucurbits against ZYMV. Molecular Plant Pathology, 19(4): 883-895.

Kale SD, Gu B, Capelluto DG, et al. 2010. External lipid PI3P mediates entry of eukaryotic pathogen effectors into plant and animal host cells. Cell, 142(2): 284-295.

Kettles GJ, Hofinger BJ, Hu P, et al. 2019. sRNA profiling combined with gene function analysis reveals a lack of evidence for cross-kingdom RNAi in the wheat-*Zymoseptoria tritici* pathosystem. Frontiers in Plant Science, 10: 892.

Kim G, LeBlanc ML, Wafula EK, et al. 2014. Genomic-scale exchange of mRNA between a parasitic plant and its hosts. Science, 345(6198): 808-811.

Kim G, Westwood JH. 2015. Macromolecule exchange in *Cuscuta*-host plant interactions. Curr Opin Plant Biol, 26: 20-25.

Kis A, Tholt G, Ivanics M, et al. 2016. Polycistronic artificial miRNA-mediated resistance to *Wheat dwarf virus* in barley is highly efficient at low temperature. Molecular Plant Pathology, 17(3): 427-437.

Klosterman SJ, Atallah ZK, Vallad GE, et al. 2009. Diversity, pathogenicity, and management of

Verticillium species. Annual Review of Phytopathology, 47: 39-62.

Knip M, Constantin ME, Thordal-Christensen H. 2014. *Trans*-kingdom cross-talk: small RNAs on the move. PLOS Genetics, 10(9): e1004602.

Koch A, Biedenkopf D, Furch A, et al. 2016. An RNAi-based control of *Fusarium graminearum* infections through spraying of long dsRNAs involves a plant passage and is controlled by the fungal silencing machinery. PLOS Pathogens, 12(10): e1005901.

Koch A, Kumar N, Weber L, et al. 2013. Host-induced gene silencing of cytochrome P450 lanosterol C14α-demethylase–encoding genes confers strong resistance to *Fusarium* species. Proc Natl Acad Sci USA, 110(48): 19324-19329.

Konakalla NC, Kaldis A, Berbati M, et al. 2016. Exogenous application of double-stranded RNA molecules from TMV p126 and CP genes confers resistance against TMV in tobacco. Planta, 244(4): 961-969.

Kumar DR, Kumar PS, Gandhi MR, et al. 2016. Delivery of chitosan/dsRNA nanoparticles for silencing of wing development vestigial (*vg*) gene in *Aedes aegypti* mosquitoes. International Journal of Biological Macromolecules, 86: 89-95.

Lehrer RI, Ganz T. 1999. Antimicrobial peptides in mammalian and insect host defence. Current Opinion in Immunology, 11(1): 23-27.

Li F, Pignatta D, Bendix C, et al. 2012. MicroRNA regulation of plant innate immune receptors. Proc Natl Acad Sci USA, 109(5): 1790-1795.

Li HC, Guan RB, Guo HM, et al. 2015. New insights into an RNAi approach for plant defence against piercing-sucking and stem-borer insect pests. Plant, Cell & Environment, 38(11): 2277-2285.

Li J, Wang XP, Wang MQ, et al. 2013. Advances in the use of the RNA interference technique in Hemiptera. Insect Science, 20(1): 31-39.

Lichtenberg SS, Laisney J, Baddar ZE, et al. 2020. Comparison of nanomaterials for delivery of double-stranded RNA in *Caenorhabditis elegans*. Journal of Agricultural and Food Chemistry, 68(30): 7926-7934.

Lilley CJ, Bakhetia M, Charlton WL, et al. 2007. Recent progress in the development of RNA interference for plant parasitic nematodes. Molecular Plant Pathology, 8(5): 701-711.

Lindbo JA, Dougherty WG. 1992a. Untranslatable transcripts of the *Tobacco etch virus* coat protein gene sequence can interfere with *Tobacco etch virus*-replication in transgenic plants and protoplasts. Virology, 189(2): 725-733.

Lindbo JA, Dougherty WG. 1992b. Pathogen-derived resistance to a *Potyvirus*: immune and resistant phenotypes in transgenic tobacco expressing altered forms of a *Potyvirus* coat protein nucleotide-sequence. Molecular Plant-Microbe Interactions, 5(2): 144-153.

Lindbo JA, Falk BW. 2017. The impact of "Coat Protein-Mediated Virus Resistance" in applied plant pathology and basic research. Phytopathology, 107(6): 624-634.

Lindbo JA, Silvarosales L, Proebsting WM, et al. 1993. Induction of a highly specific antiviral state in transgenic plants: implications for regulation of gene-expression and virus-resistance. The Plant Cell, 5(12): 1749-1759.

Liu H, Brettell LE. 2019. Plant defense by VOC-induced microbial priming. Trends in Plant Science, 24(3): 187-189.

Liu H, Macdonald CA, Cook J, et al. 2019. An ecological loop: host microbiomes across multitrophic interactions. Trends in Ecology & Evolution, 34(12): 1118-1130.

Liu SH, Ding ZP, Zhang CW, et al. 2010. Gene knockdown by intro-thoracic injection of double-stranded RNA in the brown planthopper, *Nilaparvata lugens*. Insect Biochem Molec, 40(9): 666-671.

Liu SS, Jaouannet M, Dempsey DA, et al. 2020. RNA-based technologies for insect control in plant production. Biotechnology Advances, 39: 107463.

Lo Presti L, Kahmann R. 2017. How filamentous plant pathogen effectors are translocated to host cells? Curr Opin Plant Biol, 38: 19-24.

Lo Presti L, Lanver D, Schweizer G, et al. 2015. Fungal effectors and plant susceptibility. Annu Rev Plant Biol, 66: 513-545.

Lorenz C, Fotin-Mleczek M, Roth G, et al. 2011. Protein expression from exogenous mRNA: uptake by receptor-mediated endocytosis and trafficking via the lysosomal pathway. RNA Biology, 8(4): 627-636.

Lovo-Martins MI, Malvezi AD, Zanluqui NG, et al. 2018. Extracellular vesicles shed by *Trypanosoma cruzi* potentiate infection and elicit lipid body formation and PGE2 production in murine macrophages. Frontiers in Immunology, 9: 896.

Ma X, Wiedmer J, Palma-Guerrero J. 2019. Small RNA bidirectional crosstalk during the interaction between wheat and *Zymoseptoria tritici*. Frontiers in Plant Science, 10: 1669.

Mahmoudieh M, Noor MRM, Harikrishna JA, et al. 2019. Tomato *Solanum lycopersicum* expressing the overlapping regions of three begomovirus genes exhibit resistance to *Ageratum yellow vein Malaysia virus*. Physiol Mol Plant P, 108: 101425.

Mahto BK, Singh A, Pareek M, et al. 2020. Host-induced silencing of the *Colletotrichum gloeosporioides* conidial morphology 1 gene (*CgCOM1*) confers resistance against Anthracnose disease in chilli and tomato. Plant Molecular Biology, 104(4-5): 381-395.

Manavella PA, Koenig D, Weigel D. 2012. Plant secondary siRNA production determined by microRNA-duplex structure. Proc Natl Acad Sci USA, 109(7): 2461-2466.

Mao YB, Cai WJ, Wang JW, et al. 2007. Silencing a cotton bollworm P450 monooxygenase gene by plant-mediated RNAi impairs larval tolerance of gossypol. Nature Biotechnology, 25(11): 1307-1313.

Masanga JO, Matheka JM, Omer RA, et al. 2015. Downregulation of transcription factor aflR in *Aspergillus flavus* confers reduction to aflatoxin accumulation in transgenic maize with alteration of host plant architecture. Plant Cell Reports, 34(8): 1379-1387.

McLoughlin AG, Wytinck N, Walker PL, et al. 2018. Identification and application of exogenous dsRNA confers plant protection against *Sclerotinia sclerotiorum* and *Botrytis cinerea*. Scientific Reports, 8(1): 7320.

Miller ET, Svanback R, Bohannan BJM. 2018. Microbiomes as metacommunities: understanding host-associated microbes through metacommunity ecology. Trends in Ecology & Evolution, 33(12): 926-935.

Milletti F. 2012. Cell-penetrating peptides: classes, origin, and current landscape. Drug Discovery Today, 17(15-16): 850-860.

Mitter N, Worrall EA, Robinson KE, et al. 2017. Clay nanosheets for topical delivery of RNAi for sustained protection against plant viruses. Nature Plants, 3: 16207.

Mulcahy LA, Pink RC, Carter DR. 2014. Routes and mechanisms of extracellular vesicle uptake.

Journal of Extracellular Vesicles, 3(1): 24641.

Murphy AS, Bandyopadhyay A, Holstein SE, et al. 2005. Endocytotic cycling of PM proteins. Annu Rev Plant Biol, 56(1): 221-251.

Navarro L, Jay F, Nomura K, et al. 2008. Suppression of the microRNA pathway by bacterial effector proteins. Science, 321(5891): 964-967.

Niu QW, Lin SS, Reyes JL, et al. 2006. Expression of artificial microRNAs in transgenic *Arabidopsis thaliana* confers virus resistance. Nature Biotechnology, 24(11): 1420-1428.

Nowara D, Gay A, Lacomme C, et al. 2010. HIGS: host-induced gene silencing in the obligate biotrophic fungal pathogen *Blumeria graminis*. The Plant Cell, 22(9): 3130-3141.

Nunes CC, Dean RA. 2012. Host-induced gene silencing: a tool for understanding fungal host interaction and for developing novel disease control strategies. Molecular Plant Pathology, 13(5): 519-529.

O'Brien K, Breyne K, Ughetto S, et al. 2020. RNA delivery by extracellular vesicles in mammalian cells and its applications. Nat Rev Mol Cell Bio, 21(10): 585-606.

Ortiz-Rivas B, Jaubert-Possamai S, Tanguy S, et al. 2012. Evolutionary study of duplications of the miRNA machinery in aphids associated with striking rate acceleration and changes in expression profiles. BMC Ecology and Evolution, 12: 216.

Panwar V, McCallum B, Bakkeren G. 2013b. Endogenous silencing of *Puccinia triticina* pathogenicity genes through in planta-expressed sequences leads to the suppression of rust diseases on wheat. Plant Journal, 73(3): 521-532.

Panwar V, McCallum B, Bakkeren G. 2013a. Host-induced gene silencing of wheat leaf rust fungus *Puccinia triticina* pathogenicity genes mediated by the *Barley stripe mosaic virus*. Plant Molecular Biology, 81(6): 595-608.

Park YJ, Lee HJ, Kwak KJ, et al. 2014. MicroRNA400-guided cleavage of pentatricopeptide repeat protein mRNAs renders *Arabidopsis thaliana* more susceptible to pathogenic bacteria and fungi. Plant Cell Physiol, 55(9): 1660-1668.

Pegg G, Brady BL. 2002. *Verticillium* wilts. UK Wallingford: CABI.

Peres da Silva R, Puccia R, Rodrigues ML, et al. 2015. Extracellular vesicle-mediated export of fungal RNA. Scientific Reports, 5: 7763.

Pitino M, Coleman AD, Maffei ME, et al. 2011. Silencing of aphid genes by dsRNA feeding from plants. PLOS ONE, 6(10): e25709.

Pooggin M, Hohn T. 2003. RNAi targeting of DNA virus in plants. Nature Biotechnology, 21(2): 131-132.

Pumplin N, Voinnet O. 2013. RNA silencing suppression by plant pathogens: defence, counter-defence and counter-counter-defence. Nat Rev Microbiol, 11(11): 745-760.

Qi T, Zhu X, Tan C, et al. 2018. Host-induced gene silencing of an important pathogenicity factor PsCPK1 in *Puccinia striiformis* f. sp. *tritici* enhances resistance of wheat to stripe rust. Plant Biotechnology Journal, 16(3): 797-807.

Qiao Y, Liu L, Xiong Q, et al. 2013. Oomycete pathogens encode RNA silencing suppressors. Nature Genetics, 45(3): 330-333.

Qiao Y, Shi J, Zhai Y, et al. 2015. Phytophthora effector targets a novel component of small RNA pathway in plants to promote infection. Proc Natl Acad Sci USA, 112(18): 5850-5855.

Qu J, Ye J, Fang R. 2007. Artificial microRNA-mediated virus resistance in plants. Journal of Virology, 81(12): 6690-6699.

Rayner S, Bruhn S, Vallhov H, et al. 2017. Identification of small RNAs in extracellular vesicles from the commensal yeast *Malassezia sympodialis*. Scientific Reports, 7: 39742.

Regente M, Corti-Monzon G, Maldonado AM, et al. 2009. Vesicular fractions of sunflower apoplastic fluids are associated with potential exosome marker proteins. Febs Lett, 583(20): 3363-3366.

Regente M, Pinedo M, San Clemente H, et al. 2017. Plant extracellular vesicles are incorporated by a fungal pathogen and inhibit its growth. Journal of Experimental Botany, 68(20): 5485-5495.

Ren B, Wang X, Duan J, et al. 2019. Rhizobial tRNA-derived small RNAs are signal molecules regulating plant nodulation. Science, 365(6456): 919-922.

Ressel S, Rosca A, Gordon K, et al. 2019. Extracellular RNA in viral-host interactions: thinking outside the cell. Wires RNA, 10(4): e1535.

Rodrigues ML, Nimrichter L, Oliveira DL, et al. 2007. Vesicular polysaccharide export in *Cryptococcus neoformans* is a eukaryotic solution to the problem of fungal *trans*-cell wall transport. Eukaryotic Cell, 6(1): 48-59.

Roney JK, Khatibi PA, Westwood JH. 2007. Cross-species translocation of mRNA from host plants into the parasitic plant dodder. Plant Physiology, 143(2): 1037-1043.

Rosa C, Kuo YW, Wuriyanghan H, et al. 2018. RNA interference mechanisms and applications in plant pathology. Annual Review of Phytopathology, 56: 581-610.

Rosso MN, Jones JT, Abad P. 2009. RNAi and functional genomics in plant parasitic nematodes. Annual Review of Phytopathology, 47(1): 207-232.

Runo S, Alakonya A, Machuka J, et al. 2011. RNA interference as a resistance mechanism against crop parasites in Africa: a 'Trojan horse' approach. Pest Management Science, 67(2): 129-136.

San Miguel K, Scott JG. 2016. The next generation of insecticides: dsRNA is stable as a foliar-applied insecticide. Pest Management Science, 72(4): 801-809.

Sanford JC, Johnston SA. 1985. The concept of parasite-derived resistance: deriving resistance genes from the parasites own genome. J Theor Biol, 113(2): 395-405.

Schwarzlander M, Finkemeier I. 2013. Mitochondrial energy and redox signaling in plants. Antioxid Redox Sign, 18(16): 2122-2144.

Scott JG, Michel K, Bartholomay LC, et al. 2013. Towards the elements of successful insect RNAi. Journal of Insect Physiology, 59(12): 1212-1221.

Shahabipour F, Barati N, Johnston TP, et al. 2017. Exosomes: nanoparticulate tools for RNA interference and drug delivery. Journal of Cellular Physiology, 232(7): 1660-1668.

Shahid S, Kim G, Johnson NR, et al. 2018. MicroRNAs from the parasitic plant *Cuscuta campestris* target host messenger RNAs. Nature, 553(7686): 82-85.

Shakesby AJ, Wallace IS, Isaacs HV, et al. 2009. A water-specific aquaporin involved in aphid osmoregulation. Insect Biochem Molec, 39(1): 1-10.

Shivaprasad PV, Chen HM, Patel K, et al. 2012. A microRNA superfamily regulates nucleotide binding site-leucine-rich repeats and other mRNAs. The Plant Cell, 24(3): 859-874.

Silvestri A, Fiorilli V, Miozzi L, et al. 2019. In silico analysis of fungal small RNA accumulation reveals putative plant mRNA targets in the symbiosis between an arbuscular mycorrhizal fungus and its host plant. BMC Genomics, 20(1): 169.

Sivamani E, Brey CW, Dyer WE, et al. 2000. Resistance to *Wheat streak mosaic virus* in transgenic wheat expressing the viral replicase (*NIb*) gene. Mol Breeding, 6: 469-477.

Sivamani E, Brey CW, Talbert LE, et al. 2002. Resistance to *Wheat streak mosaic virus* in transgenic wheat engineered with the viral coat protein gene. Transgenic Res, 11(1): 31-41.

Song Y, Thomma B. 2018. Host-induced gene silencing compromises *Verticillium* wilt in tomato and *Arabidopsis*. Molecular Plant Pathology, 19(1): 77-89.

Steeves RM, Todd TC, Essig JS, et al. 2006. Transgenic soybeans expressing siRNAs specific to a major sperm protein gene suppress *Heterodera glycines* reproduction. Functional Plant Biology, 33(11): 991-999.

Steinberg G. 2014. Endocytosis and early endosome motility in filamentous fungi. Current Opinion in Microbiology, 20: 10-18.

Stuart J. 2015. Insect effectors and gene-for-gene interactions with host plants. Curr Opin Insect Sci, 9: 56-61.

Tan JACH, Jones MGK, Fosu-Nyarko J. 2013. Gene silencing in root lesion nematodes (*Pratylenchus* spp.) significantly reduces reproduction in a plant host. Experimental Parasitology, 133(2): 166-178.

Tatiparti K, Sau S, Kashaw SK, et al. 2017. siRNA delivery strategies: a comprehensive review of recent developments. Nanomaterials-Basel, 7(4): 77.

Teng Y, Ren Y, Sayed M, et al. 2018. Plant-derived exosomal microRNAs shape the gut microbiota. Cell Host & Microbe, 24(5): 637-652.

Tenllado F, Diaz-Ruiz JR. 2001. Double-stranded RNA-mediated interference with plant virus infection. Journal of Virology, 75(24): 12288-12297.

Thakare D, Zhang JW, Wing RA, et al. 2017. Aflatoxin-free transgenic maize using host-induced gene silencing. Science Advances, 3(3): e1602382.

Timmons L, Fire A. 1998. Specific interference by ingested dsRNA. Nature, 395(6705): 854.

Tkacz A, Bestion E, Bo Z, et al. 2020. Influence of plant fraction, soil, and plant species on microbiota: a multikingdom comparison. mBio, 11(1): e02785-e02819.

Tomilov AA, Tomilova NB, Wroblewski T, et al. 2008. *Trans*-specific gene silencing between host and parasitic plants. Plant Journal, 56(3): 389-397.

Tyler BM, Tripathy S, Zhang X, et al. 2006. Phytophthora genome sequences uncover evolutionary origins and mechanisms of pathogenesis. Science, 313(5791): 1261-1266.

Ulvila J, Parikka M, Kleino A, et al. 2006. Double-stranded RNA is internalized by scavenger receptor-mediated endocytosis in *Drosophila* S2 cells. Journal of Biological Chemistry, 281(20): 14370-14375.

Uslu VV, Bassler A, Krczal G, et al. 2020. High-pressure-sprayed double stranded RNA does not induce RNA interference of a reporter gene. Frontiers in Plant Science, 11: 534391.

van Kleeff PJ, Galland M, Schuurink RC, et al. 2016. Small RNAs from *Bemisia tabaci* are transferred to *Solanum lycopersicum* phloem during feeding. Frontiers in Plant Science, 7: 1759.

van Niel G, D'Angelo G, Raposo G. 2018. Shedding light on the cell biology of extracellular vesicles. Nat Rev Mol Cell Bio, 19(4): 213-228.

Vannier N, Agler M, Hacquard S. 2019. Microbiota-mediated disease resistance in plants. PLOS Pathogens, 15(6): e1007740.

Villarroya-Beltri C, Gutierrez-Vazquez C, Sanchez-Cabo F, et al. 2013. Sumoylated hnRNPA2B1 controls the sorting of miRNAs into exosomes through binding to specific motifs. Nature Communications, 4: 2980.

Vogel A, Schwacke R, Denton AK, et al. 2018. Footprints of parasitism in the genome of the parasitic flowering plant *Cuscuta campestris*. Nature Communications, 9(1): 2515.

Wang B, Sun Y, Song N, et al. 2017b. *Puccinia striiformis* f. sp. *tritici* microRNA-like RNA 1 (Pst-milR1), an important pathogenicity factor of Pst, impairs wheat resistance to Pst by suppressing the wheat pathogenesis-related 2 gene. New Phytologist, 215(1): 338-350.

Wang B, Wang LL, Chen FY, et al. 2016c. MicroRNA profiling of the whitefly *Bemisia tabaci* Middle East-Aisa Minor I following the acquisition of *Tomato yellow leaf curl China virus*. Virology Journal, 13: 20.

Wang F, Shang Y, Fan B, et al. 2014. *Arabidopsis* LIP5, a positive regulator of multivesicular body biogenesis, is a critical target of pathogen-responsive MAPK cascade in plant basal defense. PLOS Pathogens, 10(7): e1004243.

Wang FQ, Li WQ, Zhu JY, et al. 2016b. Hairpin RNA targeting multiple viral genes confers strong resistance to *Rice black-streaked dwarf virus*. International Journal of Molecular Sciences, 17(5): 705.

Wang KX, Peng YC, Chen JS, et al. 2020b. Comparison of efficacy of RNAi mediated by various nanoparticles in the rice striped stem borer (*Chilo suppressalis*). Pestic Biochem Phys, 165: 104467.

Wang M, Weiberg A, Dellota E, et al. 2017a. Botrytis small RNA Bc-siR37 suppresses plant defense genes by cross-kingdom RNAi. RNA Biology, 14(4): 421-428.

Wang M, Weiberg A, Lin FM, et al. 2016a. Bidirectional cross-kingdom RNAi and fungal uptake of external RNAs confer plant protection. Nature Plants, 2: 16151.

Wang M, Wu L, Mei Y, et al. 2020a. Host-induced gene silencing of multiple genes of *Fusarium graminearum* enhances resistance to *Fusarium* head blight in wheat. Plant Biotechnology Journal, 18(12): 2373-2375.

Wang MB, Abbott DC, Waterhouse PM. 2000. A single copy of a virus-derived transgene encoding hairpin RNA gives immunity to *Barley yellow dwarf virus*. Molecular Plant Pathology, 1(6): 347-356.

Wang SM, Boevink PC, Welsh L, et al. 2017c. Delivery of cytoplasmic and apoplastic effectors from *Phytophthora infestans* haustoria by distinct secretion pathways. New Phytologist, 216(1): 205-215.

Waterhouse PM, Graham HW, Wang MB. 1998. Virus resistance and gene silencing in plants can be induced by simultaneous expression of sense and antisense RNA. Proc Natl Acad Sci USA, 95(23): 13959-13964.

Wei C, Qin T, Li Y, et al. 2020. Host-induced gene silencing of the acetolactate synthases VdILV2 and VdILV6 confers resistance to *Verticillium* wilt in cotton (*Gossypium hirsutum* L.). Biochem Bioph Res Co, 524(2): 392-397.

Wei Z, Jousset A. 2017. Plant breeding goes microbial. Trends in Plant Science, 22(7): 555-558.

Weiberg A, Wang M, Lin FM, et al. 2013. Fungal small RNAs suppress plant immunity by hijacking host RNA interference pathways. Science, 342(6154): 118-123.

Whangbo JS, Hunter CP. 2008. Environmental RNA interference. Trends in Genetics, 24(6): 297-305.

Wilhelm S. 1955. Longevity of the *Verticillium* wilt fungus in the laboratory and field. Phytopathology, 45(3): 180-181.

Worrall EA, Bravo-Cazar A, Nilon AT, et al. 2019. Exogenous application of RNAi-inducing double-stranded RNA inhibits aphid-mediated transmission of a plant virus. Frontiers in Plant Science, 10: 265.

Wytinck N, Sullivan DS, Biggar KT, et al. 2020. Clathrin mediated endocytosis is involved in the uptake of exogenous double-stranded RNA in the white mold phytopathogen *Sclerotinia sclerotiorum*. Scientific Reports, 10(1): 12773.

Xia R, Meyers BC, Liu ZC, et al. 2013. MicroRNA superfamilies descended from miR390 and their roles in secondary small interfering RNA biogenesis in eudicots. The Plant Cell, 25(5): 1555-1572.

Xia ZJ, Achar PN, Gu BK. 1998. Vegetative compatibility groupings of *Verticillium dahliae* from cotton in mainland China. Eur J Plant Pathol, 104(9): 871-876.

Xiao D, Gao X, Xu J, et al. 2015. Clathrin-dependent endocytosis plays a predominant role in cellular uptake of double-stranded RNA in the red flour beetle. Insect Biochem Molec, 60: 68-77.

Xiong FJ, Liu M, Zhuo FP, et al. 2019. Host-induced gene silencing of BcTOR in *Botrytis cinerea* enhances plant resistance to grey mould. Molecular Plant Pathology, 20(12): 1722-1739.

Xiong Q, Ye WW, Choi D, et al. 2014. Phytophthora suppressor of RNA silencing 2 is a conserved RxLR effector that promotes infection in soybean and *Arabidopsis thaliana*. Molecular Plant-Microbe Interactions, 27(12): 1379-1389.

Xu HJ, Chen T, Ma XF, et al. 2013. Genome-wide screening for components of small interfering RNA (siRNA) and micro-RNA (miRNA) pathways in the brown planthopper, *Nilaparvata lugens* (Hemiptera: Delphacidae). Insect Molecular Biology, 22(6): 635-647.

Xu J, Wang X, Li Y, et al. 2018. Host-induced gene silencing of a regulator of G protein signalling gene (*VdRGS1*) confers resistance to *Verticillium* wilt in cotton. Plant Biotechnology Journal, 16(9): 1629-1643.

Yadav BC, Veluthambi K, Subramaniam K. 2006. Host-generated double stranded RNA induces RNAi in plant-parasitic nematodes and protects the host from infection. Molecular and Biochemical Parasitology, 148(2): 219-222.

Yang YZ, Jittayasothorn Y, Chronis D, et al. 2013. Molecular characteristics and efficacy of 16D10 siRNAs in inhibiting root-knot nematode infection in transgenic grape hairy roots. PLOS ONE, 8(7): e69463.

Yang ZZ, Zhang YT, Wafula EK, et al. 2016. Horizontal gene transfer is more frequent with increased heterotrophy and contributes to parasite adaptation. Proc Natl Acad Sci USA, 113(45): E7010-E7019.

Ye WW, Ma WB. 2016. Filamentous pathogen effectors interfering with small RNA silencing in plant hosts. Current Opinion in Microbiology, 32: 1-6.

Yin C, Jurgenson JE, Hulbert SH. 2011. Development of a host-induced RNAi system in the wheat stripe rust fungus *Puccinia striiformis* f. sp. *tritici*. Molecular Plant-Microbe Interactions, 24(5): 554-561.

Yin CT, Downey SI, Klages-Mundt NL, et al. 2015. Identification of promising host-induced silencing targets among genes preferentially transcribed in haustoria of *Puccinia*. BMC Genomics, 16(1): 579.

Yin CT, Ramachandran SR, Zhai Y, et al. 2019. A novel fungal effector from *Puccinia graminis* suppressing RNA silencing and plant defense responses. New Phytologist, 222(3): 1561-1572.

Yoder JI, Gunathilake P, Wu B, et al. 2009. Engineering host resistance against parasitic weeds with RNA interference. Pest Management Science, 65(5): 460-466.

Youssef RM, Kim KH, Haroon SA, et al. 2013. Post-transcriptional gene silencing of the gene encoding aldolase from soybean cyst nematode by transformed soybean roots. Experimental Parasitology, 134(2): 266-274.

Yu N, Christiaens O, Liu J, et al. 2013. Delivery of dsRNA for RNAi in insects: an overview and future directions. Insect Science, 20(1): 4-14.

Zhai JX, Jeong DH, De Paoli E, et al. 2011. MicroRNAs as master regulators of the plant *NB-LRR* defense gene family via the production of phased, *trans*-acting siRNAs. Genes & Development, 25(23): 2540-2553.

Zhang DL, Qi JF, Yue JP, et al. 2014. Root parasitic plant *Orobanche aegyptiaca* and shoot parasitic plant *Cuscuta australis* obtained Brassicaceae-specific strictosidine synthase-like genes by horizontal gene transfer. BMC Plant Biology, 14: 19.

Zhang J, Khan SA, Hasse C, et al. 2015. Full crop protection from an insect pest by expression of long double-stranded RNAs in plastids. Science, 347(6225): 991-994.

Zhang MX, Wang QH, Xu K, et al. 2011. Production of dsRNA sequences in the host plant is not sufficient to initiate gene silencing in the colonizing oomycete pathogen *Phytophthora parasitica*. PLOS ONE, 6(11): e28114.

Zhang P, Jia YJ, Shi JX, et al. 2019. The WY domain in the *Phytophthora* effector PSR1 is required for infection and RNA silencing suppression activity. New Phytologist, 223(2): 839-852.

Zhang T, Jin Y, Zhao JH, et al. 2016b. Host-induced gene silencing of the target gene in fungal cells confers effective resistance to the cotton wilt disease pathogen *Verticillium dahliae*. Molecular Plant, 9(6): 939-942.

Zhang T, Zhao YL, Zhao JH, et al. 2016a. Cotton plants export microRNAs to inhibit virulence gene expression in a fungal pathogen. Nature Plants, 2(10): 16153.

Zhang X, Zhang J, Zhu KY. 2010. Chitosan/double-stranded RNA nanoparticle-mediated RNA interference to silence chitin synthase genes through larval feeding in the African malaria mosquito (*Anopheles gambiae*). Insect Molecular Biology, 19(5): 683-693.

Zhang YT, Fernandez-Aparicio M, Wafula EK, et al. 2013. Evolution of a horizontally acquired legume gene, albumin 1, in the parasitic plant *Phelipanche aegyptiaca* and related species. BMC Evol Biol, 13: 48.

Zhao JH, Guo HS. 2019. *Trans*-kingdom RNA interactions drive the evolutionary arms race between hosts and pathogens. Curr Opin Genet Dev, 58-59: 62-69.

Zhao JH, Zhang T, Liu QY, et al. 2021. *Trans*-kingdom RNAs and their fates in recipient cells: advances, utilization, and perspectives. Plant Communications, 2(2): 100167.

Zhao MX, Meyers BC, Cai CM, et al. 2015. Evolutionary patterns and coevolutionary consequences of miRNA genes and microRNA targets triggered by multiple mechanisms of genomic duplications in soybean. The Plant Cell, 27(3): 546-562.

Zhao P, Zhao YL, Jin Y, et al. 2014. Colonization process of *Arabidopsis thaliana* roots by a green fluorescent protein-tagged isolate of *Verticillium dahliae*. Protein Cell, 5(2): 94-98.

Zhao YL, Zhou TT, Guo HS. 2016. Hyphopodium-specific VdNoxB/VdPls1-dependent ROS-Ca^{2+} signaling is required for plant infection by *Verticillium dahliae*. PLOS Pathogens, 12(7): e1005793.

Zhou BB, Bailey A, Niblett CL, et al. 2016b. Control of brown patch (*Rhizoctonia solani*) in tall fescue (*Festuca arundinacea* Schreb.) by host induced gene silencing. Plant Cell Reports, 35(4): 791-802.

Zhou YR, Li LY, Li JM, et al. 2016a. Argonaute subfamily genes in the small brown planthopper,

Laodelphax striatellus (Hemiptera: Delphacidae). Arch Insect Biochem Physiol, 91(1): 37-51.

Zhou Z, Li YL, Yuan CY, et al. 2015. Oral administration of TAT-PTD-diapause hormone fusion protein interferes with *Helicoverpa armigera* (Lepidoptera: Noctuidae) Development. Journal of Insect Science, 15(1): 123.

Zhu C, Liu T, Chang YN, et al. 2019. Small RNA functions as a trafficking effector in plant immunity. International Journal of Molecular Sciences, 20(11): 2816.

Zhu X, Qi T, Yang Q, et al. 2017. Host-induced gene silencing of the MAPKK gene *PsFUZ7* confers stable resistance to wheat stripe rust. Plant Physiology, 175(4): 1853-1863.

第八章

其他物种中 sRNA 形成和作用方式

赵建华

中国科学院微生物研究所

RNAi 是真核生物中一种进化保守的基因表达调控机制。它是由 dsRNA 诱导产生 sRNA，通过碱基互补配对在转录或转录后水平，对靶基因进行高效特异性调控的现象。与植物相比，动物和真菌细胞中 RNAi 途径有很大不同。

在脊椎动物中，已经鉴定到多达 1000 种不同的 miRNA（Wienholds and Plasterk，2005）。动物中成熟 miRNA 一般为 22～23nt，3′ 端没有甲基化修饰。miRNA 前体结构简单，一个 pri-miRNA 可能包含多个 pre-miRNA，能够加工得到几个 miRNA 成熟体。随着研究不断深入，研究人员发现无论是 miRNA 合成途径、靶向位置还是作用方式，植物和动物中都存在很大差异。植物的 DCL 蛋白定位于细胞核，miRNA 在细胞核内产生（参见第二章）；而在动物细胞中，miRNA 基因由 Pol Ⅱ转录生成 pri-miRNA，pri-miRNA 被 Drosha 剪切成 70～88nt 的 pre-miRNA。pre-miRNA 在转运蛋白 Exportin-5 和 Ran-GFP 共同作用下，由细胞核转运到细胞质中，并被 Dicer 蛋白剪切为成熟的 22nt miRNA 双链，其中一条链与 AGO 蛋白形成沉默复合物，调控靶基因表达（Ambros，2004）。在动物中，miRNA 一般靶向基因的 3′-UTR 区域，与靶标匹配程度不同，作用方式也不相同。当大多数动物 miRNA 与靶基因匹配程度较低时，抑制基因翻译；当匹配程度较高时，则介导靶基因的剪切。动物中内源的 siRNA 主要来源于转座子或假基因等区域，长度一般为 20～22nt（Zhang et al.，2007；Axtell et al.，2011；Moran et al.，2017；Zhang et al.，2018）。动物中还存在一类长度为 23～32nt 的特殊 siRNA。这类 siRNA 与 PIWI 蛋白结合，调控转座子基因的转录活性，被称为 piRNA（PIWI-interacting RNA）（Lau et al.，2006）。与 miRNA 和 siRNA 相比，piRNA 合成方式与作用方式又有很大不同。

近年研究发现真菌中的 RNAi 途径更加复杂。目前，研究较多的主要是模式真菌粗糙脉胞菌（*Neurospora crassa*），1992 年，科学家发现外源转入的重复序列诱导了粗糙脉胞菌中的 RNAi，这种机制称为“quelling”（压抑）（Romano and Macino，1992；Yang et al.，2015）。内源 DNA 重复序列受到损伤发生断裂时会产生一类依赖于 QDE-2 的 sRNA，称为 qiRNA（Lee et al.，2009）。quelling 和 qiRNA 途径主要发生在营养生长阶段，在维持真菌基因组稳定中发挥关键作用。减数分裂沉默未配对 DNA（meiotic silencing unpaired DNA，MSUD）途径发生在减数分裂期，未配对的 DNA 转录的异常 RNA（aberrant RNA，aRNA） 在 SAD（suppressor of ascus dominance）-1/2/3 蛋白作用下形成双链并产生 sRNA，调控真菌有性生殖阶段基因的表达（Aramayo and Metzenberg，1996；Shiu et al.，2001）。除此之外，在粗糙脉胞菌中还发现多个与 miRNA 类似的 sRNA，即 milRNA（micro-like RNA）。粗糙脉胞菌 milRNA 的合成途径与作用方式，与动物和植物均不相同。除粗糙脉胞菌外，在其他真菌中也发现多种 RNAi 途径，如大丽轮枝菌中的 milRNA 途径，稻瘟病菌中 esRNA（endogenous short RNA）、tRF（tRNA-derived RNA fragment）等途径（Li et al.，2010；Dang et al.，2011；Chang et al.，2012）。在裂殖酵母中，RNAi 途径参与了异染色质形成（Noma et al.，2004；Verdel et al.，2004）。

原核生物细胞内也存在大量 sRNA，但这些 sRNA 发挥作用的方式与真核细胞中完全不同。在细菌和古菌中，sRNA 主要通过成簇有规律的间隔短回文重复序列（clustered regularly interspaced short palindromic repeat，CRISPR）途径抵抗外源核酸入侵。CRISPR 系统是细菌或古菌中的天然免疫系统，通过 sRNA 特异性地识别并抑制病毒或外来质粒的增殖（Barrangou et al.，2007；Marraffini and Sontheimer，2010；Wiedenheft et al.，2012）。

本章将介绍动物、真菌和卵菌中的 RNAi 途径，以及在原核生物中由 sRNA 介导的天然免疫系统 CRISPR。

第一节　动物中 miRNA 与 sRNA 作用方式

在真核生物中，miRNA 通过碱基互补配对识别靶基因，进一步剪切并降解靶基因 mRNA 或抑制翻译，在转录后水平调控基因表达。在秀丽隐杆线虫（*Caenorhabditis elegans*）中发现了第一个 miRNA lin-4，并证实 lin-4 在线虫生长发育过程中发挥重要作用。但是，由于在其他物种中没有发现 lin-4 的同源 miRNA，人们一直认为 miRNA 调控基因表达的方式是线虫特有的。直到在不同物种中都鉴定到 let-7，人们才意识到 miRNA 调控基因表达在很多物种中都发挥了重要的作用（Zhang et al.，2007，2008；Axtell et al.，2011；Okamura，2012；Moran et al.，2017）。

随着测序技术、分子生物学实验技术的发展，在动物和植物中鉴定到几千种不同的 miRNA。尽管 miRNA 在生长发育过程中发挥着非常重要的作用，但在动物和植物细胞内 miRNA 还存在着本质的区别。例如，miRNA 产生的位点、miRNA 合成途径、miRNA 靶向位点。在研究 miRNA 的同时，siRNA 的种类、合成机制及功能的研究也逐渐深入。在动物细胞中存在一类特殊的 siRNA 即 piRNA。在本节中，我们比较 miRNA 途径在动物与植物中的不同点，阐明动物中 miRNA 的调控方式。另外，我们还将对 piRNA 合成和作用方式进行描述。

一、动物和植物中 miRNA 合成途径的异同

目前，研究人员开发了多种工具用于 miRNA 预测，并且数千种 miRNA 已经被 miRBase 数据库收录并进行了注释。但是，miRBase 数据库中收录的很多 miRNA 并未被实验证实，并且很难简单明确地用一种标准衡量所有的 miRNA（Ambros et al.，2003；Meyers et al.，2008）。一般，miRNA 是由 RNase Ⅲ剪切发卡结构产生的 21～24nt 的 sRNA，与 AGO 结合通过碱基互补配对识别并作用于靶基因。在动物和植物中，miRNA 调控途径还是存在着本质上的不同。

对植物中 miRNA 形成机制的解析主要来源于对模式植物拟南芥的研究。在拟南芥中，miRNA 基因首先被 Pol Ⅱ转录并形成一个含有发卡结构的 pri-miRNA（Xie et al.，2005）。植物中 miRNA 的前体长度并不保守，最短的只有 70 个碱基，而最长的达到几百个碱基。拟南芥编码 4 个 Dicer-like 蛋白，其中 DCL1 在 miRNA 合成过程中发挥主要功能（Fahlgren et al.，2007）。DCL1 通常从发卡结构附近剪切形成 pre-miRNA，并进一步剪切得到 miRNA/miRNA* 双链（Kurihara and Watanabe，2004；Addo-Quaye et al.，2009）。除 miR159 和 miR319 以外，大部分植物 miRNA 前体只产生一对 miRNA/miRNA* 双链（20～24nt）。在植物中，miRNA/miRNA* 双链加工合成的过程发生在细胞核内的 D-body 上，并需要多个辅助蛋白参与（Park et al.，2005；Fang and Spector，2007；Song et al.，2007）。在形成 miRNA/miRNA* 双链后，HEN1 蛋白催化复合体 3′端甲基化，保护 miRNA 不被降解（Li et al.，2005b；Yu et al.，2005）。随后，被甲基化的 miRNA/miRNA* 双链被核输出蛋白 HASTY 输出到细胞质，并与 AGO 蛋白结合（Li et al.，2005a；Yu et al.，2005）。在拟南芥中，主要是 AGO1 蛋白结合 miRNA，并发挥内切酶活性剪切靶标 mRNA（Baumberger and Baulcombe，2005；Qi et al.，2005；Vaucheret，2006）（详细内容参考第二章）（图 8-1）。

动物中对果蝇、线虫和哺乳动物的研究表明，miRNA 形成机制与植物中相似但又不相同（Kim et al.，2009）（图 8-1）。在动物中，大部分 miRNA 基因是由 Pol Ⅱ转录的，但也有一部分是 Pol Ⅲ的转录产物（Borchert et al.，2006）。动物中 miRNA 前体长度一般为 50～70nt，果蝇中少数 miRNA 前体能达到 200nt（Ruby et al.，2007a）。RNase Ⅲ Drosha 蛋白在 dsRNA 结合蛋白 DGCR8 的协助下剪切 pri-miRNA 得到 pre-miRNA。随后，pre-miRNA 被 Exportin 5 输出到细胞质，并被 Dicer 蛋白剪切成 miRNA/miRNA* 双链。动物 miRNA 主要由细胞质内的 Dicer 核酸酶进行剪切，这是与植物 miRNA 合成方式的主要不同。另外，与植物中不同的是动物中 miRNA/miRNA* 双链并不被甲基化。miRNA/miRNA* 双链与 AGO 蛋白结合调控基因表达。在哺乳动物中，只有 AGO2 蛋白具有剪切活性（Liu et al.，2004；Meister et al.，2004）。果蝇 AGO1 蛋白具有剪切活性，而 AGO2 主要结合 siRNA 及 miRNA* 链。有意思的是，果蝇 AGO2 蛋白结合的 miRNA* 和 siRNA 的 3′端都被甲基化修饰（Horwich et al.，2007；Czech et al.，2009；Okamura et al.，2009；Ghildiyal et al.，2010）（图 8-1）。

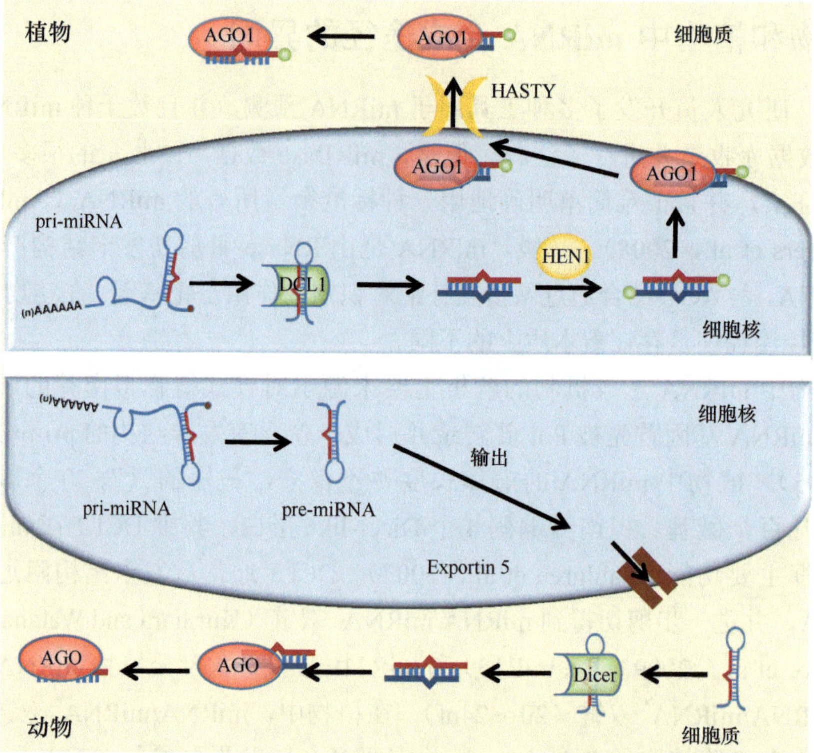

图 8-1 植物和动物中保守 miRNA 合成途径的异同［修改自 Moran 等（2017）］

植物中 miRNA 成熟体的加工主要在细胞核内完成，而动物中 miRNA 是在细胞质中加工成熟的。
植物中 miRNA/miRNA* 双链 3′ 端会被 HEN1 蛋白甲基化，而动物中 miRNA/miRNA* 双链不被甲基化修饰

在动物中，还存在几种特殊的 miRNA 合成途径。人们一直认为动物 miRNA 产生需要 Drosha 和 Dicer 两步剪切，但 mirtron 途径的发现改变了这种观念。通过 mirtron 途径产生的 miRNA，miRNA/miRNA* 序列恰好完全在一个内含子上。在 pri-miRNA 加工成 pre-miRNA 的过程中并不依赖 Drosha 蛋白（Okamura et al.，2007；Ruby et al.，2007b；Flynt et al.，2010）。在植物中，并未发现类似的机制，但水稻 miR1429/miR1429* 也同时比对到一个基因内含子（Zhu et al.，2008）。除了不依赖 Drosha 蛋白，动物中还发现了不依赖 Dicer 的 miRNA 合成途径，如脊椎动物的 miRNA-451，pre-miRNA-451 被剪切后只剩下 19nt 的茎环，不能被 Dicer 蛋白继续加工，而是直接与 AGO2 结合并被 AGO2 加工成 23nt 左右的成熟 miRNA（Cheloufi et al.，2010；Cifuentes et al.，2010；Yang et al.，2010）。在 miRNA-451 加工过程中，并未出现 miRNA-451/miRNA-451* 复合体，而在植物中并未发现由 AGO 加工成熟的 miRNA。

二、动物和植物中 miRNA 基因在基因组上特征的异同

在植物中，miRNA 转录物一般是独立转录的非编码 RNA，只有很少数位于基因的内含子区域，如 DCL1 基因内含子转录的 miRNA，推测这个 miRNA 很可能反馈调控 miRNA 合成途径（Rajagopalan et al.，2006；Axtell et al.，2007）。在基因组上，植

物 miRNA 前体形成的发卡结构有时会成簇出现。在拟南芥、水稻和杨树中，大概 1/5 的 miRNA 前体在基因组上的间隔不足 10kb（Merchan et al.，2009），其中 61%～90% 成簇出现的发卡结构都能产生同一个成熟的 miRNA，只有很少的成簇位点产生两个或两个以上的成熟 miRNA（Merchan et al.，2009）。以上结果说明，基因组上这些串联重复的 miRNA 发卡结构，很可能是在进化过程中为了提高某一个特定 miRNA 的表达量（Axtell et al.，2011）。

在动物基因组中，miRNA 产生位点与植物有很大不同。尽管大部分动物 miRNA 来源于独立的非编码位点，但大概 30% 左右的 miRNA 是从基因内含子产生的（Rodriguez et al.，2004）。在内含子产生的 pre-miRNA 中，只有很少的转录方向与内含子方向相反，说明在进化上与基因同向更具有优势。首先，这些与内含子同向的 miRNA 前体产生的 miRNA，能够直接顺式调控靶标 mRNA；同时，这些来源于内含子的 miRNA 前体的转录还能够被独立的调控因子进行调控（Aboobaker et al.，2005；Martinez et al.，2008；Isik et al.，2010）。在动物中，编码基因的编码区和 UTR 区域也能够产生成熟的 miRNA，但在植物中没有发现类似的现象（Han et al.，2009a；Berezikov et al.，2011）。在线虫、果蝇和哺乳动物中，miRNA 成簇产生的现象更为普遍，高达 40% 的 miRNA 都是成簇产生的。有趣的是，与植物中成簇 miRNA 前体产生相同的 miRNA 不同，只有 5%～20% 的成簇 miRNA 前体产生相同的 miRNA，大部分动物中成簇产生的 miRNA 之间并不相关。因此，miRNA 前体串联重复是为了提高特异 miRNA 的积累量，在动物中并不适用。miRNA 基因在基因组位置上的不同特征，反映出动物和植物中 miRNA 采用了不同的进化方式（Axtell et al.，2011）。

三、动物和植物中 miRNA 靶标识别的异同

动物与植物 miRNA 合成途径的不同，最终反映靶标识别的方式也不相同（Berezikov et al.，2011）。一直以来，人们认为植物 miRNA 与靶标在靶位点的碱基匹配程度更好，而完全匹配或者接近于完全匹配使 miRNA 识别靶标相对更加简单（Berezikov et al.，2011）。植物 miRNA 与靶标靶位点的碱基近乎完全匹配，可能与 AGO 催化剪切活性有关，这种性质更便于 miRNA 在活体内靶基因的预测（Addo-Quaye et al.，2008；German et al.，2008；Berezikov et al.，2011）。但是，仍然有一些 miRNA 在识别靶基因的关键位点上没有完全匹配，导致 AGO 只结合靶基因但并不进行剪切（Axtell et al.，2006；Franco-Zorrilla et al.，2007）。另外，有研究证实多个不同家族的植物 miRNA 能够抑制靶基因翻译（Chen，2004；Gandikota et al.，2007；Brodersen et al.，2008）。分析目前已经注释的植物 miRNA 的靶向位点发现，miRNA 可以靶向基因的 5′-UTR、3′-UTR 和基因编码区，甚至能够靶向一些非编码的转录物，说明植物 miRNA 调控基因表达靶向位点并没有偏好性（Addo-Quaye et al.，2008；German et al.，2008；Berezikov et al.，2011）。尽管动物的 miRNA 也能够靶向 5′-UTR 和基因编码区，但对靶基因的调控效率很低，这可能与核糖体结合 5′-UTR 区域影

响 miRNA 识别有关（Lai and Posakony，1997；Gu et al.，2009；Schnall-Levin et al.，2010）。动物 miRNA 主要还是靶向 3′-UTR 区域。在动物细胞中，只鉴定到少数 miRNA 通过 AGO 催化靶基因剪切抑制基因表达，大部分 miRNA 通过抑制靶基因翻译来调控生长发育（Lai and Posakony，1997；Lai et al.，1998；Giraldez et al.，2006；Guo et al.，2010）。在动物细胞中，通过人工构建靶向编码区的 siRNA 也能够介导靶基因剪切，这与植物中类似（Karginov et al.，2010；Shin et al.，2010）。

在脊椎动物中，大约 30% 的转录物都包含 miRNA 的结合位点，并且这些位点在哺乳动物和鸡基因组中是相对保守的（Krek et al.，2005；Lewis et al.，2005）。基因组水平蛋白质组和转录组数据为 miRNA 与靶标互作提供了证据（Lim et al.，2005；Baek et al.，2008；Selbach et al.，2008；Guo et al.，2010）。在动物中，不同的 miRNA 可以同时靶向相同的靶基因，而植物中这种情况相对较少，说明动物中 miRNA 调控机制可能更加复杂（Krek et al.，2005；Lewis et al.，2005）。在植物中，能够被 miRNA 靶向的转录物少于 1%。基因组水平 miRNA 靶向基因规律的不同，暗示动物中 miRNA 可能通过大范围微调基因表达发挥功能，而植物中是集中地高效调控重要的靶基因（Axtell et al.，2011）。

四、动物中 piRNA 途径

在动物中，Argonaute 蛋白包含两个亚家族，即 AGO 和 PIWI 蛋白家族（Peters and Meister，2007）。AGO 蛋白在不同组织细胞中都广泛表达，能够与来源于 dsRNA 的 20～22nt 成熟的 miRNA 和 siRNA 结合，调控基因表达。PIWI 蛋白主要在生殖细胞中表达，并结合 24～31nt 的 piRNA，形成由 piRNA 介导的沉默复合物（piRISC）（Kim et al.，2009）。与 miRNA 和 siRNA 来源于 dsRNA 不同，基因组中 piRNA 产生的位点称为 piRNA 簇，piRNA 簇中包含大量不同类型的转座子，而 piRNA 主要来源于这些区域的单链转录物，其产生不依赖 Dicer 蛋白（Vagin et al.，2006；Siomi et al.，2011）。piRNA 的功能主要是抑制转座子的表达以及转座活性，维持基因组稳定（Moazed，2009；Siomi et al.，2011）。

成熟 piRNA 加工主要通过两种途径：初级 piRNA 加工途径和次级 piRNA 途径即乒-乓循环途径（图 8-2）。尽管关于初级 piRNA 加工过程已经有很多研究报道，但是对于初级 piRNA 加工过程仍然不是很清楚。在果蝇卵巢细胞中，PIWI 家族蛋白中只有 PIWI 表达。从 piRNA 簇位点（如 *flam* 位点）转录得到一条单向的长转录物，即初级 piRNA 前体（图 8-2）。在 *flam* 位点中，包含大量截短了的转座子序列，并且这些转座子大部分与初级 piRNA 前体转录方向相反。初级 piRNA 前体被转运到细胞质中，并被加工成中间体（Prud'homme et al.，1995；Brennecke et al.，2007；Zanni et al.，2013）。最终，前体被未知的 3′ → 5′ 核酸外切酶剪切为成熟的初级 piRNA（Kawaoka et al.，2011），定位于线粒体表面的 Zuc 蛋白以及线粒体 Mino 和 GasZ 蛋白参与了初级 piRNA 加工，说明 piRNA 合成与线粒体相关（Handler et al.，2013；Vagin et al.，

2013）。研究表明，初级 piRNA 加工成熟很可能发生在细胞核周的 Yb 小体上并且依赖于 Yb 小体中的多个蛋白，其中包括 Armi 和 Vret 等（Olivieri et al.，2010；Saito et al.，2010；Qi et al.，2011；Zamparini et al.，2011；Preall et al.，2012）。成熟的初级 piRNA 的 3′ 端被 DmHen1/Pimet 甲基转移酶甲基化，并与 PIWI 蛋白结合形成 PIWI-piRISC（Horwich et al.，2007；Saito et al.，2007）（图 8-2）。PIWI-piRISC 被转运到细胞核，在转录水平调控基因表达，而单独的 PIWI 蛋白不能进入细胞核（Sienski et al.，2012）。在靶标转座子位点，PIWI-piRISC 能够介导组蛋白 H3K9me3 甲基化，引起异染色质形成，抑制转座子转录活性（Wang and Elgin，2011；Huang et al.，2013；Le Thomas et al.，2013）。

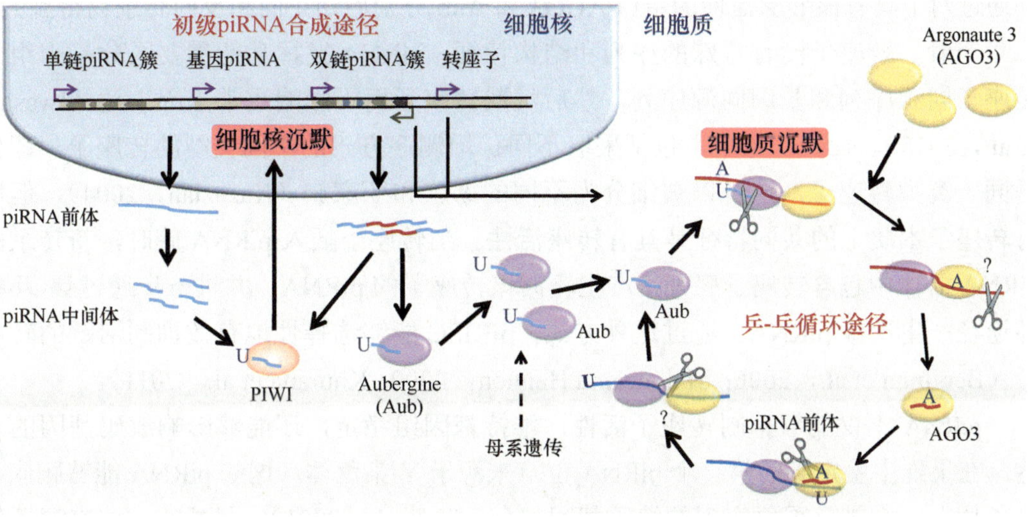

图 8-2　动物中的 piRNA 合成途径［修改自 Iwasaki 等（2015）］

piRNA 包括初级 piRNA 和次级 piRNA，初级 piRNA 合成依赖于定位于 Yb 小体的蛋白以及线粒体 Mino 和 GasZ 蛋白。与动物 miRNA 不同，piRNA 3′ 端被甲基化修饰，5′ 端偏好为 U 碱基。次级 piRNA 合成依赖于初级 piRNA 和 PIWI 以及 AGO3 蛋白的核酸酶活性。初级 piRNA 分别与 PIWI 和 AGO 蛋白形成 PIWI-piRISC 和 AGO3-piRISC，PIWI 和 AGO 蛋白剪切双向转录物，通过乒-乓循环途径形成 5′ 端第 10 或第 11 个碱基为 A 的次级 piRNA

在果蝇生殖细胞中，初级 piRNA 合成途径与卵巢体细胞并不相同。在果蝇卵巢中，生殖细胞和卵巢体细胞中初级 piRNA 加工途径都能够发挥作用，而次级 piRNA 加工途径只发生在生殖细胞中（Iwasaki et al.，2015）。在 Armi 突变体中，生殖细胞中初级 piRNA 积累量下降，说明生殖细胞 piRNA 合成途径依赖于 Yb 小体中的部分蛋白，但具体机制还不明确（Malone et al.，2009）。次级 piRNA 合成依赖于初级 piRNA，并且需要 Aubergine（Aub）蛋白和 Argonaute 3（AGO3）蛋白。在生殖细胞中，一些双向转录的 piRNA 簇也能够产生成熟的 piRNA，如 *42AB* 位点，这些 piRNA 能够分别与 PIWI 和 Aub 蛋白结合形成 piRISC（图 8-2）。在细胞质中，Aub-piRISC 与 AGO3 蛋白激活乒-乓循环途径，产生次级 piRNA（Iwasaki et al.，2015）。在乒-乓循环途径中，AGO3 和 Aub 都具有核酸酶活性，分别剪切转座子正向和反向转录物，通过反馈机制抑制转座子转录物的积累，达到沉默转座子的目的（Brennecke et al.，2007；Gunawardane et al.，2007）。初级 piRNA 5′端偏好 U 碱基，而 piRNA 剪切靶标 RNA 一般在 5′端第 10 或 11 个碱基位置，这种交互剪切方式决定次级 piRNA 第 10 个碱基偏好为 A。1U/10A 以及 5′端 10 个碱基互补配对，是乒-乓循环途径产生次级 piRNA 的重要特点（Brennecke et al.，2007；Gunawardane et al.，2007），但维持精确剪切的分子机制并不明确（图 8-2）。一些植物 miRNA 剪切靶基因，剪切产物在 RDR6 和 SGS3 作用下形成 dsRNA，dsRNA 在 DCL 蛋白剪切作用下生成首尾相连的 21nt phasiRNA（详见第二章），这些 phasiRNA 可以作用于产生 phasiRNA 的 miRNA 靶基因或者其他基因。与 phasiRNA 产生机制不同，piRNA 不依赖 RDR 和 Dicer 蛋白，而是通过两个具有核酸酶活性的蛋白 AGO3 和 Aub 分别剪切正向和反向转录物得到的。

一般，转座子没有特殊的序列和结构特征，piRNA 发挥功能需要区分基因组上转座子同源序列和基因同源序列，然后沉默转座子而不影响正常基因表达（Iwasaki et al.，2015）。在基因组中，包括采取不同扩增测序方式的不同类型的转座子，即便是同一类型转座子，还可以被细分为不同的家族和亚家族（Kazazian，2004），但所有转座子本质上的共同特征是具有转座活性。当转座子插入 piRNA 簇时，新转录的 piRNA 前体中包含转座子序列，产生靶向该转座子的 piRNA，并进一步通过乒-乓循环途径产生次级 piRNA。通过这种方式，piRISC 能够选择性地有效抑制活跃的转座子（Bergman et al.，2006；Malone and Hannon，2009；Khurana et al.，2011）。

piRNA 不仅能够抑制转座子活性，维持基因组稳定，还能够影响编码基因的表达。在果蝇中鉴定到的第一个 piRNA 位点来源于 Y 染色体，这些 piRNA 能够靶向 X 染色体上一个带有重复序列的编码基因（Aravin et al.，2001）。另外，一些来源于转座子的 piRNA 也能够调控编码基因的表达（Rouget et al.，2010）。在全基因组水平，piRNA 不仅比对到转座子区域，还能比对到编码基因 3′-UTR 区域，如果蝇 *tj* 基因能产生靶向 *Fas3* 基因的 piRNA。在 PIWI 蛋白缺失突变体中，*Fas3* 积累量升高（Robine et al.，2009；Saito et al.，2009）。在哺乳动物中，一类保守的编码基因都能够产生 piRNA，暗示这些 piRNA 可能在调控编码基因表达过程中发挥功能（Robine et al.，2009；Hirano et al.，2014）。

第二节　真菌和卵菌中 miRNA 与 sRNA 作用方式

一、脉胞菌中的 quelling 途径

野生型脉胞菌产生大量类胡萝卜素，菌落呈现明亮的橘色。脉胞菌类胡萝卜素的合成依赖于 *al-1*（*albino-1*）、*al-2*（*albino-2*）和 *al-3*（*albino-3*）编码的多种酶，这 3 个基因中任何一个突变都能够导致菌落白化的表型（Romano and Macino，1992）。

研究发现，将携带 *al-3* 基因片段的质粒转化到脉胞菌中，部分转化子呈现橘色变浅或者变白的表型。同时，将携带 *al-1* 基因片段的质粒转化脉胞菌也得到了不同

表型的菌株。以上结果说明，转入同源片段影响内源基因功能的现象在脉胞菌中是普遍存在的，这种现象称为“quelling”（压抑）。但是，quelling 引起基因功能丧失的表型并不稳定。随着培养时间的增加，这些白化菌株的颜色逐渐转变为亮橘色或浅橘色等中间颜色。DNA 印迹实验证实，在菌落颜色变浅或变白的转化子中，内源 *al-1* 和 *al-3* 基因并未发生同源重组。同时发现，表型恢复的菌株中外源转入片段的拷贝数逐渐降低，说明 quelling 效率与外源片段的拷贝数相关。在转入外源序列的转化子中，RNA 印迹检测发现对应的内源同源基因 mRNA 积累量下降。进一步研究发现，内源基因 *al-1* 和 *al-3* 基因组 DNA 甲基化水平并没有变化，说明 quelling 影响基因表达发生在转录后水平（Romano and Macino，1992）。

在脉胞菌中，遗传筛选得到 3 个 quelling 途径缺失的突变体（*quelling-defective*，*qde*），分别命名为 *qde-1*、*qde-2* 和 *qde-3*（Cogoni and Macino，1997）。QDE-1 编码一个 RdRP 蛋白，而 quelling 途径依赖 QDE-1，说明 dsRNA 是 quelling 介导的转录后基因沉默所必需的。QDE-2 编码一个 AGO 蛋白。QDE-3 编码一个 RecQ 家族的解旋酶，在 DNA 同源重组、复制和修复过程中发挥重要功能（Cogoni and Macino，1999；Kato et al.，2004）。在脉胞菌中 QDE-3 不仅参与了 DNA 修复过程，在 quelling 途径中 QDE-3 识别外源转入的重复序列，并转录得到异常的 RNA（aberrant RNA，aRNA），产生 sRNA（Cogoni and Macino，1999；Kato et al.，2004；Chang et al.，2012）（图 8-3）。

结构分析发现，QDE-1 蛋白催化活性位点与真核生物 DNA 依赖的 RNA 聚合酶（DNA-dependent RNA polymerase，DdRP）相似性很高（Salgado et al.，2006）。随后有实验证实，QDE-1 同时具有 RdRP 和 DdRP 活性，能够分别以单链 DNA 或 RNA 为模板产生 DNA/RNA 双链或 dsRNA（Lee et al.，2009，2010a）。RPA-1 是复制蛋白 A（replication protein A，RPA）的一个亚基，通过结合单链 DNA，参与脉胞菌 DNA 复制、重组和修复过程。在 RPA-1 敲除突变体中，quelling 途径受到抑制（Nolan et al.，2008；Lee et al.，2010a）。研究发现，RPA-1 能够与 QDE-1 发生互作，并且互作依赖 QDE-3：一方面招募 QDE-1 与单链 DNA 结合，提高合成 dsRNA 的效率；另一方面抑制 DNA/RNA 双链的形成（Chang et al.，2012）。在脉胞菌中，QDE-3 和 RPA 识别 DNA 重复序列并招募 QDE-1 与单链 DNA 结合，QDE-1 首先发挥 DdRP 功能转录出一条异常 RNA，再发挥 RdRP 功能以单链 RNA 为模板形成 dsRNA，dsRNA 在 Dicer-like 蛋白作用下被剪切成双链 siRNA。QDE-2 结合双链 siRNA 并在 QIP 蛋白协助下降解其中一条链形成 RISC，通过碱基互补配对，RISC 靶向并降解靶基因（Chang et al.，2012）。

二、脉胞菌中的 qiRNA 途径

在对 QDE-2 的研究中发现，向培养基中添加额外的组氨酸能够显著诱导 *qde-2* 基因和 QDE-2 蛋白的积累。组氨酸能够抑制脉胞菌 DNA 复制，导致 DNA 损伤（Howard and Baker，1988；Srivastava et al.，1988）。另外，组氨酸增加了基因组 *mtr*

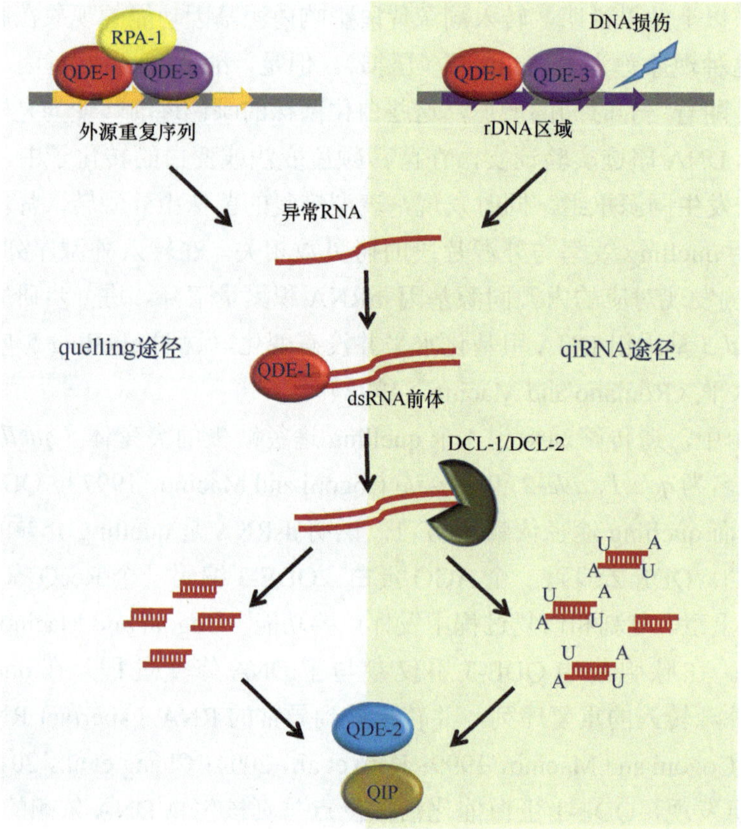

图 8-3 脉胞菌中由外源或内源重复序列诱导的 RNAi 途径［修改自 Chang 等（2012）］

外源重复序列在 QDE1 和 QDE3 的作用下，转录得到一条 aRNA。具有 RDR 活性的 QDE-1 蛋白将 aRNA 转变为 dsRNA，dsRNA 被 DCL 蛋白剪切成 sRNA，随后 sRNA 与 QDE2 结合并在 QIP 协助下实现靶基因沉默。在脉胞菌中由外源重复序列诱导的 RNAi 称为 quelling 途径，而内源 rDNA 重复序列区域在 DNA 损伤诱导下产生 sRNA，称为 qiRNA 途径

位点突变效率。多种 DNA 损伤试剂处理菌株，同样诱导了 QDE-2 积累。有趣的是，DNA 损伤试剂处理诱导 QDE-2 积累，依赖 QDE-1、QDE-3 以及 DCL 蛋白。另外，当双链DNA损伤修复途径和同源重组修复途径缺失时，即便没有DNA损伤试剂处理，QDE-2 积累量也升高。综上所述，DNA 损伤激活了 *qde-2* 的表达（Lee et al.，2009）。

前期研究表明，QDE-1 和 QDE-3 参与了 dsRNA 双链合成，DCL 蛋白在转录后水平维持 QDE-2 的稳定性（Choudhary et al.，2007）。研究人员推测，DNA 损伤产生 dsRNA 从而激活了 *qde-2* 表达，dsRNA 被 DCL 蛋白剪切成 sRNA，这些 sRNA 能够与 QDE-2 蛋白结合并发挥功能（图 8-3）。为了验证这种推测，研究人员通过免疫沉淀实验获得了 QDE-2 蛋白结合的 sRNA。通过分析发现，脉胞菌的 sRNA 长度主要集中在 25nt 左右，QDE-2 结合的 sRNA 长度为 20～21nt，并且 DNA 损伤试剂处理能够显著诱导这些 sRNA 的积累。由于能够与 QDE-2 结合，这些 sRNA 被命名为 qiRNA（图 8-3）。

通过测序分析发现，qiRNA 5′ 端第一个碱基对 U 有很强的偏好性，3′ 端对 A 有

很强的偏好性。序列比对发现，这些 qiRNA 中 86% 来源于核糖体 DNA（rDNA）区域，6.57% 来源于基因间隔区，4.37% 来源于基因开放阅读框，1.45% 来源于 tRNA。5′ 和 3′ 端很强的碱基偏好性，排除了 qiRNA 是这些区域转录物随机降解产物的可能性。进一步分析发现，qiRNA 均匀地分布在 rDNA 正链和负链，而不仅仅是成熟的 rRNA 区域，说明 qiRNA 的合成来源于 rDNA 区域的异常 RNA（Lee et al.，2009）。

RNA 印迹实验发现，DNA 损伤试剂处理诱导了 26S rDNA 区域来源的 qiRNA 产生。在 *qde-1*、*qde-3* 及 *dcl-1dcl-2* 突变体菌株中，检测不到相应的 qiRNA，但 *qde-2* 基因突变并未影响 qiRNA 的积累。在 *dcl-1dcl-2* 突变体菌株中，DNA 损伤产生的长的 dsRNA 积累量增加。这些结果说明，qiRNA 由 dsRNA 加工而来，并且依赖 QDE-1、QDE-2 和 DCL 蛋白。RT-PCR 和 RNA 印迹实验证实，DNA 损伤诱导了大量来源于 rDNA 区域长度不一的异常 RNA（aRNA），这些 aRNA 起始于 rDNA 转录起始位点的上游或者下游。在 *qde-3* 突变体菌株中，并未检测到 aRNA，说明 aRNA 转录依赖 RecQ DNA 解旋酶 QDE-3。一般认为，QDE-1 蛋白能够特异识别 aRNA，并合成 dsRNA。在 *qde-1* 突变体中，来源于 rDNA 区域的 aRNA 消失，说明 QDE-1 在合成 aRNA 过程中也发挥作用。进一步实验证实，aRNA 合成依赖于 QDE-1 蛋白 RNA 聚合酶活性，而不需要保守的 RNA 聚合酶Ⅰ、Ⅱ和Ⅲ（Lee et al.，2009）。

对 qiRNA 功能检测发现，DNA 损伤试剂处理诱导 qiRNA 及 QDE-2 蛋白积累，qiRNA 与 QDE-2 结合并抑制 rRNA 转录以及蛋白质合成。结果说明，RNAi 途径参与了脉胞菌响应 DNA 损伤过程（Lee et al.，2009）。

三、脉胞菌中的减数分裂期沉默途径

脉胞菌在有性繁殖过程中，减数分裂时期异型孢子配对，短暂地形成二倍体。quelling 途径与 qiRNA 途径发生在营养生长阶段；MSUD 发生在减数分裂Ⅰ期，由未配对的 DNA 序列导致同源基因发生沉默（Chang et al.，2012）。在对 *asm-1* 基因进行研究的过程中，科研人员发现脉胞菌减数分裂时期的这条 RNAi 途径（Aramayo and Metzenberg，1996；Shiu et al.，2001）。在很长时间里，人们认为 MSUD 过程分为两个相互关联但又不相同的步骤：第一步发生在细胞核内，减数分裂时期未配对 DNA 被识别，并以其为模板转录出特异的 aRNA；aRNA 进入第二步被合成双链并产生 sRNA，介导同源基因发生沉默。关于第一步识别未配对 DNA 的分子机制并不清楚，有证据表明 DNA 甲基化影响了未配对 DNA 的识别，但并未影响第二步的沉默过程（Pratt et al.，2004；Son et al.，2011）（图 8-4）。

通过正向遗传筛选抑制减数分裂时期基因沉默的突变体，加快了对 MSUD 途径的研究。最早筛选到 *sad-1* 和 *sad-2* 两个基因突变体。SAD-1 是 QDE-1 的同源蛋白，编码 RdRP，暗示 MSUD 过程与 RNAi 相关；而 SAD-2 蛋白不包含任何保守结构域。SAD-1 和 SAD-2 共定位于细胞核周围，并且发生互作。SAD-1 定位于细胞核周围依赖 SAD-2，表明 SAD-2 的功能可能是招募 SAD-1（Shiu et al.，2001，2006；Shiu and

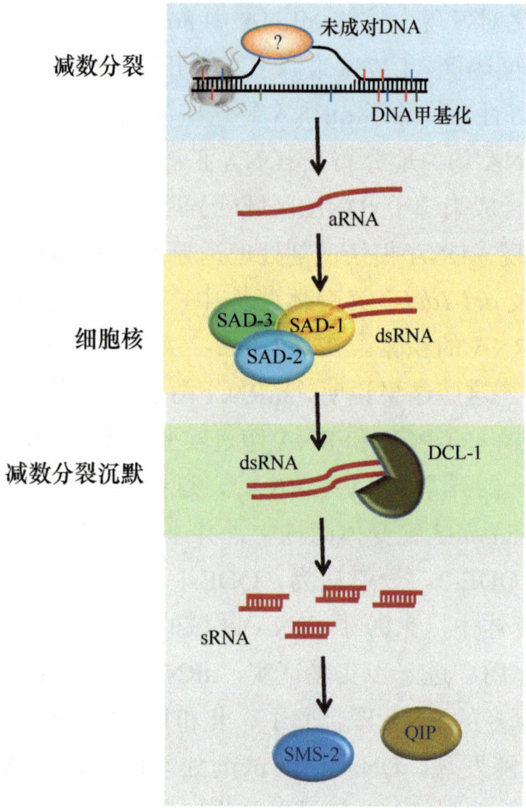

图 8-4 脉胞菌有性生殖阶段 RNAi 途径——MUSD［修改自 Chang 等（2012）］

在减数分裂 I 期，未配对的 DNA 被识别并被转录得到一条异常 RNA（aRNA）。在 SAD-1 的作用下，以 aRNA 为模板生成 dsRNA，其中 SAD-2 和 SAD-3 也参与了这个过程。DCL-1 将 dsRNA 剪切成 sRNA，sRNA 与 SMS-2/QIP 形成沉默复合物从而沉默同源基因

Metzenberg，2002）。MSUD 途径还依赖脉胞菌中 AGO 的同源基因 *sms-2*（suppressor of meiotic silencing 2）。尽管 *sms-2* 基因突变不影响脉胞菌的营养生长，但表现出完全败育的表型。MSUD 途径并不需要 AGO 另外一个同源蛋白 QDE-2，说明脉胞菌中营养生长阶段和有性生殖阶段 RNAi 是相互平行的两条途径（Lee et al.，2003）。有趣的是，与 *sad-1* 和 *sad-2* 基因不同，*dcl-1* 基因突变对 MSUD 途径影响并不大。在有性繁殖后期，DCL-1 蛋白失活抑制了 MSUD 途径，表明 MSUD 途径需要 dsRNA 和 sRNA（Shiu et al.，2001，2006）。进一步实验证明，quelling 途径重要组分蛋白 DCL-2 不参与 MSUD 过程，而沉默复合物重要组分核酸外切酶参与了 MSUD 途径。DCL-1、QIP 蛋白与已经鉴定到的 MSUD 途径组分蛋白（SAD-1、SAD-2 和 SMS-2）共同定位于细胞核周围（Xiao et al.，2010）。粟酒裂殖酵母（*Schizosaccharomyces pombe*）中 Hrr1 蛋白是 RNA 介导的 RNA 聚合酶复合物的组分蛋白，在 RNAi 介导的异染色质形成过程中发挥功能。脉胞菌 RNA/DNA 解螺旋酶 SAD-3 是 Hrr1 同源蛋白，与 SAD-1、SAD-2 和 SMS-2 共定位于细胞核周围，也参与了 MSUD 途径（Motamedi et al.，2004；Hammond et al.，2011）。

依据目前的研究结果，一般认为减数分裂时期，同源染色体配对识别出未配对的 DNA 区域，并转录得到 aRNA。SAD-1、SAD-2、SMS-2、DCL-1、QIP 和 SAD-3 共定位于细胞核周围。SAD-2 和 SAD-3 协助 SAD-1 以 aRNA 为模板合成 dsRNA；随后，DCL-1 将 dsRNA 剪切成 sRNA，sRNA 与 SMS-2/QIP 形成沉默复合物沉默同源基因（Chang et al.，2012）（图 8-4）。

四、裂殖酵母中由 RNAi 介导的异染色质形成

异染色质被认为是转录不活跃的染色质。在裂殖酵母基因组中，异染色质主要分布在端粒区、着丝粒区和交配型基因座区。裂殖酵母着丝粒区与人类具有一样的高级结构和表观遗传修饰。着丝粒区域的序列都是特异的，着丝粒两侧是 imr（innermost）和 otr（outermost）两类重复序列，最外层为 dg 和 db 重复序列。这些序列被组蛋白 H3 包裹，并且 H3 第 9 位的赖氨酸（H3K9）发生甲基化。异染色质区域特异的表观遗传修饰，为抑制翻译活性的蛋白提供了结合位点，维持该区域的低转录活性状态（Ebert et al.，2006）。

2002 年，Volpe 等研究发现裂殖酵母中着丝粒区域异染色质形成依赖 RNAi 途径的关键组分，为 RNAi 途径参与异染色质的形成提供了证据。在 *rdp1*、*dcr1* 和 *ago1* 基因突变体中，异染色质区域转录物增加，这些转录物分别比对到 DNA 链的正义链和反义链，并检测到来源于异染色质区域的 sRNA，说明转录物存在 dsRNA 形式。进一步检测发现 Rdp1 在着丝粒区域富集，在 *rdp1*、*dcr1* 和 *ago1* 基因突变的突变体中组蛋白 H3K9 甲基化水平降低，H3K4 组蛋白甲基化水平升高（Volpe et al.，2002）。

在裂殖酵母中，着丝粒区域异染色质形成通过 RNAi 途径和染色质修饰组分蛋白自动实施完成。首先在细胞周期 S 期，Pol Ⅱ 在着丝粒区域转录得到一个新的转录物，在 Rdp1 的作用下转录物形成 dsRNA，dsRNA 被 Dcr1 识别并被加工成 siRNA，这些 siRNA 与 Ago1 结合形成 RNA 诱导的转录沉默复合物（RNA-induced transcriptional silencing，RITS）（Verdel et al.，2004；Verdel and Moazed，2005）。RITS 还包含 Chp1 和 Tas3 蛋白，Chp1 与甲基化的 H3K9 蛋白结合，将 RITS 招募到着丝粒区域。通过 Ago 结合的单链 siRNA 与同源序列互补配对，RITS 抑制靶基因的转录活性（图 8-5）。当 Pol Ⅱ 的两个亚基 Rpb2 和 Rpb7 发生突变时，异染色质水平和 siRNA 同时降低。在基因组水平分析全部基因表达情况发现，异染色质和 siRNA 降低不是突变体中基因表达变化引起的。另外，Rpb2 和 Rpb7 亚基突变并不影响 Pol Ⅱ 在着丝粒区域结合 DNA 重复序列（Djupedal et al.，2005）。以上结果说明，Pol Ⅱ 在着丝粒区域 siRNA 形成过程中发挥了 DdRp 的功能。Pol Ⅱ 转录物的形成，为 Rdp1 提供了模板，而 Rdp1 是 RNA 依赖的 RNA 聚合酶复合物（RDRC）的重要组分，通过不依赖引物的方式将着丝粒区域的转录物合成 dsRNA（Motamedi et al.，2004）。在 siRNA 形成过程中，Dicer 蛋白将 dsRNA 剪切成 siRNA，并提高了 RDRC 的活性（Colmenares et al.，2007）。在裂殖酵母中，Dcr1 主要定位于细胞质，并且能够在细胞核与细胞

质间穿梭，而 Dcr1 在细胞核中的定位对着丝粒区域产生 siRNA 至关重要（Emmerth et al.，2010）。RDRC 还包括 Hrr1 和 Cid12 蛋白，Rdp1 和 Hrr1 与异染色质和着丝粒区域转录物结合。在组蛋白甲基转移酶基因 *clr4* 突变体中，siRNA 积累量明显降低。Clr4 能够甲基化 H3K9，负责将 RDRC 招募到着丝粒区域（Motamedi et al.，2004）。甲基化的染色体继续招募 Clr4 以及染色质蛋白 Swi6、Chp1 和 Chp2。Clr4 与 Rik1、Dos1、Dos2 和 Cul4 组成异染色质形成过程所必需的 Clr4-Rik1-Cul4 复合体（CLRC）（Jia et al.，2004；Hong et al.，2005；Horn et al.，2005；Li et al.，2005b）。Swi6、Clr4 和 Chp1 能够加强 CLRC 和 RITS 结合异染色质的稳定性，加强 RNAi 信号以及促进异染色质生成（图 8-5）。

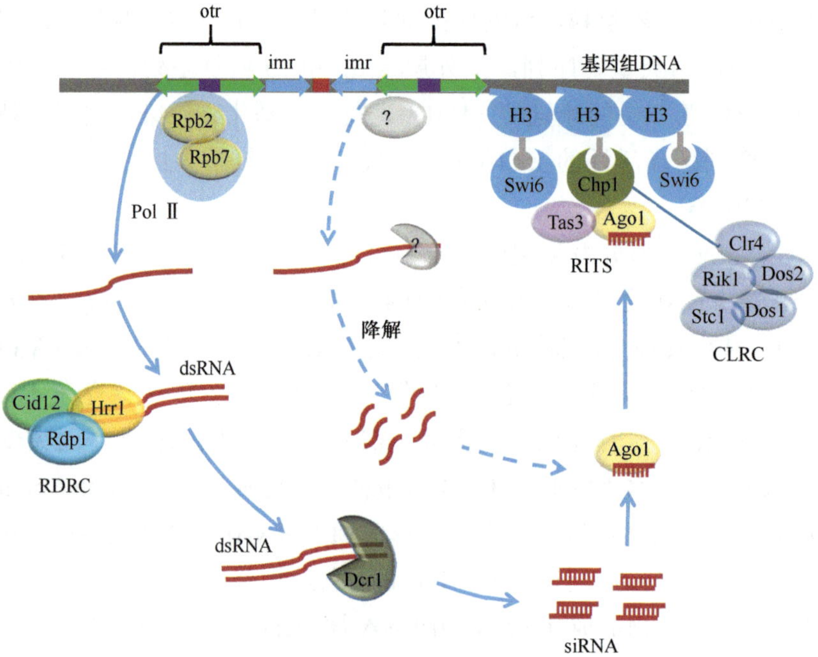

图 8-5　裂殖酵母异染色质形成过程［修改自 Chang 等（2012）］

在细胞周期 S 期，Pol Ⅱ 在着丝粒区域的转录物在 Rdp1 作用下形成 dsRNA。Dcr1 剪切 dsRNA 产生 siRNA，siRNA 与 Ago1 结合形成 RITS。Chp1 将 RITS 招募到着丝粒区域，通过 siRNA 碱基互补配对 RITS 识别靶标 DNA，在转录水平抑制基因表达

目前，解释 RITS 被招募到染色质特定区域有两种比较流行的模型。在第一种模型中，RITS 直接通过 siRNA 与基因组 DNA 碱基互补配对，这个过程需要双链 DNA 解螺旋过程；在第二种模型中，siRNA 靶向新合成的转录物，RNA 免疫沉淀实验证实 RITS 和 RDRC 能够结合中心粒转录物，并且依赖 Clr4 甲基转移酶和 Dcr1 蛋白。这些结果说明，RITS 不是直接结合中心粒区域，而是依赖于 siRNA 介导的 Ago1 与新转录物的结合（Buhler and Moazed，2007；Cam et al.，2009）。随后实验证实，RITS 与新生转录物结合，能够诱导 H3K9 甲基化和转录沉默（Buhler et al.，2006；Buhler and Moazed，2007）。有学者对当前模型提出质疑，认为这些中心粒区域的新转录物并不是由 Pol Ⅱ 直接转录而来的，并且不依赖 Dcr1 和 RDRC；而是一

些特定转录物的降解产物，这些降解产物与 Ago1 结合形成复合体，招募 Clr4 并实现 H3K9 甲基化，诱导了异染色质形成的过程（Halic and Moazed，2010；Shanker et al.，2010）。在裂殖酵母中，RNAi 介导的异染色质形成过程，还需要更深入的研究。

在真菌中，尽管 RNAi 是基因表达调控的保守机制，但一些出芽酵母中缺少 Ago、Dicer 和 RdRP 的同源蛋白，如酿酒酵母（*Saccharomyces cerevisiae*）。在另外一些真菌中，只找到了 Ago 蛋白的同源蛋白，如芽殖酵母（*Saccharomyces castellii*）、多孢克鲁维酵母（*Kluyveromyces polysporus*）和白色念珠菌（*Candida albicans*）。将其他菌中 RNAi 途径组分蛋白转入酿酒酵母，能够激活 RNAi 途径从而抑制转座子的转座活性（Drinnenberg et al.，2009）。

五、脉胞菌中的 milRNA 途径

miRNA 是由 Dicer 蛋白剪切 RNA 发卡结构产生的一类长度在 21nt 左右的 sRNA。在动物和植物中 miRNA 通过剪切 mRNA 或者抑制翻译调控生长发育已经有很多报道（Llave et al.，2002；Grimson et al.，2008；Okamura，2012；Song et al.，2019）。2010 年，科研人员在脉胞菌细胞内发现 25 个潜在的 miRNA 产生位点，这些位点产生的 miRNA 称为 milRNA（Lee et al.，2010b）。在这之前，人们认为在真菌细胞内不存在 miRNA 调控途径（Chang et al.，2012）。milRNA 与动物和植物中保守的 miRNA 合成机制具有高度的相似性：产生于特异的发卡结构前体；大多数 milRNA 的合成依赖 Dicer 蛋白；靶向内源靶基因依赖于序列不完全互补配对（Li et al.，2010；Chang et al.，2012）。与动植物中相同，这 25 个 milRNA 前体产生的 sRNA 主要来源于发卡结构一侧，另外一侧只产生少量的 sRNA。序列分析发现，milRNA 5′ 端都是 U 碱基，而 3′ 端没有碱基偏好性。

与动物和植物中 miRNA 合成依赖 Dicer 蛋白不同，脉胞菌中 milRNA 合成方式更加多样。目前，已经报道的 4 个 milRNA 通过 4 种不同的合成途径产生，并且 Ago 蛋白发挥了非常重要的作用（图 8-6）。同时，在 qiRNA 合成过程中发挥重要作用的 QDE-1 和 QDE-3 蛋白并不参与 milRNA 合成（Lee et al.，2010b）。在这 4 个 milRNA 中，只有 milR-3 需要 Dicer 蛋白就能够完成对前体以及成熟 miRNA 的加工，其合成途径与植物类似；milR-4 的合成依赖一个新的核酸酶，只是部分依赖 Dicer 蛋白；milRNA-1 由前体加工成成熟体完全依赖 Dicer 蛋白，同时还需要 QDE-2 以及 QIP 蛋白的核酸外切酶活性。milRNA-1 转录物首先被 Dicer 结合并被剪切成 milRNA/milRNA* 双链，milRNA/milRNA* 与 QDE-2 结合并招募 QIP 蛋白，QIP 蛋白将 milRNA/milRNA* 加工成成熟的 milRNA；与 milR-1、milR-3 和 milR-4 完全或部分依赖 Dicer 蛋白不同，milR-2 的产生完全不依赖 Dicer 蛋白，而是需要 QDE-2 的催化活性。人们推测，milR-2 和 milRNA* 可能位于发卡结构茎环附近。QDE-2 既能结合成熟的 milR-2，也能结合 milR-2 前体负责成熟体加工。milR-2 是第一个被鉴定到合成途径不依赖 Dicer 蛋白的 miRNA。milR-2 的产生机制暗示有其他核酸外切酶参与 milRNA 合成途径。

脉胞菌 MRPL3 蛋白包含一个潜在的 RNase Ⅲ和 dsRNA 识别结构域。尽管其 RNase Ⅲ结构域与 Dicer 蛋白同源性很低，在 milRNA 合成途径中 MRPL3 发挥了非常重要的作用（Lee et al.，2010b）。在 *mrpl3* 基因突变体及表达受抑制的菌株中，milR-1 和 milR-4 积累量显著降低，表明 MRPL3 是一些 milRNA 合成的重要组分（Lee et al.，2010b）（图 8-6）。

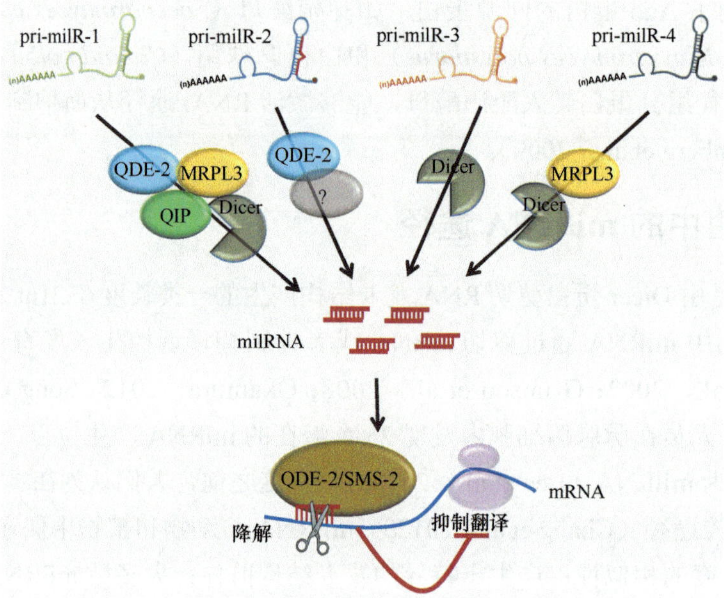

图 8-6 脉胞菌中 4 种不同的 milRNA 合成途径［修改自 Dang 等（2011）］

与动物和植物中 miRNA 相同，脉胞菌 milRNA 也参与了基因表达调控。在野生型菌株及 *qde-2* 基因突变体菌株中，分别转入带有 milR-1 靶向位点的报告基因。与野生型相比，*qde-2* 突变体菌株中报告基因 mRNA 变化并不明显，但蛋白积累量明显升高，说明 milR-1 在转录后水平通过抑制翻译调控基因表达（Lee et al.，2010b）。

六、大丽轮枝菌中的 milRNA 途径

与脉胞菌中已经报道的 RNAi 机制不同，研究发现土传致病真菌大丽轮枝菌中存在一条新的 RNAi 调控途径。基于 NCBI 数据库，从莴苣中分离的致病小种 VdLs.17 基因组，通过同源蛋白序列比对分析发现，大丽轮枝菌编码了 3 个包含 RdRP 结构域的蛋白（RdRP1、RdRP2 和 RdRP3），两个分别含有 PAZ 和 PIWI 结构域的 Ago 蛋白（Ago1 和 Ago2），一个包含 RNA 螺旋酶、双链 RNA 结合结构域和两个 RNase Ⅲ催化结构域的 DCL1 蛋白，以及一个只包含一个 RNase Ⅲ催化结构域的 DCL 同源蛋白（DCL2）。序列同源性分析发现，RdRP1、DCL1 和 Ago1 与 quelling 途径的同源蛋白同源性较高；RdRP2、DCL2 和 Ago2 蛋白则同 MSUD 途径的同源蛋白同源性较高；RdRP3 聚类到一类包含相关结构域但功能未知的蛋白中（Jin et al.，2019）。

对棉花致病型大丽轮枝菌进行 sRNA 测序分析发现，与脉胞菌细胞中以 21～22nt

的 sRNA 为主，5′ 端第一个碱基对 U 有很强的偏好性不同，大丽轮枝菌中 18～25nt sRNA 分布比较均匀，第一个碱基为 G 的 sRNA 比例较高；进一步分析发现，大丽轮枝菌中 18～20nt 的 sRNA 很可能是核酸外切酶作用下长的 sRNA 5′ 端或 3′ 端截短的产物。Mireap 和 miRdeep 预测分析得到 7 个 20～23nt 表达量相对较高的 milRNA，其前体长度为 70～400nt。但是，使用高灵敏度、高特异性的 LNA 探针通过 RNA 印迹实验只检测到一个 milRNA 的杂交信号，即 VdmilR1。序列比对分析发现，VdmilR1 的前体序列与 tRNA 序列部分重合。利用组成型启动子在野生型大丽轮枝菌中高表达 VdmilR1 前体，检测到 VdmilR1 积累量升高，但并没有影响菌落生长（Jin et al.，2019）。

在动物和植物中，大部分 miRNA 是由 RNA 聚合酶Ⅱ（Pol Ⅱ）负责转录的，由 Pol Ⅲ转录 tRNA 和 5S rRNA。有趣的是，模式真菌脉胞菌中已报道的 milRNA 是由 Pol Ⅲ转录的。分别使用 Pol Ⅱ和 Pol Ⅲ抑制剂处理大丽轮枝菌，与对照组相比，抑制 Pol Ⅱ降低了 VdmilR1 的积累量，而抑制 Pol Ⅲ却提高了 VdmilR1 的积累量。实验结果证明，大丽轮枝菌 VdmilR1 是由 Pol Ⅱ转录的。在动物、植物以及脉胞菌中，sRNA 合成依赖 DCL 蛋白，sRNA 与 Ago 形成沉默复合物介导同源基因的 RNAi。脉胞菌 Ago 蛋白参与了 milR1 和 milR2 的合成。在大丽轮枝菌 DCL 和 Ago 蛋白突变体中，VdmilR1 积累量并未降低，在 *DCL1*、*DCL2* 和 *AGO2* 突变的突变体 Δ*dcl1*、Δ*dcl2* 和 Δ*ago2* 菌株中反而升高。在高表达了一个只含有 RNase Ⅲ结构域蛋白的 VdR3 菌株中，VdmilR1 表达量升高（Jin et al.，2019）。以上结果说明，大丽轮枝菌中 milRNA 产生不依赖于传统 RNAi 途径的保守蛋白，存在新的 RNAi 途径（图 8-7）。

生物信息学预测得到多个 VdmilR1 的潜在靶基因，但 RLM-5′ RACE 实验并未检测到潜在靶基因被剪切。VdmilR1 被敲除后，其中一个靶基因 *VdHy1* 表达量升高。分析发现，VdmilR1 靶向 *VdHy1* 基因 3′-UTR 区域，并影响了组蛋白 H3K9 甲基化，在转录水平抑制了基因表达（Jin et al.，2019）（图 8-7）。有趣的是，研究发现棉花能将自身保守的 miRNA 传递到大丽轮枝菌细胞内，并通过剪切降解大丽轮枝菌关键致病基因从而抑制其致病性（Zhang et al.，2016）。

七、其他真菌中的 RNAi 途径

除脉胞菌外，卷枝毛霉（*Mucor circinelloides*）也是研究 RNAi 的重要模式菌。卷枝毛霉基因组中包含两个 *dicer* 基因（*dcl1* 和 *dcl2*）和两个 *rdrp* 基因（*rdrp1* 和 *rdrp2*）。DCL2 在 RNAi 途径中发挥关键作用。将发卡结构转入卷枝毛霉，能够产生 21nt siRNA 和 25nt siRNA 从而诱导 RNAi，并检测到次级 siRNA 的产生。卷枝毛霉的内源 siRNA（esRNA）主要是来源于外显子的 siRNA（exon-derived siRNA，ex-siRNA），并能够调控 mRNA 积累量，这些 esRNA 的产生都依赖 DCL 和 RdRP 蛋白。其中，第一类依赖 DCL2 和 RdRP1 蛋白的 ex-siRNA 比例最大；第二类依赖 DCL2 和 RdRP2；第三类同时需要 RdRP1 和 RdRP2，DCL1 和 DCL2 在这类 ex-siRNA 生成过程中功能冗余；第四类 ex-siRNA 由 DCL1 剪切而来，并同时需要两个 RdRP 蛋白（Chang et al.，2012）。

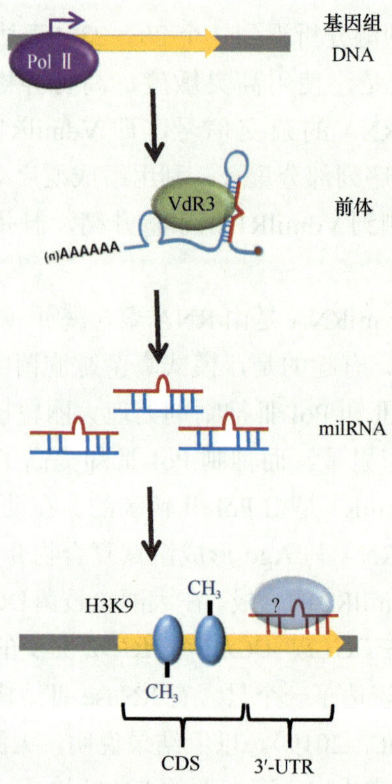

图 8-7 大丽轮枝菌中的 milRNA 途径

milRNA 转录物由 Pol Ⅱ转录而来，并折叠成发卡结构。包含 RNase Ⅲ结构域的 VdR3 蛋白剪切发卡结构，得到成熟 milRNA。milRNA 靶向靶基因 3′-UTR 区域，影响组蛋白 H3K9 甲基化进而在转录水平抑制基因表达

新型隐球菌（*Cryptococcus neoformans*）能够引起严重的人类疾病——脑膜炎。新型隐球菌基因组编码 RNAi 途径的所有关键蛋白，其 RNAi 过程发生在有性生殖阶段。与 quelling 途径类似，新型隐球菌中 RNAi 的产生也依赖外源多拷贝转基因片段。在有性生殖阶段，RNAi 途径组分蛋白表达量升高，RNAi 过程增强。在 RNAi 途径组分蛋白缺失突变体中，与有性生殖阶段 RNAi 相关的 sRNA 以及 RNAi 现象消失。分析这些 sRNA 的组成发现，这些 sRNA 不仅比对到外源转基因序列，还能比对到转座子重复序列和着丝粒等区域，暗示新型隐球菌的 RNAi 是一种防御机制。实验证实，在 *rdp1* 突变体中反转录转座子转录被激活，转座频率升高（Idnurm et al.，2005；Lin and Heitman，2006）。

稻瘟病菌能够导致水稻和小麦的重要病害，是研究植物-病原互作的模式真菌。sRNA 测序分析发现，在稻瘟病菌细胞内存在大量来源于 tRNA、rRNA、编码区和基因间隔区的 sRNA。在菌丝中，sRNA 主要来源于基因间隔区和重复序列，如长末端重复反转录转座子；在附着胞中，sRNA 主要来源于 tRNA，不同的 sRNA 分布在

不同的组织，暗示这些 sRNA 可能在病原菌生长发育过程中发挥作用（Nunes et al.，2011）。

八、真菌 RNAi 抗病毒功能

RNAi 是植物抵抗病毒侵染的重要途径。在病毒侵染过程中，病毒基因组或者转录物形成的 dsRNA，诱导植物内源 RNAi，抑制病毒积累（Zhao et al.，2016；Guo et al.，2019）。栗疫病菌（*Cryphonectria parasitica*）能够被多种真菌病毒侵染，并且建立了真菌–病毒互作研究系统。在栗疫病菌中，首先鉴定到 RNAi 介导的真菌抗病毒作用（Chang et al.，2012；Torres-Martínez and Ruiz-Vázquez，2017）。

栗疫病菌编码 2 个 Dicer 同源蛋白，以及 4 个 Ago 同源蛋白。与野生型相比，病毒侵染 *dcl2* 突变体菌株积累量显著升高，引起更强的症状。同时，在 *dcl2* 菌株中来源于病毒基因组的 21nt/22nt siRNA 完全消失，说明 Dcl2 蛋白在栗疫病菌抗病毒过程中发挥关键作用。在 4 个 Ago 同源蛋白中，只有 Ago2 响应病毒侵染（Segers et al.，2007；Zhang et al.，2008；Sun et al.，2009）。*CHV1*（*Cryphonectria hypovirus 1*）编码一个与植物病毒沉默抑制子 Hc-Pro 类似的蛋白 P29。P29 能够抑制发卡结构、病毒以及农杆菌注射诱导的 RNAi，具有沉默抑制子活性。与野生型病毒相比，P29 突变的 CHV1 病毒侵染栗疫病菌，诱导了 *dcl2* 和 *agl2* 基因表达，病毒积累量明显下降，说明 P29 通过抑制 RNAi 途径关键基因表达影响寄主植物的抗病毒作用（Suzuki et al.，1999，2003）。除直接降解病毒 RNA 之外，栗疫病菌 RNAi 系统通过促进病毒基因组重组，产生功能缺陷的病毒粒子从而影响病毒致病性。在 *agl1*、*agl2* 和 *dcl2* 突变体菌株中，重组病毒基因组消失，说明 RNAi 途径参与了病毒基因组重组过程（Suzuki et al.，2003；Zhang and Nuss，2008）。

在构巢曲霉（*Aspergillus nidulans*）中，RNAi 途径也参与了真菌–病毒互作过程。构巢曲霉编码一个 Ago、一个 Dcl 以及两个 RdRP 同源蛋白，RNAi 抗病毒过程依赖 Ago 和 Dcl 的同源蛋白，但两个 RdRP 蛋白并未参与这个过程（Hammond and Keller，2005）。

九、卵菌中 RNAi 途径

卵菌是一类形态与真菌类似的真核微生物，多种植物和动物病害都是由卵菌造成的（Tyler，2001）。据研究报道，表观遗传修饰尤其是由 sRNA 介导的 RNAi 与卵菌的致病性密切相关（Kasuga and Gijzen，2013；Qutob et al.，2013）。越来越多的证据表明卵菌中也存在 sRNA，但对其作用方式与功能的研究并不深入（Vetukuri et al.，2012；Fahlgren et al.，2013；Qutob et al.，2013；Asman et al.，2014）。在卵菌中，RNAi 关键组分蛋白的进化并不保守，暗示 sRNA 在卵菌中的功能更加复杂（Bollmann et al.，2016）。

在世界范围内，每年由大豆疫霉（*Phytophthora sojae*）造成的经济损失高达几十亿美元（Tyler，2007）。作为卵菌研究的模式菌株，大豆疫霉基因组测序的完成加快了对其 RNAi 系统的研究。有研究表明，大豆疫霉 siRNA 与其致病性密切相关（Qutob et al.，2013）。通过 sRNA 测序、RNA 降解组测序及分子生物学实验，证实大豆疫霉 tRNA 产生了大量 sRNA（tsRNA），这些 tsRNA 参与了基因表达调控并影响大豆疫霉的生长发育（Wang et al.，2016）。sRNA 测序分析鉴定到 41 个 tsRNA，分别来源于 26 个不同的 tRNA。进一步分析发现，这些 tsRNA 在不同的生长阶段积累量也不相同，并且 tsRNA 的积累量与 tRNA 丰度无关。靶标预测发现，一个 tsRNA 能够靶向不同的基因，同时一个基因也可以作为多个 tsRNA 的靶标。结合公共数据库中大豆疫霉不同生长时期转录组数据分析，发现 tsRNA 积累量与靶基因表达量负相关。降解组测序分析表明，比对到靶基因的 reads 数很少，并且这些 reads 主要分布在 tsRNA 匹配位点附近或者在匹配位点 3′ 端，说明 tsRNA 介导了靶基因的降解。RLM-5′ RACE 实验进一步证实了降解组测序结果。为了进一步验证 tsRNA 通过序列互补配对识别并降解靶基因，分别将 tsRNA 识别序列以及将关键位点突变的识别序列连接到 *GUS* 报告基因，并转入大豆疫霉检测 *GUS* 基因相对表达量。结果发现，连接 tsRNA 识别序列的 *GUS* 基因表达明显受到抑制，表明 tsRNA 降解靶基因依赖序列互补配对（Wang et al.，2016）。

第三节　细菌和古菌中 sRNA 作用方式

一、细菌中由 sRNA 介导的抗病毒机制

生态环境中，病毒在适应寄主植物与环境选择压力的同时，也促使寄主植物进化出多种抗病毒机制。RNAi 是真核生物抵抗外源核酸入侵的免疫机制。原核生物在各种生态环境中都有分布，其中细菌和古菌的种类与数量是最多的。随着生物信息学、遗传学和生物化学的发展，研究人员发现原核生物中也存在由 sRNA 介导的抵抗噬菌体和外源质粒入侵的天然免疫系统（Weinbauer，2004；Hoskisson and Smith，2007；Rodriguez-Valera et al.，2009）。

1987 年，科学家发现大肠杆菌（*Escherichia coli*）碱性磷酸酶的同工酶基因 *iap* 3′ 端包含一段特殊序列，这段序列由 32nt 序列间隔开的 29nt 重复序列组成（Ishino et al.，1987）。随后，其他研究团队在 20 多种微生物中都发现类似的“repeat-spacer-repeat”结构，并将其定义为 SRSR（short regularly spaced repeat）（Mojica et al.，1995，2000）。2002 年，为了更好地体现这种序列的特征，研究人员将其定义为成簇有规律的间隔短回文重复序列（clustered regularly interspaced short palindromic repeat，CRISPR）（Jansen et al.，2002）。通常情况下，CRISPR 上游包含一段 300～500nt、种间保守、富含 AT 碱基的前导序列（leader sequence），负责该区域的转录起始。在不同原核生

物中，CRISPR 位点附近还被鉴定到多个与其关联的基因（CRISPR-associated gene，*cas*）（Jansen et al.，2002）。

序列分析发现，间隔区主要来源于噬菌体或质粒等外源核酸。进一步研究证实，噬菌体对细菌的敏感性与间隔序列中是否包含该噬菌体序列相关，暗示 CRISPR 位点与细菌免疫相关（Jansen et al.，2002；Bolotin et al.，2005；Mojica et al.，2005），并且由 CRISPR 介导的细菌免疫系统与真核生物 RNAi 途径发挥功能都依赖同源序列（Jansen et al.，2002；Bolotin et al.，2005；Mojica et al.，2005）。2007 年，Barrangou 等（2007）证实 CRISPR 是嗜热链球菌（*Streptococcus thermophilus*）特异性免疫位点，能够保护嗜热链球菌不受噬菌体侵染。该研究首次通过实验证实，在噬菌体侵染过程中，从噬菌体基因组获得的间隔序列是 CRISPR 介导的细菌免疫所必需的，而新间隔序列的获得依赖 *cas* 基因。嗜热链球菌属于革兰氏阳性细菌，基因组 G+C 含量低，是乳制品开发过程中的关键菌株之一。比较基因组分析显示，不同嗜热链球菌小种基因组差异集中在一些特定区域，其中包括两个 CRISPR 位点（Bolotin et al.，2004，2005）。通过比较工程菌株近源株系与噬菌体抗性株系发现，CRISPR 位点间隔序列的种类和数量都存在很大不同。抗噬菌体菌株与亲代菌株的主要差异是在 CRISPR 中加入了额外的间隔序列。为了验证抗噬菌体菌株 CRISPR 位点突变是在繁殖过程中产生的，作者利用噬菌体敏感的工业发酵菌株 DGCC7710 以及两个毒性相当的噬菌体 858 和 2972（Levesque et al.，2005），建立了嗜热链球菌和噬菌体互作系统，并筛选到 9 个对一个噬菌体或同时对两个噬菌体都有抗性的菌株。相比野生型菌株，抗性菌株 CRISPR 位点在 32 个间隔序列之后插入了 1～4 个新的间隔序列，这些新的间隔序列来源于噬菌体基因组。插入间隔序列拷贝数与嗜热链球菌抗噬菌体能力成正比。但是，当间隔序列发生突变时，则不能赋予嗜热链球菌抗噬菌体能力。与此同时，在抗性菌株中敲除 CRISPR 位点，菌株抗性消失；在敏感菌株中插入新的间隔序列，敏感菌株获得响应噬菌体的抗性。以上结果证实，CRISPR 位点间隔区序列与噬菌体敏感性相关。研究还发现，抗性菌株 *cas* 基因被破坏也导致抗性丧失，说明 *cas* 基因也参与了细菌对噬菌体的免疫过程（Barrangou et al.，2007）。随后，多个研究发现不同菌株的 *cas* 基因都参与了外源基因片段整合到 CRISPR 位点的过程（Han et al.，2009b；Wiedenheft et al.，2009；Babu et al.，2011）。在整合过程中，细菌区分外源核酸与自身基因组序列的分子机制并不清楚。对噬菌体侵染的细菌 CRISPR 位点测序分析发现，整合到间隔区域的噬菌体序列具有选择性（Bolotin et al.，2005；Tang et al.，2005；Deveau et al.，2008；Horvath et al.，2008；Mojica et al.，2009；Garneau et al.，2010）。将间隔序列比对到噬菌体或外源质粒基因组，在比对位置附近存在着高度保守的 2～5nt 碱基，称为原型间隔序列毗邻基序（proto-spacer adjacent motif，PAM）。不同类型的 CRISPR 系统，对应着不同 Cas 蛋白识别的 PAM。

CRISPR/Cas 系统存在于 90% 古菌及 50% 细菌的基因组或质粒上（Grissa et al.，2007；Makarova et al.，2011，2015，2020）。CRISPR/Cas 系统发挥免疫功能主要分为

以下 3 个阶段：适应阶段、表达阶段和干扰阶段。当病毒或外来质粒入侵时，细菌或者古菌将这些外来核酸的片段整合到 CRISPR 位点，即完成第一阶段。不同研究组分别对闪烁古生球菌（*Archaeoglobus fulgidus*）和硫化叶菌（*Sulpholobus solfataricus*）进行 sRNA 测序，都鉴定到源于 CRISPR 的 sRNA（CRISPR-derived RNA，crRNA）（Tang et al.，2002，2005），暗示 CRISPR 位点能够转录并被加工成 crRNA。随后，在大肠杆菌（*Escherichia coli*）（Brouns et al.，2008）、嗜热古菌（*Pyrococcus furiosus*）（Hale et al.，2008）、嗜酸热硫化叶菌（*Sulfolobus acidocaldarius*）（Lillestol et al.，2009）和水稻黄单胞菌（*Xanthomonas oryzae*）（Semenova et al.，2009）中都检测到 CRISPR 位点能够持续被转录。CRISPR 转录物起始于前导序列下游，说明前导序列具有启动子活性。RNA 印迹实验证实，CRISPR 位点首先转录出一条 crRNA 前体（precursor crRNA，pre-crRNA），pre-crRNA 再被剪切成 60nt 左右的片段（Tang et al.，2002）。随后，多个研究团队证实，pre-crRNA 加工为成熟的 crRNA 依赖 Cas 蛋白。Brouns 等（2008）对大肠杆菌 K12 菌株 CRISPR 系统分子机制的研究，首先证实 crRNA 加工需要蛋白 Cas1～Cas3、Cas5e 及 Cse1～Cse4。Cse1～Cse4 与 Cas5e 组成 CRISPR 抗病毒相关的多蛋白复合物（Cascade）。Cascade 功能缺失导致 CRISPR 介导的免疫系统失效。在 Cas5e 和 Cse3 蛋白突变体菌株中，pre-crRNA 积累量升高，说明这两个蛋白参与了 crRNA 的加工过程。体外试验证实，Cascade 或 Cse3 蛋白都能够剪切 pre-crRNA，剪切位点位于间隔序列上游 8nt（Brouns et al.，2008）。Brouns 等（2008）的研究证明了成熟 crRNA 在大肠杆菌 CRISPR 介导的免疫系统中发挥着重要功能，而 Cas 和 Cse 蛋白参与 crRNA 的加工。在对古菌的研究中同样发现，Cas 基因参与了成熟 crRNA 的加工。嗜热古菌基因组包含多个 CRISPR 位点，Cas6 蛋白发挥核酸内切酶功能剪切 pre-crRNA，产生成熟的 crRNA。与大肠杆菌一致，剪切位点位于间隔序列上游 8nt（Carte et al.，2008；Hale et al.，2008，2009）。

成熟的 crRNA 合成之后，便进入 CRISPR 介导免疫的第三阶段。crRNA 与 Cas 蛋白形成复合体，通过 crRNA 碱基互补配对识别外源入侵核酸（Marraffini and Sontheimer，2010；Wiedenheft et al.，2012）。多个研究团队证实，与噬菌体或外来质粒 DNA 互补的 crRNA 是细菌免疫所必需的（Barrangou et al.，2007；Brouns et al.，2008；Hale et al.，2008；Gudbergsdottir et al.，2011；Manica et al.，2011）。为了研究嗜热链球菌 CRISPR/Cas 系统是否能够抵抗外来质粒入侵，研究人员将带有氯霉素抗性基因（chloramphenicol-resistance，*cat*）的 pNT1 质粒转入不携带任何质粒的 DGCC7710 菌株中，pNT1 质粒通过滚环复制的方式进行增殖。筛选到的阳性转化子在没有添加氯霉素的液体培养基中培养 60 代左右，然后进行氯霉素敏感性实验。在进行敏感性实验的 900 个菌株中，54 个菌株丢失了 pNT1 质粒并表现出对氯霉素敏感。在这 54 个菌株中，30 个菌株 CRISPR1 位点获得了 14 个不同的间隔序列，这些间隔序列都来源于 pNT1 质粒。同时将 pNT1 质粒转化 *cas5* 和 *cas7* 突变体菌株，1800 个 *cas5* 突变体背景下的转化子都表现出对氯霉素的抗性，在随机挑选的 170 个转化子中都没有检测到新的间隔序列。在 *cas7* 突变体背景下，尽管筛选到了氯霉素敏感菌株，但在挑选的 200 个转化子中都没有检测到新的间隔序列，说明 *cas7* 突变通过不同的机制导致 pNT1 质粒丢失（Garneau et al.，2010）。以上结果说明，CRISPR/Cas 系统能够影响外来质粒在嗜热链球菌中的稳定性。在之前的研究中，细菌获得对噬菌体的抗性，间隔序列必须与噬菌体基因组序列完全相同，并且在噬菌体基因组中间隔序列下游必须包含 PAM 序列（Barrangou et al.，2007；Mojica et al.，2009）。而在嗜热链球菌抵抗质粒入侵时，质粒上的 PAM 位点并不是保守的。在 pNT1 质粒基因组上，嗜热链球菌 PIM S46 菌株携带的间隔序列附近没有保守的 PAM 位点。将 pNT1 质粒转入 PIM S46 菌株，只有少量质粒基因组保持环状，大部分被切割为线性。通过测序发现，pNT1 质粒在间隔序列靶向的位点被切断。而在 *cas5* 和 *cas7* 突变体背景下，只检测到环状的质粒基因组，证实 CRISPR/Cas 系统通过间隔序列靶向并剪切质粒 DNA（Garneau et al.，2010）。进一步实验证实，CRISPR/Cas 系统通过 crRNA 互补配对靶向并剪切噬菌体 DNA，赋予细菌抗噬菌体活性（Garneau et al.，2010）。在 CRISPR/Cas 系统中，CRISPR 位点包含与 crRNA 互补的 DNA 序列。在靶向 DNA 的系统中，CRISPR/Cas 免疫系统需要区分内源和外源 DNA。除靶向 DNA 外，嗜热古菌的 CRISPR/Cas 系统能够靶向 RNA（Hale et al.，2009）。在嗜热古菌中，pre-crRNA 被 Cas6 蛋白剪切成 45nt 和 39nt 两种长度的 crRNA，这些 crRNA 除包含间隔区序列以外，5′ 端都保留了 8nt 的重复序列（Carte et al.，2008；Hale et al.，2009）。体外试验证实，嗜热古菌 crRNA 能够识别并剪切靶标 RNA，但并不能作用于单链 DNA（Hale et al.，2009）。

综上所述，在真核生物和原核生物中，由 sRNA 介导的抗病毒机制存在很大不同。首先是 sRNA 产生的位置，真核生物中 sRNA 主要来源于双链结构，原核生物中 sRNA 来源于 CRISPR 位点；参与 sRNA 合成和发挥功能的效应蛋白不同，真核生物中主要是 Dicer 和 AGO 蛋白，而原核生物主要依赖不同的 Cas 蛋白；识别靶位点的机制不同，尽管 RNAi 和 CRISPR/Cas 系统中 sRNA 发挥作用都依赖于碱基互补配对，但大多数 Cas 酶识别靶标依赖 PAM 位点（图 8-8）。

二、CRISPR/Cas 系统分类

CRISPR/Cas 系统通过碱基互补配对，特异性地靶向入侵的噬菌体或质粒，是细菌和古菌的先天免疫系统。CRISPR/Cas 系统发挥免疫功能主要分为以下 3 个阶段：适应、表达和干扰。在适应阶段，不同的 Cas 蛋白通过识别特异的 PAM 位点结合并剪切靶标 DNA，随后靶标 DNA 片段整合进 CRISPR 位点，形成新的间隔序列。在一些 CRISPR/Cas 系统中，Cas 位点编码反转录酶，Cas 蛋白将 RNA 反转录为 cDNA 后再被识别，并整合到 CRISPR 位点（Makarova et al.，2020）。在表达阶段，CRISPR 位点一般转录出一条 pre-crRNA，随后 pre-crRNA 被加工成包含间隔序列和一段重复序列的成熟的 crRNA。在一些 CRISPR/Cas 系统中，成熟 crRNA 的加工需要多个 Cas 酶协同作用，而另外一些系统只需要一个多功能的 Cas 蛋白，还有一些系统依赖寄主

植物的 RNA 酶（Makarova et al.，2020）。在干扰阶段，crRNA 识别入侵噬菌体或质粒的 PAM 位点，引导 Cas 蛋白剪切目标 DNA 或 RNA。

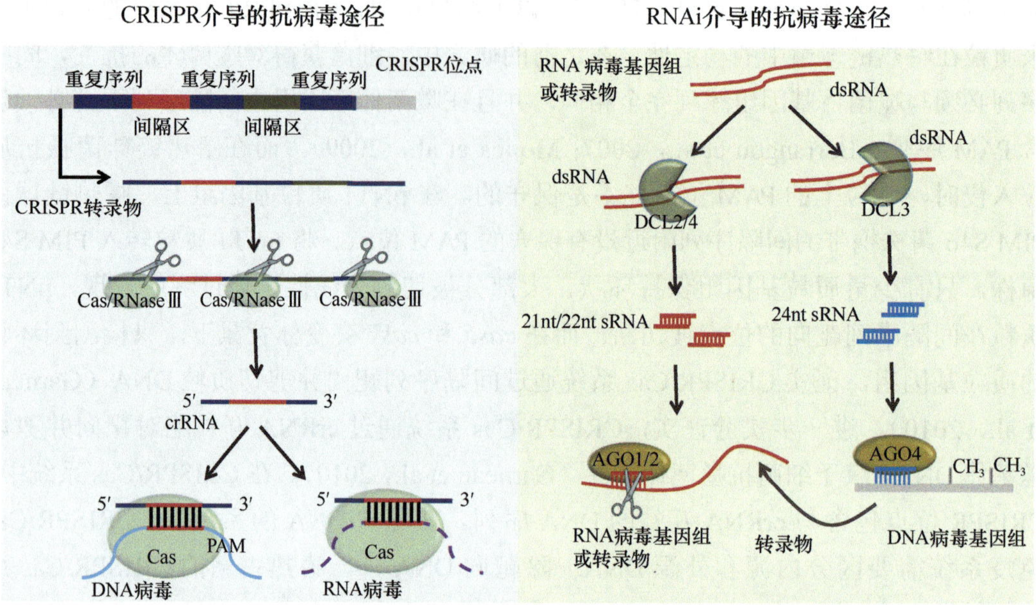

图 8-8 原核生物和真核生物中 sRNA 合成与作用的不同机制

在原核生物中，sRNA 主要来自 CRISPR 位点，介导 Cas 酶识别并剪切外来核酸；
在真核生物中，sRNA 主要来自 dsRNA，并介导 RNAi

随着基因组学技术的发展，研究人员发现不同细菌的 CRISPR/Cas 系统由多种不同的 Cas 蛋白和基因组结构组成。通过对不同类别的 CRISPR/Cas 系统进行分类，能够加快对 CRISPR/Cas 系统理论与应用的研究。但是，CRISPR/Cas 进化速率快，缺少广泛适用的标记基因，增加了分类工作的难度（Makarova et al.，2018）。早期，基于保守 Cas 蛋白的构成以及基因序列特征，通过聚类和进化分析等多种方法尝试对 CRISPR/Cas 系统进行分类（Makarova et al.，2018）。2015 年，根据 crRNA 加工和干扰过程中作用元件的不同，CRISPR/Cas 系统被划分为 2 个大类（class）5 种类型（type）16 个亚型（subtype）。Class Ⅰ需要多种 Cas 蛋白，分别负责 crRNA 加工及干扰过程；Class Ⅱ只包括一个多功能的 crRNA 结合蛋白，就能够将 pre-crRNA 加工成成熟的 crRNA 并发挥功能（Makarova et al.，2011，2015）。随后，在 NCBI 数据库中收录的 13 116 个古菌和细菌的基因组中，通过同源序列比对鉴定到 7915 个 CRISPR/Cas 系统。通过保守蛋白和序列特征重新对这 7915 个系统进行分类，亚型增加到 33 个。在新的分类中，Class Ⅱ变化较大，由 2 种类型 4 个亚型增加到 3 种类型 17 个亚型。

在 2015 年的分类系统中，Class Ⅰ包括 Type Ⅰ、Type Ⅲ和 Type Ⅳ 3 种类型 12 个亚型。Type Ⅰ包含的 CRISPR/Cas 系统都包含 *cas3* 或者其同源基因 *cas3′*，*cas3* 编码一个解旋酶，能够将 dsDNA 或 RNA-DNA 双链解开。解旋酶结构域通常与剪切靶标 DNA 的内切酶结构域融合在一起（Mulepati and Bailey，2011；Sinkunas et al.，

2011)。Type Ⅲ类型的 CRISPR/Cas 系统包含一个编码多个结构域的 Cas10 蛋白，但 Cas10 蛋白在不同的亚型中并不保守。Type Ⅳ类型 CRISPR/Cas 系统的作用元件一般位于细菌的质粒上（Makarova et al.，2015)。在最新的分类系统中，Class Ⅰ的 CRISPR/Cas 增加到 18 个亚型（Makarova et al.，2020)（图 8-9)。

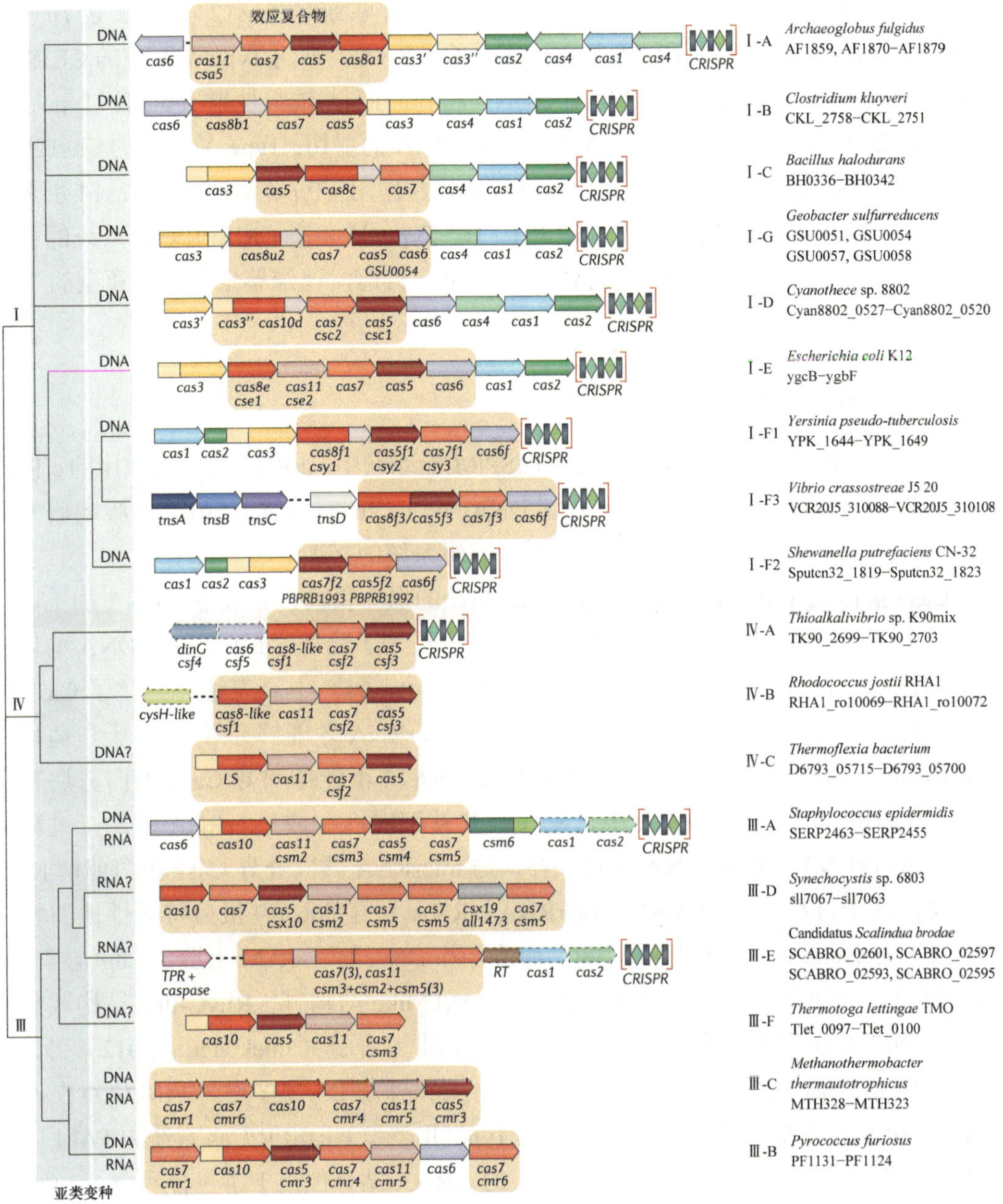

图 8-9 Class Ⅰ的 CRISPR/Cas 系统包括 Type Ⅰ、Type Ⅲ和 Type Ⅳ 3 种类型 18 个亚型（Makarova et al.，2020）

图中标注了每个亚型的主要效应蛋白及模式菌株

Class Ⅱ的 CRISPR/Cas 系统是目前发现最简单的，只包含一个与 crRNA 互作的蛋白。例如，Type Ⅱ中的 Cas9蛋白包含多个结构域，即在适应阶段发挥作用，同时参与靶标 DNA 剪切。除了 Cas9 蛋白，Type Ⅱ类型 CRISPR/Cas 系统还包含 Cas1 和 Cas2 蛋白，并且大部分会转录出一条与 crRNA 反式作用的 tracrRNA（*trans*-activating crRNA）。与 Cas9 不同，Type Ⅴ类型 CRISPR/Cas 系统的 Cas12 蛋白仅包含一个 RuvC 结构域，能够将 pre-crRNA 加工为成熟的 crRNA。不同 Type Ⅴ亚型的 CRISPR/Cas 系统实现对靶标 DNA 的切割，对 crRNA 和 tracrRNA 依赖性也不相同。Type Ⅴ-A 中的 Cas12a 只需要 crRNA 即可以完成对双链 DNA 的剪切；Type Ⅴ-A 中的 Cas12b 识别和剪切靶标 DNA 需要 crRNA 和 tracrRNA 共同作用；Type Ⅴ-F 中的 Cas14 蛋白识别靶标 DNA 不依赖 PAM 序列。Cas13 蛋白是 Type Ⅵ类型 CRISPR/Cas 系统的核心蛋白，包含两个 HEPN 结构域，能够靶向 RNA。目前，已经鉴定到 4 个亚型的 Type Ⅵ类型 CRISPR/Cas 系统（图 8-10）。

三、CRISPR/Cas 系统应用

2012年，研究证实在 Type Ⅱ类型 CRISPR/Cas 系统中，crRNA 与反式作用的 crRNA 形成 dsRNA，介导 Cas9 蛋白定向剪切 DNA 序列（Jinek et al.，2012），激起研究人员试图将 CRISPR/Cas 系统改造为简便基因编辑系统的兴趣。

Cas9 蛋白是 Type Ⅱ类型 CRISPR/Cas 系统的保守蛋白，在成熟 crRNA 加工以及介导 DNA 剪切过程中都发挥重要作用。科研人员为了验证 Cas9 蛋白在 DNA 剪切过程中的作用，在化脓性链球菌（*Streptococcus pyogenes*）中高表达并纯化了 Cas9 蛋白。体外试验证实，只有同时添加 crRNA 和 tracrRNA 才能够介导 Cas9 蛋白剪切带有 PAM 位点的靶标 DNA；只添加成熟的 crRNA 并不能够引导 Cas9 蛋白剪切靶标 DNA。tracrRNA 能够与 crRNA 中重复序列互补配对，在成熟 crRNA 的加工过程中发挥作用；crRNA 与靶标 DNA 序列互补，与 tracrRNA 共同介导 Cas9 蛋白剪切 DNA 的活性，这个过程还需要 Mg^{2+}。tracrRNA:crRNA 介导的 Cas9 蛋白特异性地剪切与 crRNA 互补 DNA 链的 PAM 上游 3nt，而非互补 DNA 链在 PAM 上游 3～8nt 被剪切。Cas9 蛋白包含两个核酸酶结构域：HNH 和 RuvC-like 结构域。RuvC-like 结构域负责剪切与 crRNA 互补链，而 HNH 结构域负责剪切非互补链（Jinek et al.，2012）。另外，很多 CRISPR/Cas 系统利用 PAM 位点区分内源和外源 DNA 序列。PAM 位点在不同的 CRISPR/Cas 系统中序列也不相同。在 Type Ⅱ类型 CRISPR/Cas 系统中 PAM 序列为 NGG（N=A、T、C 或 G），在靶标 DNA 的 crRNA 结合位点下游包含两个 GC 配对，GG 位点对 CRISPR/Cas 系统剪切 DNA 至关重要。在体外，PAM 位点突变不影响 tracrRNA:crRNA 介导的 Cas9 蛋白特异性剪切单链 DNA，但 Cas9 剪切双链 DNA 依赖 PAM 位点。进一步实验证实，PAM 位点突变影响 Cas9-tracrRNA:crRNA 与靶标双链 DNA 的结合，推测 PAM 位点可能在 Cas9 特异性识别靶标 DNA，以及双链 DNA 解螺旋并形成 R-loop 的过程中发挥作用（Jinek et al.，2012）。

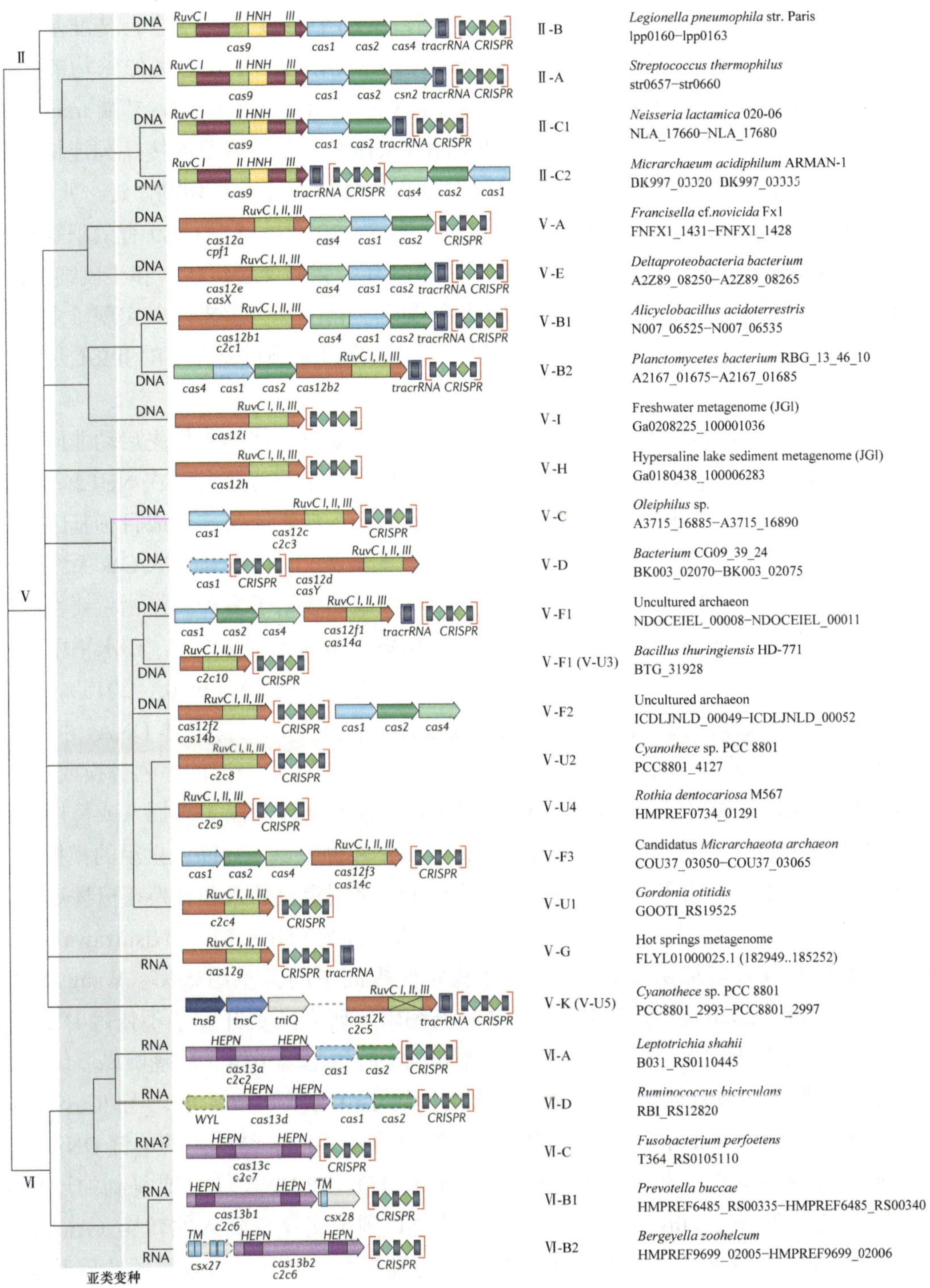

图 8-10　Class Ⅱ的 CRISPR/Cas 系统包括 Type Ⅱ、Type Ⅴ和 Type Ⅵ 3 种类型 26 个亚型（Makarova et al.，2020）

图中标注了每个亚型的主要效应蛋白及模式菌株

对 CRISPR/Cas 系统作用机制的深入了解，推动了将该系统改造为精准基因编辑系统的研究。研究人员尝试利用能够形成 tracrRNA:crRNA 双链类似结构的单链 RNA 介导 Cas9 对靶标 DNA 的剪切。单链 RNA 能够形成发卡结构，5′ 端 tracrRNA 和 crRNA 互补配对的序列与 crRNA 的 3′ 端和 tracrRNA 的 5′ 端用连接序列连接。体外试验证实，人工合成的单链 RNA 能够有效地对靶标 DNA 进行切割。进一步证实，在单链 RNA 中 tracrRNA 和 crRNA 配对区域之外 5～12 个碱基对 Cas9 有效识别和结合靶标 DNA 至关重要（Jinek et al.，2012）。2013 年，张峰课题组在人和小鼠细胞内，首先利用改造后的 Cas9-tracrRNA:crRNA 系统实现了精准基因编辑，并实现了多基因位点的同时编辑（Cong et al.，2013）。随后，在植物研究领域基于 CRISPR/Cas 系统开发出多种基因编辑技术。

Cas9 蛋白识别并切割靶标 DNA 形成双链断裂，编辑受体细胞优先启动非同源末端连接（non-homologous end joining，NHEJ）对断裂位点进行修复。在 NHEJ 修复过程中，多数情况下在切割位点附近会随机产生碱基插入或者缺失，造成目标基因密码子移码突变，导致基因功能缺失，达到定点敲除的效果。基于 CRISPR/Cas 系统的定点敲除技术是目前植物基因编辑的主要形式，已经成功应用于多种农作物重要性状改良，包括产量、品质及抗病等（Chen et al.，2019；Zhu et al.，2020）。在水稻中，通过设计不同的引导序列已经实现了同时对 7 个基因进行敲除（Ma et al.，2015）。在基因编辑过程中，通过向系统中添加双链断裂位点两侧序列的同源供体 DNA，同源供体 DNA 与断裂位点两侧序列发生同源重组，进而实现靶位点精准的序列替换或插入。实验表明，无论添加单链 DNA 还是双链 DNA，都能够实现基因定点插入或替换，但单链 DNA 只适用于少量碱基插入。有研究证实，RNA 也可以作为同源重组的模板（Li et al.，2019）。目前，由于同源重组发生概率较低，基因定点插入和替换在植物基因编辑系统应用并不广泛。在应用过程中，研究人员通过抑制 NHEJ 途径（Nishizawa-Yokoi et al.，2016）或者增加供体 DNA 数量和稳定性提高了同源重组效率（Wang et al.，2017；Lu et al.，2020）。为了实现单碱基精准编辑，研究人员开发了不依赖 DNA 双链断裂的单碱基编辑器：胞嘧啶碱基编辑器和腺嘌呤碱基编辑器。胞嘧啶碱基编辑器需要胞嘧啶脱氨酶以及只保留了 DNA 结合活性的 Cas9 蛋白（dCas9）。当 dCas9 蛋白与基因组结合形成 R-loop 结构时，胞嘧啶脱氨酶结合 R-loop 结构中的单链 DNA，将胞嘧啶（cytosine，C）脱氨变成尿嘧啶（uracil，U），在 DNA 修复或复制的过程中尿嘧啶转变为腺嘧啶（thymine，T），实现碱基由 C 到 T 或者 G 到 A 的转换（Anzalone et al.，2020）。自然界中不存在作用于腺嘌呤的脱氨酶，增加了开发腺嘌呤碱基编辑器的难度。科研人员通过改造大肠杆菌 Tad A，使其具有单链 DNA 腺嘌呤脱氨酶活性，利用胞嘧啶碱基编辑器的类似原理实现了 A 到 G 的转换（Gaudelli et al.，2017）（图 8-11）。

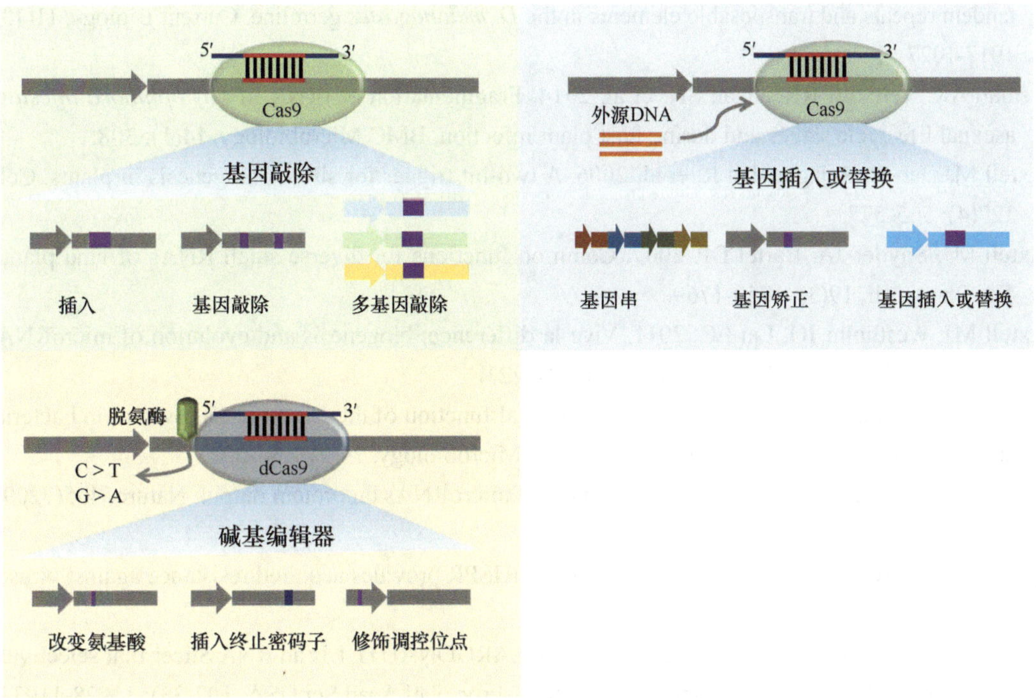

图 8-11　基于 CRISPR/Cas 系统开发的主要基因编辑系统［修改自 Chen 等（2019）］

基于 CRISPR/Cas 系统开发的基因编辑系统被广泛推广应用的同时，其脱靶效应也引起人们的关注。随着基因组学技术的发展，多种基于全基因组水平的脱靶预测及检测方法也同时被开发出来。目前，CRISPR/Cas 基因编辑技术的很多难点尚未攻克，发展更高效精准的编辑系统、开发迅速快捷的突变检测技术仍是今后研究的热点。

参考文献

Aboobaker AA, Tomancak P, Patel N, et al. 2005. *Drosophila* microRNAs exhibit diverse spatial expression patterns during embryonic development. Proc Natl Acad Sci USA, 102(50): 18017-18022.

Addo-Quaye C, Eshoo TW, Bartel DP, et al. 2008. Endogenous siRNA and miRNA targets identified by sequencing of the *Arabidopsis* degradome. Current Biology, 18(10): 758-762.

Addo-Quaye C, Snyder JA, Park YB, et al. 2009. Sliced microRNA targets and precise loop-first processing of MIR319 hairpins revealed by analysis of the *Physcomitrella patens* degradome. RNA, 15(12): 2112-2121.

Ambros V. 2004. The functions of animal microRNAs. Nature, 431(7006): 350-355.

Ambros V, Bartel B, Bartel DP, et al. 2003. A uniform system for microRNA annotation. RNA, 9(3): 277-279.

Anzalone AV, Koblan LW, Liu DR. 2020. Genome editing with CRISPR-Cas nucleases, base editors, transposases and prime editors. Nature Biotechnology, 38(7): 824-844.

Aramayo R, Metzenberg RL. 1996. Meiotic transvection in fungi. Cell, 86(1): 103-113.

Aravin AA, Naumova NM, Tulin AV, et al. 2001. Double-stranded RNA-mediated silencing of genomic tandem repeats and transposable elements in the *D. melanogaster* germline. Current Biology, 11(13): 1017-1027.

Asman AK, Vetukuri RR, Jahan SN, et al. 2014. Fragmentation of tRNA in *Phytophthora infestans* asexual life cycle stages and during host plant infection. BMC Microbiology, 14(1): 308.

Axtell MJ, Jan C, Rajagopalan R, et al. 2006. A two-hit trigger for siRNA biogenesis in plants. Cell, 127(4): 565-577.

Axtell MJ, Snyder JA, Bartel DP. 2007. Common functions for diverse small RNAs of land plants. The Plant Cell, 19(3): 1750-1769.

Axtell MJ, Westholm JO, Lai EC. 2011. Vive la différence: biogenesis and evolution of microRNAs in plants and animals. Genome Biology, 12(6): 221.

Babu M, Beloglazova N, Flick R, et al. 2011. A dual function of the CRISPR-Cas system in bacterial antivirus immunity and DNA repair. Molecular Microbiology, 79(2): 484-502.

Baek D, Villen J, Shin C, et al. 2008. The impact of microRNAs on protein output. Nature, 455(7209): 64-71.

Barrangou R, Fremaux C, Deveau H, et al. 2007. CRISPR provides acquired resistance against viruses in prokaryotes. Science, 315(5819): 1709-1712.

Baumberger N, Baulcombe DC. 2005. *Arabidopsis* ARGONAUTE1 is an RNA Slicer that selectively recruits microRNAs and short interfering RNAs. Proc Natl Acad Sci USA, 102(33): 11928-11933.

Berezikov E, Robine N, Samsonova A, et al. 2011. Deep annotation of *Drosophila melanogaster* microRNAs yields insights into their processing, modification, and emergence. Genome Research, 21(2): 203-215.

Bergman CM, Quesneville H, Anxolabehere D, et al. 2006. Recurrent insertion and duplication generate networks of transposable element sequences in the *Drosophila melanogaster* genome. Genome Biology, 7(11): R112.

Bollmann SR, Fang Y, Press CM, et al. 2016. Diverse evolutionary trajectories for small RNA biogenesis genes in the oomycete Genus *Phytophthora*. Frontiers in Plant Science, 7: 284.

Bolotin A, Quinquis B, Renault P, et al. 2004. Complete sequence and comparative genome analysis of the dairy bacterium *Streptococcus thermophilus*. Nature Biotechnology, 22(12): 1554-1558.

Bolotin A, Quinquis B, Sorokin A, et al. 2005. Clustered regularly interspaced short palindrome repeats (CRISPRs) have spacers of extrachromosomal origin. Microbiology, 151(Pt 8): 2551-2561.

Borchert GM, Lanier W, Davidson BL. 2006. RNA polymerase Ⅲ transcribes human microRNAs. Nature Structural & Molecular Biology, 13(12): 1097-1101.

Brennecke J, Aravin AA, Stark A, et al. 2007. Discrete small RNA-generating loci as master regulators of transposon activity in *Drosophila*. Cell, 128(6): 1089-1103.

Brodersen P, Sakvarelidze-Achard L, Bruun-Rasmussen M, et al. 2008. Widespread translational inhibition by plant miRNAs and siRNAs. Science, 320(5880): 1185-1190.

Brouns SJ, Jore MM, Lundgren M, et al. 2008. Small CRISPR RNAs guide antiviral defense in prokaryotes. Science, 321(5891): 960-964.

Buhler M, Moazed D. 2007. Transcription and RNAi in heterochromatic gene silencing. Nature Structural & Molecular Biology, 14(11): 1041-1048.

Buhler M, Verdel A, Moazed D. 2006. Tethering RITS to a nascent transcript initiates RNAi- and heterochromatin-dependent gene silencing. Cell, 125(5): 873-886.

Cam HP, Chen ES, Grewal SI. 2009. Transcriptional scaffolds for heterochromatin assembly. Cell, 136(4): 610-614.

Carte J, Wang R, Li H, et al. 2008. Cas6 is an endoribonuclease that generates guide RNAs for invader defense in prokaryotes. Genes & Development, 22(24): 3489-3496.

Chang SS, Zhang Z, Liu Y. 2012. RNA interference pathways in fungi: mechanisms and functions. Annual Review of Microbiology, 66: 305-323.

Cheloufi S, Dos Santos CO, Chong MM, et al. 2010. A dicer-independent miRNA biogenesis pathway that requires Ago catalysis. Nature, 465(7298): 584-589.

Chen K, Wang Y, Zhang R, et al. 2019. CRISPR/Cas genome editing and precision plant breeding in agriculture. Annu Rev Plant Biol, 70: 667-697.

Chen X. 2004. A microRNA as a translational repressor of APETALA2 in *Arabidopsis* flower development. Science, 303(5666): 2022-2025.

Choudhary S, Lee HC, Maiti M, et al. 2007. A double-stranded-RNA response program important for RNA interference efficiency. Molecular and Cellular Biology, 27(11): 3995-4005.

Cifuentes D, Xue H, Taylor DW, et al. 2010. A novel miRNA processing pathway independent of Dicer requires Argonaute 2 catalytic activity. Science, 328(5986): 1694-1698.

Cogoni C, Macino G. 1997. Isolation of quelling-defective (*qde*) mutants impaired in posttranscriptional transgene-induced gene silencing in *Neurospora crassa*. Proc Natl Acad Sci USA, 94(19): 10233-10238.

Cogoni C, Macino G. 1999. Post-transcriptional gene silencing in *Neurospora* by a RecQ DNA helicase. Science, 286(5448): 2342-2344.

Colmenares SU, Buker SM, Buhler M, et al. 2007. Coupling of double-stranded RNA synthesis and siRNA generation in fission yeast RNAi. Molecular Cell, 27(3): 449-461.

Cong L, Ran FA, Cox D, et al. 2013. Multiplex genome engineering using CRISPR/Cas systems. Science, 339(6121): 819-823.

Czech B, Zhou R, Erlich Y, et al. 2009. Hierarchical rules for Argonaute loading in *Drosophila*. Molecular Cell, 36(3): 445-456.

Dang Y, Yang Q, Xue Z, et al. 2011. RNA interference in fungi: pathways, functions, and applications. Eukaryot Cell, 10(9): 1148-1155.

Deveau H, Barrangou R, Garneau JE, et al. 2008. Phage response to CRISPR-encoded resistance in *Streptococcus thermophilus*. Journal of Bacteriology, 190(4): 1390-1400.

Djupedal I, Portoso M, Spahr H, et al. 2005. RNA Pol Ⅱ subunit Rpb7 promotes centromeric transcription and RNAi-directed chromatin silencing. Genes & Development, 19(19): 2301-2306.

Drinnenberg IA, Weinberg DE, Xie KT, et al. 2009. RNAi in budding yeast. Science, 326(5952): 544-550.

Ebert A, Lein S, Schotta G, et al. 2006. Histone modification and the control of heterochromatic gene silencing in *Drosophila*. Chromosome Research, 14(4): 377-392.

Emmerth S, Schober H, Gaidatzis D, et al. 2010. Nuclear retention of fission yeast dicer is a prerequisite for RNAi-mediated heterochromatin assembly. Developmental Cell, 18(1): 102-113.

Fahlgren N, Bollmann SR, Kasschau KD, et al. 2013. Phytophthora have distinct endogenous small RNA populations that include short interfering and microRNAs. PLOS ONE, 8(10): e77181.

Fahlgren N, Howell MD, Kasschau KD, et al. 2007. High-throughput sequencing of *Arabidopsis* microRNAs: evidence for frequent birth and death of MIRNA genes. PLOS ONE, 2(2): e219.

Fang Y, Spector DL. 2007. Identification of nuclear dicing bodies containing proteins for microRNA biogenesis in living *Arabidopsis* plants. Current Biology, 17(9): 818-823.

Flynt AS, Greimann JC, Chung WJ, et al. 2010. MicroRNA biogenesis via splicing and exosome-mediated trimming in *Drosophila*. Molecular Cell, 38(6): 900-907.

Franco-Zorrilla JM, Valli A, Todesco M, et al. 2007. Target mimicry provides a new mechanism for regulation of microRNA activity. Nature Genetics, 39(8): 1033-1037.

Gandikota M, Birkenbihl RP, Hohmann S, et al. 2007. The miRNA156/157 recognition element in the 3′ UTR of the *Arabidopsis* SBP box gene SPL3 prevents early flowering by translational inhibition in seedlings. Plant Journal, 49(4): 683-693.

Garneau JE, Dupuis ME, Villion M, et al. 2010. The CRISPR/Cas bacterial immune system cleaves bacteriophage and plasmid DNA. Nature, 468(7320): 67-71.

Gaudelli NM, Komor AC, Rees HA, et al. 2017. Programmable base editing of A*T to G*C in genomic DNA without DNA cleavage. Nature, 551(7681): 464-471.

German MA, Pillay M, Jeong DH, et al. 2008. Global identification of microRNA-target RNA pairs by parallel analysis of RNA ends. Nature Biotechnology, 26(8): 941-946.

Ghildiyal M, Xu J, Seitz H, et al. 2010. Sorting of *Drosophila* small silencing RNAs partitions microRNA* strands into the RNA interference pathway. RNA, 16(1): 43-56.

Giraldez AJ, Mishima Y, Rihel J, et al. 2006. Zebrafish MiR-430 promotes deadenylation and clearance of maternal mRNAs. Science, 312(5770): 75-79.

Grimson A, Srivastava M, Fahey B, et al. 2008. Early origins and evolution of microRNAs and Piwi-interacting RNAs in animals. Nature, 455(7217): 1193-1197.

Grissa I, Vergnaud G, Pourcel C. 2007. CRISPRFinder: a web tool to identify clustered regularly interspaced short palindromic repeats. Nucleic Acids Research, 35: W52-W57.

Gu S, Jin L, Zhang F, et al. 2009. Biological basis for restriction of microRNA targets to the 3′ untranslated region in mammalian mRNAs. Nature Structural & Molecular Biology, 16(2): 144-150.

Gudbergsdottir S, Deng L, Chen Z, et al. 2011. Dynamic properties of the *Sulfolobus* CRISPR/Cas and CRISPR/Cmr systems when challenged with vector-borne viral and plasmid genes and protospacers. Molecular Microbiology, 79(1): 35-49.

Gunawardane LS, Saito K, Nishida KM, et al. 2007. A slicer-mediated mechanism for repeat-associated siRNA 5′ end formation in *Drosophila*. Science, 315(5818): 1587-1590.

Guo H, Ingolia NT, Weissman JS, et al. 2010. Mammalian microRNAs predominantly act to decrease target mRNA levels. Nature, 466(7308): 835-840.

Guo Z, Li Y, Ding SW. 2019. Small RNA-based antimicrobial immunity. Nat Rev Immunol, 19(1): 31-44.

Hale C, Kleppe K, Terns RM, et al. 2008. Prokaryotic silencing (psi) RNAs in *Pyrococcus furiosus*. RNA, 14(12): 2572-2579.

Hale CR, Zhao P, Olson S, et al. 2009. RNA-guided RNA cleavage by a CRISPR RNA-Cas protein complex. Cell, 139(5): 945-956.

Halic M, Moazed D. 2010. Dicer-independent primal RNAs trigger RNAi and heterochromatin formation. Cell, 140(4): 504-516.

Hammond TM, Keller NP. 2005. RNA silencing in *Aspergillus nidulans* is independent of RNA-dependent RNA polymerases. Genetics, 169(2): 607-617.

Hammond TM, Xiao H, Boone EC, et al. 2011. SAD-3, a putative helicase required for meiotic silencing by unpaired DNA, interacts with other components of the silencing machinery. G3 (Bethesda, Md.), 1(5): 369-376.

Han D, Lehmann K, Krauss G. 2009b. SSO1450: a CAS1 protein from *Sulfolobus solfataricus* P2 with high affinity for RNA and DNA. FEBS Letters, 583(12): 1928-1932.

Han J, Pedersen JS, Kwon SC, et al. 2009a. Posttranscriptional crossregulation between *Drosha* and DGCR8. Cell, 136(1): 75-84.

Handler D, Meixner K, Pizka M, et al. 2013. The genetic makeup of the *Drosophila* piRNA pathway. Molecular Cell, 50(5): 762-777.

Hirano T, Iwasaki YW, Lin ZY, et al. 2014. Small RNA profiling and characterization of piRNA clusters in the adult testes of the common marmoset, a model primate. RNA, 20(8): 1223-1237.

Hong EJ, Villen J, Gerace EL, et al. 2005. A cullin E3 ubiquitin ligase complex associates with Rik1 and the Clr4 histone H3-K9 methyltransferase and is required for RNAi-mediated heterochromatin formation. RNA Biology, 2(3): 106-111.

Horn PJ, Bastie JN, Peterson CL. 2005. A Rik1-associated, cullin-dependent E3 ubiquitin ligase is essential for heterochromatin formation. Genes & Development, 19(14): 1705-1714.

Horvath P, Romero DA, Coute-Monvoisin AC, et al. 2008. Diversity, activity, and evolution of CRISPR loci in *Streptococcus thermophilus*. Journal of Bacteriology, 190(4): 1401-1412.

Horwich MD, Li C, Matranga C, et al. 2007. The *Drosophila* RNA methyltransferase, DmHen1, modifies germline piRNAs and single-stranded siRNAs in RISC. Current Biology, 17(14): 1265-1272.

Hoskisson PA, Smith MC. 2007. Hypervariation and phase variation in the bacteriophage 'resistome'. Current Opinion in Microbiology, 10(4): 396-400.

Howard CA, Baker TI. 1988. Relationship of histidine sensitivity to DNA damage and stress induced responses in mutagen sensitive mutants of *Neurospora crassa*. Current Genetics, 13(5): 391-399.

Huang XA, Yin H, Sweeney S, et al. 2013. A major epigenetic programming mechanism guided by piRNAs. Developmental Cell, 24(5): 502-516.

Idnurm A, Bahn YS, Nielsen K, et al. 2005. Deciphering the model pathogenic fungus *Cryptococcus neoformans*. Nature Reviews Microbiology, 3(10): 753-764.

Ishino Y, Shinagawa H, Makino K, et al. 1987. Nucleotide sequence of the iap gene, responsible for alkaline phosphatase isozyme conversion in *Escherichia coli*, and identification of the gene product. Journal of Bacteriology, 169(12): 5429-5433.

Isik M, Korswagen HC, Berezikov E. 2010. Expression patterns of intronic microRNAs in *Caenorhabditis elegans*. Silence, 1(1): 5.

Iwasaki YW, Siomi MC, Siomi H. 2015. PIWI-interacting RNA: its biogenesis and functions. Annual Review of Biochemistry, 84: 405-433.

Jansen R, Embden JD, Gaastra W, et al. 2002. Identification of genes that are associated with DNA repeats in prokaryotes. Molecular Microbiology, 43(6): 1565-1575.

Jia S, Noma K, Grewal SI. 2004. RNAi-independent heterochromatin nucleation by the stress-activated ATF/CREB family proteins. Science, 304(5679): 1971-1976.

Jin Y, Zhao JH, Zhao P, et al. 2019. A fungal milRNA mediates epigenetic repression of a virulence gene in *Verticillium dahliae*. Philos Trans R Soc Lond B Biol Sci, 374(1767): 20180309.

Jinek M, Chylinski K, Fonfara I, et al. 2012. A programmable dual-RNA-guided DNA endonuclease in adaptive bacterial immunity. Science, 337(6096): 816-821.

Karginov FV, Cheloufi S, Chong MM, et al. 2010. Diverse endonucleolytic cleavage sites in the mammalian transcriptome depend upon microRNAs, Drosha, and additional nucleases. Molecular Cell, 38(6): 781-788.

Kasuga T, Gijzen M. 2013. Epigenetics and the evolution of virulence. Trends in Microbiology, 21(11): 575-582.

Kato A, Akamatsu Y, Sakuraba Y, et al. 2004. The *Neurospora crassa mus-19* gene is identical to the *qde-3* gene, which encodes a RecQ homologue and is involved in recombination repair and postreplication repair. Current Genetics, 45(1): 37-44.

Kawaoka S, Izumi N, Katsuma S, et al. 2011. 3′ end formation of PIWI-interacting RNAs *in vitro*. Molecular Cell, 43(6): 1015-1022.

Kazazian HH Jr. 2004. Mobile elements: drivers of genome evolution. Science, 303 (5664): 1626-1632.

Khurana JS, Wang J, Xu J, et al. 2011. Adaptation to P element transposon invasion in *Drosophila melanogaster*. Cell, 147(7): 1551-1563.

Kim VN, Han J, Siomi MC. 2009. Biogenesis of small RNAs in animals. Nat Rev Mol Cell Bio, 10(2): 126-139.

Krek A, Grun D, Poy MN, et al. 2005. Combinatorial microRNA target predictions. Nature Genetics, 37(5): 495-500.

Kurihara Y, Watanabe Y. 2004. *Arabidopsis* micro-RNA biogenesis through Dicer-like 1 protein functions. Proc Natl Acad Sci USA, 101(34): 12753-12758.

Lai EC, Burks C, Posakony JW. 1998. The K box, a conserved 3′ UTR sequence motif, negatively regulates accumulation of enhancer of split complex transcripts. Development, 125(20): 4077-4088.

Lai EC, Posakony JW. 1997. The bearded box, a novel 3′ UTR sequence motif, mediates negative post-transcriptional regulation of bearded and enhancer of split complex gene expression. Development, 124(23): 4847-4856.

Lau NC, Seto AG, Kim J, et al. 2006. Characterization of the piRNA complex from rat testes. Science, 313(5785): 363-367.

Le Thomas A, Rogers AK, Webster A, et al. 2013. Piwi induces piRNA-guided transcriptional silencing and establishment of a repressive chromatin state. Genes & Development, 27(4): 390-399.

Lee DW, Pratt RJ, McLaughlin M, et al. 2003. An argonaute-like protein is required for meiotic silencing. Genetics, 164(2): 821-828.

Lee HC, Aalto AP, Yang Q, et al. 2010a. The DNA/RNA-dependent RNA polymerase QDE-1 generates aberrant RNA and dsRNA for RNAi in a process requiring replication protein A and a DNA helicase. PLOS Biology, 8(10): e1000496.

Lee HC, Chang SS, Choudhary S, et al. 2009. qiRNA is a new type of small interfering RNA induced by DNA damage. Nature, 459(7244): 274-277.

Lee HC, Li L, Gu W, et al. 2010b. Diverse pathways generate microRNA-like RNAs and Dicer-independent small interfering RNAs in fungi. Molecular Cell, 38(6): 803-814.

Levesque C, Duplessis M, Labonte J, et al. 2005. Genomic organization and molecular analysis of virulent bacteriophage 2972 infecting an exopolysaccharide-producing *Streptococcus thermophilus* strain. Applied and Environmental Microbiology, 71(7): 4057-4068.

Lewis BP, Burge CB, Bartel DP. 2005. Conserved seed pairing, often flanked by adenosines, indicates that thousands of human genes are microRNA targets. Cell, 120(1): 15-20.

Li F, Goto DB, Zaratiegui M, et al. 2005b. Two novel proteins, dos1 and dos2, interact with rik1 to regulate heterochromatic RNA interference and histone modification. Current Biology, 15(16): 1448-1457.

Li J, Yang Z, Yu B, et al. 2005a. Methylation protects miRNAs and siRNAs from a 3′-end uridylation activity in *Arabidopsis*. Current Biology, 15(16): 1501-1507.

Li L, Chang SS, Liu Y. 2010. RNA interference pathways in filamentous fungi. Cellular and Molecular Life Sciences, 67(22): 3849-3863.

Li S, Li J, He Y, et al. 2019. Precise gene replacement in rice by RNA transcript-templated homologous recombination. Nature Biotechnology, 37(4): 445-450.

Lillestol RK, Shah SA, Brugger K, et al. 2009. CRISPR families of the crenarchaeal genus *Sulfolobus*: bidirectional transcription and dynamic properties. Molecular Microbiology, 72(1): 259-272.

Lim LP, Lau NC, Garrett-Engele P, et al. 2005. Microarray analysis shows that some microRNAs downregulate large numbers of target mRNAs. Nature, 433(7027): 769-773.

Lin X, Heitman J. 2006. The biology of the *Cryptococcus neoformans* species complex. Annual Review of Microbiology, 60: 69-105.

Liu J, Carmell MA, Rivas FV, et al. 2004. Argonaute2 is the catalytic engine of mammalian RNAi. Science, 305(5689): 1437-1441.

Llave C, Kasschau KD, Rector MA, et al. 2002. Endogenous and silencing-associated small RNAs in plants. The Plant Cell, 14(7): 1605-1619.

Lu Y, Tian Y, Shen R, et al. 2020. Targeted, efficient sequence insertion and replacement in rice. Nature Biotechnology, 38(12): 1402-1407.

Ma X, Zhang Q, Zhu Q, et al. 2015. A Robust CRISPR/Cas9 system for convenient, high-efficiency multiplex genome editing in monocot and dicot plants. Molecular Plant, 8(8): 1274-1284.

Makarova KS, Haft DH, Barrangou R, et al. 2011. Evolution and classification of the CRISPR-Cas systems. Nature Reviews Microbiology, 9(6): 467-477.

Makarova KS, Wolf YI, Alkhnbashi OS, et al. 2015. An updated evolutionary classification of CRISPR-Cas systems. Nature Reviews Microbiology, 13(11): 722-736.

Makarova KS, Wolf YI, Iranzo J, et al. 2020. Evolutionary classification of CRISPR-Cas systems: a burst of class 2 and derived variants. Nature Reviews Microbiology, 18(2): 67-83.

Makarova KS, Wolf YI, Koonin EV. 2018. Classification and nomenclature of CRISPR-Cas systems: where from here? The CRISPR Journal, 1(5): 325-336.

Malone CD, Brennecke J, Dus M, et al. 2009. Specialized piRNA pathways act in germline and somatic tissues of the *Drosophila* ovary. Cell, 137(3): 522-535.

Malone CD, Hannon GJ. 2009. Small RNAs as guardians of the genome. Cell, 136(4): 656-668.

Manica A, Zebec Z, Teichmann D, et al. 2011. *In vivo* activity of CRISPR-mediated virus defence in a hyperthermophilic archaeon. Molecular Microbiology, 80(2): 481-491.

Marraffini LA, Sontheimer EJ. 2010. CRISPR interference: RNA-directed adaptive immunity in bacteria and archaea. Nature Reviews Genetics, 11(3): 181-190.

Martinez NJ, Ow MC, Reece-Hoyes JS, et al. 2008. Genome-scale spatiotemporal analysis of *Caenorhabditis elegans* microRNA promoter activity. Genome Research, 18(12): 2005-2015.

Meister G, Landthaler M, Patkaniowska A, et al. 2004. Human Argonaute2 mediates RNA cleavage targeted by miRNAs and siRNAs. Molecular Cell, 15(2): 185-197.

Merchan F, Boualem A, Crespi M, et al. 2009. Plant polycistronic precursors containing non-homologous microRNAs target transcripts encoding functionally related proteins. Genome Biology, 10(12): R136.

Meyers BC, Axtell MJ, Bartel B, et al. 2008. Criteria for annotation of plant microRNAs. The Plant Cell, 20(12): 3186-3190.

Moazed D. 2009. Small RNAs in transcriptional gene silencing and genome defence. Nature, 457(7228): 413-420.

Mojica FJM, Díez-Villasenor C, García-Martínez J, et al. 2005. Intervening sequences of regularly spaced prokaryotic repeats derive from foreign genetic elements. Journal of Molecular Evolution, 60(2): 174-182.

Mojica FJM, Díez-Villasenor C, García-Martínez J, et al. 2009. Short motif sequences determine the targets of the prokaryotic CRISPR defence system. Microbiology, 155(Pt 3): 733-740.

Mojica FJM, Díez-Villasenor C, Soria E, et al. 2000. Biological significance of a family of regularly spaced repeats in the genomes of Archaea, Bacteria and mitochondria. Molecular Microbiology, 36(1): 244-246.

Mojica FJM, Ferrer C, Juez G, et al. 1995. Long stretches of short tandem repeats are present in the largest replicons of the Archaea *Haloferax mediterranei* and *Haloferax volcanii* and could be involved in replicon partitioning. Molecular Microbiology, 17(1): 85-93.

Moran Y, Agron M, Praher D, et al. 2017. The evolutionary origin of plant and animal microRNAs. Nature Ecology & Evolution, 1(3): 27.

Motamedi MR, Verdel A, Colmenares SU, et al. 2004. Two RNAi complexes, RITS and RDRC, physically interact and localize to noncoding centromeric RNAs. Cell, 119(6): 789-802.

Mulepati S, Bailey S. 2011. Structural and biochemical analysis of nuclease domain of clustered regularly interspaced short palindromic repeat (CRISPR)-associated protein 3 (Cas3). Journal of Biological Chemistry, 286(36): 31896-31903.

Nishizawa-Yokoi A, Cermak T, Hoshino T, et al. 2016. A defect in DNA ligase4 enhances the frequency of TALEN-mediated targeted mutagenesis in rice. Plant Physiology, 170(2): 653-666.

Nolan T, Cecere G, Mancone C, et al. 2008. The RNA-dependent RNA polymerase essential for post-transcriptional gene silencing in *Neurospora crassa* interacts with replication protein A. Nucleic Acids Research, 36(2): 532-538.

Noma K, Sugiyama T, Cam H, et al. 2004. RITS acts in *cis* to promote RNA interference-mediated transcriptional and post-transcriptional silencing. Nature Genetics, 36(11): 1174-1180.

Nunes CC, Gowda M, Sailsbery J, et al. 2011. Diverse and tissue-enriched small RNAs in the plant pathogenic fungus, *Magnaporthe oryzae*. BMC Genomics, 12: 288.

Okamura K. 2012. Diversity of animal small RNA pathways and their biological utility. WIREs RNA, 3(3): 351-368.

Okamura K, Hagen JW, Duan H, et al. 2007. The mirtron pathway generates microRNA-class regulatory RNAs in *Drosophila*. Cell, 130(1): 89-100.

Okamura K, Liu N, Lai EC. 2009. Distinct mechanisms for microRNA strand selection by *Drosophila* Argonautes. Molecular Cell, 36(3): 431-444.

Olivieri D, Sykora MM, Sachidanandam R, et al. 2010. An *in vivo* RNAi assay identifies major genetic and cellular requirements for primary piRNA biogenesis in *Drosophila*. EMBO Journal, 29(19): 3301-3317.

Park MY, Wu G, Gonzalez-Sulser A, et al. 2005. Nuclear processing and export of microRNAs in *Arabidopsis*. Proc Natl Acad Sci USA, 102(10): 3691-3696.

Peters L, Meister G. 2007. Argonaute proteins: mediators of RNA silencing. Molecular Cell, 26(5): 611-623.

Pratt RJ, Lee DW, Aramayo R. 2004. DNA methylation affects meiotic *trans*-sensing, not meiotic silencing, in *Neurospora*. Genetics, 168(4): 1925-1935.

Preall JB, Czech B, Guzzardo PM, et al. 2012. shutdown is a component of the *Drosophila* piRNA biogenesis machinery. RNA, 18(8): 1446-1457.

Prud'homme N, Gans M, Masson M, et al. 1995. Flamenco, a gene controlling the gypsy retrovirus of *Drosophila melanogaster*. Genetics, 139(2): 697-711.

Qi H, Watanabe T, Ku HY, et al. 2011. The Yb body, a major site for Piwi-associated RNA biogenesis and a gateway for Piwi expression and transport to the nucleus in somatic cells. Journal of Biological Chemistry, 286(5): 3789-3797.

Qi Y, Denli AM, Hannon GJ. 2005. Biochemical specialization within *Arabidopsis* RNA silencing pathways. Molecular Cell, 19(3): 421-428.

Qutob D, Chapman BP, Gijzen M. 2013. Transgenerational gene silencing causes gain of virulence in a plant pathogen. Nature Communications, 4: 1349.

Rajagopalan R, Vaucheret H, Trejo J, et al. 2006. A diverse and evolutionarily fluid set of microRNAs in *Arabidopsis thaliana*. Genes & Development, 20(24): 3407-3425.

Robine N, Lau NC, Balla S, et al. 2009. A broadly conserved pathway generates 3′ UTR-directed primary piRNAs. Current Biology, 19(24): 2066-2076.

Rodriguez-Valera F, Martin-Cuadrado AB, Rodriguez-Brito B, et al. 2009. Explaining microbial population genomics through phage predation. Nature Reviews Microbiology, 7(11): 828-836.

Rodriguez A, Griffiths-Jones S, Ashurst JL, et al. 2004. Identification of mammalian microRNA host genes and transcription units. Genome Research, 14(10A): 1902-1910.

Romano N, Macino G. 1992. Quelling: transient inactivation of gene expression in *Neurospora crassa* by transformation with homologous sequences. Molecular Microbiology, 6(22): 3343-3353.

Rouget C, Papin C, Boureux A, et al. 2010. Maternal mRNA deadenylation and decay by the piRNA pathway in the early *Drosophila* embryo. Nature, 467(7319): 1128-1132.

Ruby JG, Jan CH, Bartel DP. 2007b. Intronic microRNA precursors that bypass Drosha processing. Nature, 448(7149): 83-86.

Ruby JG, Stark A, Johnston WK, et al. 2007a. Evolution, biogenesis, expression, and target predictions of a substantially expanded set of *Drosophila* microRNAs. Genome Research, 17(12): 1850-1864.

Saito K, Ishizu H, Komai M, et al. 2010. Roles for the Yb body components Armitage and Yb in primary piRNA biogenesis in *Drosophila*. Genes & Development, 24(22): 2493-2498.

Saito K, Inagaki S, Mituyama T, et al. 2009. A regulatory circuit for piwi by the large *Maf* gene traffic jam in *Drosophila*. Nature, 461(7268): 1296-1299.

Saito K, Sakaguchi Y, Suzuki T, et al. 2007. Pimet, the *Drosophila* homolog of HEN1, mediates

2′-*O*-methylation of Piwi-interacting RNAs at their 3′ ends. Genes & Development, 21(13): 1603-1608.

Salgado PS, Koivunen MR, Makeyev EV, et al. 2006. The structure of an RNAi polymerase links RNA silencing and transcription. PLOS Biology, 4(12): e434.

Schnall-Levin M, Zhao Y, Perrimon N, et al. 2010. Conserved microRNA targeting in *Drosophila* is as widespread in coding regions as in 3′ UTRs. Proc Natl Acad Sci USA, 107(36): 15751-15756.

Segers GC, Zhang X, Deng F, et al. 2007. Evidence that RNA silencing functions as an antiviral defense mechanism in fungi. Proc Natl Acad Sci USA, 104(31): 12902-12906.

Selbach M, Schwanhausser B, Thierfelder N, et al. 2008. Widespread changes in protein synthesis induced by microRNAs. Nature, 455(7209): 58-63.

Semenova E, Nagornykh M, Pyatnitskiy M, et al. 2009. Analysis of CRISPR system function in plant pathogen *Xanthomonas oryzae*. FEMS Microbiology Letters, 296(1): 110-116.

Shanker S, Job G, George OL, et al. 2010. Continuous requirement for the Clr4 complex but not RNAi for centromeric heterochromatin assembly in fission yeast harboring a disrupted RITS complex. PLOS Genetics, 6(10): e1001174.

Shin C, Nam JW, Farh KK, et al. 2010. Expanding the microRNA targeting code: functional sites with centered pairing. Molecular Cell, 38(6): 789-802.

Shiu PK, Metzenberg RL. 2002. Meiotic silencing by unpaired DNA: properties, regulation and suppression. Genetics, 161(4): 1483-1495.

Shiu PK, Raju NB, Zickler D, et al. 2001. Meiotic silencing by unpaired DNA. Cell, 107(7): 905-916.

Shiu PK, Zickler D, Raju NB, et al. 2006. SAD-2 is required for meiotic silencing by unpaired DNA and perinuclear localization of SAD-1 RNA-directed RNA polymerase. Proc Natl Acad Sci USA, 103(7): 2243-2248.

Sienski G, Donertas D, Brennecke J. 2012. Transcriptional silencing of transposons by Piwi and maelstrom and its impact on chromatin state and gene expression. Cell, 151(5): 964-980.

Sinkunas T, Gasiunas G, Fremaux C, et al. 2011. Cas3 is a single-stranded DNA nuclease and ATP-dependent helicase in the CRISPR/Cas immune system. EMBO Journal, 30(7): 1335-1342.

Siomi MC, Sato K, Pezic D, et al. 2011. PIWI-interacting small RNAs: the vanguard of genome defence. Nat Rev Mol Cell Bio, 12(4): 246-258.

Son H, Min K, Lee J, et al. 2011. Meiotic silencing in the homothallic fungus *Gibberella zeae*. Fungal Biology, 115(12): 1290-1302.

Song L, Han MH, Lesicka J, et al. 2007. *Arabidopsis* primary microRNA processing proteins HYL1 and DCL1 define a nuclear body distinct from the Cajal body. Proc Natl Acad Sci USA, 104(13): 5437-5442.

Song X, Li Y, Cao X, et al. 2019. MicroRNAs and their regulatory roles in plant-environment interactions. Annu Rev Plant Biol, 70: 489-525.

Srivastava VK, Pall ML, Schroeder AL. 1988. Deoxyribonucleoside triphosphate pools in *Neurospora crassa*: effects of histidine and hydroxyurea. Mutation research, 200(1-2): 45-53.

Sun Q, Choi GH, Nuss DL. 2009. A single Argonaute gene is required for induction of RNA silencing antiviral defense and promotes viral RNA recombination. Proc Natl Acad Sci USA, 106(42): 17927-17932.

Suzuki N, Chen B, Nuss DL. 1999. Mapping of a hypovirus p29 protease symptom determinant domain with sequence similarity to potyvirus HC-Pro protease. Journal of Virology, 73(11): 9478-9484.

Suzuki N, Maruyama K, Moriyama M, et al. 2003. Hypovirus papain-like protease p29 functions in trans to enhance viral double-stranded RNA accumulation and vertical transmission. Journal of Virology, 77(21): 11697-11707.

Tang TH, Polacek N, Zywicki M, et al. 2005. Identification of novel non-coding RNAs as potential antisense regulators in the archaeon *Sulfolobus solfataricus*. Molecular Microbiology, 55(2): 469-481.

Tang TH, Bachellerie JP, Rozhdestvensky T, et al. 2002. Identification of 86 candidates for small non-messenger RNAs from the archaeon *Archaeoglobus fulgidus*. Proc Natl Acad Sci USA, 99(11): 7536-7541.

Torres-Martínez S, Ruiz-Vázquez RM. 2017. The RNAi universe in fungi: a varied landscape of small RNAs and biological functions. Annual Review of Microbiology, 71: 371-391.

Tyler BM. 2001. Genetics and genomics of the oomycete-host interface. Trends in Genetics, 17(11): 611-614.

Tyler BM. 2007. *Phytophthora sojae*: root rot pathogen of soybean and model oomycete. Molecular Plant Pathology, 8(1): 1-8.

Vagin VV, Sigova A, Li C, et al. 2006. A distinct small RNA pathway silences selfish genetic elements in the germline. Science, 313(5785): 320-324.

Vagin VV, Yu Y, Jankowska A, et al. 2013. Minotaur is critical for primary piRNA biogenesis. RNA, 19(8): 1064-1077.

Vaucheret H. 2006. Post-transcriptional small RNA pathways in plants: mechanisms and regulations. Genes & Development, 20(7): 759-771.

Verdel A, Jia S, Gerber S, et al. 2004. RNAi-mediated targeting of heterochromatin by the RITS complex. Science, 303(5658): 672-676.

Verdel A, Moazed D. 2005. RNAi-directed assembly of heterochromatin in fission yeast. FEBS Letters, 579(26): 5872-5878.

Vetukuri RR, Asman AK, Tellgren-Roth C, et al. 2012. Evidence for small RNAs homologous to effector-encoding genes and transposable elements in the oomycete *Phytophthora infestans*. PLOS ONE, 7(12): e51399.

Volpe TA, Kidner C, Hall IM, et al. 2002. Regulation of heterochromatic silencing and histone H3 lysine-9 methylation by RNAi. Science, 297(5588): 1833-1837.

Wang M, Lu Y, Botella JR, et al. 2017. Gene targeting by homology-directed repair in rice using a geminivirus-based CRISPR/Cas9 system. Molecular Plant, 10(7): 1007-1010.

Wang Q, Li T, Xu K, et al. 2016. The tRNA-derived small RNAs regulate gene expression through triggering sequence-specific degradation of target transcripts in the oomycete pathogen *Phytophthora sojae*. Frontiers in Plant Science, 7: 1938.

Wang SH, Elgin SC. 2011. Drosophila Piwi functions downstream of piRNA production mediating a chromatin-based transposon silencing mechanism in female germ line. Proc Natl Acad Sci USA, 108(52): 21164-21169.

Weinbauer MG. 2004. Ecology of prokaryotic viruses. FEMS Microbiology Reviews, 28(2): 127-181.

Wiedenheft B, Sternberg SH, Doudna JA. 2012. RNA-guided genetic silencing systems in bacteria and archaea. Nature, 482(7385): 331-338.

Wiedenheft B, Zhou K, Jinek M, et al. 2009. Structural basis for DNase activity of a conserved protein implicated in CRISPR-mediated genome defense. Structure, 17(6): 904-912.

Wienholds E, Plasterk RH. 2005. MicroRNA function in animal development. FEBS Letters, 579(26): 5911-5922.

Xiao H, Alexander WG, Hammond TM, et al. 2010. QIP, a protein that converts duplex siRNA into single strands, is required for meiotic silencing by unpaired DNA. Genetics, 186(1): 119-126.

Xie Z, Allen E, Fahlgren N, et al. 2005. Expression of *Arabidopsis* MIRNA genes. Plant Physiology, 138(4): 2145-2154.

Yang JS, Maurin T, Robine N, et al. 2010. Conserved vertebrate *mir-451* provides a platform for Dicer-independent, Ago2-mediated microRNA biogenesis. Proc Natl Acad Sci USA, 107(34): 15163-15168.

Yang Q, Ye QA, Liu Y. 2015. Mechanism of siRNA production from repetitive DNA. Genes & Development, 29(5): 526-537.

Yu B, Yang Z, Li J, et al. 2005. Methylation as a crucial step in plant microRNA biogenesis. Science, 307(5711): 932-935.

Zamparini AL, Davis MY, Malone CD, et al. 2011. Vreteno, a gonad-specific protein, is essential for germline development and primary piRNA biogenesis in *Drosophila*. Development, 138(18): 4039-4050.

Zanni V, Eymery A, Coiffet M, et al. 2013. Distribution, evolution, and diversity of retrotransposons at the flamenco locus reflect the regulatory properties of piRNA clusters. Proc Natl Acad Sci USA, 110(49): 19842-19847.

Zhang B, Wang Q, Pan X. 2007. MicroRNAs and their regulatory roles in animals and plants. Journal of Cellular Physiology, 210(2): 279-289.

Zhang T, Zhao YL, Zhao JH, et al. 2016. Cotton plants export microRNAs to inhibit virulence gene expression in a fungal pathogen. Nature Plants, 2(10): 16153.

Zhang X, Nuss DL. 2008. A host dicer is required for defective viral RNA production and recombinant virus vector RNA instability for a positive sense RNA virus. Proc Natl Acad Sci USA, 105(43): 16749-16754.

Zhang X, Segers GC, Sun Q, et al. 2008. Characterization of hypovirus-derived small RNAs generated in the chestnut blight fungus by an inducible DCL-2-dependent pathway. Journal of Virology, 82(6): 2613-2619.

Zhang Y, Yun Z, Gong L, et al. 2018. Comparison of miRNA evolution and function in plants and animals. Microrna, 7(1): 4-10.

Zhao JH, Hua CL, Fang YY, et al. 2016. The dual edge of RNA silencing suppressors in the virus-host interactions. Current Opinion in Virology, 17: 39-44.

Zhu H, Li C, Gao C. 2020. Applications of CRISPR-Cas in agriculture and plant biotechnology. Nat Rev Mol Cell Bio, 21(11): 661-677.

Zhu QH, Spriggs A, Matthew L, et al. 2008. A diverse set of microRNAs and microRNA-like small RNAs in developing rice grains. Genome Research, 18(9): 1456-1465.

第九章
研究展望

郭惠珊，赵建华，高　峰，刘清艳

中国科学院微生物研究所

第一节　miRNA 进化史

随着高通量测序技术的发展，无论在真核生物还是在原核生物中，都检测到大量的 sRNA。不同物种中包含不同类型的 sRNA，这些 sRNA 在基因表达调控过程中发挥着多种多样的作用。

在不同种类的 sRNA 中，对 miRNA 合成和作用机制的研究最为深入。然而，关于不同物种中 miRNA 进化的问题一直存在争论（Moran et al.，2017）。在动物和植物中，miRNA 的序列没有同源性，并且合成以及发挥作用的方式也存在很大不同，所以有人认为动物和植物的 miRNA 是从一个共同祖先独立进化而来的（Axtell et al.，2011；Erwin et al.，2011；Tarver et al.，2015）。即便是在动物中，不同物种间 miRNA 也是不同的。大堡礁海绵（*Amphimedon queenslandica*）的 8 个 miRNA 在其他海绵动物中并没有被发现，并且海绵动物门中并未鉴定到保守的 miRNA，这些结果说明即便是在海绵动物门中 miRNA 进化也都不是保守的。这些发现为不同物种中 miRNA 独立进化提供了支持（Grimson et al.，2008；Robinson et al.，2013）。在最低等动物水母中没有发现 miRNA，也为 miRNA 从一个共同祖先进化而来提供了佐证（Maxwell et al.，2012；Ryan et al.，2013；Moroz et al.，2014）。另一种观点认为是基因组中 miRNA 大量丢失，导致不同物种间 miRNA 序列同源性较低（Moran et al.，2017）。植物 miRNA 丢失和进化保持较高速率，导致只有部分 miRNA 在同一物种不同生态型中保守存在。例如，在拟南芥两种生态型中，33% 的 miRNA 家族是不保守的（Fahlgren et al.，2010；Cuperus et al.，2011）。有研究认为，miRNA 丢失和进化的速率远超过我们的想象，所以通过序列保守性分析 miRNA 进化并不合理（Lu et al.，2008；Berezikov et al.，2010；Moran et al.，2017）。无论如何，miRNA 进化的共同祖先是什么？ miRNA 经过了多少次进化？这些问题都还有待进一步研究回答。

第二节　跨界 RNAi 机制与应用研究

在自然界中，sRNA 作为重要信号分子与基因表达调控元件在不同物种间广泛交流，并且能够在受体细胞中通过不同方式调控基因表达（Weiberg et al.，2014；

Weiberg and Jin，2015；Hua et al.，2018；Zhao and Guo，2019；Hou and Ma，2020；Zhao et al.，2021），这种现象称为跨界 RNAi。跨界 RNAi 现象的发现为 RNAi 机制的保守性提供了证据。有趣的是，跨界 sRNA 在受体细胞与输出 sRNA 的细胞中发挥作用的方式并不相同。2012 年，在动物与病原互作过程中首先发现跨界 RNA 调控病原致病性。在被恶性疟原虫（*Plasmodium falciparum*）侵染过程中，miRNA-451 和 let7i 在血红细胞中富集并被传递到疟原虫细胞中；但在疟原虫细胞中，并未检测到 miRNA-451 和 let7i 剪切靶基因，而是分别与疟原虫 mRNA 的 5′ 端融合，影响 mRNA 与核糖体结合进而抑制翻译（LaMonte et al.，2012）。植物-病原微生物天然跨界 RNAi 的发现略晚于动物中的研究。2016 年，研究人员发现棉花能够将自身保守的 miRNA 传递到大丽轮枝菌细胞内，识别并剪切大丽轮枝菌关键致病基因，抑制棉花黄萎病的发生（Zhang et al.，2016）。而后鉴定到大丽轮枝菌细胞的内源 miRNA-like RNA，即 milRNA-1，被发现靶向靶基因 3′-UTR 区域，影响组蛋白甲基化进而在转录水平表观抑制基因表达，并未发现内源 milRNA 通过剪切来调控靶基因（Jin et al.，2019）。

尽管大量研究已经证明 sRNA 能够跨界传递并发挥作用，但对 sRNA 跨界传递的分子机制的了解并不深入。有研究报道植物外泌体介导了 sRNA 由植物到病原菌的转运过程（He et al.，2021）。病原菌侵染能够诱导外泌体在侵染部位富集，而这些外泌体中包裹大量 RNA 和蛋白（Rutter and Innes，2017；He et al.，2021）。除通过外泌体进行传递以外，sRNA 也可能通过与细胞膜受体结合，以细胞膜上的通道或者被动扩散等方式进行传递（Casadevall et al.，2009；Knip et al.，2014；Koch and Kogel，2014；Chaloner et al.，2016）。数据分析发现，sRNA 跨界传递存在一定的选择性。除 sRNA 外，RNA，包括 mRNA 和 lncRNA，在不同物种间也可能进行双向跨界传递（Kim et al.，2014）。通过胞间连丝长距离传递的 RNA，依赖于 RNA 序列中特定的结构域以及结构域识别蛋白（Hyun et al.，2011）。胞间连丝转运蛋白特异性地识别与核糖核蛋白结合的 RNA 结构域，通过胞间连丝实现 RNA 长距离运输（Gallagher and Benfey，2009）。在植物维管组织中存在大量的单链 RNA，单链 RNA 结合蛋白的发现暗示 sRNA 和 RNA 更容易以单链形式进行长距离传递（Yoo et al.，2004；Buhtz et al.，2008；Leblanc et al.，2012）。另外，RNA 的 m^5C 化学修饰促进了 RNA 向外转运（Buhtz et al.，2008）。在动物中，RNA 被转运出细胞之后进入受体细胞的过程主要依赖于内吞途径。内吞途径包含依赖和不依赖网格蛋白的两种途径，其中研究较多的是依赖网格蛋白的内吞途径（Fan et al.，2015）。哺乳动物细胞可以通过吞噬作用或受体介导的内吞作用直接吸收外泌体，进而吸收外泌体包裹的蛋白和 RNA（Murphy et al.，2005；Mulcahy et al.，2014）。内吞途径抑制剂能够抑制果蝇细胞吸收外源 dsRNA，说明内吞途径参与了 RNA 由胞外转运到胞内的过程（Ulvila et al.，2006）。在线虫和赤拟谷盗（*Tribolium castaneum*）中，研究都发现网格蛋白介导的内吞途径关键蛋白影响其对外源 RNA 的吸收（Jose，2015；Xiao et al.，2015）。与动物不同，胞外 RNA 进入植物或真菌细胞还需要突破细胞壁屏障，相关机制可能更加复杂并有待进一步研究。

RNA 被选择性地转运到受体细胞后的功能研究，当前主要集中在 sRNA。另外，在不同物种间传递的 RNA，能够传递到多少个物种并影响微生态环境，当前尚没有相关的研究报道（Zhao et al.，2021）。多组学分析技术的发展，揭示了微生物组的重要性。sRNA 在微生物组成员之间的传递，是否在微生物群落稳定中发挥作用，进而影响微生物组响应寄主植物或者环境变化，还有待进一步研究。目前，很多作物缺少成熟的遗传转化体系，而且很多作物转化周期长，严重限制了 HIGS 技术的推广与应用（Zhao et al.，2021）。研究人员在实验室环境中，通过体外喷洒 dsRNA 的 SIGS 技术被发现可以用于作物抗病（Koch et al.，2016；Wang et al.，2016）。喷洒 7 天后，在叶片表面检测到外源 RNA（Koch et al.，2016）。但是自然环境复杂多变，RNA 的稳定性及植物叶片或病原微生物吸收 sRNA/dsRNA 的效率引起人们对 SIGS 技术用于大田作物抗病的顾虑；但同时也促进了相关交叉学科的发展。体外维持 RNA 稳定性的载体研发应运而生。研究发现，新型的纳米材料不仅能够维持 dsRNA 的稳定性（Mitter et al.，2017），还能够促进植物对 dsRNA 的吸收（Jiang et al.，2014）。同时，研究人员提出通过改造有益微生物使其表达目的 sRNA 从而靶向病原菌的策略（Zhao et al.，2021），尽管当前还没有成功应用的案例报道。

近些年，食物源 miRNA 能够作用于动物基因的研究引起了广泛关注。有学者认为，利用生物技术改造可食用植物使其表达目的 sRNA，人类通过食用植物获得目标 sRNA 从而用于靶向性治疗，将会是一种非常有前景的治疗手段（图 9-1）。2012 年，有研究发现植物 miR168 能够通过小鼠的胃肠道影响肝脏 *LDLRAP1* 基因的表达；为食物来源的 miRNA 能在哺乳动物细胞内发挥作用提供了第一个例子（Zhang et al.，

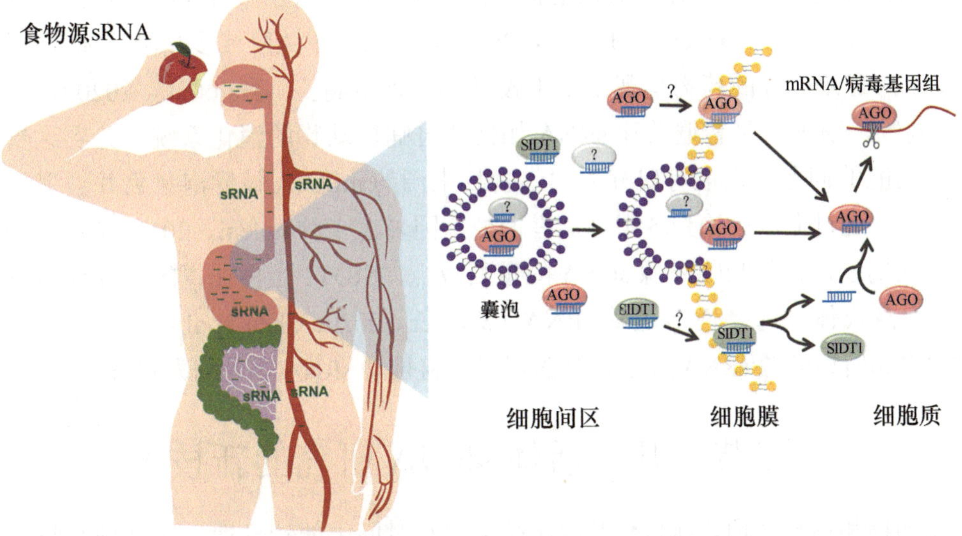

图 9-1　食物源 sRNA 通过口腔进入人体，在载体蛋白如 SIDT1 的保护下进入细胞从而靶向病毒或靶标 mRNA。有研究证实胞外囊泡及其相关的 RNA 结合蛋白如 AGO 在运输 sRNA 过程中发挥重要作用（详见第七章）。RNA 结合能否直接通过细胞膜进入细胞，还有待进一步研究

2012）。随后，金银花汤剂中的 miR2911 被发现能够靶向流感病毒基因组，抑制病毒积累；该研究鉴定了传统中药抑制病毒积累的新成分（Zhou et al.，2015）。后来的研究发现，植物 miR159 和 miR156a 都能够在哺乳动物细胞中发挥调控作用（Chin et al.，2016；Hou et al.，2018）。2019 年，新型冠状病毒席卷全球，严重影响了人们的正常生活。世界上的科研工作者都努力开发新的抗病毒药物。一项令人兴奋的研究结果来源于跨界 RNAi，有研究表明金银花 miR2911 能够广谱性地抑制包括新型冠状病毒在内的多种病毒复制，并能够用于患者的治疗（Weng，2020）。然而，也有学者对相关研究持相反的态度，他们对哺乳动物细胞能够吸收食物中的 miRNA 并且还能够发挥功能提出质疑。多个研究组并未在动物细胞中检测到植物来源的 miRNA（Dickinson et al.，2013；Snow et al.，2013；Witwer et al.，2013；Auerbach et al.，2016）。一项研究通过对 824 个公开的人类 sRNA 测序数据进行分析，只找到了积累量很低的植物 sRNA，他们认为这些 sRNA 更可能是技术缺陷引入的污染，而不是通过饮食摄入的（Kang et al.，2017）。

当前，尽管对食物源 sRNA 作为疾病治疗手段还存在很大争议，但动物中存在抗病毒RNAi作用已被多个研究所证明（Wang et al.，2006；Li et al.，2013；Maillard et al.，2013）。而且动物病毒同样存在 VSR，进一步验证了 RNAi 的抗病毒作用（Lu et al.，2005；Guo et al.，2019）。研究还表明，哺乳动物细胞 Dicer 蛋白能够在体内高效地切割病毒来源的 dsRNA，且该过程受到体内 RIG-I 样受体 LGP2（由干扰素刺激基因 *ISG* 编码的蛋白）的调节（Zhang et al.，2021）。所以，现在很多研究机构都对以 sRNA 为有效成分的药物展开了研究（Hu et al.，2020）。临床研究表明，多种 sRNA 药物是安全有效的，如用于治疗心血管疾病特异性靶向 *PCSK9* 基因的 sRNA 药物（Wang et al.，2020）。sRNA 通过碱基互补配对识别靶基因，可以通过人工设计 sRNA 作为治疗多种疾病的靶向型药物（Anguela and High，2019）。与目前单克隆或多克隆抗体药物相比，sRNA 作为有效成分的药物呈现出易于设计和生产等特点（Hu et al.，2020）。对口服 sRNA 药物，研究人员普遍关注 sRNA 如何通过哺乳动物的消化系统，并到达指定器官发挥功能的问题。之前有研究表明，食物来源的 miRNA 被囊泡包裹并被消化系统细胞吸收，通过血液运输到各组织器官调控基因表达（Zempleni，2017）（图 9-1）。最新的研究揭示，胃是吸收外源 sRNA 的重要位点。SIDT1 蛋白在胃的酸性环境下作为 sRNA 运输载体，选择性地运输 sRNA（Witwer，2020；Chen et al.，2021）（图 9-1）。动物吸收和转运外源 sRNA 分子机制的揭示，将推动 sRNA 药物研发进程。

第三节　开发活体 sRNA 研究的新技术

在动物和植物体内，sRNA 表达存在空间和时间上的特异性，而这种空间和时间特异性与生命体表型特征密切相关。例如，植物 miR166 和 miR390 剪切 *TAS3* 基因产生的 tasiRNA 在叶片近轴端（上表皮）和远轴端（下表皮）呈梯度分布，通过调控靶基因决定叶片扁平的表型（Chen，2009；Skopelitis et al.，2017）。通过原位杂交技术，能够清晰地看到 sRNA 在不同细胞或者细胞器的分布情况。近些年，单细胞测序技术发展，能够清晰地展示不同细胞中基因的表达水平。但是，单细胞检测 sRNA 技术的发展滞后于基因转录水平的检测。多组学单细胞水平检测技术的结合，能够更清晰地构建不同空间和时间尺度 miRNA-靶基因特异性调控网络，从而确定调控重要表型的关键因子。另外，活体内 sRNA 标记技术也是当前研究的热点和难点。由通过复杂的技术手段检测，到通过简单的操作可视化生物学过程，是生物学研究进程的巨大进步，需要多学科交叉开发新的技术手段。能够在活体中实时观测到目的生物分子的移动、定位以及作用过程，将推动生物学研究跨越式发展（图 9-2）。例如，能够在活体直接观察跨界 sRNA 产生、外泌、吸收和发挥作用的可视化技术，必将推动跨界 RNAi 技术的基础理论和应用研究进程。

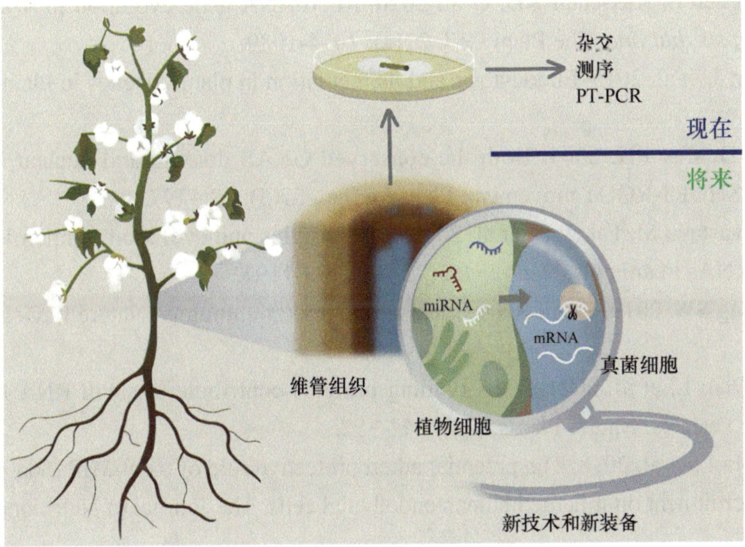

图 9-2 有待开发活体实时观测跨界 RNA 传递与作用的新技术和新装备

参考文献

Anguela XM, High KA. 2019. Entering the modern era of gene therapy. Annual Review of Medicine, 70(8): 273-288.

Auerbach A, Vyas G, Li A, et al. 2016. Uptake of dietary milk miRNAs by adult humans: a validation study. F1000Research, 5: 721.

Axtell MJ, Westholm JO, Lai EC. 2011. Vive la différence: biogenesis and evolution of microRNAs in plants and animals. Genome Biology, 12(4): 221.

Berezikov E, Liu N, Flynt AS, et al. 2010. Evolutionary flux of canonical microRNAs and mirtrons in *Drosophila*. Nature Genetics, 42(1): 6-9.

Buhtz A, Springer F, Chappell L, et al. 2008. Identification and characterization of small RNAs from the phloem of *Brassica napus*. Plant Journal, 53(5): 739-749.

Casadevall A, Nosanchuk JD, Williamson P, et al. 2009. Vesicular transport across the fungal cell wall. Trends in Microbiology, 17(4): 158-162.

Chaloner T, van Kan JAL, Grant-Downton RT. 2016. RNA 'Information Warfare' in pathogenic and mutualistic interactions. Trends in Plant Science, 21(9): 738-748.

Chen Q, Zhang F, Dong L, et al. 2021. SIDT1-dependent absorption in the stomach mediates host uptake of dietary and orally administered microRNAs. Cell Research, 31(3): 247-258.

Chen X. 2009. Small RNAs and their roles in plant development. Annu Rev Cell Dev Biol, 25: 21-44.

Chin AR, Fong MY, Somlo G, et al. 2016. Cross-kingdom inhibition of breast cancer growth by plant miR159. Cell Research, 26(2): 217-228.

Cuperus JT, Fahlgren N, Carrington JC. 2011. Evolution and functional diversification of MIRNA genes. The Plant Cell, 23(2): 431-442.

Dickinson B, Zhang Y, Petrick JS, et al. 2013. Lack of detectable oral bioavailability of plant microRNAs after feeding in mice. Nature Biotechnology, 31(11): 965-967.

Erwin DH, Laflamme M, Tweedt SM, et al. 2011. The Cambrian conundrum: early divergence and later ecological success in the early history of animals. Science, 334(6059): 1091-1097.

Fahlgren N, Jogdeo S, Kasschau KD, et al. 2010. MicroRNA gene evolution in *Arabidopsis lyrata* and *Arabidopsis thaliana*. The Plant Cell, 22(4): 1074-1089.

Fan L, Li R, Pan J, et al. 2015. Endocytosis and its regulation in plants. Trends in Plant Science, 20(6): 388-397.

Gallagher KL, Benfey PN. 2009. Both the conserved GRAS domain and nuclear localization are required for SHORT-ROOT movement. Plant Journal, 57(5): 785-797.

Grimson A, Srivastava M, Fahey B, et al. 2008. Early origins and evolution of microRNAs and Piwi-interacting RNAs in animals. Nature, 455(7217): 1193-1197.

Guo Z, Li Y, Ding SW. 2019. Small RNA-based antimicrobial immunity. Nature Reviews Immunology, 19(1): 31-44.

He B, Cai Q, Qiao L, et al. 2021. RNA-binding proteins contribute to small RNA loading in plant extracellular vesicles. Nature Plants, 7(3): 342-352.

Hou D, He F, Ma L, et al. 2018. The potential atheroprotective role of plant MIR156a as a repressor of monocyte recruitment on inflamed human endothelial cells. The Journal of Nutritional Biochemistry, 57: 197-205.

Hou Y, Ma W. 2020. Natural host-induced gene silencing offers new opportunities to engineer disease resistance. Trends in Microbiology, 28(2): 109-117.

Hu B, Zhong L, Weng Y, et al. 2020. Therapeutic siRNA: state of the art. Signal Transduct Target Ther, 5(1): 101.

Hua C, Zhao JH, Guo HS. 2018. *Trans*-kingdom RNA silencing in plant-fungal pathogen interactions. Molecular Plant, 11(2): 235-244.

Hyun TK, Uddin MN, Rim Y, et al. 2011. Cell-to-cell trafficking of RNA and RNA silencing through plasmodesmata. Protoplasma, 248(1): 101-116.

Jiang L, Ding L, He B, et al. 2014. Systemic gene silencing in plants triggered by fluorescent nanoparticle-delivered double-stranded RNA. Nanoscale, 6(17): 9965-9969.

Jin Y, Zhao JH, Zhao P, et al. 2019. A fungal milRNA mediates epigenetic repression of a virulence gene in *Verticillium dahliae*. Philos Trans R Soc Lond B Biol Sci, 374(1767): 20180309.

Jose AM. 2015. Movement of regulatory RNA between animal cells. Genesis, 53(7): 395-416.

Kang W, Bang-Berthelsen CH, Holm A, et al. 2017. Survey of 800+ data sets from human tissue and body fluid reveals xenomiRs are likely artifacts. RNA, 23(4): 433-445.

Kim G, LeBlanc ML, Wafula EK, et al. 2014. Plant science. Genomic-scale exchange of mRNA between a parasitic plant and its hosts. Science, 345(6198): 808-811.

Knip M, Constantin ME, Thordal-Christensen H. 2014. *Trans*-kingdom cross-talk: small RNAs on the move. PLOS Genetics, 10(9): e1004602.

Koch A, Biedenkopf D, Furch A, et al. 2016. An RNAi-based control of *Fusarium graminearum* infections through spraying of long dsRNAs involves a plant passage and is controlled by the fungal silencing machinery. PLOS Pathogens, 12(10): e1005901.

Koch A, Kogel KH. 2014. New wind in the sails: improving the agronomic value of crop plants through RNAi-mediated gene silencing. Plant Biotechnology Journal, 12(7): 821-831.

LaMonte G, Philip N, Reardon J, et al. 2012. Translocation of sickle cell erythrocyte microRNAs into *Plasmodium falciparum* inhibits parasite translation and contributes to malaria resistance. Cell Host & Microbe, 12(2): 187-199.

Leblanc M, Kim G, Westwood JH. 2012. RNA trafficking in parasitic plant systems. Frontiers in Plant Science, 3: 203.

Li Y, Lu J, Han Y, et al. 2013. RNA interference functions as an antiviral immunity mechanism in mammals. Science, 342(6155): 231-234.

Lu J, Shen Y, Wu Q, et al. 2008. The birth and death of microRNA genes in *Drosophila*. Nature Genetics, 40(3): 351-355.

Lu R, Maduro M, Li F, et al. 2005. Animal virus replication and RNAi-mediated antiviral silencing in *Caenorhabditis elegans*. Nature, 436(7053): 1040-1043.

Maillard PV, Ciaudo C, Marchais A, et al. 2013. Antiviral RNA interference in mammalian cells. Science, 342(6155): 235-238.

Maxwell EK, Ryan JF, Schnitzler CE, et al. 2012. MicroRNAs and essential components of the microRNA processing machinery are not encoded in the genome of the ctenophore *Mnemiopsis leidyi*. BMC Genomics, 13(1): 714.

Mitter N, Worrall EA, Robinson KE, et al. 2017. Clay nanosheets for topical delivery of RNAi for sustained protection against plant viruses. Nature Plants, 3(2): 16207.

Moran Y, Agron M, Praher D, et al. 2017. The evolutionary origin of plant and animal microRNAs. Nature Ecology & Evolution, 1(3): 27.

Moroz LL, Kocot KM, Citarella MR, et al. 2014. The ctenophore genome and the evolutionary origins of neural systems. Nature, 510(7503): 109-114.

Mulcahy LA, Pink RC, Carter DR. 2014. Routes and mechanisms of extracellular vesicle uptake. Journal of Extracellular Vesicles, 3(1): 24641.

Murphy AS, Bandyopadhyay A, Holstein SE, et al. 2005. Endocytotic cycling of PM proteins. Annu Rev Plant Biol, 56(1): 221-251.

Robinson JM, Sperling EA, Bergum B, et al. 2013. The identification of microRNAs in calcisponges: independent evolution of microRNAs in basal metazoans. Journal of Experimental Zoology Part B Molecular and Developmental Evolution, 320(2): 84-93.

Rutter BD, Innes RW. 2017. Extracellular vesicles isolated from the leaf apoplast carry stress-response proteins. Plant Physiology, 173(1): 728-741.

Ryan JF, Pang K, Schnitzler CE, et al. 2013. The genome of the ctenophore *Mnemiopsis leidyi* and its implications for cell type evolution. Science, 342(6164): 1242592.

Skopelitis DS, Benkovics AH, Husbands AY, et al. 2017. Boundary formation through a direct threshold-based readout of mobile small RNA gradients. Developmental Cell, 43(3): 265-273, e266.

Snow JW, Hale AE, Isaacs SK, et al. 2013. Ineffective delivery of diet-derived microRNAs to recipient animal organisms. RNA Biology, 10(7): 1107-1116.

Tarver JE, Cormier A, Pinzon N, et al. 2015. MicroRNAs and the evolution of complex multicellularity: identification of a large, diverse complement of microRNAs in the brown alga *Ectocarpus*. Nucleic Acids Research, 43(13): 6384-6398.

Ulvila J, Parikka M, Kleino A, et al. 2006. Double-stranded RNA is internalized by scavenger receptor-mediated endocytosis in *Drosophila* S2 cells. Journal of Biological Chemistry, 281(20): 14370-14375.

Wang F, Zuroske T, Watts JK. 2020. RNA therapeutics on the rise. Nature Reviews Drug Discovery, 19(7): 441-442.

Wang M, Weiberg A, Lin FM, et al. 2016. Bidirectional cross-kingdom RNAi and fungal uptake of external RNAs confer plant protection. Nature Plants, 2: 16151.

Wang XH, Aliyari R, Li WX, et al. 2006. RNA interference directs innate immunity against viruses in adult *Drosophila*. Science, 312(5772): 452-454.

Weiberg A, Jin H. 2015. Small RNAs: the secret agents in the plant-pathogen interactions. Curr Opin Plant Biol, 26: 87-94.

Weiberg A, Wang M, Bellinger M, et al. 2014. Small RNAs: a new paradigm in plant-microbe interactions. Annual Review of Phytopathology, 52: 495-516.

Weng JK. 2020. Plant Solutions for the COVID-19 pandemic and beyond: historical reflections and future perspectives. Molecular Plant, 13(6): 803-807.

Witwer K. 2020. Dietary RNA is ripe for investigation. Nature, 582(6): 803-807.

Witwer KW, McAlexander MA, Queen SE, et al. 2013. Real-time quantitative PCR and droplet digital PCR for plant miRNAs in mammalian blood provide little evidence for general uptake of dietary miRNAs: limited evidence for general uptake of dietary plant xenomiRs. RNA Biology, 10(7): 1080-1086.

Xiao D, Gao X, Xu J, et al. 2015. Clathrin-dependent endocytosis plays a predominant role in cellular uptake of double-stranded RNA in the red flour beetle. Insect Biochem Molec, 60: 68-77.

Yoo BC, Kragler F, Varkonyi-Gasic E, et al. 2004. A systemic small RNA signaling system in plants. The Plant Cell, 16(8): 1979-2000.

Zempleni J. 2017. Milk exosomes: beyond dietary microRNAs. Genes and Nutrition, 12: 12.

Zhang L, Hou D, Chen X, et al. 2012. Exogenous plant MIR168a specifically targets mammalian LDLRAP1: evidence of cross-kingdom regulation by microRNA. Cell Research, 22(1): 107-126.

Zhang T, Zhao YL, Zhao JH, et al. 2016. Cotton plants export microRNAs to inhibit virulence gene expression in a fungal pathogen. Nature Plants, 2(10): 16153.

Zhang Y, Xu Y, Dai Y, et al. 2021. Efficient Dicer processing of virus-derived double-stranded RNAs and its modulation by RIG-I-like receptor LGP2. PLOS Pathogens, 17(8): e1009790.

Zhao JH, Guo HS. 2019. *Trans*-kingdom RNA interactions drive the evolutionary arms race between hosts and pathogens. Curr Opin Genet Dev, 58-59: 62-69.

Zhao JH, Zhang T, Liu QY, et al. 2021. *Trans*-kingdom RNAs and their fates in recipient cells: advances, utilization, and perspectives. Plant Communications, 2(2): 100167.

Zhou Z, Li X, Liu J, et al. 2015. Honeysuckle-encoded atypical microRNA2911 directly targets influenza A viruses. Cell Research, 25(1): 39-49.

索　引

H

J

K

L

M

N

P

Q

R

S